图 3.8　酸奶图像

图 3.44　图像详情

图 3.10　彩蛋椅子

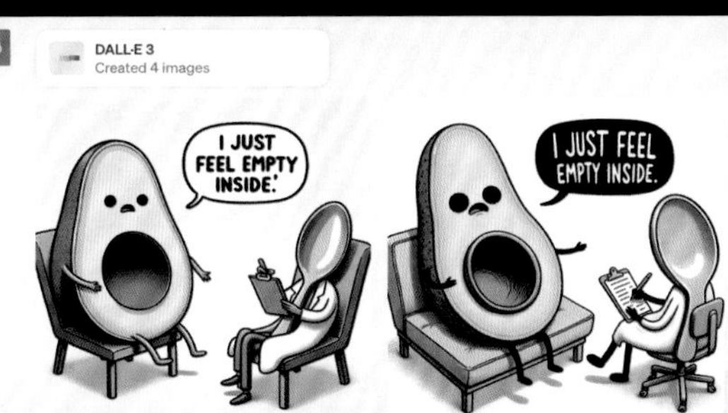

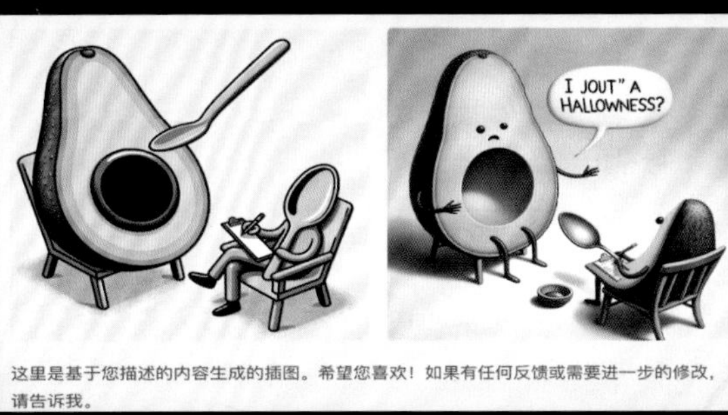

图 3.45　生成回复

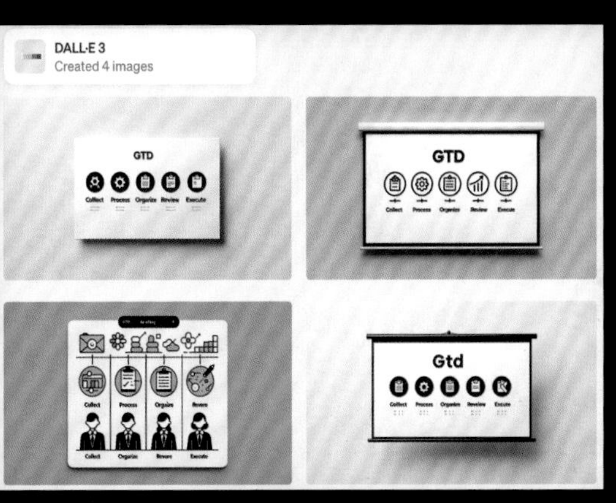

图 3.46　生成回复

图 3.47　生成回复

图 3.48　生成回复

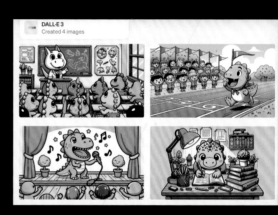

用法 73　四张连续漫画图

用法 74　4 张 16:9 的图像

用法 74　融合图像

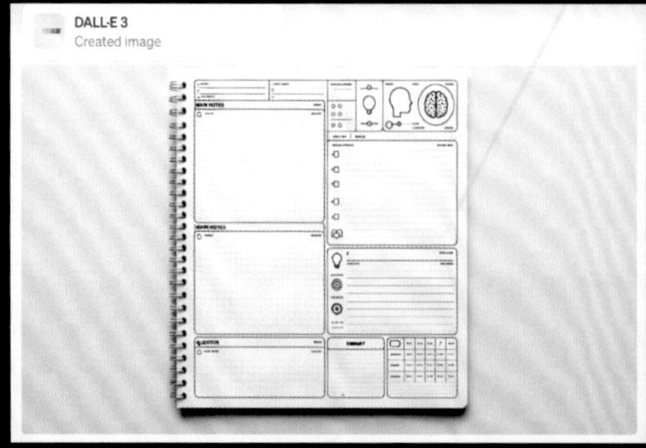

用法 75　空白笔记表格

用法 75　两张卡通图像

图 3.49　太空歌剧院

图 3.50　使用 Midjourney 创作的香港街头出租车绘画图

图 3.51　进入 newbies 房间

图 3.53　添加至服务器

图 3.54　笔者使用 Midjourney 绘制的作品

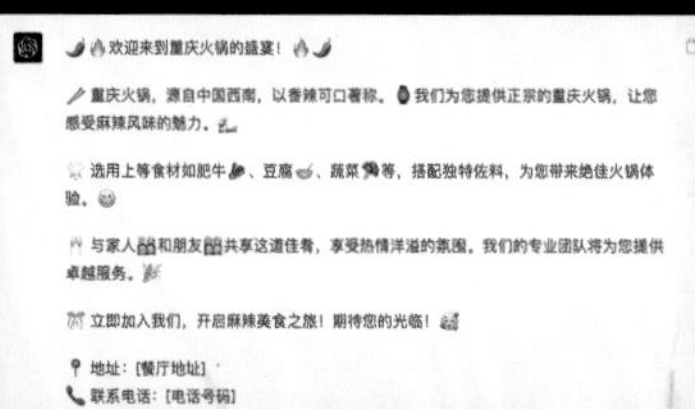

图 3.57　生成回复

图 3.58　生成回复

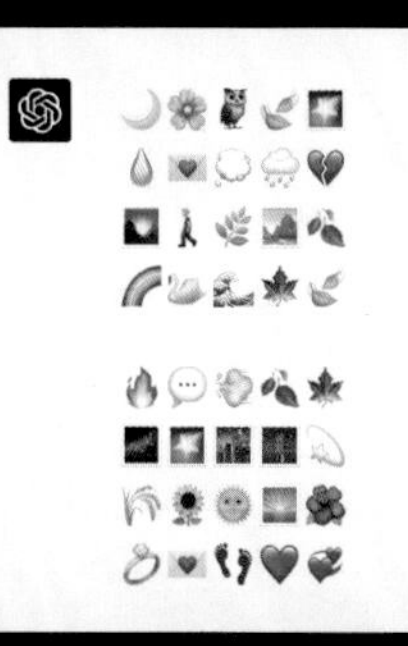

图 3.59　生成回复

图 3.61　让 ChatGPT 识别的物品

图 3.62　广州塔夜景

图 3.63　两个小女孩

图 3.64　不同表情图

图 3.65　戴皇冠的女孩

图 3.66　打乱顺序的西红柿炒鸡蛋过程图

ChatGPT 实操应用大全

（全视频 · 彩色版）

文之易　蔡文青　著

中国水利水电出版社
www.waterpub.com.cn
·北京·

内 容 提 要

ChatGPT 是目前市场上最为优秀的 AI 工具之一，它以强大的信息整合、知识链接、编程和语言理解等能力惊艳了全球，广泛用于各行各业，以提高生产力。那么如此强大的 AI 工具该怎样使用呢？

《ChatGPT 实操应用大全（全视频·彩色版）》应运而生，这是一本关于 ChatGPT 全场景使用秘籍，为读者呈现 ChatGPT 的 150 种不同的使用方法和技巧，带读者深度解锁 ChatGPT 的功能，释放出无限的创造力。它能够帮助用户轻松解决各种实际问题，极大地提高工作效率和生产力。不论是短视频内容创作、数据分析、日常办公、论文写作、金融投资，还是翻译、写代码等任务，本书都能够满足用户的需求。如果想要更好地利用 ChatGPT 功能，就阅读本书。本书主要涵盖 ChatGPT 的注册与登录、基本功能的使用、提示词用法、150 种应用场景、DALL·E 绘画、语音交互、定制专属 GPT、Canvas“人 +AI”交互以及 Sora 视频创作内容，内容通俗易懂，案例翔实，让读者受益匪浅。

本书不仅适用于高校师生，也适用于上班族，更可作为培训机构或培训班开展 AI 教学和培训的教材。

图书在版编目（CIP）数据

ChatGPT 实操应用大全：全视频：彩色版 / 文之易，蔡文青著 .—北京：中国水利水电出版社，2023.11（2025.2 重印）.

ISBN 978-7-5226-1899-9

Ⅰ . ① C… Ⅱ . ①文… ②蔡… Ⅲ . ①人工智能 Ⅳ . ① TP18

中国国家版本馆 CIP 数据核字 (2023) 第 199938 号

书　　名	ChatGPT 实操应用大全（全视频 · 彩色版） ChatGPT SHICAO YINGYONG DAQUAN（QUAN SHIPIN · CAISE BAN）
作　　者	文之易　蔡文青　著
出版发行	中国水利水电出版社 （北京市海淀区玉渊潭南路 1 号 D 座 100038） 网址：http：//www.waterpub.com.cn E-mail：zhiboshangshu@163.com 电话：（010） 62572966-2205/2266/2201 （营销中心）
经　　售	北京科水图书销售有限公司 电话：（010） 68545874、 63202643 全国各地新华书店和相关出版物销售网点
排　　版	北京智博尚书文化传媒有限公司
印　　刷	河北文福旺印刷有限公司
规　　格	185mm × 260mm　16 开本　25.75 印张　403 千字　2 插页
版　　次	2023 年 11 月第 1 版　2025 年 2 月第 10 次印刷
印　　数	42001—48000
定　　价	108.00 元

前言

PREFACE

回首人类历史，我们会发现那些改变世界的力量——工业革命的蒸汽机，信息时代的计算机和互联网，它们都是由科技创新推动的。这些科技创新不仅改变了人们的生活方式，更重塑了人们对世界的认知和掌控能力。现在，人工智能（Artificial Intelligence，AI）正在飞速发展，其中最杰出的代表无疑是 ChatGPT。作为最强大的 AI 应用程序之一，ChatGPT 的出现对人类社会将产生重大且深远的影响。

那么，什么是 ChatGPT？ ChatGPT（Chat Generative Pre-trained Transformer）是由美国 AI 研究实验室 OpenAI 研发的一款世界领先的 AI 聊天机器人程序，于 2022 年 11 月正式对外发布。仅在上线两个月后，ChatGPT 的月活跃用户数就超过了 1 亿，这使它成为人类历史上用户增长速度最快的消费级应用程序。相比之下，电话用了 75 年、手机用了 16 年、互联网用了 7 年，同样火爆全球的 Instagram 达到 1 亿用户用了两年半的时间、短视频社交平台 TikTok 也用了 9 个月的时间。ChatGPT 的核心技术基于自注意力机制（Self-Attention）的 Transformer 模型结构。ChatGPT 通过对海量互联网数据的训练和参数优化，展现出强大的语言理解和文本生成能力，能够自由地与人类畅谈，并能执行文学创作、数据分析、多语言翻译、编写代码、撰写论文等多种任务。正因为 ChatGPT 展示出了如此出色的能力，笔者深信编写一本关于其使用指南的书籍是非常重要的，以便更多的读者能更高效地利用这一强大的工具改造世界。

本书就是以这样的目的进行编写的，旨在帮助读者全面而深入地理解和应用

ChatGPT，同时本书所介绍的部分使用方法也适用于类 ChatGPT 应用。例如，百度的文心一言和阿里的通义千问等。本书共 6 章，涵盖了 ChatGPT 的基本操作、提示词使用技巧、各种使用场景、参数指令与 API 开发、定制专属 GPT 以及 ChatGPT APP 等内容。

第 1 章　准备工作，主要介绍 ChatGPT 的注册、登录和基本功能，深入了解 ChatGPT 的各项操作功能，让用户能够更加熟练地使用这个强大的工具。

第 2 章　提示词，主要探讨一项至关重要的技术——提示词（Prompt）。提示词是驱动 ChatGPT 生成特定内容的关键因素。本章引导读者深入研究提示词的设计原则、编写步骤、设计技巧，还会分享一些常用的提示词案例。最后，会介绍一个实用的工具——提示词优化器，它可以帮助读者更有效地设计并优化提示词。

第 3 章　ChatGPT 的 150 种用法，重点探讨 ChatGPT 在各种场景中的使用方法并提供了示例，涵盖了从文学创作、Advanced data analysis（高级数据分析）、办公、翻译，到学术论文、教育教学、文本生图，再到金融投资、法律顾问、求医问药，以及心理与情感、生活品质、IT 与编程、多媒体艺术、音乐与玩乐、游戏、评论与评鉴、趣味知识以及看图识图等众多领域。这些示例旨在启发用户的创造力，引导用户发现 ChatGPT 在各个领域中的广阔应用。

第 4 章　GPTs：定制专属 GPT，主要介绍 GPTs 的概念、常用 GPTs、如何定制专属 GPT 以及 GPTs Action 的用法。GPTs 允许用户创建专门处理特定任务的 AI 助手，通过设定独特指令和上传数据文件，可以解决特定问题。这项技术已被广泛应用于多个领域，包括但不限于金融服务、教育、客户服务等。这不仅标志着 GPT 技术的一个重大突破，也开启了人工智能领域的新纪元。

第 5 章　Canvas：开启“人 +AI”新模式，本章主要介绍 Canvas 画布功能，这是一款旨在增强人机协作效率的创新工具。它具有写作和编程两大功能，写作功能包括建议编辑、调整文章长度、更改阅读级别、添加润色、添加表情符号等。编程功能涵盖添加注释、添加日志、修复错误、审查代码、代码移植和运行代码等。Canvas 整体提升了用户在文本处理和编程方面的工作效率。

第 6 章　Sora：开启视频创作新纪元，该章主要介绍了 OpenAI 的文生视频

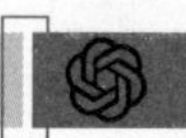

大模型 Sora，包括其注册登录、界面功能、提示词技巧、文 / 图生视频及故事板等内容。重点介绍文生视频功能，包括编辑提示词，Re-cut 精准剪辑，Remix 修改元素，Blend 融合视频，Loop 创建循环片段等。还将详细介绍故事板，这是一个全新创意工具，可组织编辑动作序列，输入分镜描述等内容后可生成视频，还有提示词润色功能等。

第 7 章　ChatGPT APP，主要介绍 ChatGPT APP 下载、安装、登录及基本用法，包括语音对话、上传图片 / 文件、历史记录搜索等功能，展示了 ChatGPT APP 与网页版在功能上的差异。2023 年，OpenAI 首次发布了 iOS 和安卓版的 ChatGPT APP，实现了网页端和移动端的无缝切换与聊天记录同步。移动端独特的功能包括集成了 Whisper 语音识别系统，支持多语言语音输入，使得语音对话成为可能。

本书采用通俗易懂的语言和丰富多样的案例，为读者展示如何充分利用 ChatGPT 便利生活、工作和学习。无论读者是一位 AI 小白，还是希望在自己的工作或创作中应用 AI 技术的实践者，均会有所收获。本书不仅是一本教程，更是一个探索 AI 潜力的旅程。在阅读过程中，读者将了解到 AI 如何影响生活，如何应用于各个领域，如何影响工作方式，甚至如何影响思维方式。笔者希望读者都能在这本书中受到启发，获得新的思考视角，创造无限可能。

在本书的创作过程中，特别感谢蔡文青老师的大力支持和慷慨资助。她的热情帮助使我有信心和力量去完成这项挑战性的任务。此外，我要向中国水利水电出版社编辑团队表达我的感激之情，他们在出版过程中表现出的敬业精神和丰富的专业知识，以及对稿件提出的有益建议和修改意见，保证了本书的顺利出版。

同样要对 OpenAI 的工程师们表示崇高的敬意，正是他们的不懈努力和创新精神，推动了 AI 技术的飞速发展，使我们有机会探索 ChatGPT 的奇妙世界。

尽管笔者尽其所能，但由于时间仓促和个人能力有限，部分资料来源于互联网，书中难免存在错误和纰漏。笔者诚挚欢迎并感谢读者的批评和反馈，以便进一步完善和修正本书。

文之易
2024 年 12 月

在线服务

扫描下方二维码，加入本书读者专属在线服务交流圈，本书的勘误情况会在此圈中发布。此外，读者可以在此圈中分享读者心得，提出对本书的建议，以及咨询笔者问题等。

注：本书出现的网址链接已全部集中制成一个服务网址文件，上传至本书读者专属在线服务交流圈中，读者可根据需求下载访问网址链接。

为符合图书规范，本书对 ChatGPT 生成答案的文本案例都进行了相关编辑加工。

扫描二维码

目录

CONTENTS

第 1 章　准备工作

第 2 章　提示词

第 3 章　ChatGPT 的 150 种用法

第 4 章 GPTs：定制专属 GPT

第 5 章 Canvas：开启“人 + AI”新模式

第 6 章 Sora：开启视频创作新纪元

第 7 章 ChatGPT APP

第1章 准备工作

ChatGPT是由OpenAI精心打造的先进深度学习模型，以其卓越的文本理解和生成能力赢得了业界的广泛赞誉。它的应用远不止于基础的文本交互，在科研、教育、商业等多重领域都发挥着重要作用。然而，要想将这一工具的潜力发挥到极致，首先必须熟练掌握其基本操作。

为了让用户更便捷地使用ChatGPT，本章详细讲解了基于最新版本的ChatGPT注册、登录及其基本功能的全方位使用方法，对于初学者，这是轻松探索这一卓越工具的第一步。用户不仅能够使用ChatGPT，更能将其强大的功能应用于实际场景中，从而提高工作和学习效率。

1.1 ChatGPT注册

扫一扫，看视频

1. 访问ChatGPT官方网站

2024年4月1日，OpenAI宣布了一项新政策：用户现在可以在不注册的情况下直接使用ChatGPT的基础功能。在科学上网的前提下访问ChatGPT的官方网站时，用户将首先打开如图1.1（a）所示的界面。在该页面的中心位置，会弹出一个包含三个选项的窗口：Log in（登录）、Sign up（注册）以及Stay logged out（继续未登录状态）。对于那些希望不通过注册即刻体验ChatGPT的用户，只需单击Stay logged out按钮，便可立即进入ChatGPT的使用界面，如图1.1（b）所示。而对于那些想保存聊天历史记录、解锁更多功能，包括升级至Plus版本的用户，可以选择单击Sign up按钮进行注册。单击Sign up按钮，将进入注册流程，进入下一步，填写电子邮箱。

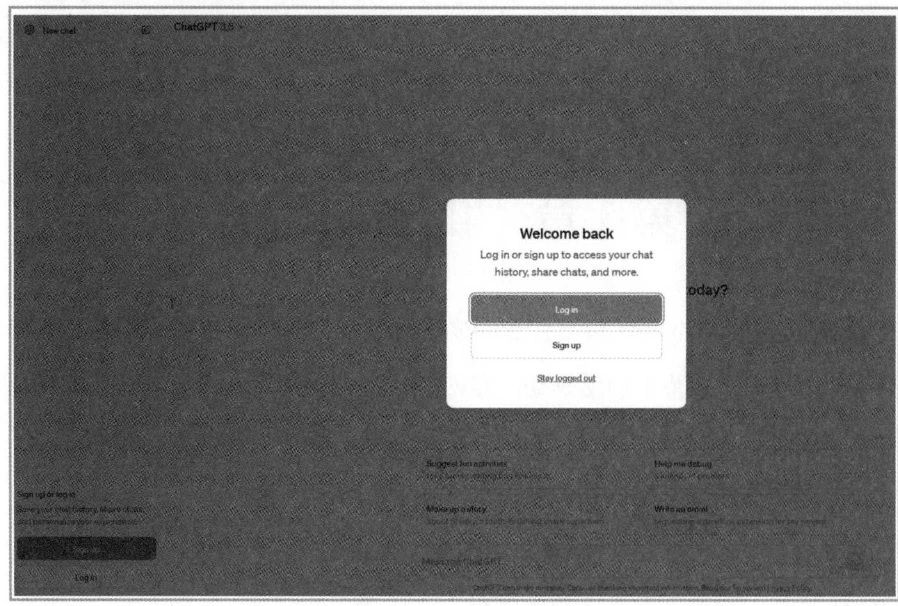

图 1.1（a） ChatGPT 欢迎页

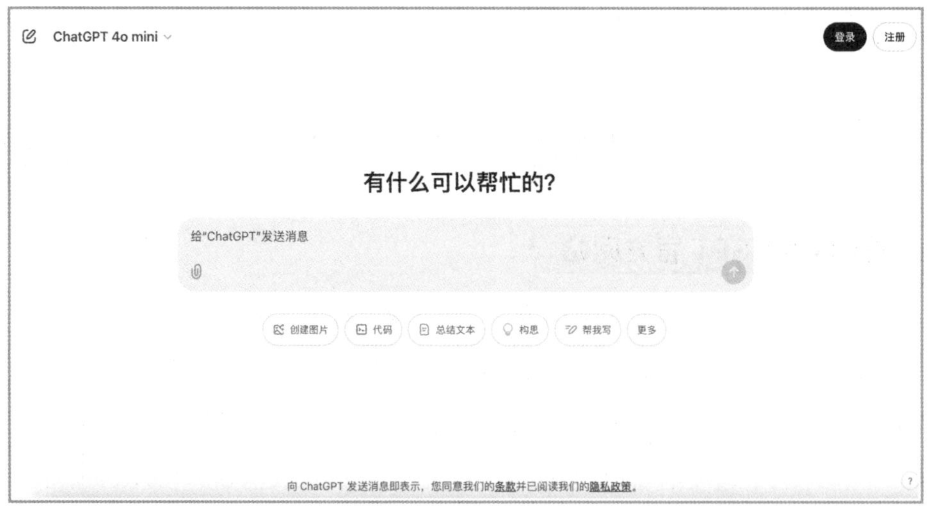

图 1.1（b） 直接使用 ChatGPT 页面

2. 进入注册页面并填写电子邮箱

注册页面如图 1.2 所示，在 Email address 栏中，输入电子邮件地址，如 gmail。填写完成后，单击 Continue 按钮，进入下一步。如果用户已经有微软（如 Outlook、Hotmail）或谷歌账号，也可以选择使用这些账户直接登录。

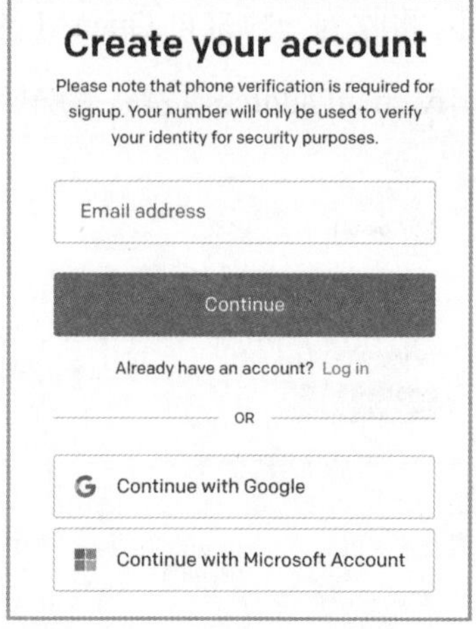

图 1.2　注册页面填写邮箱

3. 填写密码

在 Password 输入框中填写密码，如图 1.3 所示。密码需要至少包含 8 个字符。填写完成后，单击 Continue 按钮，进入下一步。

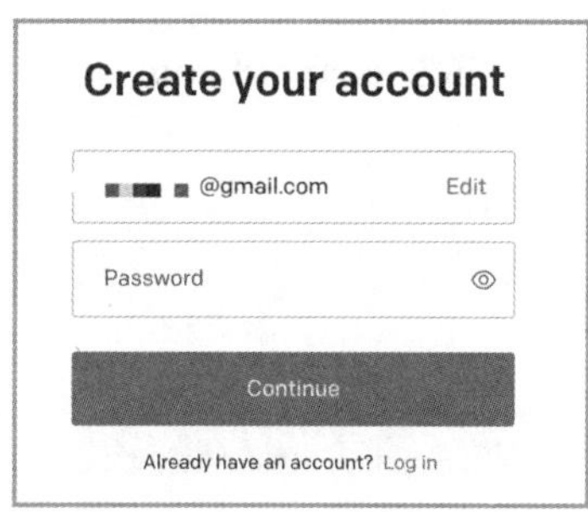

图 1.3　注册页面填写密码

4. 验证邮箱

输入账号和密码后，将跳转到如图 1.4 所示的页面，表示 OpenAI 已向用户邮箱发送了一封验证邮件。

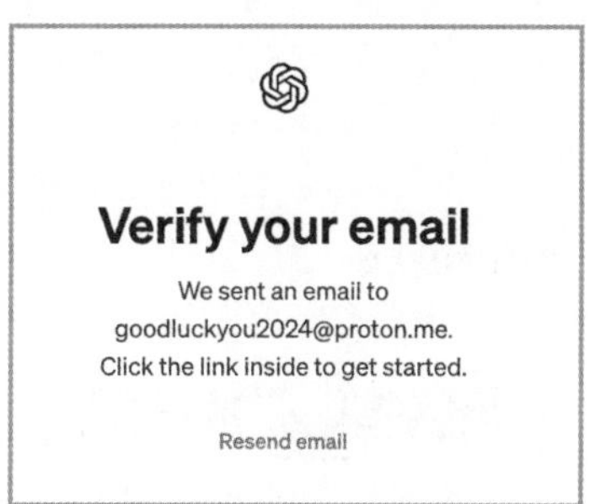

图 1.4　OpenAI 向用户发送验证邮件

打开注册时使用的邮箱，将收到一封来自 OpenAI 的验证邮件，如图 1.5 所示。用户需要单击邮件中的 Verify email address 按钮，跳转到下一步。

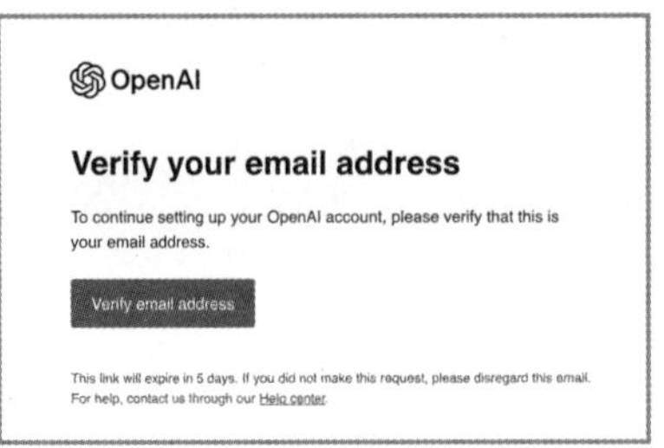

图 1.5　验证邮件

5. 填写个人信息

进入填写个人信息页面填写姓名和生日，年龄一定要大于 18 周岁，如图 1.6 所示，填写完成后，单击 Agree 按钮，进入下一步。

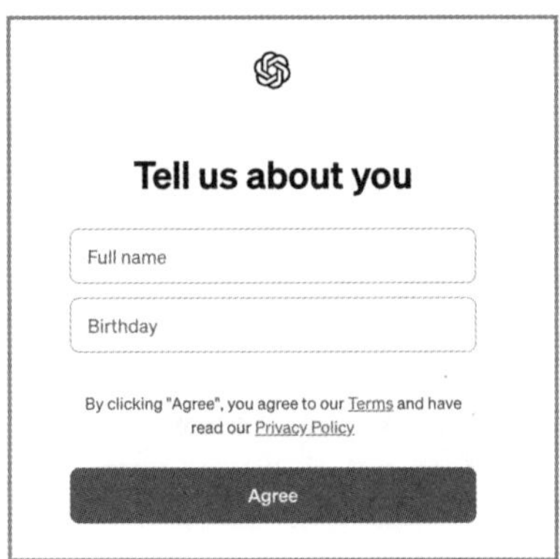

图 1.6　填写个人信息

6. 验证是否为人类

在填写完个人信息后，OpenAI 为了防止机器注册，通常会验证用户是否为人类，如图 1.7 所示。

图 1.7　验证是否为人类

7. 注册成功

当验证通过后，跳转到如图 1.8 所示页面，代表用户已经注册成功并登录 ChatGPT 首页。至此，注册才算完成。

图 1.8　注册成功

1.2 ChatGPT 登录

1. 访问 ChatGPT 官方网站

注册成功后，用户可以随意登录。请注意，用户登录 ChatGPT 时，同样需要国际网络环境。打开 ChatGPT 官网后，用户将看到图 1.1 所示的页面。在该页面中，单击 Log in 按钮，即可进入登录页面，进入下一步的操作。

2. 输入邮箱地址

如图 1.9 所示，在登录页面中输入注册时所用的邮箱地址。如果用户已拥有谷歌账号或微软账号，可单击 Continue 按钮下方的链接进行登录。填写邮箱地址后，单击 Continue 按钮即可跳转到下一个页面。

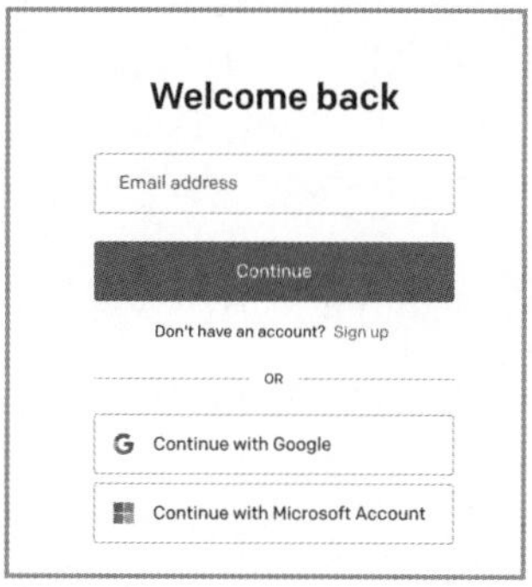

图 1.9　填写登录邮箱地址

3. 输入密码

如图 1.10 所示，在指定区域内输入注册时填写的密码，随后单击 Continue 按钮，便可顺利进入 ChatGPT 的首页。

当用户看到图 1.11 所示的页面时，便意味着登录成功，那么恭喜！现在可以自由享用 ChatGPT 的各项功能了。

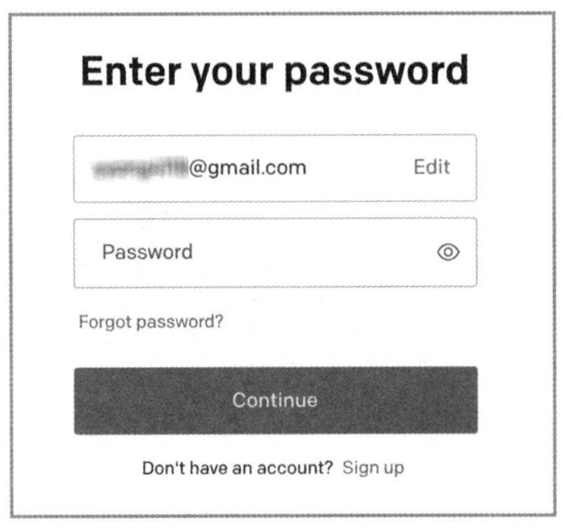

图 1.10　填写登录密码

值得一提的是，自 2023 年 7 月底以来，ChatGPT 对登录功能进行了更新。现在，只要用户成功登录并未主动退出账号，系统就会一直保持登录状态，不再出现每两周被迫下线一次的情况。这一改进让使用体验更为流畅，用户可以随时随地畅享 ChatGPT 带来的便捷与乐趣。

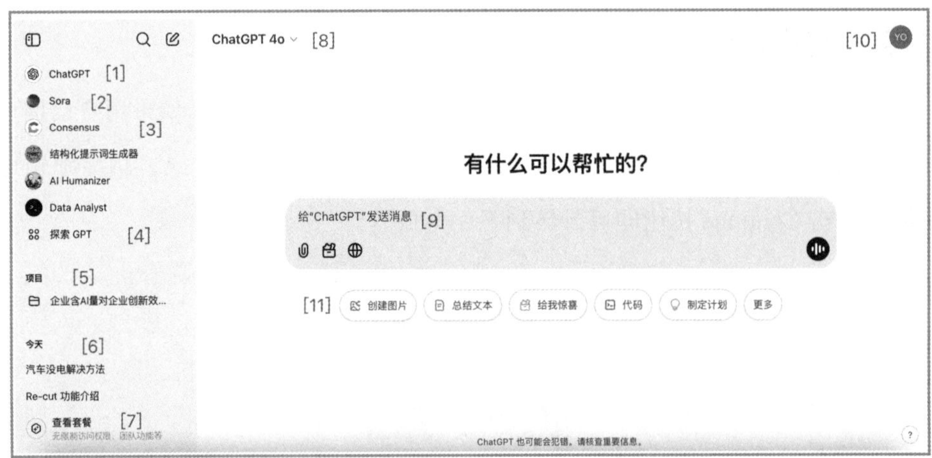

图 1.11　ChatGPT 首页

1.3 ChatGPT 基本功能

1.ChatGPT 界面

登录 ChatGPT 会员，页面将分为左右两栏。左侧为菜单栏，右侧为交互区，具体布局如图 1.12 所示。

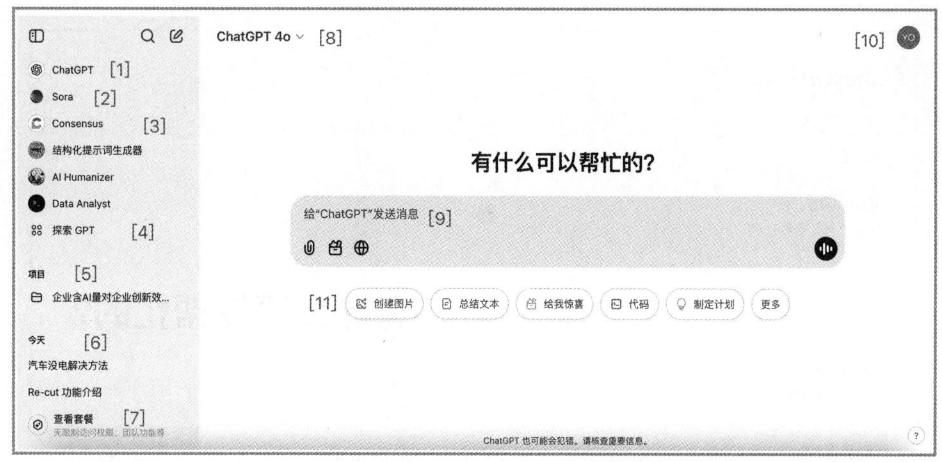

图 1.12　ChatGPT 首页

[1] ChatGPT 新聊天：点击打开新的聊天界面。

[2] Sora 链接：点击打开 Sora 官网，关于 Sora 的使用方法将在后续章节中详细介绍。

[3] 常用 GPT 或固定到边栏的 GPT。

[4] 探索 GPT：点击进入 GPTs（GPT 商店），有关 GPT 的使用方法将在后续章节中详细介绍。

[5] 项目（Projects）：按项目组织和管理文件，项目的使用方法将在下文中详细说明。

[6] 历史聊天记录：支持搜索、删除、归档聊天记录，并可为聊天记录添加标题或将其添加到某个项目中。

[7] 查看套餐：查看套餐详情并进行套餐订阅。

[8] ChatGPT 模型列表：有关模型的详细介绍将在下文中提供。

[9] ChatGPT 交流入口：可在此输入提示词、上传文件、进行联网搜索或语音交互等。

[10] 设置：进行 ChatGPT 的基本设置，下文详细介绍。

[11] 使用示例。

2.ChatGPT 模型

目前，ChatGPT 模型列表中包含以下几种模型：GPT–4o、o1、o1-mini、GPT–4o mini 以及 GPT–4，如图 1.13 所示。

图 1.13　ChatGPT 模型列表

（1）GPT-4o：多模态能力与实时性能

润色后的版本：

GPT–4o 是 OpenAI 发布的旗舰模型，其中“o”代表“omni”，意为全能。GPT–4o 能够同时处理多种输入类型（包括文本、图像和音频），在多模态场景中表现尤为出色。与之前的 GPT–4 版本相比，GPT–4o 在响应速度和性能上有显著提升，且支持更自然的实时对话以及多种媒体形式的融合。

（2）o1：高级推理与复杂问题解决

o1 是 OpenAI 推出的一个新系列模型，专为处理复杂推理和解决难题而设计。与 GPT-4o 相比，o1 在进行深度思考时花费更多时间，因此在科学研究、数学、策略制定和编码等领域表现尤为出色。如图 1.14 所示，是 o1 在数学竞赛、编程竞赛、博士级科学问题得分对比。o1 特别适合需要高推理能力的情况。

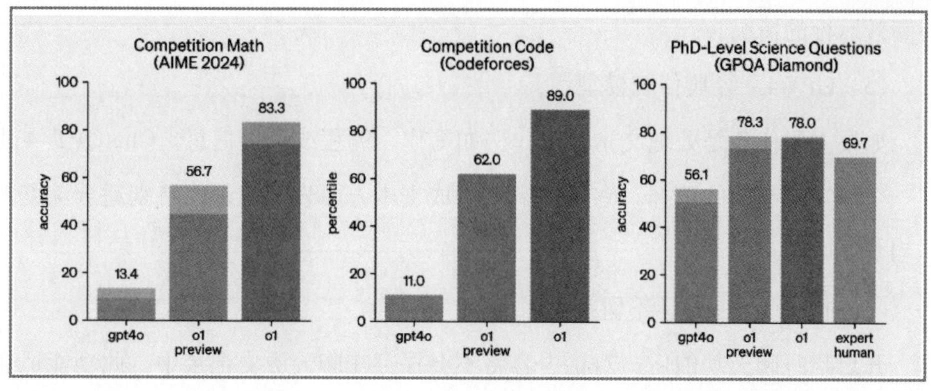

图 1.14　o1 得分对比

o1 在最新门萨智商测试中，IQ（智商）水平竟超过 120 分，而其它模型 IQ（智商）水平均为超过 100 分，如图 1.15 所示。

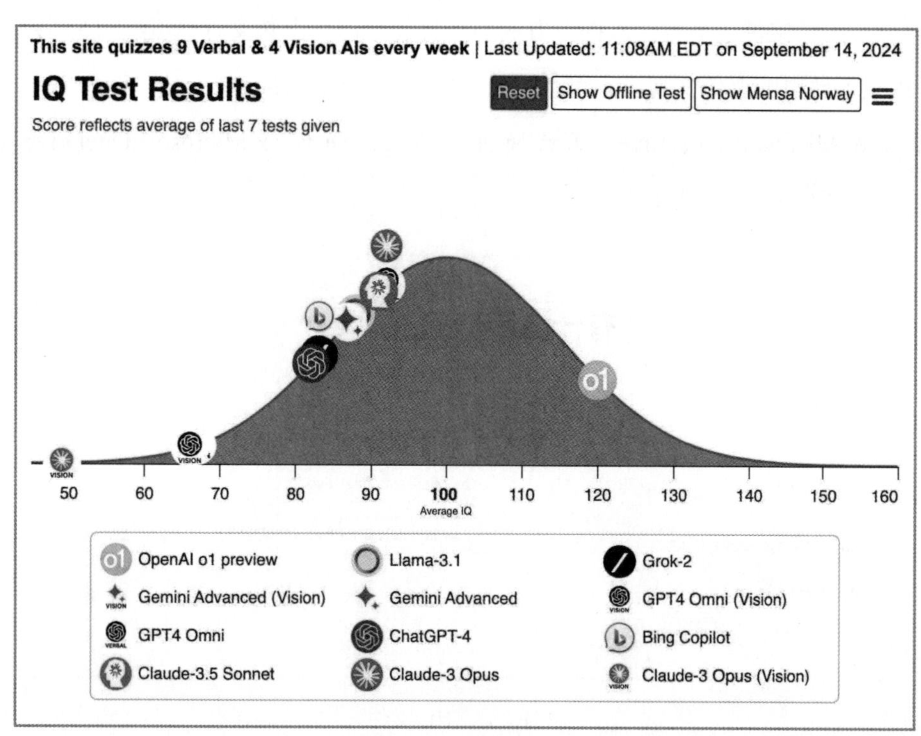

图 1.15　o1 与其它模型智商对比

（3）o1-mini：高性价比的推理模型

o1–mini 是 o1 系列的轻量版模型，具有较低的成本和更快的响应速度，特别适合需要高效处理代码和基础推理任务的情况。

（4）GPT-4o mini：高性价比多模态模型

GPT–4o mini 是 GPT–4o 的轻量版模型，资源消耗更少，适合资源有限但需要高效运行的情况。

（5）GPT-4：经典传统模型

如果主要任务是处理文本类工作，如写作、编程或查询信息，ChatGPT–4 将是一个稳定且高效的选择。它在理解和生成文本方面表现卓越，特别适合深度对话和专业应用。

（6）临时聊天：对话不留痕

开启临时聊天功能后，对话内容将不会保存在聊天历史记录中。此功能适合涉及敏感话题的对话或不希望留下互动记录的情况。

3.ChatGPT 输入

ChatGPT 支持多种形式输入，包括文本、文件上传、图片以及语音输入。

（1）上传文件。单击输入框下方的回形针图标即可上传文件（如图 1.16 所示）。可以从本地电脑上传文件，也可以通过连接应用从云存储空间上传，例如 Google Drive 和 Microsoft OneDrive。若选择通过 Google Drive 或 Microsoft OneDrive 上传文件，ChatGPT 将要求进行账号授权。

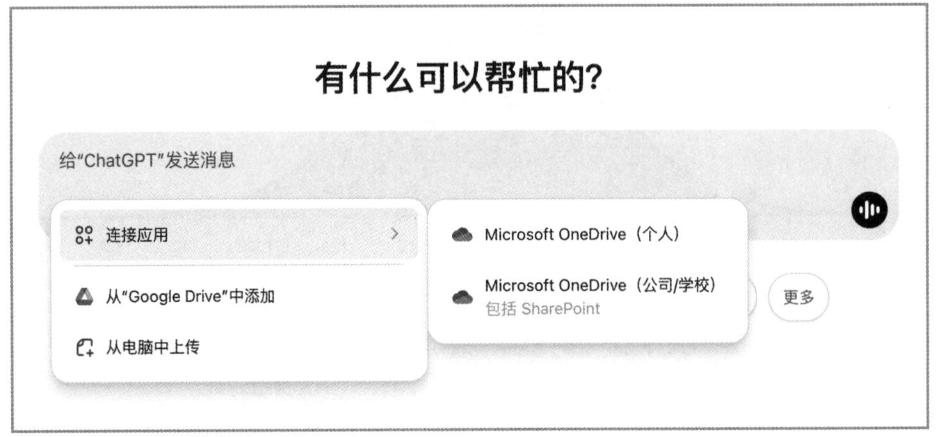

图 1.16　上传文件

ChatGPT 可以处理多种类型文件，包括文本文件、图像文件、音频文件和视频文件等。

ChatGPT 在处理不同类型的文件时，采用自然语言处理、计算机视觉和语音识别等技术。对于文本文件，ChatGPT 能识别其中的实体、关系和事件，并进行情感分析，快速大规模处理文本，适用于文本数据挖掘和信息检索等领域。

对于图像文件，如 JPEG、PNG 和 GIF 格式，ChatGPT 使用计算机视觉技术识别图像中的对象、场景和活动，快速且准确地分析图像，广泛应用于图像识别和分类等领域。

对于音频文件（如 MP3、WAV、AAC 格式），ChatGPT 通过语音识别技术分析音频中的语音、音乐或噪音，快速提供正确结果，常用于语音识别和音乐信息检索等领域。

在处理视频文件（如 MP4、AVI、MOV 格式）时，ChatGPT 结合计算机视觉与语音识别技术，能够提取视频中的对象、场景、活动及语音信息，快速分析视频内容，广泛应用于视频分析和检索等领域。

(2) 工具列表。单击输入框下方的“查看工具”图标，即可打开工具列表（如图 1.17 所示）。工具列表包括：图片（DALL–E 绘画）、搜索（实时联网搜索）、推理（使用 o1 模型进行推理）、画布（使用 Canvas 进行写作和代码创作）。

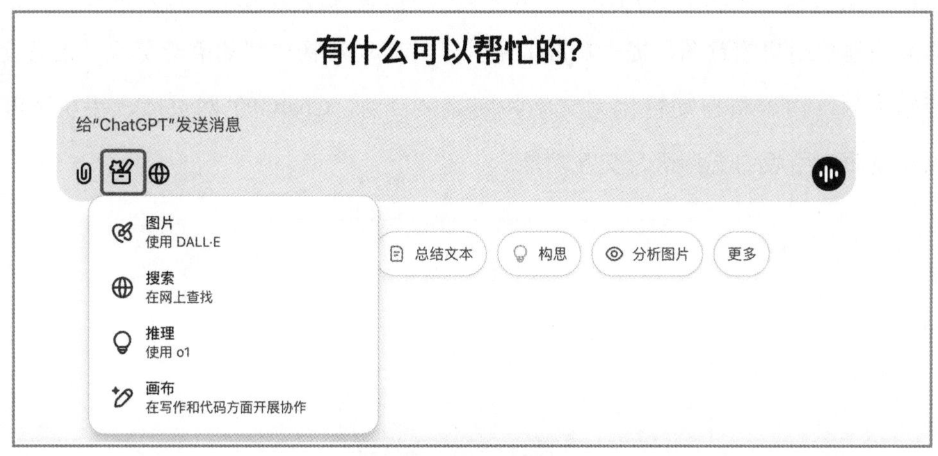

图 1.17　工具列表

默认情况下，ChatGPT 会自动判断哪些问题需要通过网络搜索，用户也可以点击界面上的“网络搜索”图标进行手动触发。ChatGPT 的网络搜索功能由 OpenAI 的 GPT–4o 模型的微调版本提供支持，能够提供来自网络的实时信息（例如体育比分、新闻、股票报价等），并附带相关来源的链接（如图 1.18 所示）。该功能针对移动设备进行了优化，例如在搜索特定位置（如餐厅或当地景点）时，ChatGPT 会显示结果列表，并提供图像、评分、营业时间及路线图等信息。

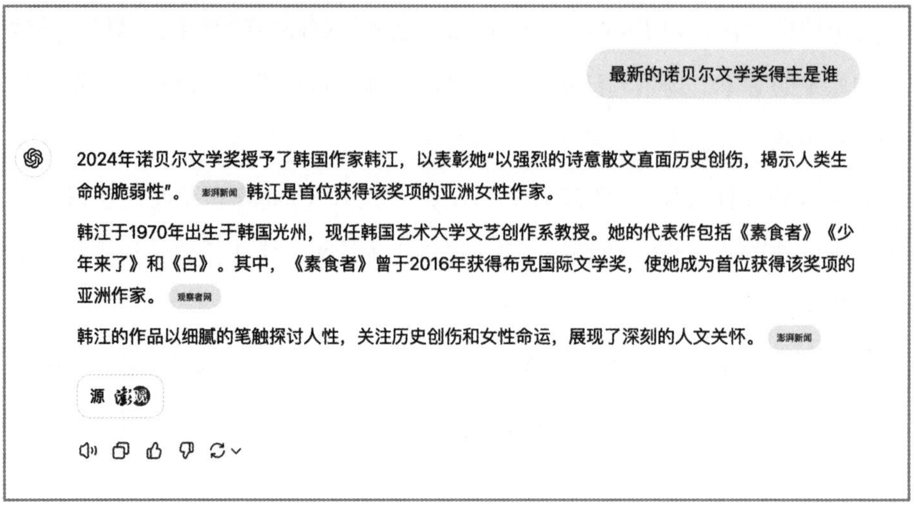

最新的诺贝尔文学奖得主是谁

2024年诺贝尔文学奖授予了韩国作家韩江，以表彰她"以强烈的诗意散文直面历史创伤，揭示人类生命的脆弱性"。澎湃新闻 韩江是首位获得该奖项的亚洲女性作家。

韩江于1970年出生于韩国光州，现任韩国艺术大学文艺创作系教授。她的代表作包括《素食者》《少年来了》和《白》。其中，《素食者》曾于2016年获得布克国际文学奖，使她成为首位获得该奖项的亚洲作家。观察者网

韩江的作品以细腻的笔触探讨人性，关注历史创伤和女性命运，展现了深刻的人文关怀。澎湃新闻

源

图 1.18　实时搜索新闻

单击输入框右下方的语音交互图标，即可打开语音交互界面，与 ChatGPT 进行语音交流（如图 1.19 所示）。ChatGPT 的语音交互系统提供良好的体验，能够准确理解用户的意图，提供精准的回答，并实现流畅自然的语音交流。语音交流结束后，内容将自动转化为文字并回显。目前，ChatGPT 网页版、手机 APP 以及桌面应用版均支持语音交互功能。

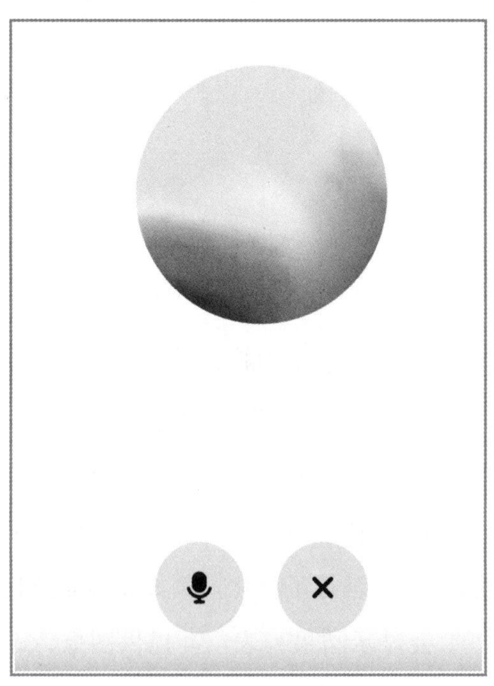

图 1.19　语音交互界面

DALL–E 绘画和 Canvas 在写作及代码创作方面的应用，将在后续章节中详细介绍。

4.ChatGPT 设置

选中右上角的用户中心图标，然后点击“设置”，即可打开 ChatGPT 设置页面（如图 1.20 所示）。

图 1.20 ChatGPT 设置页面

（1）在通用设置中，用户可以更改 ChatGPT 界面的颜色和语言，还可以对聊天记录进行归档管理、删除等操作。

（2）在个性化设置中，用户可以自定义指令并管理记忆。

自定义指令由两部分构成：

第一部分是告诉 ChatGPT 关于用户的背景资料、任务需求、内容取向以及期望实现的目标（如图 1.21 所示）。这样，ChatGPT 在回答时将根据用户的特定需求，生成更符合要求的内容。

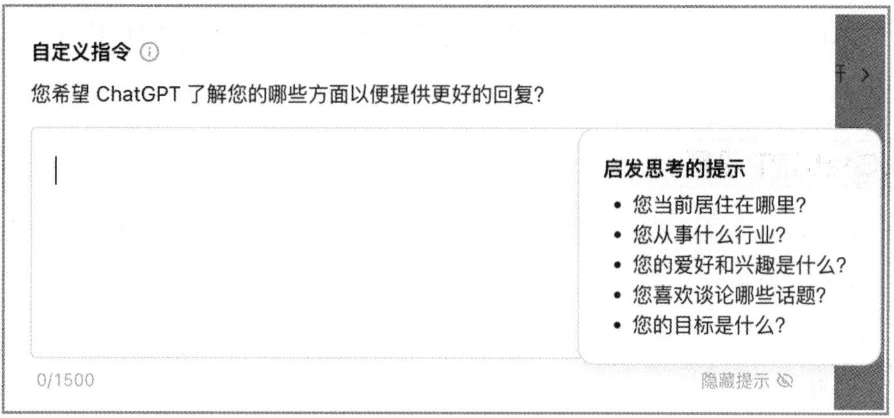

图 1.21　自定义指令第一部分

第二部分是设定 ChatGPT 在回答时需要遵循的规则和条件（如图 1.22 所示）。这样，ChatGPT 在每一次回答中，都会自动遵守这些预设规则，无需每次重复提醒。

图 1.22　自定义指令第二部分

OpenAI 于 2024 年 2 月推出首个记忆功能，旨在帮助 ChatGPT 了解用户的偏好，例如写作风格或喜爱的编程语言。用户只需在对话中告知希望 ChatGPT 记住的信息。2024 年 12 月 23 日，OpenAI 推出新的记忆功能，能够跨对话回忆用户的交流内容，在不同对话中提取并利用历史信息，从而提升对话的相关性和个性化。若用户希望 ChatGPT 记住某些内容，只需在提示词中添加“记住：XXX”即可（如图 1.23 所示）。

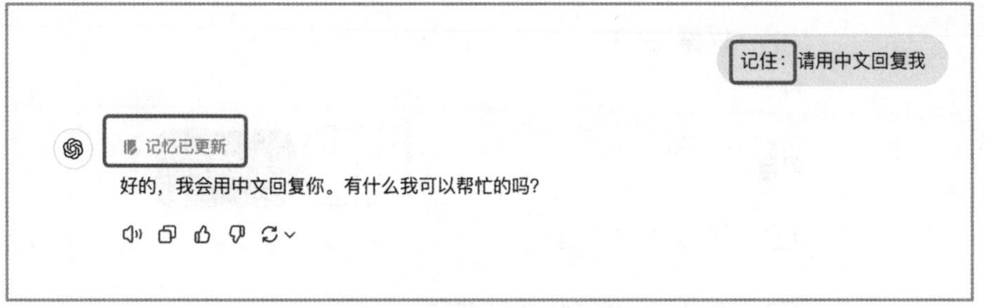

图 1.23 ChatGPT 记忆功能

（3）在语音设置中，用户可以选择语音交互的语言和声音类型。

（4）其他设置较为简单，这里不再赘述。

5. 项目（Projects）

2024 年底发布会的第 7 天，ChatGPT 正式推出 Projects 功能，这是一个全新的工作平台，旨在将聊天记录、文件和自定义指令集成在一起。顾名思义，Projects 的主要功能是按照项目组织和管理文件。官方介绍称，Projects 将聊天记录、文件和自定义指令集中在一个地方，用户可以用它们进行持续性工作，或仅仅将其整理得更加井然有序（看起来干净、整洁）。这一创新功能被视为一个项目集合，涵盖文件和指令上传、自定义对话、Canvas、网络搜索、对话管理和实时协作等多项实用工具，极大地提升用户工作效率。

项目的主要功能亮点

（1）创建定制化项目：用户可以通过简单的操作创建项目，并将相关的对话和文件集中管理。例如，你可以将某个特定主题的对话汇总到一个项目中，方便后续查看和使用。

（2）搜索功能：在 Projects 中，搜索功能依然可用。这意味着即使项目内容繁多，用户也可以快速定位所需的信息。

（3）整合 Canvas：Projects 集成了 Canvas（画布）功能，用户可以更直观地管理和展示项目内容。

（4）对话整理：Projects 不仅可以定制化对话，还可以整理和归类对话记录，使工作流程更加清晰高效。

项目创建流程

第 1 步 单击项目右侧的“+”按钮（如图 1.24 所示），即可进入创建项目流程（如图 1.25 所示）。在这里，你可以填写项目名称，开始定制化管理。

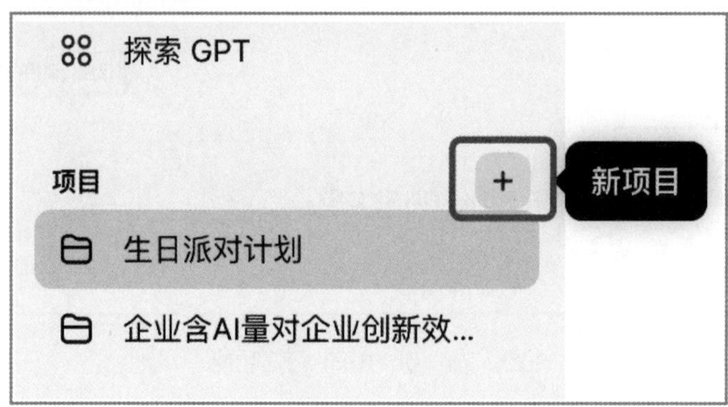

图 1.24　创建项目

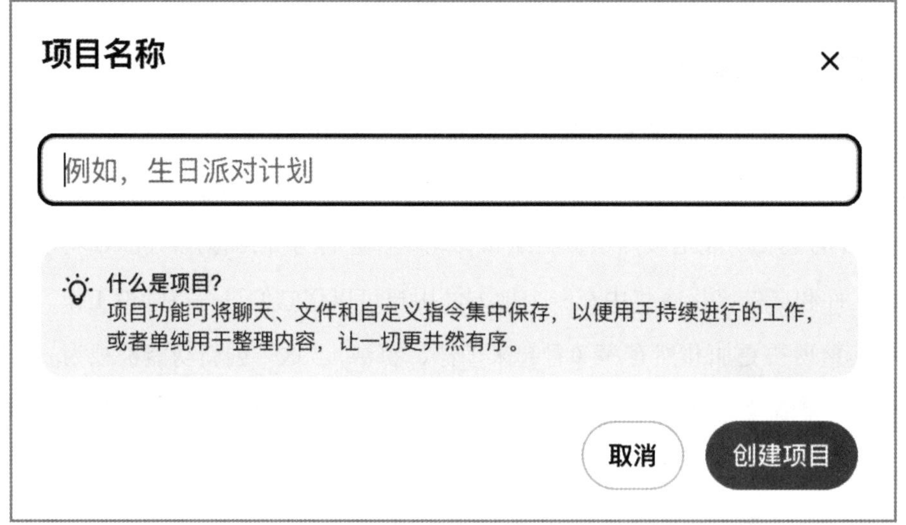

图 1.25　填写项目名称

第 2 步 添加文件。将文档、代码文件、图片等内容添加到项目中，项目即可访问和管理这些文件，如图 1.26 所示。

图 1.26　添加项目文件

第 3 步 添加指令。要求 ChatGPT 关注特定的主题，或者要求它使用特定的语气或格式进行回复，如图 1.27 所示。

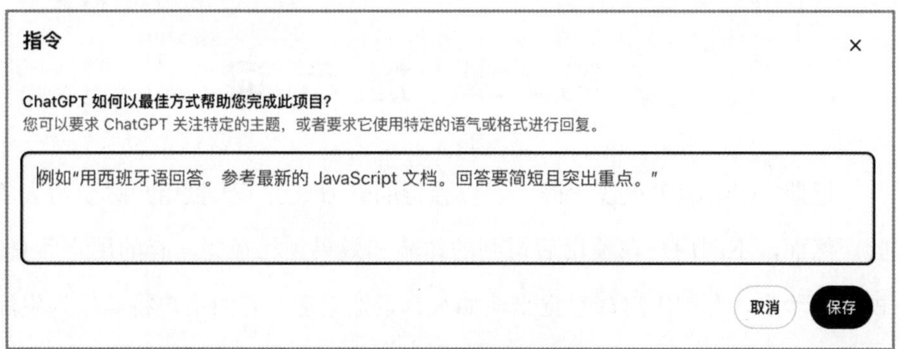

图 1.27　添加项目指令

第 4 步 设置项目颜色。支持为每个项目设置不同的颜色标识，如图 1.28 所示。

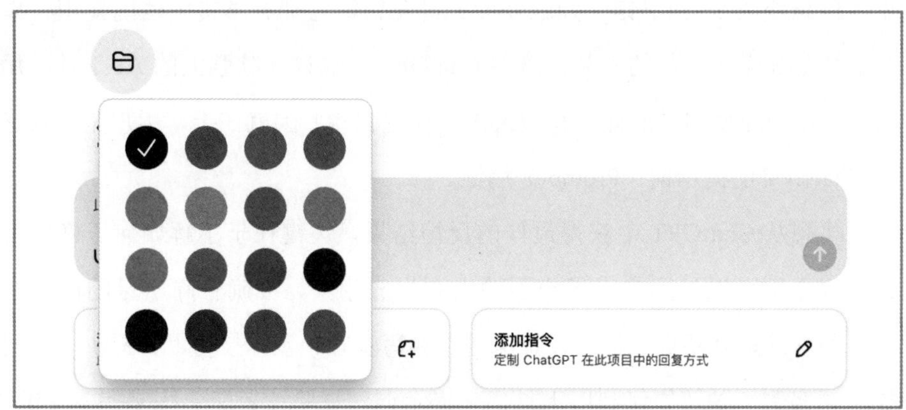

图 1.28　设置项目颜色

第 2 章 提 示 词

近期，ChatGPT 火爆出圈，它以独特的魅力吸引了大批用户尽全力去争先体验。然而，不同用户在使用后得到的体验和效果大相径庭，有的用户欣喜若狂、视其为珍宝，有的用户却感觉平淡如水、索然无趣，有的用户将其作为生活中的得力助手，有的用户视其为值得信赖的良师益友，有的用户从多方面、多层次利用其提升工作效率，也有用户只将其视作一种小玩意。实际上，ChatGPT 犹如一位博学多才、技能娴熟的全能博士，可以将它视作合作伙伴（助手）、导师（教育）、朋友（聊天、情感）、百科全书（知识问答）、软件工程师（编程）、搜索引擎（信息获取）、图书馆（知识获取）等角色。它拥有学贯中西的知识、卓越非凡的智慧和无所不能的本领。既然 ChatGPT 是这样一款强大的 AI 工具，那么为何不同用户在使用时的体验和效果大相径庭呢？原因就在于，用户是否熟练掌握了 ChatGPT 的提示词（Prompt）用法。

要想从 ChatGPT 中获得最佳的反馈结果，关键在于了解如何正确使用提示词。提示词可以让用户引导模型输出并生成相关、准确且高质量的内容。本章将全面深入地介绍提示词的设计原则、编写步骤、设计技巧，并提供一些实用的提示词案例，以及如何利用工具优化提示词。只要读者能熟练掌握本章的内容，并通过实践不断地深化理解，就能如同施展魔法般提升使用 ChatGPT 的能力、效率和效果。

2.1 提示词及其设计原则

为了更好地理解提示词的重要性，需要先了解 ChatGPT 的工作流程。该流程可以分解为以下四个步骤：

（1）用户将请求信息输入 ChatGPT。

（2）ChatGPT 分析输入并使用大模型算法生成响应。

（3）响应以文本的形式反馈给用户。

（4）用户继续输入请求信息，ChatGPT 将再次分析，并结合上下文信息，给出反馈。这个过程一直持续到对话结束。

从上述过程可以看出，决定 ChatGPT 对话成功与否的关键因素之一是用于发起和引导对话的请求信息的质量。在 ChatGPT 中，提示词通常是指一个输入的文本段落或短语，作为生成模型输出的起点或引导。提示词可以是一个问题、一段文字描述、一段对话或任何形式的文本输入，ChatGPT 模型会基于提示词所提供的上下文和语义信息，生成相应的输出文本。创建提示词或指导像 ChatGPT 这样的语言模型进行输出的过程就是提示词工程。提示词工程的作用是通过提供清晰而具体的指令来引导模型输出相关内容。

编写明确且简洁的提示词有以下三个好处：

（1）提高理解能力。明确且简洁的提示词可以帮助 ChatGPT 理解当前的主题或任务，并能够生成准确和相关的回应，使对话更有吸引力和信息量。

（2）增强专注力。明确且简洁的提示词可以帮助 ChatGPT 引导对话并使其保持在正确的轨道上，避免偏离话题或分散注意力。

（3）提高效率。明确且简洁的提示词可以使 ChatGPT 对话更高效，避免不必要的反复。

为了编写精准有效的提示词，需要遵循以下四个设计原则：

（1）清晰。清晰是指提示词应该能够明确传达想要表达的意思。切忌复杂或歧义，如果有术语，应定义清楚。例如，“重庆市有哪些比较知名的火锅店？”这种表述清晰明了，而“2021 年苹果价格比 2020 年上涨了多少？”这个提示词表述就不太清晰，“苹果”存在歧义，它是指苹果手机还是水果呢？另外，也没有给出具体地区，所以 ChatGPT 很难回答这样的问题。

（2）聚焦。聚焦是指提示词应该能够引起 ChatGPT 的注意力并帮助其专注于重点。提示词应尽量具体，不要太抽象或太空洞。在与 ChatGPT 交互时，需要使用针对性强、易于理解的提示词来减少干扰，避免问题太宽泛或太开放。例如，“你知道关于人类的知识吗？”这个提示词就不够聚焦重点，太过于开放或宽泛，没有指出人类哪个方面的知识，ChatGPT 很难回答这样的问题。可以将其修改为更为具体的提示词。例如，“你知道关于人类科技史的知识吗？”修改后，ChatGPT 给出的答案就比较精准了。

（3）相关。相关是指在整个对话（多次聊天）期间，提示词应该与当前话题或内容相关。这是因为无关的提示词会分散ChatGPT的注意力并增加沟通的难度。在设计提示词时，可以考虑使用具体和相关的术语、短语进行提问。例如，如果用户正在寻求关于旅游的建议，可以将相关的关键词加入提示词中，如“景点推荐”“路线规划”“食宿安排”等。

（4）简洁。简洁是指提示词应尽可能简洁，避免不必要的词或描述。这将有助于确保 ChatGPT 能够生成有针对性的相关响应。多余的词语和语句会分散 ChatGPT 的关注点，影响高质量反馈结果的生成。

下面列举几个有效和无效提示词的例子。

 # 有效 提示词

你能总结一下布偶猫的性格特点吗？

聚焦、相关

东莞市有多少个乡镇？

具体、目标明确

 # 无效 提示词

你能告诉我关于这个世界的美食吗？

过于宽泛和开放

你能帮我做作业吗？

过于开放

你好

无目的、不聚焦

遵循这些设计原则并勤加练习，有助于用户编写精准有效的ChatGPT提示词，保持与 ChatGPT 的对话在正确的轨道上，推动引人入胜和信息丰富的对话。

2.2 提示词的编写步骤

2.1 节探讨了编写明确且简洁的提示词的重要性和应该遵循的设计原则。本节将深入探讨编写有效提示词的具体过程。编写提示词包括明确目标、构思、修改、提交等过程，具体步骤如下：

（1）明确目标。在编写提示词之前，必须明确希望通过 ChatGPT 获取什么信息。因为明确与 ChatGPT 对话的目标和重点，至少可以制作一个具体且相关的提示词，从而有利于进行更具吸引力和更深入的对话。

（2）构思。明确目标和目的后，依据提示词设计原则和问题类型，构思提示词结构，并写下初稿。不同类型的问题，提示词结构截然不同，设计提示词要特别注意这一点。如果是多次对话，还需要设计每个对话的次序和内容，并保证每条提示词都和主题密切相关，让对话始终保持在同一条轨道上，除非想

更换话题。

（3）修改。在初稿基础上，再次依据提示词设计原则推敲提示词是否全部符合设计原则，对不符合的部分进行调整修改。避免使用可能导致混淆、误解的行话或模棱两可的语言，避免过于开放或过于宽泛的问题，避免引入不相关的语句，导致对话脱节或没有重点。适当使用提示词设计技巧（2.3 节）和设置合适的参数（参见第 4 章）优化和增强提示词功能。

（4）提交。完成后，提交给 ChatGPT 等待反馈结果。若用户对反馈结果不满意，则回到上一步，再依据设计原则，检查可能存在的问题，重新修改提示词并再次提交，直到答案满意为止。

2.3 提示词的设计技巧

在设计提示词时，除了遵循设计原则外，还有一些设计技巧也比较重要。如果熟练掌握并恰当运用技巧，则可以使提示词功能大大增强，获得更高水平的 ChatGPT 反馈结果。

1.“以……形式”获得回复

有时为了使 ChatGPT 回复更有条理性，在设计提示词时，可以加入“以……形式”表述，ChatGPT 就会以相应的形式回复内容。例如，先将膳食配料、游戏设备、周工作计划以及一个单词在几种不同语言中的表述方式制成表格，然后使用后续提示词让 ChatGPT 对其绘制的表格进行更改，甚至以其他程序（如 Microsoft Excel）可以理解的标准格式生成它们。

提示词示例：

“我想要四周之内减脂 5kg，请以表格的形式，为我列出一份每周的运动和饮食计划。”

ChatGPT：生成文本结果如图 2.1 所示。

以下是一个为期4周的减脂5kg的运动和饮食计划表格。请注意，每个人的身体状况和需求都不同，因此在开始任何减肥计划之前，请务必咨询医生或营养师的建议。同时，计划中的运动量和饮食应根据个人需求和能力进行调整。

周数	运动计划	饮食计划
1	一、三、五：慢跑30分钟，伸展运动10分钟 二、四：力量训练30分钟，如深蹲、俯卧撑、引体向上	早餐：燕麦+牛奶+水果 午餐：瘦肉+蔬菜沙拉+糙米饭 晚餐：鸡胸肉+蔬菜炒或蒸 每日2~3L水
2	一、三、五：慢跑35分钟，伸展运动10分钟 二、四：力量训练35分钟，加入肩部、背部和腹部训练	早餐：全麦面包+鸡蛋+低脂奶酪 午餐：瘦肉+蔬菜沙拉+糙米饭 晚餐：三文鱼+蔬菜炖 每日2~3L水
3	一、三、五：慢跑40分钟，伸展运动10分钟 二、四：力量训练40分钟，加入有氧运动，如跳绳	早餐：燕麦+牛奶+蜂蜜+坚果 午餐：瘦肉+蔬菜沙拉+糙米饭 晚餐：火鸡胸肉+绿叶蔬菜 每日2~3L水
4	一、三、五：慢跑45分钟，伸展运动10分钟 二、四：力量训练45分钟，加入高强度间歇训练	早餐：全麦面包+鸡蛋+水果 午餐：瘦肉+蔬菜沙拉+糙米饭 晚餐：鳕鱼+绿叶蔬菜 每日2~3L水

图 2.1 减肥计划

2.“以……风格”输出结果

默认情况下，ChatGPT 回复语气比较平淡。为了摆脱这种语气，可以在提示词中加入“以……风格”的提示，如以最喜欢的作家的语言风格回复内容，内容立即变得生动有趣。例如，选择欧内斯特·海明威故事的简洁明快，或者莎士比亚戏剧的抒情节奏，或者鲁迅小说的精粹、自然朴实。加上语言风格后，ChatGPT 回复内容就增添了几分趣味。

提示词示例：

“我想要写一份企业宣传文案，请以海明威的语言风格，为我输出 XX 公司的企业宣传文案。”

ChatGPT：

在这浩瀚的数字世界，XX 公司如同一位勇敢的探险家，逐梦前行。我们并肩同行，挑战未知，书写属于我们的传奇。

在 XX 公司的航程中，我们是信息的捕手，搜索着各种知识，让它们在指

尖跳跃。我们航行于无边的互联网大海，引领着亿万探寻者找到他们内心的渴望。

XX 公司的地图，是一位指路的朋友，让迷失的人们找到方向。在这个纷繁复杂的世界，我们勇敢地描绘新的路径，指引人们去往更远、更美的地方。

XX 公司的云，宛如一片蓝天，将信息的海洋托于空中。我们让数据飘逸于云端，使它们安全、可靠，随时随地展现在人们眼前。在 XX 的庇护下，信息不再孤立，而是在空中交融，为人们带来前所未有的机会。

XX 公司的智能，如同一位智者，站在科技的巅峰，瞭望未来。我们探寻着 AI 的奥秘，把握着无限可能，让智能赋予生活更多的色彩。在 XX 的引领下，智能将融入每个角落，让未来充满惊喜。

这里是 XX 公司，我们勇敢、坚定，永不止步。我们将继续挑战极限，探索新的领域，为人们创造一个美好的数字世界。在这场伟大的征程中，让我们一起并肩前行，书写更多的传奇。

3. 限制生成内容

当限制在一定范围内进行内容输出时，ChatGPT 会给人留下深刻印象。例如，将生成的回复内容限制在一定字数范围内，或者限制语言、地区，读者的种族、国籍、年龄、性别等条件。只要能够明确告诉 ChatGPT 限制要求，ChatGPT 都会根据要求生成回复内容。如果 ChatGPT 没有正确遵守这些限制条件，则更正后会重新生成内容。

提示词示例：

"请为我写一篇关于光武帝刘秀的传记，字数为200字左右，要求语言是英语。"

ChatGPT：

Liu Xiu, known as Emperor Guangwu, was the founder of China's Eastern Han Dynasty, born in 5 BC. As a descendant of the Western Han imperial family, his rise to power marked a new era of stability and prosperity in Chinese history.

During the collapse of the Western Han Dynasty and Wang Mang's usurpation of the throne, Liu Xiu became a key figure in the rebellion against the Xin Dynasty. In 23 AD, he led his forces to a decisive victory in the Battle of Kunyang, signaling the end of the Xin Dynasty.

In 25 AD, Liu Xiu declared himself Emperor Guangwu and founded the Eastern Han Dynasty. His reign focused on restoring stability to the empire by reinstating the laws and institutions of the Western Han Dynasty. Emperor Guangwu's military campaigns successfully quelled various rebellions and separatist movements, reunifying China under the Eastern Han rule.

Renowned for his benevolence and compassion, Emperor Guangwu prioritized the welfare of his people, working tirelessly to improve their living conditions. His 33-year reign laid the foundation for the Eastern Han Dynasty's golden age, and his legacy as a wise and just ruler endures in the annals of Chinese history.

4.“充当（hack）……”特定角色

如果想让 ChatGPT 以某个特定角色回答问题，可以在提示词中添加“充当……”要求，这对于创建更具吸引力和身临其境的对话或模拟真实场景特别有用。例如，使用“充当”告诉 ChatGPT“充当旅行社”并根据用户的偏好提供度假目的地的建议，或者告诉 ChatGPT“充当心理咨询师”来解决心理问题。“充当……”可以成为创建引人入胜和身临其境的 ChatGPT 对话的强大工具，可能性是无限的。如果想要结束这种角色扮演，只需输入“不要再充当……”即可结束特定角色扮演。

提示词示例：

“我想让你充当英语翻译员，我输入汉语，你把它翻译为英语。”

ChatGPT：生成文本结果如图 2.2 所示。

YY 我想让你充当英语翻译员，我输入汉语，你把它翻译为英语。

当然可以，我很乐意帮助你。请随时输入你想翻译的汉语，我会为你翻译成英语。

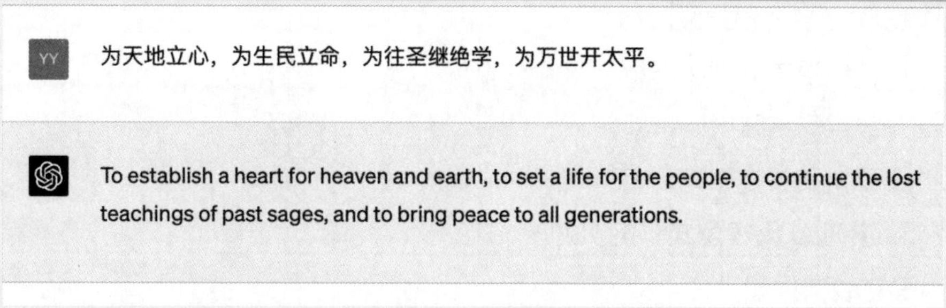

为天地立心，为生民立命，为往圣继绝学，为万世开太平。

To establish a heart for heaven and earth, to set a life for the people, to continue the lost teachings of past sages, and to bring peace to all generations.

图 2.2 语言翻译

5. 告诉受众

调整 ChatGPT 响应方式的另一种方法是告诉它，受众是谁。ChatGPT 会根据受众不同来调整生成内容。例如，用户可以告诉 ChatGPT 自己正在与一群 10 岁左右的孩子讲故事，ChatGPT 在回答用户问题时会以儿童通俗易懂的语言交流。或者告诉 ChatGPT，用户正在与一群投资经理交谈，ChatGPT 回答问题时会用一些比较专业的金融学术语。用户只要告诉 ChatGPT 自己的受众是谁，ChatGPT 就会根据不同的受众群体来调整内容，从而做出符合谈话场景的回应。

提示词示例：

“我要为一群企业家授课，讲解如何系统学习 AI 大模型知识，请为我制定一份演讲提纲。”

ChatGPT：

当然可以！以下是为企业家讲解如何系统学习 AI 大模型知识的演讲提纲：

引言

a. AI 在当今商业领域的重要性

b. 大型 AI 模型对企业家的相关性

AI 大模型概述

a. 大型 AI 模型的定义和示例（例如 GPT，BERT，T5）

b. AI 模型发展的关键突破和里程碑

基础知识

a. AI 和机器学习的基本概念

b. 深度学习和神经网络

c. 自然语言处理和理解

系统学习方法

a. 确定和设定学习目标

b. 学习 AI 大模型知识的资源

i. 在线课程和平台

ii. 书籍和研究论文

iii. 研讨会和会议

c. 与 AI 大模型的实践操作

i. 构建和微调模型

ii. 在真实商业场景中实施 AI 模型

伦理考虑和负责任的 AI

a. 理解和减轻 AI 模型中的偏见

b. 数据隐私和安全

c. 商业中负责任的 AI 部署

AI 创业

a. 确定与 AI 相关的商业机会

b. 将 AI 纳入您的商业战略

c. 各行业成功整合 AI 的案例研究

未来展望和挑战

a. AI 对社会和经济的潜在影响

b. AI 研究的即将到来的趋势和进步

c. AI 大模型的挑战和局限性

结论

a. 持续学习和了解 AI 进展的重要性

b. 鼓励企业家将 AI 融入其业务

根据用户的具体目标和受众需要，ChatGPT 随时修改提纲。

6. 为其他 AI 工具生成提示词

提示词不只是用在 ChatGPT 中，其他 AI 工具也会使用提示词，尤其是一些专业 AI 工具，提示词的准确与否将严重影响生成内容的质量。ChatGPT 本身就是一位非常出色的提示词工程师，如果要求它为 AI 引擎提供创造性和有效的提

示词输入，则可以使用 ChatGPT 提供帮助，ChatGPT 会根据不同的 AI 工具生成不同的提示词。

例如，Dall-E 和 Midjourney 都是以文生图 AI 工具，如果想使用这些工具生成图片，则需要提供准确描述图片内容的提示词，才能生成符合要求的高质量图片。无论是初学者还是专业画家，ChatGPT 都将成为他们的得力助手，通过 ChatGPT 生成提示词，用户可以在创作过程中获得更多灵感和帮助，更快地实现绘画梦想！

提示词示例：

"我想要设计一系列科幻题材的人物漫画图，漫画人物主要分为五个角色，请分别为我设计五组用于 Midjourney 生成图片的提示词。"

ChatGPT：

当然！以下是适用于生成科幻题材人物漫画图的五组提示词：

1. 第一组提示词：

◎ 角色性别：女性

◎ 角色职业：太空船舰长

◎ 角色特征：机智、果断、领导能力强

◎ 角色服饰：科技感强的舰长制服

◎ 角色道具：高级科技手表

2. 第二组提示词：

◎ 角色性别：男性

◎ 角色职业：机械工程师

◎ 角色特征：聪明、创造力十足、喜欢冒险

◎ 角色服饰：工作服搭配护目镜和工具腰带

◎ 角色道具：多功能机械手臂

3. 第三组提示词：

◎ 角色性别：女性

◎ 角色职业：科学家

◎ 角色特征：聪明、好奇心旺盛、专注于研究

◎ 角色服饰：实验室大衣、眼镜

◎ 角色道具：科学实验器材

4. 第四组提示词：

◎ 角色性别：男性

◎ 角色职业：机器人工程师

◎ 角色特征：机械天赋、善良、有点害羞

◎ 角色服饰：工装、有机器人装饰的帽子

◎ 角色道具：可爱的小机器人伴侣

5. 第五组提示词：

◎ 角色性别：男性

◎ 角色职业：外星探险家

◎ 角色特征：勇敢、冒险精神、对未知的渴望

◎ 角色服饰：护甲、头盔、宇航服

◎ 角色道具：能量武器和探索工具

以上提示词可以帮助生成 Midjourney 所需的图像，让你的科幻漫画人物栩栩如生！祝你创作愉快！

7. 听到正反双方的声音

对于一些有争议的问题，目前主流媒体开始趋于二元论证非黑即白。因此，借助 ChatGPT 在黑白之间添加一些灰度，很有必要。如果用户提出要求，则 ChatGPT 可以对争论的双方进行辩论，包括正反双方。从政治、哲学到体育、艺术，ChatGPT 能够将问题中心，不是以模糊的方式，而是以一种可以帮助用户从多个角度理解问题的方式展开论述。例如，ChatGPT 横空出世让人类感受到了 AI 的强大，同时又有隐隐担忧，如果继续发展 AI，人类是否可能会被 AI 彻底替代呢？可以让 ChatGPT 针对“人类到底该不该继续发展 AI”这个问题展开正反双方的辩论。

提示词示例：

“以意大利封杀 ChatGPT 为主题，以正反双方辩论的方式，分析一下 AI 对国家安全的冲击。”

ChatGPT：

以下是以意大利封杀 ChatGPT 为主题，从正反双方辩论的角度分析 AI 对国家安全冲击的内容。

正方观点：

支持封杀 ChatGPT，强调 AI 对国家安全的潜在风险

信息安全和隐私泄露：AI 模型可能被用于网络攻击，窃取敏感信息，从而损害国家安全。

模型可被恶意利用：有心人可能利用 ChatGPT 等 AI 模型进行网络舆论操纵、传播虚假信息，从而破坏社会稳定。

自动化失控：AI 系统可能在关键领域失去人类监控，从而导致无法预测的后果。

无法区分真实与虚假：AI 生成的信息可能导致公众难以区分事实与虚构，进而影响国家安全和社会稳定。

军事应用：AI 技术在军事领域的应用可能引发新一轮军备竞赛，进而影响国际政治稳定。

反方观点：

反对封杀 ChatGPT，强调 AI 对国家安全的积极作用

加强网络防御：通过使用 AI 技术，可以更有效地预防和应对网络攻击，保护国家关键信息基础设施。

改善情报收集和分析：AI 可以帮助情报部门更高效地收集和分析信息，从而更好地应对潜在威胁。

提高政府决策效率：AI 可以为政府提供更准确的数据和预测，帮助制定更为稳妥的政策。

打击网络犯罪：AI 可以辅助执法部门识别和打击网络犯罪活动，维护国家安全和社会稳定。

通过合作减轻风险：各国可以加强 AI 领域的国际合作，共同制定相关政策和标准，以减轻潜在风险。

总结：

AI 对国家安全既有积极作用，也存在潜在风险。关键在于如何在确保国家安全的前提下，合理发展和应用 AI 技术。封杀 ChatGPT 可能并非最佳解决方案，可以通过立法、监管和国际合作等手段，降低 AI 技术对国家安全的潜在风险。

建立监管框架：各国政府应建立针对 AI 技术的监管框架，确保 AI 的研发和应用在合法和道德的范围内进行。

加强技术安全性：AI 开发者和公司应努力提高 AI 系统的安全性和可靠性，以防止恶意攻击和滥用。

强化伦理意识：AI 领域的从业者应积极关注和讨论 AI 伦理问题，确保 AI 技术的发展符合人类价值观和利益。

公共教育与培训：通过公共教育和培训，提高公众对 AI 技术的理解和辨识能力，使其能够更好地应对 AI 带来的挑战。

国际合作：各国应加强在 AI 领域的国际合作，共同制定国际规则和标准，以防止 AI 技术对国家安全带来的潜在风险。

通过以上措施，各国可以在确保国家安全的同时，充分发挥 AI 技术的潜力，为经济发展和社会进步提供有力支持。意大利封杀 ChatGPT 的问题应引发各国对 AI 技术与国家安全关系的深入思考，以期找到一个既能确保安全又能促进技术发展的平衡点。

8. 少样本学习

少样本学习是指为模型提供一些明确的例子，这些例子被用来指导模型的内容生成，以输出所需任务的答案，一般用于识别和分类一个新物体或概念。通常情况下，使用的样本例子数量为 2~10 个。只有一个例子的学习被称为单次学习（one-shot learning）。

例如，在 ChatGPT 中使用基于提示的少样本学习来对电影类型进行分类，简单地在提示词中加入一些电影分类的例子，然后以这些例子作为背景，帮助 ChatGPT 将新的电影描述做出正确的分类。或者，首先给它一个书籍摘要列表及其类型，然后要求它为新摘要应用正确的类型标签。

提示词示例：

使用这些例子：

电影描述 1：“一群武士在切磋武艺。”分类为动作片；

电影描述 2：“一位身穿戎装的将军在指挥激烈的战斗。”分类为战争片；

电影描述 3：“一群外星人在办公室里商议如何入侵地球。”分类为科幻片；

电影描述 4：“一位帅气的男生骑着自行车，载着一位漂亮的女生，骑行在铺满金色树叶的小道上。”分类为爱情片。

请对下面的描述进行电影分类：

在樱花盛开的季节，一位男生牵着一位女生的手在校园中漫步。

ChatGPT:

电影描述：在樱花盛开的季节，一位男生牵着一位女生的手在校园中漫步。

分类：爱情片。

具体效果见图 2.3。

> 使用这些例子：
> 电影描述1："一群武士在切磋武艺。" 分类为动作片；
> 电影描述2："一位身穿戎装的将军在指挥激烈的战斗。" 分类为战争片；
> 电影描述3："一群外星人在办公室里商议如何入侵地球 。" 分类为科幻片；
> 电影描述4："一位帅气的男生骑着自行车，载着一位漂亮的女生，骑行在铺满金色树叶的小道上 。" 分类为爱情片。
> 请对下面的描述进行电影分类：
> 在樱花盛开的季节，一位男生牵着一位女生的手在校园中漫步。
>
> 电影描述：在樱花盛开的季节，一位男生牵着一位女生的手在校园中漫步。
> 分类：爱情片。

图 2.3 ChatGPT 电影分类

9. 指定提示词

如果利用 ChatGPT 进行创作，可以使用特定提示词来指导 ChatGPT 生成内容。在设定好一个或多个提示词后，ChatGPT 将通过已有的语言模型来预测和进行创作，其生成内容能够很好地贴合主题和关键词，并且相关度较高。例如，利用 ChatGPT 来生成一篇小说，只要提供与小说主题相关的提示词，就可以帮助 ChatGPT 更好地理解需求，生成满足要求的小说。对于不擅长写作的用户来说，使用 ChatGPT 可以降低写作难度，提高写作质量。用户可以使用此技巧先生成初稿，再进行修改，在修改的过程中加入新的创意和灵感，从而使文章更具吸引力和独创性。

提示词示例：

"请围绕'内容营销'提示词写一篇文章，并起一个具有吸引力的标题，文章 300 字左右。"

ChatGPT:

标题：

内容营销：创造价值，吸引客户，成就品牌传奇

在如今竞争激烈的市场环境中，品牌和企业都在努力寻找一种有效的方法来吸引并留住潜在客户。内容营销恰恰是这样一种策略，它可以帮助品牌建立信任，吸引客户并实现业务增长。

内容营销是一种通过创作和分享有价值的、相关的、有吸引力的内容，以吸引特定受众并引导他们采取预期行动的市场营销方法。与传统广告不同，内容营销的核心在于关注客户需求，为客户提供实际帮助和信息，从而在客户心中树立品牌形象。

要实现成功的内容营销，关键在于了解目标受众。通过对客户的需求、兴趣和行为进行深入研究，企业可以为他们创造有针对性的、有价值的内容。此外，内容形式多样化也是内容营销的重要特点，如博客文章、社交媒体帖子、视频、播客等，都可以作为传递信息的载体。

在内容营销中，另一个关键因素是内容的质量。高质量的内容不仅可以提高搜索引擎排名，还能为客户提供实际价值，从而提高品牌声誉。此外，优秀的内容还可以鼓励客户与品牌互动，进一步加深客户关系。

总之，内容营销是一种强大的市场营销策略，通过提供有价值的内容，帮助品牌建立信任，吸引客户，并实现业务增长。只有关注客户需求，创造高质量的内容，才能在激烈的市场竞争中脱颖而出，成就品牌传奇。

10. 使用 step by step（分步骤）纠错

ChatGPT 能够解决人类的数学及逻辑问题，然而 ChatGPT 在解答这些问题时经常会出错。为了避免数学和逻辑问题出现解答错误的情况，可以在提示词最后使用 step by step（分步骤）进行纠错。step by step（分步骤）的提示对于模型解决问题的重要性及其背后的原理，已经有专门的论文在研究论述。只要提示词里有 step by step（分步骤），模型运算时就会给出更细致的列式步骤，进行逐步推理计算，而列式步骤就让模型绕过了基本连式计算错误的坑，从而给出正确的运算结果。

提示词示例：

“要做 24 个蛋糕，每 6 个蛋糕需要 2 个鸡蛋，鸡蛋以 6 个为一盒进行出售，需要至少买几盒鸡蛋？请分步骤给出计算过程。”

ChatGPT：

我们可以分三步计算：

第一步：计算制作 24 个蛋糕所需的鸡蛋数量。

每 6 个蛋糕需要 2 个鸡蛋，所以每个蛋糕需要 2/6 = 1/3 个鸡蛋。

24 个蛋糕需要 24 × (1/3) = 8 个鸡蛋。

第二步：计算需要购买的鸡蛋盒数。

鸡蛋每盒有 6 个，我们需要 8 个鸡蛋，所以需要 8/6 = 1.333…盒鸡蛋。

第三步：确定至少需要购买的鸡蛋盒数。

由于鸡蛋以盒为单位出售，我们不能购买 1.333…盒鸡蛋，所以需要向上取整至最接近的整数。

至少需要购买 2 盒鸡蛋。

2.4 常用提示词案例

学习完提示词设计技巧后，本节将提供一些提示词案例供读者练习和参考使用。

案例 1 写作助理："作为一名中文写作改进助理，其任务是改进所提供文本的拼写、语法、清晰性、简洁性和整体可读性，同时分解长句，减少重复，并提供改进建议。请只提供文本的更正版本，避免包括解释。请从编辑以下文本开始：[文章内容]。"

案例 2 改写为小红书风格："请使用小红书 Emoji 风格编辑以下段落，该风格以引人入胜的标题、每个段落中包含表情符号和在末尾添加相关标签为特点。请确保保持原文的意思。请改变以下内容：[需要改编的内容]。"

案例 3 英语翻译或修改："我希望你能充当英语翻译、拼写纠正者和改进者。我将用任何语言与你交谈，你将检测语言，翻译它，并在文本的更正和改进版本中用英语回答。我希望你用更准确、更优雅、更高级的英语单词和句子来取代我的单词和句子。保持意思不变，但让它们更具有文学性。我的第一句话是 [要翻译的内容]。"

案例 4 论文式问答："写一篇内容详细、结构严谨的学术文章，包括引言、主题和结论，以回应以下内容：[问题]。"

案例 5 主题解构："你是一名擅长思考的助手，会把一个主题拆解成相关的多个子主题。请你使用中文，针对下列主题，提供相关的子主题。直接输出结果，不需要额外的声明：[主题内容]。"

案例 6 提问助手："你是一名擅长提问的助手，会针对一段内容，提出疑虑和可能出现的问题，用来促进更完整的思考。内容如下：[具体内容]。"

案例 7 Nature 风格润色："我希望你能充当专业的拼写和语法校对者，并改进我的文章。我想让你用更准确、优雅、高级的英语单词和句子替换我的单词和句子，以 Nature 语言风格修改文章内容，使它更具有学术性，并保持意思不变。"

案例 8 总结内容："将以下文字概括为 100 个字左右，使其易于阅读和理解。避免使用复杂的句子结构或技术术语。文字内容如下：[文字内容]。"

案例 9 编程助手："请用 Java 语言编写一个快速排序算法。"

案例 10 充当终端 / 解释器："我想让你充当一个 Linux 终端。我将输入命令，你将回答终端应该显示的内容。我希望你只在一个独特的代码块内回复终端输出，不要写解释。当我需要用英语告诉你一些事情时，我会把文字放在大括号里 { 备注文本 }，我的第一条命令是：[Linux 命令]。"

2.5 提示词优化器

如果用户在设计提示词时不太熟练，或者做的效果不太好，可以尝试使用提示词优化器——PromptPerfect。

PromptPerfect 是专为大型语言模型（LLM）、大型模型（LM）和 LMOps 设计的提示词优化器。PromptPerfect 简化了提示词工程，自动优化对 ChatGPT、GPT-3.5、DALL · E 和 Stable Diffusion 模型的提示词。无论用户是提示词工程师、内容创作者还是 AI 开发人员，PromptPerfect 都能让提示词优化变得简单易行。凭借其直观易用的界面和强大的功能，PromptPerfect 释放了 LLM 和 LM 的巨大潜力，每次都能提供高质量的结果，告别 AI 生成的低质量内容，并使用 PromptPerfect 来优化提示词。

如果用户想要使用 PromptPerfect，则首先需要进行注册登录，登录成功后，在首页选择模型和插件，如图 2.4 所示；然后编写原始提示词；最后提交给 PromptPerfect 进行优化。PromptPerfect 优化速度很快，在 10 秒或更短时间内就

能获得优化的提示词，并且可以优化各种语言的提示词。

图 2.4　PromptPerfect 首页

在输入框中输入原始提示词："我是一名抖音博主，想制作一个关于 ChatGPT 的短视频，请帮我列出 5 个吸引人的主题。"进行优化后的提示词："作为一名抖音博主，您想制作关于 ChatGPT 的短视频。请帮助您列出 5 个吸引人的主题，以便与观众分享有趣和有用的内容。这些主题应该涵盖 ChatGPT 在不同领域中的应用，例如文学、科技、娱乐等。每个主题都应该具有创意和相关性，并且能够激发观众的兴趣和好奇心。请注意，您可以根据自己的喜好和专业知识来选择适合您的 5 个主题，并确保它们是原创和引人入胜的。"优化之后，提示词内容明显增多，变得更加具体和详细。ChatGPT 根据优化前后的提示词也会生成不同的结果，如图 2.5 所示。

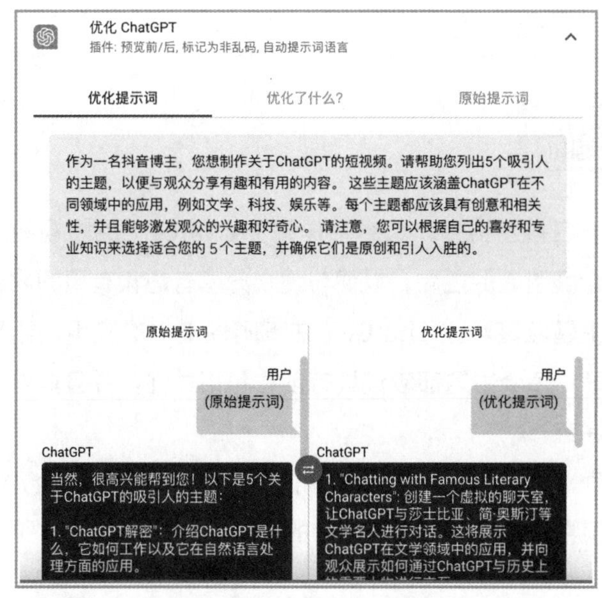

图 2.5　优化前后对比

把优化前后的提示词分别输入 ChatGPT，其结果分别如下。

1. 优化前的提问

Q 我是一名抖音博主，想制作一个关于 ChatGPT 的短视频，请帮我列出 5 个吸引人的主题。

ChatGPT：

当然可以！以下是 5 个关于 ChatGPT 的吸引人的主题，可以帮助你制作抖音短视频：

1. ChatGPT 如何改变我们的生活：介绍 ChatGPT 的实际应用场景，如客服、教育、娱乐、创作等领域，展示它是如何影响和改变我们日常生活的。

2. 聊天机器人大比拼：对比不同的聊天机器人（如 ChatGPT、微软小冰、百度度秘等），通过实际的对话示例，展示各自的优势和特点。

3. 聊天机器人有趣的实验：设计有趣的实验。例如，让 ChatGPT 编写故事、诗歌、歌词或者回答一些有趣的问题，让观众感受到它的智能和创造力。

4.AI 的伦理与道德问题：探讨使用聊天机器人时可能出现的伦理道德问题，如用户隐私、信息安全以及 AI 偏见等，引导观众思考如何在使用 AI 技术时兼顾伦理道德。

5.ChatGPT 的未来发展：讨论 ChatGPT 在未来可能的技术发展方向，以及它如何影响人类与机器的互动方式，激发观众对未来科技的好奇心。

希望这些建议能对你的短视频制作有所帮助！

2. 优化后的提问

Q：作为一名抖音博主，您想制作关于 ChatGPT 的短视频。请帮助您列出 5 个吸引人的主题，以便与观众分享有趣和有用的内容。

这些主题应该涵盖 ChatGPT 在不同领域中的应用，如文学、科技、娱乐等。每个主题都应该具有创意和相关性，并且能够激发观众的兴趣和好奇心。

请注意，您可以根据自己的喜好和专业知识来选择适合您的 5 个主题，并确保它们是原创和引人入胜的。

ChatGPT:

当然可以！以下是 5 个关于 ChatGPT 的吸引人的主题，适用于抖音博主制作短视频：

1. 聊天机器人大挑战：设计一系列有趣的挑战，让 ChatGPT 与观众或其他知名抖音博主进行互动。例如，进行智力竞赛、即兴创作或解谜游戏，展示 ChatGPT 的智能与趣味性。

2. ChatGPT 的文学创作：利用 ChatGPT 为观众创作独特的小说、诗歌或剧本，展示其在文学领域的应用。同时，可以邀请观众参与内容的创作过程，为视频增加互动性。

3. 未来科技与人类：探讨 ChatGPT 等 AI 技术在未来可能带来的变革，如 AI 与人类的共同创作、辅助决策等。通过讲述引人入胜的故事，展示科技对未来生活的影响。

4. 跨界合作：邀请不同领域的专家或明星与 ChatGPT 展开对话，如艺术家、科学家、作家等。以对话的形式，展示 ChatGPT 在各个领域的应用和实际价值。

5. ChatGPT 在娱乐行业的应用：展示 ChatGPT 在电影、游戏、音乐等娱乐行业中的实际应用。例如，为角色生成对白、制作游戏关卡或创作歌曲。通过有趣的案例，让观众感受到 AI 的魅力。

以上 5 个主题具有创意和相关性，可以帮助你制作有趣且有用的短视频内容。希望这些建议对你的抖音短视频制作有所帮助！

从优化提示词前后的效果可以看出，ChatGPT 根据优化后提示词生成的内容更具吸引力。

第 3 章　ChatGPT 的 150 种用法

3.1 文学创作

2017 年，由 AI 小冰“撰写”的诗集《阳光失了玻璃窗》引起了读者的热烈反响，这是人类历史上首部由机器人创作的诗集。当时，AI 小冰的诗集以其出色的创作水平赢得了广泛的赞誉，甚至在很多方面超越了普通诗人。而今，美国 AI 研究实验室 OpenAI 所推出的 ChatGPT 在文学创作方面也展现出了更为卓越的才华。ChatGPT 的能力远不止于创作诗歌，它还能撰写小说、散文、戏剧以及儿童故事等。近期，在全球最大的电子商务平台亚马逊上，“AI 写作书籍”悄然掀起了一股热潮，众多业余作家利用 ChatGPT 在短短几小时内就能完成一本几十页的电子书，并通过 Kindle 的自助出版服务进行销售。知名历史学家尤瓦尔·赫拉利甚至曾利用 GPT3 撰写《人类简史》十周年畅销纪念版的序言。中国科幻作家江波表示：“ChatGPT 对文学创作领域的影响无疑是巨大的，甚至可以说具有颠覆性。”ChatGPT 通过机器学习和大数据分析，模拟和理解人类的写作模式，从而产生独特的 AI 风格。尽管这种风格可能缺乏个性化元素，但其知识的广度和思想的深度，以及创作效率，都超越了一般作家。

虽然 AI 在创作领域的崛起会引起一些关于 AI 与人类创作权的争议，但不可否认的是，ChatGPT 等 AI 工具正在颠覆人们对文学创作的理解，并以此打开一扇新的大门，带领人们进入一个全新的创作时代。

为了充分展示 ChatGPT 在文学创作上的卓越才华，笔者购买了 ChatGPT Plus 版（基础版同样具备文学创作能力）。本章将使用 ChatGPT Plus 版来演示其在小说、散文、诗歌、儿童故事以及剧本创作方面的表现（注：在以下对话中，Q 代表问题；ChatGPT 代表 ChatGPT 的回应）。

用法 1：创作小说

扫一扫，看视频

在如今的数字化时代，写作的门槛被大大降低，变得更加便捷和普遍。OpenAI 开发的 ChatGPT 就是一款强大的 AI 创作工具，它拥有卓越的文本生成能力，能够帮助用户轻松编写小说。下面将介绍如何借助 ChatGPT 编写一部引人入胜的小说。

首先，确定小说主题和故事背景。在开始写作之前，用户需要对小说进行详细的规划，包括确定主题、设定故事背景和描绘角色等环节。例如，选择编写一部科幻小说，设定以“在未来的世界，人类抵抗外星人入侵”为主题。这些初步设定将有助于 ChatGPT 更准确地把握用户的创作需求。

然后，通过与 ChatGPT 进行交流，用户可以获得小说大纲、情节布局、角色描绘以及场景描述等方面的参考内容。ChatGPT 会提出一些非常有趣的想法和建议，作为创作的灵感来源。

最后，根据 ChatGPT 提供的相关信息，进一步丰富故事情节、塑造角色性格，以及构思悬念和高潮部分。

基于之前的思考和讨论，用户可以开始撰写小说的初稿。初稿完成后，还需要进行仔细审阅和修订，以确保机器生成的文字流畅，章节逻辑清晰，语言文字用词准确。

Q　帮我写一篇科幻类型的短篇小说，1000 字以内，小说梗概：地球被外星人侵略，主人公杰克带领人类研发出具有超高智商，并拥有强大武器装备的机器人战士，成功击退了外星人的入侵。

ChatGPT：《星际之战》

晨曦初破，杰克从一场噩梦中惊醒。昨夜的电闪雷鸣仿佛预示着一场浩劫。他揉了揉眼睛，抬头看向窗外。地球的天空已经不再蔚蓝，被一种诡异的暗紫色笼罩。杰克知道，外星人的侵略终究还是来了。

外星人的战舰如同巨大的钢铁怪兽，横空出世。地球的空中防御力量在强大的外星武器面前显得脆弱不堪。全球各地的城市在不断的轰炸中化为废墟，人类文明陷入空前的危机。

杰克深知，单凭现有的力量是无法战胜强大的外星入侵者的。必须尽快研发出更强大的战斗力量，才能拯救地球。作为世界顶尖的科学家，他立即着手研发一种具有超高智商并拥有强大武器装备的机器人战士。时间紧迫，他连夜投入了研究工作。

经过连续数日数夜的努力，杰克终于完成了这个突破性的项目。这些机器人战士被赋予了强大的智慧和武器，能够灵活应对外星人的攻击。作为地球的最后一道防线，它们如同钢铁巨龙，誓死捍卫地球。

机器人战士们与外星人展开了激战。它们无畏无惧，勇往直前。面对外星人高超的战术和强大的武器，机器人战士并不占上风。然而，在杰克的指挥下，它们始终坚守阵地，不放弃任何一线生机。

经过数日的激战，地球的局势渐趋紧张。外星人对地球的轰炸愈发猛烈，人类的生存环境愈发恶劣。然而，就在最危急的时刻，机器人战士们凭借出色的智慧和战斗力，终于找到了外星战舰的弱点。在一场惊心动魄的攻坚战中，它们瞄准了外星战舰的能源核心，发动了一次毁天灭地的打击。

破晓时分，天空回归了宁静。一轮红日冉冉升起，照耀在浓烟滚滚的战场上。经过一夜激战，外星人的战舰终于被击溃。它们败退在机器人战士们的强大攻势下，黯然离去。

地球捍卫者们欢呼雀跃，为胜利狂欢。在杰克的带领下，它们赢得了这场星际之战。人们流下了感激的泪水，向那些为地球而战的机器人战士致敬。

然而，战争并未完全结束。地球表面的废墟和残垣，生活环境的恶劣，都需要人们共同努力去恢复。杰克深知，胜利只是开始，未来还有更多的挑战在等待着他们。

在人类重建家园的过程中，那些曾经勇敢作战的机器人战士们也发挥了巨大的作用。它们帮助清理废墟，修复基础设施，助力人们重拾信心。在它们的共同努力下，地球逐渐恢复了往日的生机勃勃。

杰克站在重建后的城市中，凝望着碧蓝的天空。他坚信，只要人类团结一心，勇敢面对未来，地球就能重现昔日的辉煌。

此刻，他心中充满了希望。在曙光的笼罩下，人类将拥抱全新的未来。在这片星球上，他们将继续书写属于地球的传奇故事。

ChatGPT 生成的小说情节紧凑有序，文笔丝滑，人物刻画凝练传神，并且完全符合笔者设定的故事情节和主题。

用法 2：创作散文

散文是一种充满个人情感、写作方式灵活多变的叙述性文学体裁。其种类繁多，包括叙事散文、抒情散文、写景散文以及哲理散文。一些知名的散文家，如朱自清、冰心、郁达夫、汪曾祺、余秋雨和余光中等，都留下了许多珍贵的散文作品。ChatGPT 同样具备创作散文的能力。为了让 ChatGPT 能够流畅地生成符合预期的散文，用户需要给 ChatGPT 提供清晰明确的写作指引，包括指定写作的类型、主题、字数范围、语言风格等，从而让 ChatGPT 能够根据具体要求进行散文的创作。此外，还可以提供一些关键提示词和语句，以帮助 ChatGPT 更好地理解和把握写作要求。

扫一扫，看视频

下面将引导 ChatGPT 创作一篇抒情散文，一同来评估一下其写作水准如何？

Q 请写一篇关于秋天的抒情散文吧，并引用郁达夫关于秋天的描述。

ChatGPT：《秋的印记》

秋天，这个收获的季节，在金黄的色调中书写着世间的美好。走在这诗意盎然的季节里，我们感受到了岁月的温柔，生活的美好。正如郁达夫先生在《故都的秋》中所描述的那样，“我从来未觉得秋天有什么不好，反而感到她是庄重的、丰收的、有深度的。”

漫步在小城的街头巷尾，我们看到那些银杏树挂满了金黄的果实，它们在秋风中翩翩起舞，仿佛诉说着秋天的故事。孩子们在这金黄的银杏树下嬉戏玩耍，那欢快的笑声如同秋日里的一抹阳光，洒落在人们的心头。

在郊外的田野间，丰收的季节里，稻谷、玉米、蔬菜摇曳着沉甸甸的果实，映衬着农民们脸上那洋溢着喜悦的笑容。在这片金黄的大地上，他们辛勤耕耘着，为明年的希望播种。

河边的垂柳，悄然换上了金黄的新装，在秋风中轻轻摇曳。阳光洒在湖面上，波光粼粼，好似镀了一层金辉。河岸上的野菊花，默默地绽放，它们在秋天的阳光下，以坚韧的生命力为这个季节增添了几分婉约。

夜幕降临，金色的月光洒在大地上，给这个季节披上了一层神秘的面纱。此刻，一切都显得那么宁静、安详。正如郁达夫先生所言：“大地已被浓重的秋霜覆盖，秋月照耀着金黄的地面，使人感到庄重和威严。”

秋天，这个宁静的季节，在它的怀抱里，我们体会着生活的厚重，感悟着岁月的沉静。在这个季节里，我们可以找到诗意的栖息地，也可以在它的印记中，感受到生命的美好。让我们带着感恩的心，迎接这个金黄的季节，珍惜每一份收获，感悟每一份美好。

在城市的喧嚣中，我们也能找到秋天的宁静。公园的湖畔，成群的鸟儿悠然栖息，它们在秋天的阳光下，歌唱着自由与宁静。行走在林荫道上，阳光穿过树叶的缝隙，洒在人们的脸上，温暖而恬淡。而那些年轻的情侣，在这个季节里谈笑风生，似乎秋天的浪漫也在他们身边悄然绽放。

家中的团圆，也在这个季节里显得格外温馨。围坐在炉火旁，举杯共饮，品味着佳肴美酒，亲情的温暖在这个秋天的夜晚，如同一缕暖阳，洒满了人们的心房。

秋天，它是一个让人沉思的季节。我们在它的怀抱里，感受着岁月的流转，体会着生活的真谛。就像郁达夫先生在《故都的秋》中所描述的那样："秋天应该静，应该沉，应该含蓄，像一个善思的人。"

让我们在这个金黄的季节里，把握住每一个美好的瞬间，让秋天的印记，深深地烙在我们的心间。在这个季节里，我们不仅可以收获金黄的果实，更可以收获那份生命的智慧，那份对岁月的感悟。秋天，这个充满诗意的季节，带给我们的是宁静、沉思与感悟，让我们更加珍惜生命中的每一个时刻。

ChatGPT 的这篇散文达到相当高的水平，语言优美，文笔流畅，形散神不散，并且按照笔者要求，还引用了郁达夫的名篇《故都的秋》中关于秋天的描述。美中不足的是对月光描述得不太准确"金色的月光洒在大地上"，应改为"银色的月光洒在大地上"。

用法 3：创作诗歌

如何使用 ChatGPT 创作一首诗歌呢？下面将向读者介绍如何使用 ChatGPT 来创作一首文采飞扬而又富有创意的诗歌。主要分为以下几个步骤：

扫一扫，看视频

（1）选择一个主题和风格。最好选择一个具体而有意义的主题，如爱情、相思和托物言志等，这样可以让诗歌更加个性化和真诚。再根据喜好和目的选择一个合适的风格，如抒情诗、自由诗或格律诗，或者让 ChatGPT 随机选择一

个风格，也可以选择模仿某位诗人的写作风格。

（2）输入提示词。把写作要求写成提示词，帮助 ChatGPT 理解创作意图和情感，并生成与之相关的诗歌内容。

（3）生成诗歌。输入提示词后，ChatGPT 将开始生成诗歌。

（4）对生成的诗歌进行修改或优化。

诗歌可以分为古诗和现代诗两种。古诗按诗句的字数分为四言诗、五言诗和七言诗等；按内容可分为送别诗、边塞诗、山水田园诗、怀古诗、咏物诗、悼亡诗、行旅诗和闺怨诗等。现代诗按形式可分为格律诗、自由诗；按体裁可分为童话诗、寓言诗、散文诗和韵脚诗等；按表达方式又可分为叙事诗、抒情诗；按长短则分为微诗、小诗、短诗、长诗。下面演示其两种用法。

（1）古诗。

Q 请帮我写一首关于青松的五言咏物诗。

ChatGPT：

青松耸碧天，
千载守峥嵘。
风雪育龙骨，
潇洒舞千秋。

（2）现代诗。

Q 帮我创作一首关于春天的现代诗歌，要求是抒情诗，并给出诗的标题。

ChatGPT：《春日恋歌》

春风轻拂柳絮舞，
落英缤纷一地繁华。
阳光洒向万物生长，
温暖我心中的每一片土壤。
朝霞映红樱桃花，
绿叶衬托着初恋的模样。
蓦然回首，那笑靥如花，
眼中闪烁着恋爱的期盼。

燕子嬉戏于蓝天之间，
轻轻诉说着盎然的欢愉。
春天的气息，如诗如画，
恋人们在阳光下拥吻。
那梦中曾经的诗篇，
如今在春日里醒转。
心中的恋歌不再沉寂，
在这美丽的季节里奏响。
春日恋歌，让爱绽放，
愿我们的心在花间轻扬。
飘逸的诗句，记录着瞬间，
春天的韵律永恒。

Q 帮我修改为更像徐志摩风格的现代诗。

ChatGPT：《春日私语》

春风拂面，柳丝摇曳，
落英缤纷，漫步于繁华。
阳光浅吟，唤醒大地温暖，
抚慰我内心柔软的角落。
朝霞轻抚樱桃颊，
绿叶依偎着初恋的身影。
偷偷回眸，那笑靥如花，
眼底闪烁着期待的光芒。
燕子在蓝天间起舞，
诉说盎然生机的欢愉。
春日的气息，如诗如画，
恋人们在光影中相拥。
曾梦中歌唱的诗篇，
此刻在春光里苏醒。
心中的旋律不再沉默，
在这美丽的季节里奏响。

春日私语，让爱如诗，
愿我们的心在花间飘扬。
流转的诗句，镌刻岁月，
春天的韵律，永恒。

ChatGPT 创作的不管是古诗还是现代诗，都非常符合诗歌创作规范，词语优美又富有哲理，其水平已经达到一般诗人的水平。

用法 4：创作儿童故事

ChatGPT 也可以轻松搞定孩子的睡前故事，甚至可以续写任何故事。儿童故事类型比较多，可分为幼儿故事、神话故事、民间故事、童话故事和儿童睡前故事等。下面将演示用 ChatGPT 创作童话故事的示例。

扫一扫，看视频

Q 请给我讲一个关于蚂蚁的童话故事。

ChatGPT：《勇敢的小蚂蚁阿丽》

从前，在一个茂密的绿色森林里，有一个蚂蚁家族，他们勤劳地生活在那里。这个家族里有一个名叫阿丽的小蚂蚁，她总是充满好奇心，勇敢地探索未知的世界。

有一天，阿丽听说森林的另一边有一片神奇的花园，那里的花朵色彩斑斓、芬芳四溢。阿丽被这个美丽花园的描述吸引，决定独自踏上寻找花园的冒险之旅。

阿丽沿着蜿蜒的小路向前探险，沿途遇到了许多有趣的生物。她遇到了一只会说人话的鹦鹉，这只鹦鹉告诉她要绕过一片沼泽地才能找到花园。她还结识了一只聪明的刺猬，刺猬教会了她如何用树叶遮阳，以便在炎炎烈日下继续前行。

然而，旅途并不是一帆风顺的。有一天，阿丽意外跌进了一个深深的洞穴。她试图爬出洞穴，但洞口高高在上，她感到无助。正在此时，一只蜘蛛出现了。蜘蛛用它的丝为阿丽搭建了一个梯子，帮助她顺利地爬出洞穴。阿丽感激不已，与蜘蛛成为了朋友。

经过一连串的艰难险阻，阿丽终于找到了那片神奇的花园。花园里的花朵确实如传说中所描述的那般美丽。阿丽在花园里度过了快乐的时光，她采集了各种各样的花蜜，准备带回家与家人分享。

在返回的路上，阿丽将沿途结识的朋友们的善意与智慧带回了家族。她鼓励家族成员勇敢地去探索世界，拓宽自己的视野，与其他生物建立友谊。阿丽的勇敢和坚持让她成了蚂蚁家族的榜样，家族里的蚂蚁们也开始勇敢地探索周围的世界，结识了许多不同的生物。他们学到了很多新知识，使整个家族变得更加强大和聪明。

有一天，森林里的一场大雨引发了洪水，家族的巢穴面临着被淹没的危险。阿丽想起了她在旅途中遇到的朋友们和他们教给她的知识。她鼓起勇气，带领蚂蚁家族建立了一座坚固的防洪堤，成功地抵御了洪水的侵袭。

经过这次事件，蚂蚁家族对阿丽更加钦佩和敬爱。她的勇敢和冒险精神不仅拯救了整个家族，还丰富了他们的生活。从此，阿丽成了蚂蚁家族的英雄，她的事迹在整个森林里传颂，成了一个永恒的传说。

阿丽继续带领家族向前发展，她与其他生物的友谊也得到了加深。蚂蚁家族变得更加繁荣，与周围的动植物生活在和谐共处的世界里。

这个故事告诉我们，勇敢地探索未知的世界，拓宽视野，结交朋友，我们将学到很多宝贵的知识和经验。在困难和挑战面前，勇敢和坚持将使我们变得更强大，让我们的生活更加美好。

从 ChatGPT 生成的内容来看，故事情节跌宕起伏，富有想象力，寓意深刻，并在结尾给出了故事的教育意义，美中不足的地方是“她采集了各种各样的花蜜，准备带回家与家人分享”，这段描述蚂蚁采蜂蜜的行为不太符合常理，如果改成其他内容就更好了。

Q 请给 8 岁小女孩讲一个《拇指姑娘》续集的故事。

ChatGPT：《拇指姑娘与神秘的魔法森林》

在拇指姑娘与王子幸福地生活在一起的几年后，王国里发生了一件奇怪的事情。在一个遥远的魔法森林中，神秘的黑暗势力开始肆虐，给森林里的生物带来了极大的困扰。

王国的国王得知这个情况后，决定派遣拇指姑娘去解决这个问题。尽管拇指姑娘体型娇小，但她拥有无尽的勇气和智慧，因此国王相信她能够拯救森林。

带着国王的信任，拇指姑娘踏上了前往魔法森林的旅程。在路上，她遇到了一只善良的松鼠，他同样为黑暗势力所困扰。松鼠告诉拇指姑娘，黑暗势力来自一个名叫赫拉的邪恶女巫，她控制了森林中的魔法力量，企图利用它们来征服整个王国。

拇指姑娘和松鼠决定联手对抗邪恶的女巫赫拉。他们一起来到了女巫的巢穴，看到了一个巨大的魔法水晶球，那是赫拉汲取魔法力量的源泉。

为了打败女巫，拇指姑娘和松鼠制定了一个计划。拇指姑娘用她的聪明才智，找到了一个能破解水晶球魔力的方法。与此同时，松鼠则负责引开女巫的注意力。

计划开始了。松鼠成功地引开了女巫，拇指姑娘趁机接近了水晶球。她小心翼翼地使用破解魔法，终于成功地解除了水晶球的魔力。

没有了魔法水晶球的支持，赫拉的力量开始减弱。拇指姑娘趁机将她制服，把她交给了森林里的生物。为了感谢拇指姑娘的勇敢和智慧，森林里的生物们决定将魔法力量赠予她。

拇指姑娘回到了王国，将赫拉的邪恶势力消除的消息告诉了国王。国王和王子对她的勇敢和智慧感到非常骄傲。王国里的人们为拇指姑娘举行了一场盛大的庆祝活动，感谢她为王国带来的和平。

拇指姑娘用获得的魔法力量为王国带来了繁荣。她用魔法帮助农田丰收，还为城堡里的花园带来了绚丽的花朵。王国的人民过上了幸福美满的生活，对拇指姑娘充满了感激和敬意。

然而，拇指姑娘并没有因为拥有了魔法力量而变得骄傲。她始终保持谦逊和善良，将魔法用于帮助别人，而不是谋求自己的私利。她和王子继续过着幸福的生活，成了王国里一对受人尊敬的伉俪。

拇指姑娘与神秘的魔法森林的故事传遍了整个王国，成了一个激励人心的传奇。这个故事告诉了人们，勇敢、智慧和善良是战胜邪恶力量的最强大武器。它鼓励了王国里的孩子们要像拇指姑娘一样，勇敢地面对困难，用智慧和善良去帮助他人，创造一个美好的世界。

而拇指姑娘和王子，他们的爱情永恒不变，成了一个令人难以忘怀的童话故事，代代相传，让人们永远铭记这位勇敢、智慧和善良的拇指姑娘。

《拇指姑娘》是世界著名童话作家安徒生的作品，是一篇享誉世界的童话佳作。它讲述了一个只有大拇指大小的姑娘的历险故事。最后拇指姑娘在燕子的帮助下，飞到了一个自由、美丽的国度，与王子过着幸福的生活。ChatGPT 创作的

《拇指姑娘》续集《拇指姑娘与神秘的魔法森林》，开头接上了《拇指姑娘》的结尾，写作风格类似安徒生童话，故事情节不复杂，符合 8 岁小女孩的理解接受能力。同样在结尾给出这篇童话故事的深刻教育意义。

用法 5：创作剧本

ChatGPT 除了能创作小说、散文、诗歌、故事外，还具有最为独特的功能，就是创作剧本。

扫一扫，看视频

在创作剧本之前，需要先了解剧本的基本结构。剧本通常包括以下几个部分。

（1）场景描述：描述当前场景的时间、地点、气氛等信息。

（2）角色介绍：介绍出现在剧本中的主要角色，包括他们的名称、职业、性格等信息。

（3）剧情发展：描述角色之间的互动和故事的发展，包括对话、动作、心理活动等。

（4）结局：描述故事的结局，可以是圆满、悲惨、悬念等。

了解剧本的基本结构后，想要创作一部优秀的剧本，只要按照剧本结构要求，输入相关的提示词就可以生成了。

（1）确定剧本的题材和主题。确定剧本的题材和主题，如爱情、悬疑、动作等。这有助于 ChatGPT 更好地理解用户的创作意图，并生成符合预期的剧本内容。

（2）输入场景和角色信息。输入场景和角色信息应该尽可能详细，以便 ChatGPT 可以准确地理解创作意图。例如，输入场景：成都的一个小酒吧，晚上，热闹的歌声，充满浪漫而又活跃的气氛。角色：主人公冷艳，企业高管，杜小川的上司，性格高冷，精明强干；杜小川，AI 工程师，体贴温柔，朴实无华。

（3）设计剧情发展过程。根据剧本主题设计剧情发展过程。例如，主人公冷艳和杜小川在火车上相遇，并遭遇了抢劫，杜小川为了保护冷艳身受重伤，从此冷艳改变了对杜小川的看法，并开始喜欢上了他。但冷艳父母反对，杜小川无奈只好远飞美国，冷艳孤独终老。设计剧情时应该尽可能具体，以便让 ChatGPT 生成更准确的剧本内容。

（4）提交提示词，生成剧本。把步骤（1）（2）（3）的内容合并在一起，组成完整的剧本提示词，提交给 ChatGPT，ChatGPT 就可以生成剧本了。剧本生成后，再进行调整和修改。

使用 ChatGPT 创作剧本还需要一定的技巧和经验，尤其要注重角色塑造、剧情连贯性和可信度、对白质量和节奏、结局意义和效果等方面，这样就可以创作出一部优秀的剧本。

Q 假设你是一位著名编剧，并创作了一本爱情悲剧的电影剧本大纲。角色：主人公冷艳，企业高管，杜小川的上司，性格高冷，精明强干；杜小川，AI 工程师，体贴温柔，朴实无华。剧情：主人公冷艳和杜小川在火车上相遇，并遭遇了抢劫，杜小川为了保护冷艳身受重伤，从此冷艳改变了对杜小川的看法，并开始喜欢上了他。但冷艳父母反对，杜小川无奈只好远飞美国，冷艳孤独终老。

ChatGPT：

剧本：《冷艳之爱》

场景一：（火车内，夜晚）

冷艳，一个高颜值的企业高管，坐在火车中。杜小川，一个朴素的 AI 工程师，坐在她对面。他们之间的气氛尴尬而静谧。

场景二：（火车内，深夜）

火车忽然停下，一群歹徒闯入车厢，乘客们惊恐不安。杜小川挡在冷艳前面，保护她免受伤害。在混乱中，杜小川被歹徒重击，昏倒在地。

场景三：（医院，几天后）

冷艳看着病床上的杜小川，心中满是愧疚和心疼。从此，她开始改变对他的看法，心中慢慢萌生了情感。

场景四：（冷艳的家，几个月后）

冷艳向父母坦白她对杜小川的感情，但遭到强烈反对。冷艳痛苦不堪，杜小川无奈。

场景五：（机场，一周后）

杜小川抱着行李，站在机场。他回头看了一眼冷艳，然后转身登上了飞往美国的飞机。

场景六：（冷艳的家，几十年后）

冷艳独自坐在空荡荡的房间里，看着窗外的风景，心中充满了思念和遗憾。

她孤独地度过了余生，永远等待着那个永不返回的人。

尾声：(冷艳的墓地，十年后)

杜小川站在冷艳的墓前，手中握着一束白玫瑰。他流下了眼泪，转身离开。屏幕渐渐暗下，影片结束。

以上是根据你的设定和情节需求编写的电影剧本大纲，每个场景的具体对话和细节可以在后续创作过程中根据需要进行添加和修改。

ChatGPT 生成的这个剧本是根据创作者提供的角色和情节设定来编写的，整体上构建了一个完整的故事线，角色性格和发展也相对清晰。但这只是一个基础的剧本大纲，真正的剧本创作需要更多的细节，包括但不限于角色的具体对话、场景的细节描述、角色之间的互动以及冲突和解决等。这些都需要根据故事的发展和创作者的想法来进一步填充和完善。

3.2 ChatGPT 神器：Data Analyst

2023 年 7 月 6 日，OpenAI 推出了名为 Code Interpreter（代码解释器）的先进插件。2023 年 8 月 28 日，这个插件更名为 Advanced Data Analysis（高级数据分析）。2023 年 11 月 6 日，OpenAI 又将 Advanced Data Analysis 整合进 GPT-4。现在，这个由 OpenAI 开发的强大工具不仅可以作为独立的 GPT 使用，还能直接在 GPT-4 中发挥其强大功能。

Data Analyst 功能堪称强大，它不仅能够轻松处理图像、执行数学运算、深入进行数据分析，还能精准绘制专业图表、转换各种文件格式，甚至能够生成视频和分析金融市场，极大地提升了工作效率。更令人称奇的是，Data Analyst 在 ChatGPT 接口中还整合了一个 Python 解释器，支持众多强大的 Python 库，包括 matplotlib、PIL 和 graphviz 等。所有这些功能都在一个具有防火墙保护的安全沙箱环境中运行，确保了最高级别的安全性。

想要体验 Data Analyst 的强大功能吗？只需简单几步。首先，单击左侧工具栏中的 Explore GPTs 按钮，在打开的 My GPTs 页面中找到 OpenAI 开发的 Data Analyst，如图 3.1 所示。单击 Data Analyst 按钮，即可进入一个全新的界面，如图 3.2 所示。

图 3.1　选择 Data Analyst

图 3.2　Data Analyst 界面

用法 6：根据图片生成视频

扫一扫，看视频

使用 Data Analyst 根据图片生成短视频主要涉及将一系列图片组合成视频的过程。具体通过以下步骤实现。

（1）上传图片：上传想要包括在视频中的所有图片。

（2）指定参数：告诉 ChatGPT 用户的具体要求，如图片的播放顺序、每张图片的展示时长、视频的总长度以及是否需要背景音乐等。

（3）请求生成视频：要求 ChatGPT 根据提供的图片和参数生成视频。

（4）等待处理：ChatGPT 使用适当的编程语言和库来处理用户的请求，并生成视频。

（5）下载或预览视频：完成（1）~（4）步后，下载或直接预览生成的视频。

例如，假设用户已上传了一些图片，并想将它们组合成一个 20 秒的视频，按上传顺序播放，每张图片展示 4 秒，可以直接在 ChatGPT 中输入要求：

> 我已上传了一些图片，请按照上传顺序，每张展示 4 秒，生成一个 20 秒的视频。

然后，Data Analyst 使用合适的工具（如 Python 的 MoviePy 库）来创建视频，并提供下载链接或预览。

这一过程让视频的创建变得非常简单和直观，无须用户自己编写代码或安装任何特定的软件。只需提出请求，Data Analyst 就会处理所有工作。

下面使用 Midjourney 生成一些美食图片，上传到 ChatGPT，通过 Data Analyst 生成一个 20 秒的短视频。

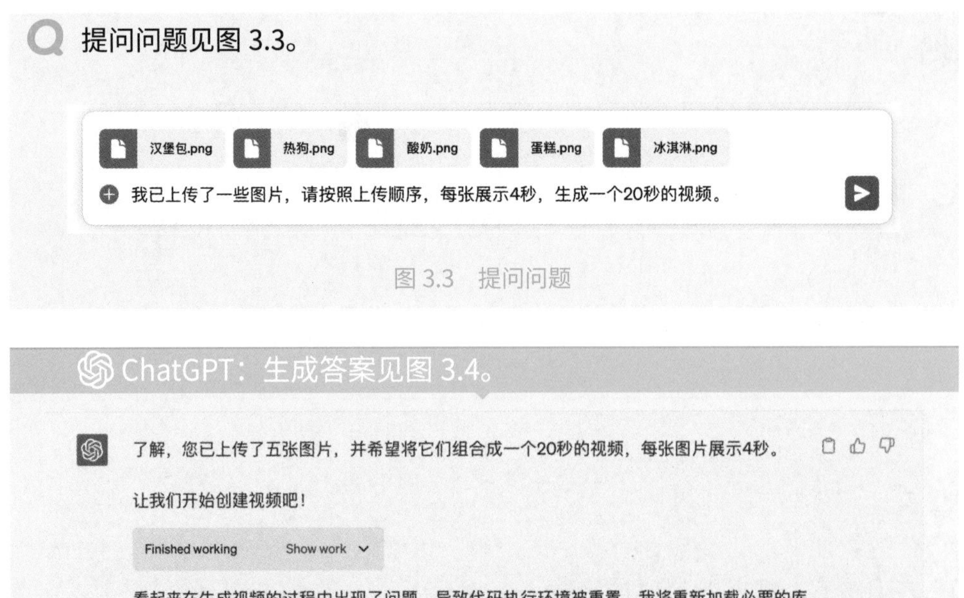

图 3.3　提问问题

ChatGPT：生成答案见图 3.4。
了解，您已上传了五张图片，并希望将它们组合成一个20秒的视频，每张图片展示4秒。
让我们开始创建视频吧！
Finished working
Show work
看起来在生成视频的过程中出现了问题，导致代码执行环境被重置。我将重新加载必要的库并重新生成视频。请稍候。
Finished working
Show work
由于代码执行环境被重置，之前定义的变量也丢失了。让我重新定义文件路径并再次生成视频。
Finished working
Show work
视频已成功生成！您可以通过下面的链接下载它：
点击此处下载视频
Regenerate

图 3.4　生成答案

用法 7：处理图像

Data Analyst 可以执行许多与图像处理和分析相关的任务。以下是一些常见的功能。

扫一扫，看视频

（1）图像读取和显示：读取和显示图像文件，以便进行分析和可视化。

（2）图像转换：将图像从一种颜色空间转换为另一种颜色空间（如从 RGB 转换为灰度）。

（3）图像过滤和增强：应用各种过滤器和增强来改善或更改图像的外观。

（4）几何变换：对图像进行旋转、缩放或裁剪等几何变换。

（5）颜色处理：更改图像的颜色。例如，改变亮度、对比度或特定颜色通道的强度。

（6）边缘检测和特征提取：使用不同的算法来检测图像中的边缘或提取其他重要特征。

（7）对象检测和识别：虽然在当前环境中无法访问预训练的深度学习模型，但可以使用一些基本方法进行形状和模式识别。

（8）图像分割：将图像分割成不同的区域或对象，以进行进一步的分析。

（9）形态学操作：使用各种形态学算法来分析和处理图像中的结构。

（10）图像合成或混合：将多个图像合同或混合在一起，以创建新的视觉效果。

请注意，由于 Data Analyst 的限制，某些复杂的任务可能无法在此环境中执行。例如，使用深度学习进行复杂的图像识别。

笔者从 OpenAI 官网上截取了一个 ChatGPT 简介片段，如图 3.5 所示。下面通过 Data Analyst 识别图片中的内容。

We're introducing custom instructions so that you can tailor ChatGPT to better meet your needs. This feature will be available in beta starting with the Plus plan today, expanding to all users in the coming weeks. Custom instructions allow you to add preferences or requirements that you'd like ChatGPT to consider when generating its responses.

图 3.5　ChatGPT 简介片段

Q 提问问题见图 3.6。

ChatGPT简介片段.png

请对该图像进行OCR识别。

图 3.6　提问问题

ChatGPT：生成答案见图 3.7。

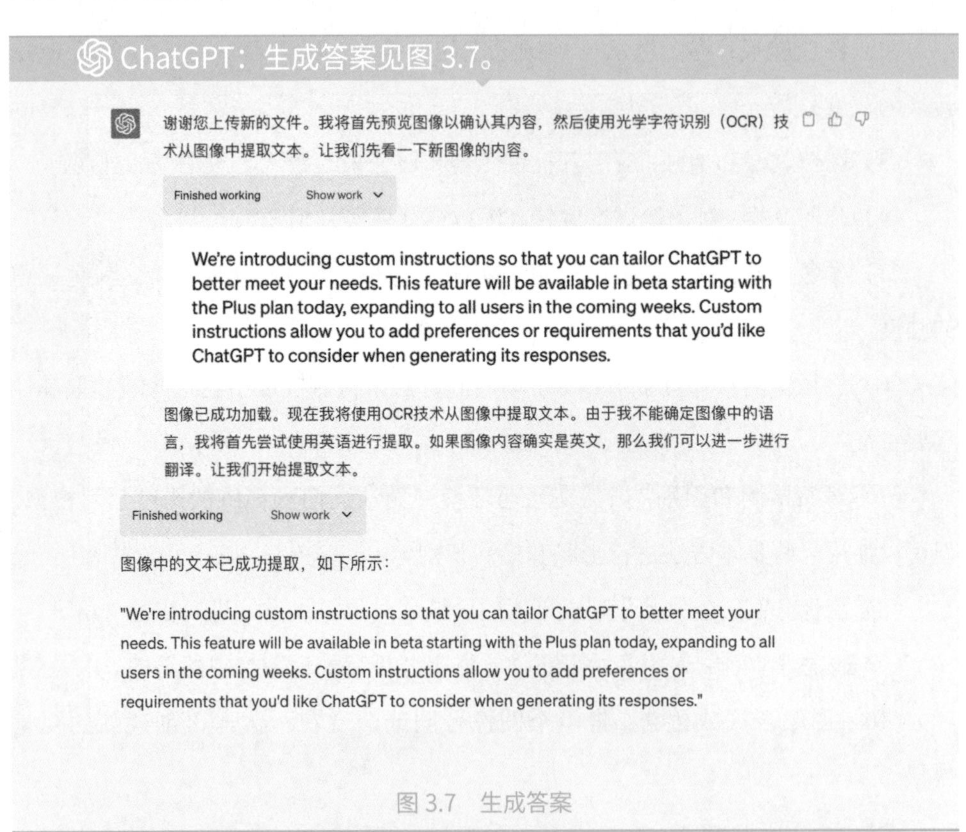

图 3.7　生成答案

笔者上传一张由 Midjourney 生成的酸奶图像，如图 3.8 所示。使用 Data Analyst 改变图像的颜色，再生成灰色图像。

图 3.8　酸奶图像

提问问题见图 3.9。

图 3.9 提问问题

ChatGPT：

我将继续使用先前将背景更改为白色的图像，并将其转换为灰度。让我们开始吧！

图像已成功转换为灰度，并保留了白色背景。如果您对结果满意，我可以为您保存图像。如果您有任何特定的要求或需要进一步调整，请告诉我！

笔者继续上传一张由 Midjourney 生成的 png 格式的图片，如图 3.10 所示。通过 Data Analyst 将该图片格式更改为 jpg 格式。

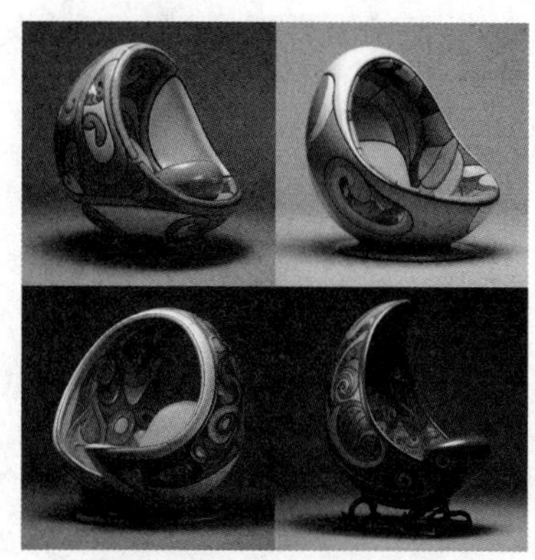

图 3.10 彩蛋椅子

提问问题见图 3.11。

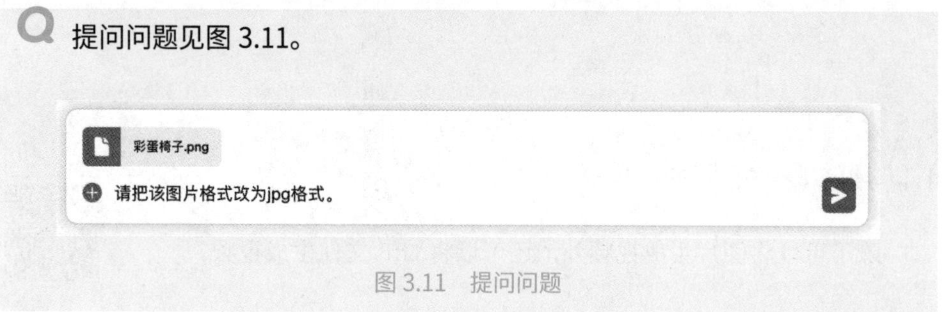

图 3.11 提问问题

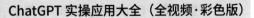

ChatGPT：生成回复见图 3.12。

当然！您上传的图片文件是 PNG 格式，我们将把它转换为 JPG 格式。

让我们开始转换！

Finished working Show work

看起来代码执行状态被重置了。这可能是由于系统问题。让我重新执行转换过程。

Finished working Show work

看起来我的会话状态已重置，我需要重新导入所需的库并定义文件路径。让我再次尝试转换。

Finished working Show work

图片已成功转换为 JPG 格式。

您可以通过以下链接下载转换后的 JPG 图片文件：

下载彩蛋椅子.jpg

Regenerate

图 3.12　生成回复

下面继续让它生成该图片的调色板。

Q 请提取该图片中的颜色，请生成调色板。

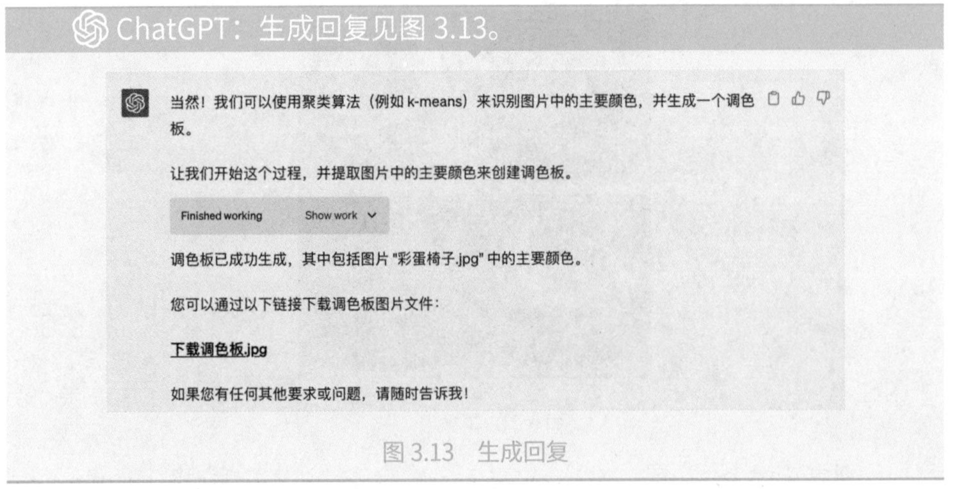

ChatGPT：生成回复见图 3.13。
当然！我们可以使用聚类算法（例如 k-means）来识别图片中的主要颜色，并生成一个调色板。
让我们开始这个过程，并提取图片中的主要颜色来创建调色板。
Finished working
Show work
调色板已成功生成，其中包括图片 "彩蛋椅子.jpg" 中的主要颜色。
您可以通过以下链接下载调色板图片文件：
下载调色板.jpg
如果您有任何其他要求或问题，请随时告诉我！

图 3.13　生成回复

用法 8：生成短视频

除了可以将图片生成视频外，还可以将 GIF 文件生成视频。

提问问题见图 3.14。

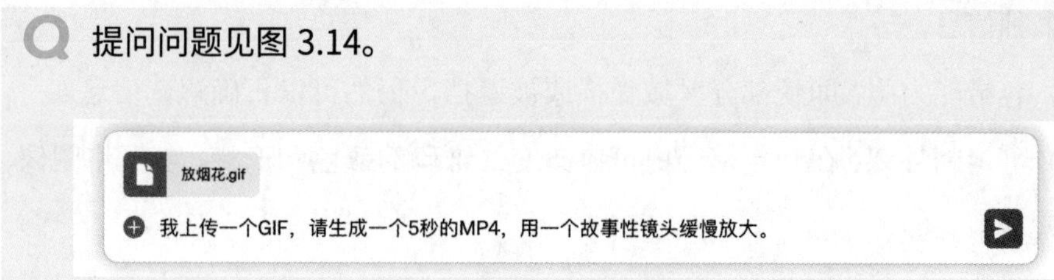

放烟花.gif
我上传一个GIF，请生成一个5秒的MP4，用一个故事性镜头缓慢放大。

图 3.14　提问问题

ChatGPT：

谢谢您上传 GIF 文件！我将按照您的要求将其转换为一个 5 秒的 MP4 视频，并在视频中缓慢放大以产生一种故事性的镜头效果。

让我们开始这个过程。

看起来我忘记导入 'moviepy' 库中的 'vfx' 模块了，它用于处理放大效果。让我修复这个问题并重新尝试。

看起来我在尝试调用缩放函数时出现了错误。我应该直接使用 'vfx.resize' 函数，而不是尝试作为模块调用。让我再次修正代码并重新尝试。

视频已成功生成，并应用了缓慢放大的效果，以创造一种故事性的镜头感觉。

您可以通过以下链接下载视频：

[下载放烟花的缓慢放大视频（MP4 格式）](sandbox:/mnt/data/fireworks_zoomed.mp4)

如果您有任何其他要求或问题，请随时告诉我！

用法 9：生成二维码

二维码（2D Barcode）是一种可以在横纵两个方向上存储信息的条码，与传统的一维条码相比，它能够存储更多的信息。二维码的名称来源于它在两个方向上的编码能力，即可以在水平和垂直方向上存储数据。

扫一扫，看视频

二维码具有以下特点。

（1）信息容量大：二维码可以存储数千个字符，远远超过一维条码的容量。

（2）可存储多种数据类型：除了数字和字母，还可存储汉字、符号、图像、声音等多种信息。

（3）容错能力强：即使部分区域受损或被遮挡，仍然可以正确解读信息。

（4）可定制外观：在一定范围内可以改变二维码的颜色和形状，甚至将图像、标志融入其中。

二维码的常见应用有以下几种。

（1）移动支付：如微信支付或支付宝扫码付款。

（2）广告营销：在海报、名片、产品包装上加入二维码，方便用户扫码获取更多信息。

（3）电子票务与登机牌：机场、火车站、演出等公共场合使用二维码作为电子票据。

（4）网址分享：将网址编码成二维码，方便用户扫码直接访问。

（5）追溯与认证：在商品上加入独有二维码，可用于防伪和追踪溯源。

二维码的常见类型有以下几种。

（1）QR Code：最常见的二维码类型，由日本的Denso Wave公司于1994年发明。

（2）Data Matrix：主要用于标签和信件的打印，能够存储大量字符。

（3）PDF417：能够存储超过 1 千字节的数据，常用于身份证和驾驶证。

二维码技术已经深入人们日常生活的方方面面，从商业到娱乐，从物流到医疗，都有广泛的应用。易用、高效和灵活的特点使其成为现代信息交互的重要工具。

Data Analyst 可以在对话环境中运行代码。用户可以通过该功能在与 ChatGPT 的交互中请求生成二维码，并获得结果。下面是使用 Data Analyst 生成二维码的步骤。

（1）提供要编码的信息：向 ChatGPT 提供想要在二维码中编码的文本或信息。

（2）请求生成二维码：告诉 ChatGPT 想要生成二维码，并提供任何特定的设置或自定义选项（如大小、颜色等）。

（3）等待 ChatGPT 执行代码：ChatGPT 将使用适当的编程语言和库执行代码，生成二维码。

（4）获取二维码图像：ChatGPT 将提供二维码图像的预览或下载链接。

例如，用户可以向 ChatGPT 提出这样的请求：

> 请用二维码编码这个信息："我爱你"。然后，ChatGPT 将使用 Python 和

qrcode 库（或其他适当的库）来生成二维码，并将返回结果，就像在之前的交互中所做的那样。

这一过程生成二维码变得非常方便，无须用户自己编写代码或安装任何库。只需提出请求，ChatGPT 就会处理所有工作。

Q 请用二维码编码这个信息：“我爱你”

ChatGPT：生成回复见图 3.15。

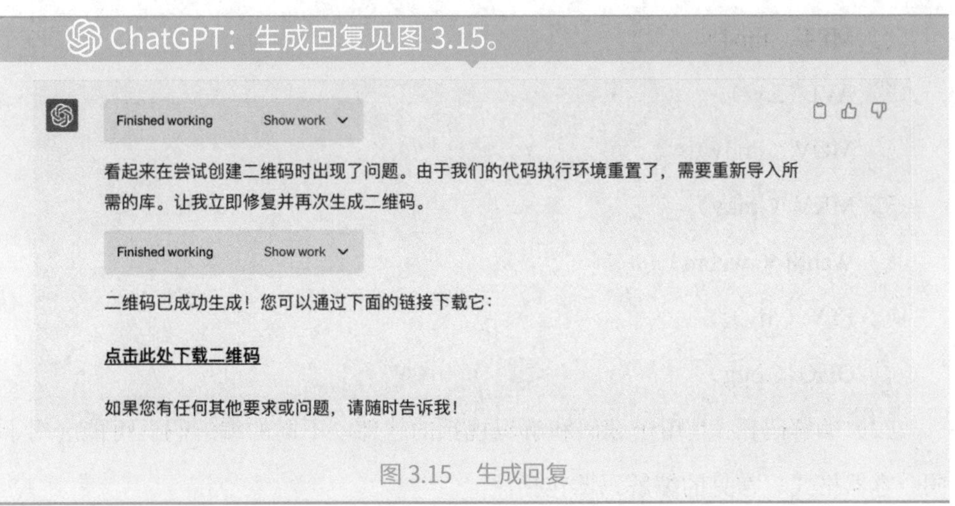

图 3.15 生成回复

笔者上传一张图片作为二维码背景，要求 ChatGPT 重新生成二维码。

Q 请把该图片作为背景重新生成二维码。

ChatGPT：生成回复见图 3.16。

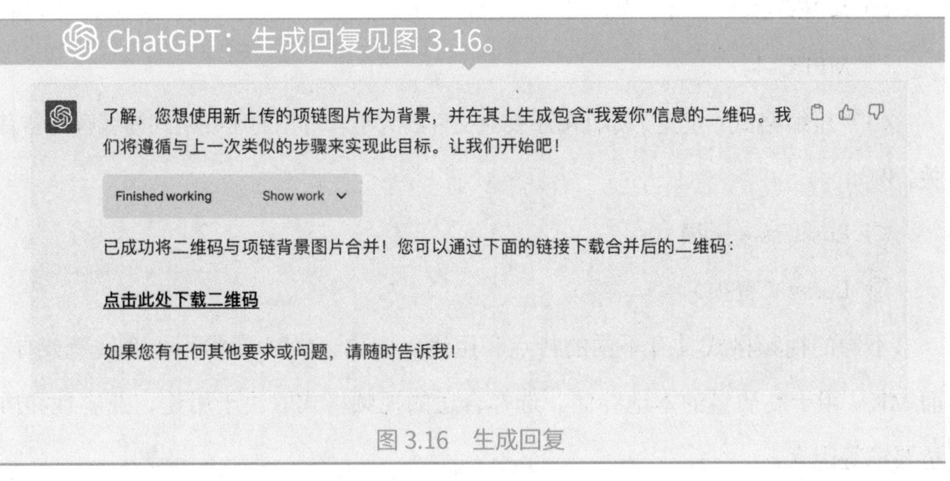

图 3.16 生成回复

用法 10：转换视频格式

扫一扫，看视频

视频格式有许多种，它们可以基于容器、编解码器、压缩格式等进行分类。下面是一些常见的视频格式：

（1）容器格式：定义了如何存储视频和音频流、元数据等。常见的容器格式包括：

◎ MP4（.mp4）。

◎ AVI（.avi）。

◎ MOV（.mov）。

◎ MKV（.mkv）。

◎ WebM（.webm）。

◎ FLV（.flv）。

◎ OGG（.ogg）。

（2）编解码器：是用于编码和解码视频的软件。不同的编解码器可能会用于同一容器格式。常见的编解码器包括：

◎ H.264。

◎ H.265/HEVC。

◎ VP9。

◎ MPEG-2。

◎ MPEG-4。

（3）压缩格式：定义了如何减小视频文件的大小。常见的压缩格式与编解码器有关。例如：

◎ Lossless（无损）。

◎ Lossy（有损）。

不同的视频格式具有不同的特点和用途。例如，MP4 通常用于在线流媒体，而 MKV 用于高质量的本地存储。选择合适的视频格式取决于用途、兼容性和质量要求等因素。

Data Analyst 可以使用诸如 MoviePy、ffmpeg 等库进行多种视频格式的相互转换。这些库支持大多数常见的视频容器格式和编解码器，如 MP4、AVI、MOV、MKV 等。

以下是一些可能的转换任务：

◎ 将 MOV 转换为 MP4。

◎ 将 MP4 转换为 AVI。

◎ 将 MOV 转换为 MKV。

◎ 更改视频的编解码器（如从 H.264 转换为 H.265）。

◎ 调整视频的分辨率、帧率或质量。

如果要用 ChatGPT 对一个视频文件进行转换格式，请上传文件，并输入希望转换到哪种格式以及是否有任何特定的设置或要求。

Q 提问问题见图 3.17。

图 3.17 提问问题

ChatGPT：生成回复见图 3.18。

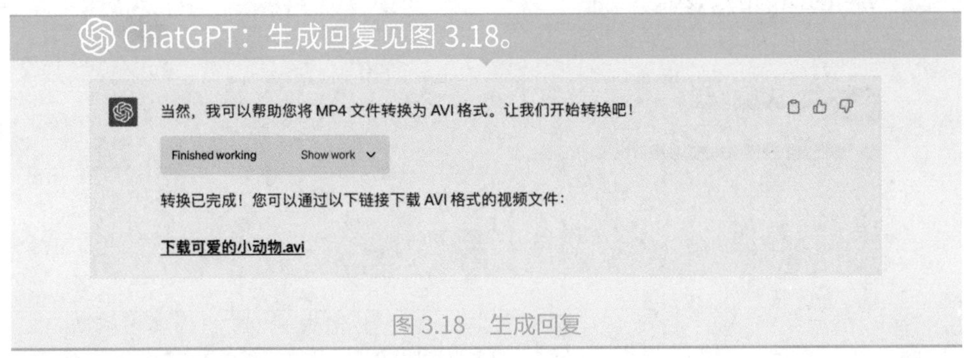

当然，我可以帮助您将 MP4 文件转换为 AVI 格式。让我们开始转换吧！
Finished working
Show work
转换已完成！您可以通过以下链接下载 AVI 格式的视频文件：
下载可爱的小动物.avi

图 3.18 生成回复

Q 请继续转换为 MOV 格式文件。

ChatGPT：生成回复见图 3.19。

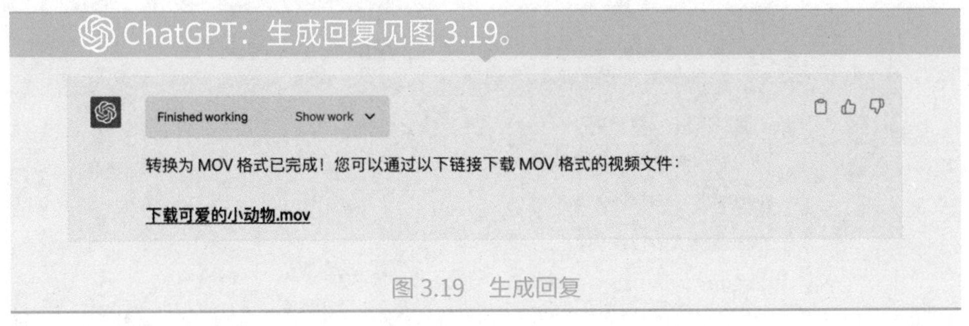

Finished working
Show work
转换为 MOV 格式已完成！您可以通过以下链接下载 MOV 格式的视频文件：
下载可爱的小动物.mov

图 3.19 生成回复

用法 11：剪辑视频

扫一扫，看视频

使用 Data Analyst 可以轻松剪辑视频。以下是使用此工具剪辑视频的步骤：

（1）上传视频文件：通过 ChatGPT 的上传功能，将要剪辑的视频文件上传到 Data Analyst。

（2）提供剪辑细节：在聊天窗口中输入想要从视频中剪辑的特定部分的开始和结束时间。

（3）等待剪辑完成：ChatGPT 将使用适当的代码和库处理剪辑，并将剪辑后的视频提供给用户。

（4）下载剪辑后的视频：直接从聊天窗口下载剪辑后的视频。

如果用户想要剪辑视频，请上传视频文件，并输入希望剪辑的部分的开始和结束时间，ChatGPT 将完成剪辑工作。

Q 提问问题见图 3.20。

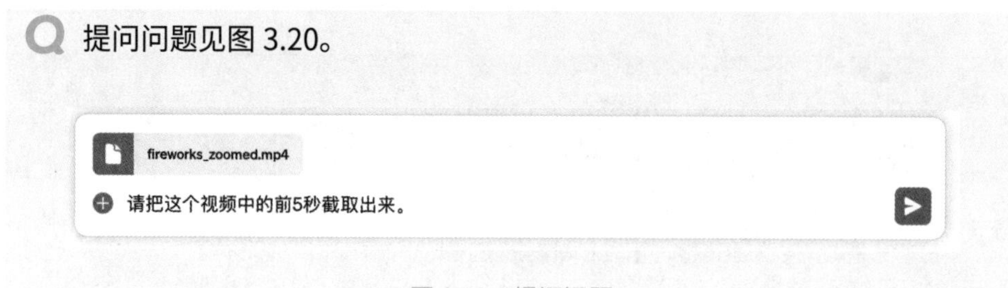

图 3.20　提问问题

ChatGPT：生成回复见图 3.21。

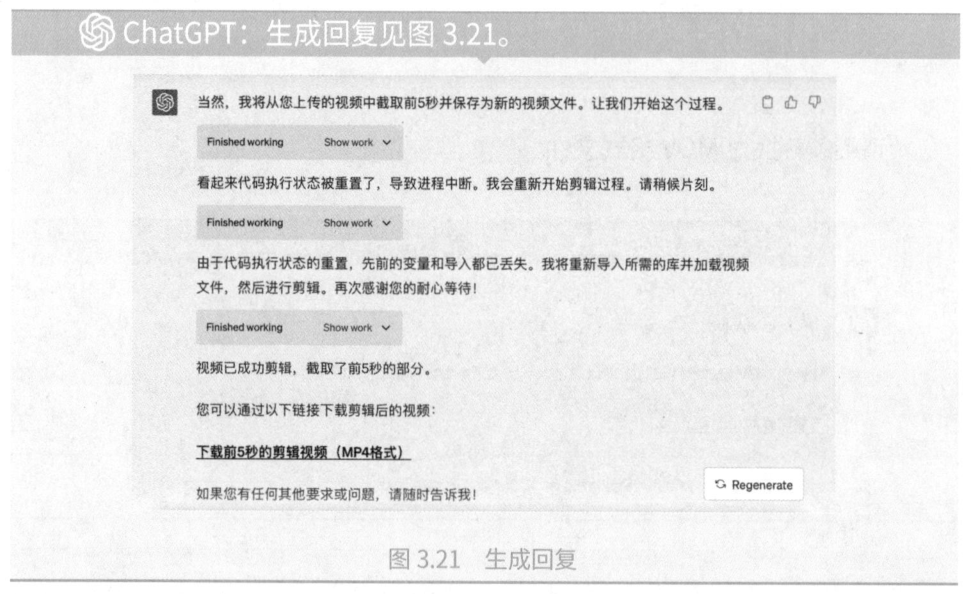

当然，我将从您上传的视频中截取前5秒并保存为新的视频文件。让我们开始这个过程。
Finished working　Show work
看起来代码执行状态被重置了，导致进程中断。我会重新开始剪辑过程。请稍候片刻。
Finished working　Show work
由于代码执行状态的重置，先前的变量和导入都已丢失。我将重新导入所需的库并加载视频文件，然后进行剪辑。再次感谢您的耐心等待！
Finished working　Show work
视频已成功剪辑，截取了前5秒的部分。
您可以通过以下链接下载剪辑后的视频：
下载前5秒的剪辑视频（MP4格式）
如果您有任何其他要求或问题，请随时告诉我！
Regenerate

图 3.21　生成回复

用法 12：调整视频播放速度

扫一扫，看视频

在进行视频处理时，有时可能需要改变视频的播放速度，如加快或减慢。使用 Data Analyst 调整视频播放速度是一项相当轻松的任务。上传视频文件后，只需告诉 Data Analyst 调整速度的倍数，该插件会调用 MoviePy 库来调整视频播放速度。

提问问题见图 3.22。

图 3.22 提问问题

ChatGPT：生成回复见图 3.23。

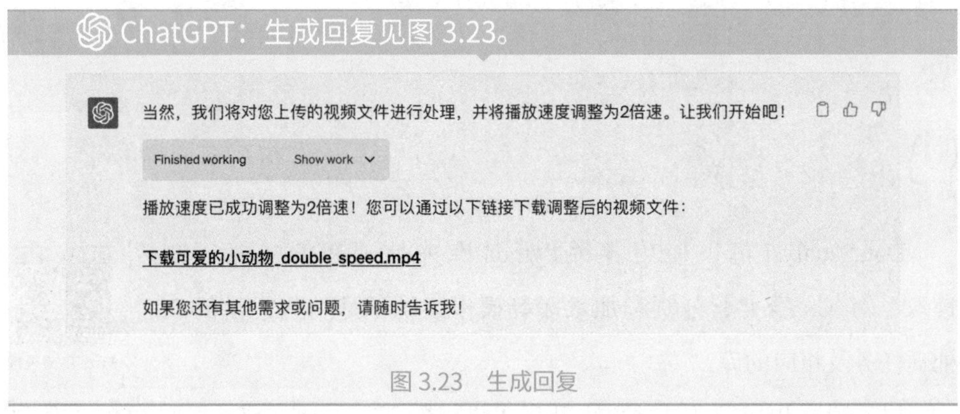

图 3.23 生成回复

用法 13：压缩视频

扫一扫，看视频

下面通过调用 Data Analyst 插件的 imageio with ffmpeg 库来解决视频压缩问题。

笔者继续使用“可爱的小动物 .mp4”视频文件作为案例进行演示，该文件原始大小为 3.5M，压缩之后为 1.1M，并且保持了原来的清晰度。需要注意的是，ChatGPT 可以上传文件的大小限制在 500M 之内，超过这个大小的文件将无法上传。

请使用 imageio with ffmpeg 库来压缩“可爱的小动物 .mp4”文件的大小减小到原来的一半。

ChatGPT：生成回复见图 3.24。

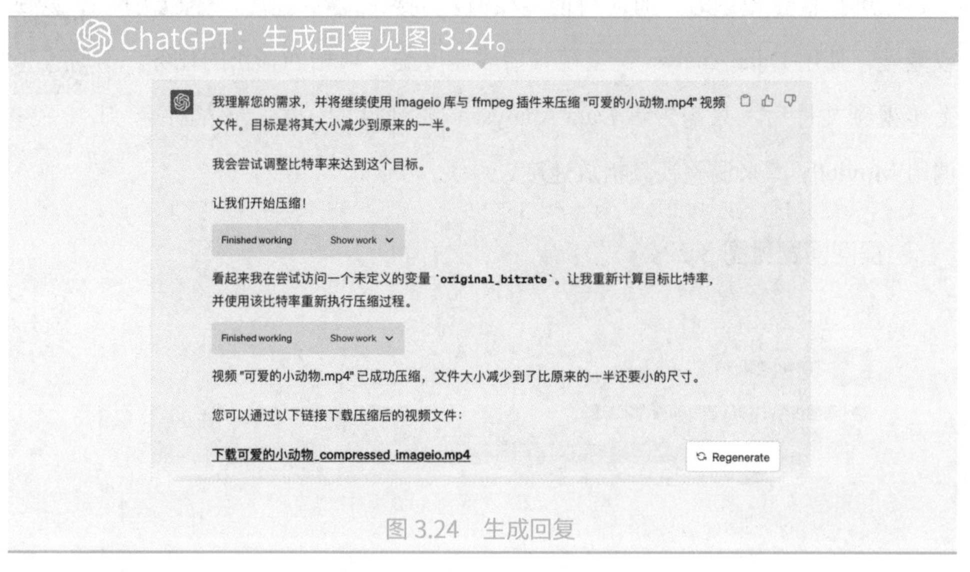

图 3.24　生成回复

用法 14：处理 PDF 文件

扫一扫，看视频

Data Analyst 可以使用各种 Python 库来处理 PDF 文件，包括读取、写入、合并、分割和加水印等操作。以下是一些常见的 PDF 处理任务及相应的库。

（1）读取 PDF 文本内容：使用 PyPDF2 或 pdfminer.six 库来提取 PDF 文件中的文本内容。

（2）合并 PDF 文件：使用 PyPDF2 库来合并多个 PDF 文件。

（3）分割 PDF 文件：使用 PyPDF2 库来分割 PDF 文件的特定页面。

（4）添加水印或注释：使用 PyPDF2 或 reportlab 库添加水印或注释。

（5）将 PDF 转换成其他格式：使用 pdf2image 库将 PDF 转换为图像格式；使用 pandoc 或 unoconv 将 PDF 转换为 Word 或其他文档格式。

（6）创建 PDF 文件：使用 reportlab 库来创建自定义的 PDF 文件，包括文本、图形和图像。

（7）编辑和填充 PDF 表单：使用 pdfrw 或 pdfminer.six 库来编辑和填充 PDF 表单。

（8）加密和解密 PDF 文件：使用 PyPDF2 库来对 PDF 文件进行加密和解密。

（9）PDF 元数据和属性操作：使用 PyPDF2 或 pdfminer.six 库来读取和编辑 PDF 的元数据和属性。

（10）使用 OCR 读取扫描的 PDF ：使用 pytesseract 和 pdf2image 库来对扫描的 PDF 进行光学字符识别（OCR）。

（11）PDF 布局分析和数据提取：使用 pdfplumber 库来分析 PDF 的布局并提取表格、图表等数据。

请注意，因为 PDF 文件的处理会涉及许多复杂的细节，因此实际操作时需要调整参数和选择合适的方法。

下面使用 Pause Giant AI Experiments:An Open Letter.pdf（暂停大型 AI 实验：一封公开信）这个文件，演示其用法。

提问问题见图 3.25。

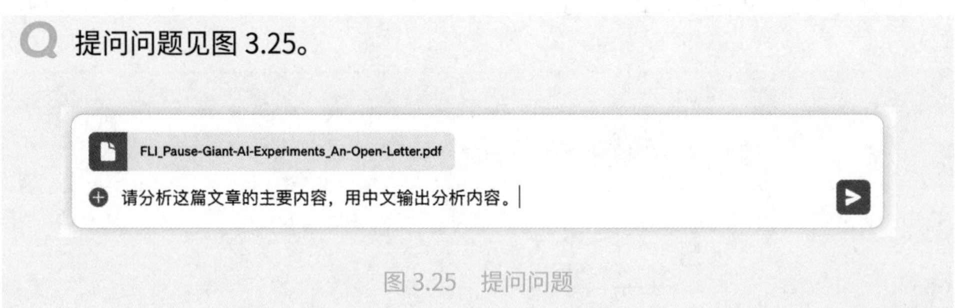

图 3.25　提问问题

ChatGPT：

谢谢您再次上传文件！我们将尝试使用不同的方法来提取和分析 PDF 文件中的文本内容。可能的解决方案包括使用不同的库或尝试使用 OCR。

首先，我们尝试使用 'pdfplumber' 库来提取文本，因为它通常能够更好地处理复杂的 PDF 文件。

使用 'pdfplumber' 库成功提取了 PDF 文件中的文本内容，尽管文本中还包含一些特殊字符和编码。

让我对提取的文本进行初步分析，并以中文总结文章的主要内容。

该 PDF 文档的标题为“Pause Giant AI Experiments: An Open Letter”。从提取的文本内容中，我们可以总结出以下主要内容：

1. ** 呼吁暂停大型 AI 实验 ** ：文件开头强烈呼吁所有 AI 实验室立即暂停至少 6 个月的训练，涉及比 GPT-4 更强大的 AI 系统。

2. ** 关于 AI 的风险 ** ：文档讨论了具有与人竞争的智能的 AI 系统可能对社会和人类造成的深远风险。这些风险得到了广泛的研究和顶级 AI 实验室的承认。

3. **Asilomar AI 原则 **：文档提到了广泛认可的 Asilomar AI 原则，强调了安全和有益的研究的重要性。

4. ** 对未来研究的方向和道德准则 **：文档可能还涉及了关于未来 AI 研究的方向和道德准则的讨论，尽管我们需要更详细的分析来了解具体内容。

这个概述提供了文章的主要观点和焦点，但是如果您需要更深入的分析或特定部分的解释，请让我知道！

使用 Data Analyst 为该 PDF 文档添加水印。

Q 请给提供的 PDF 文件的每个页面的中心添加对角线水印。 水印应缩放至目标页面大小的 75%。水印内容应为 Pause Giant AI Experiments，以 Courier-Bold 字体书写，灰色，不透明度 50%。 任务完成后，请分享已处理 PDF 文件的下载链接。

ChatGPT：生成回复见图 3.26。

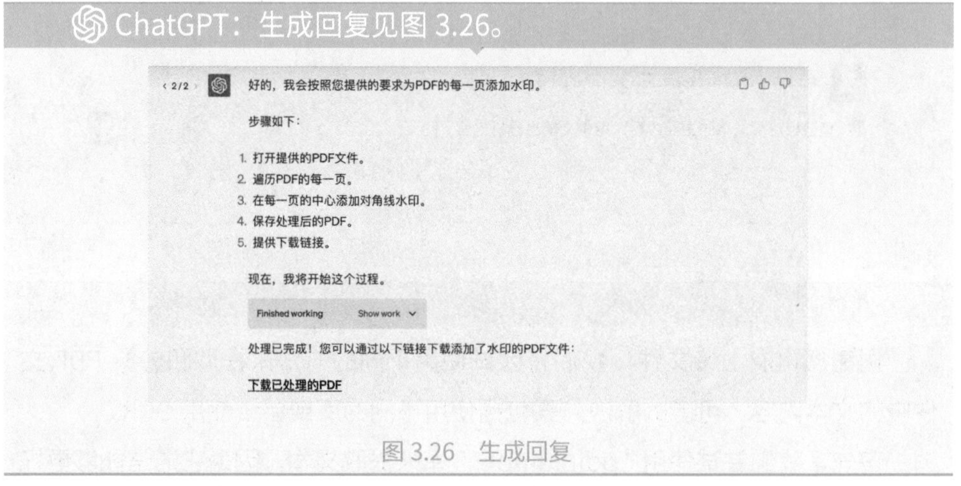

图 3.26　生成回复

下载之后发现，原来的 PDF 文件中的每页都添加了水印。

继续让其把 PDF 文件生成图像。

Q 请把该 PDF 文件合并生成一张图像。

ChatGPT：

我们可以使用库（如 'pdf2image'）将 PDF 文件的每个页面转换为图像，然后将这些图像合并成一张图像。

让我们首先将 PDF 文件的每个页面转换为图像，然后将这些图像合并成一张图像。

PDF 文件的所有页面已成功合并为一张图像，并显示在上方。我还将图像保存为 JPEG 文件，您可以通过以下链接下载：

下载合并后的图像

如果您有任何其他需求或问题，请随时告诉我！

用法 15：生成数据网页

扫一扫，看视频

借助 Data Analyst 功能，用户可以把任何数据以网页的形式展示出来。

下面是一个具体示例。

笔者从 Kaggle 平台下载了一份含有 607 个数据科学职位的数据集，下面是初步分析。

通过职位名称发现，除了传统的“数据科学家”角色外，还有专注于机器学习、大数据工程师和产品数据分析师等角色。这种多样性突显了数据驱动决策和自动化在现代业务中的关键作用。

薪资差异不仅反映了角色和经验的不同，还反映了地理位置和生活成本的差异。美国的薪资普遍高于其他国家的现象可能反映出该地区对数据专业人员的高需求和高生活成本。

远程工作比例显示了员工远程工作的能力或规定的比例，这是现代工作越来越普遍的趋势。随着远程工作的普及，员工可以在全球任何地方工作，这为公司提供了更广泛的人才库。

此外，公司的大小可能影响薪资、职责范围和职业发展机会。大公司可能提供更高的薪酬和更多的资源，而小公司可能提供更快的晋升机会和更多的职责。

对于这份数据的分析，可以让 ChatGPT 生成 HTML 仪表盘，更好地展示分析结果。

提问问题见图 3.27。

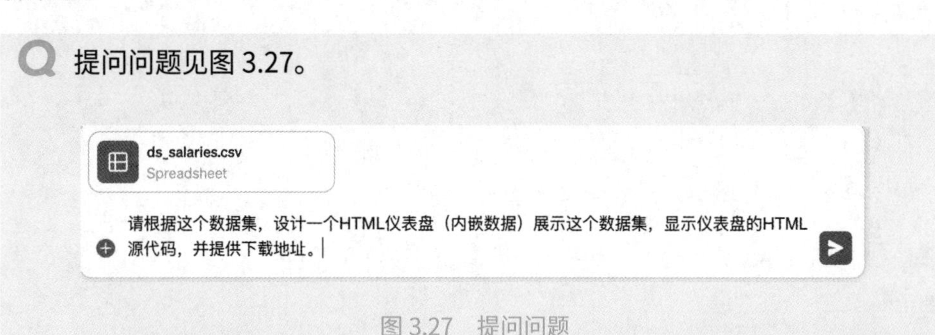

图 3.27 提问问题

ChatGPT:

要创建一个 HTML 仪表盘并显示其源代码，我们需要先生成仪表盘，然后将 HTML 内容呈现为可复制的文本格式。这个仪表盘将内嵌数据并提供下载链接。以下是步骤：

1. 数据准备：重新加载数据集并准备可视化。

2. 创建可视化：使用 plotly 创建交互式图表。

3. 构建 HTML：创建包含图表的 HTML，将数据集作为 JSON 内嵌，并提供下载链接。

4. 显示 HTML 源代码：将生成的 HTML 内容呈现为可复制的源代码。

现在，我们开始创建这个 HTML 仪表盘。

下面的内容是 HTML 仪表盘的源代码，它包含了内嵌的数据和可视化图表。你可以复制此代码并将其粘贴到一个以 .html 为扩展名的本地文件中，然后使用网页浏览器打开该文件。

```
'''html
<!DOCTYPE html>
<html>
<head>
    <title>Data Analyst Dashboard</title>
    <script src="https://cdn.plot.ly/plotly-latest.min.js"></script>
    <script src="https://code.jquery.com/jquery-3.6.0.min.js"></script>
</head>
<body>
    <h1>Data Analyst Dashboard</h1>
    <h2>Dataset Overview</h2>
    <!-- Plotly chart will be drawn inside this DIV -->
    <div id="chart1" style="height: 500px;"></div>
    <div id="chart2" style="height: 500px;"></div>
    <div id="chart3" style="height: 500px;"></div>
    <h2>Download Dataset</h2>
    <a href="#" id="downloadLink">Download the dataset</a>
```

```
    <script>
        var data = {json.dumps(data_json)};
        $(document).ready(function() {
                var blob = new Blob([data], { type:
'application/json' });
            var url = URL.createObjectURL(blob);
            $("#downloadLink").attr("href", url);
             $("#downloadLink").attr("download", 'ds_
salaries.json');
        });
    </script>
</body>
</html>
'''
```


段包含了内嵌的数据，它可能非常长，确保你复制
中。在你的浏览器中打开文件后，你应该能看到
遇到任何问题，请确保你的浏览器没有限制本地文

TML 文件并提供一个下载链接，以防你需要它。

载 HTML 仪表盘文件：
嵌数据）
上使用现代网页浏览器打开此 HTML 文件。你将
通过点击页面上的链接下载数据集。如果你在尝试
何问题，请确保你的浏览器安全设置允许本地文件

用法 16：音乐分析

扫一扫，看视频

Data Analyst 在进行音乐分析时，会使用一些 Python 库来处理和分析音频文件。以下是一些可能的音乐分析内容和相应的库。

（1）音频波形分析：使用 wave 或 scipy 库来读取音频文件并分析其波形，以了解音频的基本特性。

（2）频谱分析：使用 numpy 和 matplotlib 库执行傅里叶变换来分析音频的频率内容。

（3）节奏和节拍检测：使用 librosa 库来分析音乐的节奏和节拍，并可视化节拍。

（4）音高与和弦识别：librosa 库用于分析音频的音高，从而了解音乐的旋律与和弦结构。

（5）情感分析：通过结合特征提取和机器学习，用户可以尝试对音乐的情感或风格进行分类。

笔者上传一首迈克尔·杰克逊的歌曲 You are not alone.mp3，使用 Data Analyst 进行分析，具体分析内容如下。

提问问题见图 3.28。

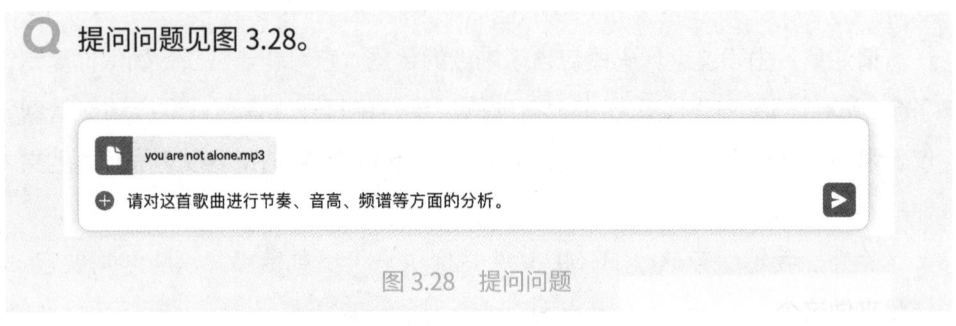

图 3.28　提问问题

ChatGPT：

当然！让我们首先加载这首歌曲的音频文件，然后我们将分别对其进行节奏、音高和频谱方面的分析。

步骤 1：加载音频文件

我们将使用 'librosa' 库加载音频文件，并可视化其波形。

看起来我们遇到了执行代码时的内部错误。让我尝试重新加载音频文件并绘制波形图。

看起来我的会话被重置，所以我需要重新导入所需的库并加载音频文件。让我再次执行这些操作。

对不起，我忘了重新定义音频文件的路径。让我再次修复这个问题并重新加载音频文件。

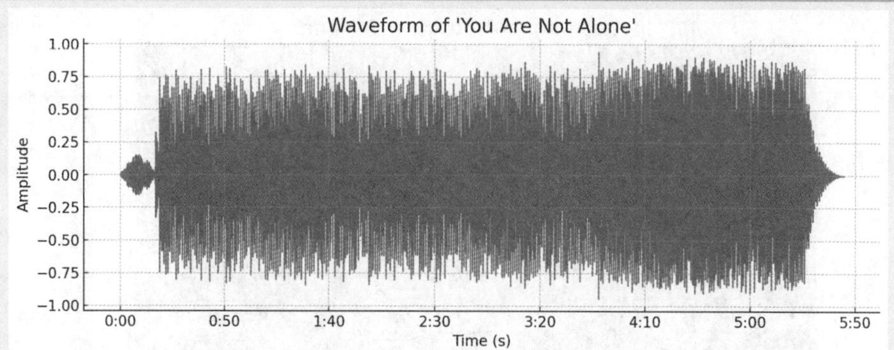

我们成功加载了歌曲 "You Are Not Alone" 的音频文件，并可视化了其波形。这个波形图表示了音频信号随时间的振幅变化。

步骤 2：对音频文件进行分析

1. 节奏分析

我们将使用 'librosa' 库的节奏分析功能来检测歌曲的节拍，并将其叠加在波形图上。

在尝试节奏分析时，我们遇到了内存错误。这可能是由于歌曲的长度和采样率导致的。

为了解决这个问题，我将首先对歌曲进行重采样，以减少计算的复杂性。然后，我们将再次尝试节奏分析。

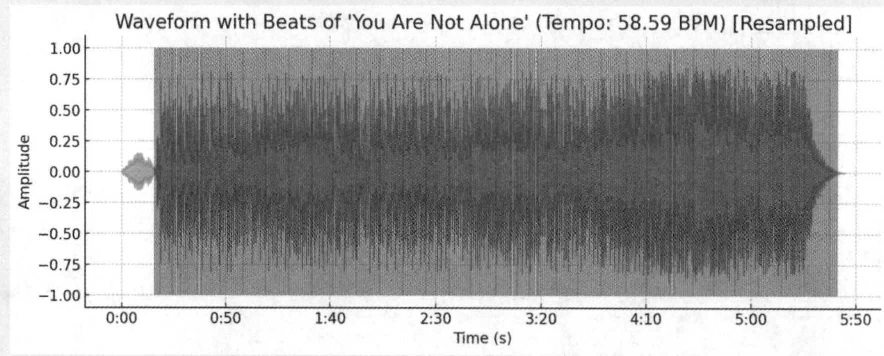

我们成功地对歌曲 "You Are Not Alone" 进行了节奏分析，并在波形图上标出了节拍。红线表示检测到的节拍位置，整个歌曲的节奏速度估计为每分钟 \(\approx 97.66 \) 拍。

2. 频谱分析

接下来，我们将对歌曲进行频谱分析，以了解其频率内容。我们将使用短时傅里叶变换（STFT）来创建频谱图。

我忘了导入 numpy 库，这导致了一个名称错误。让我修复这个错误并重新绘制频谱图。

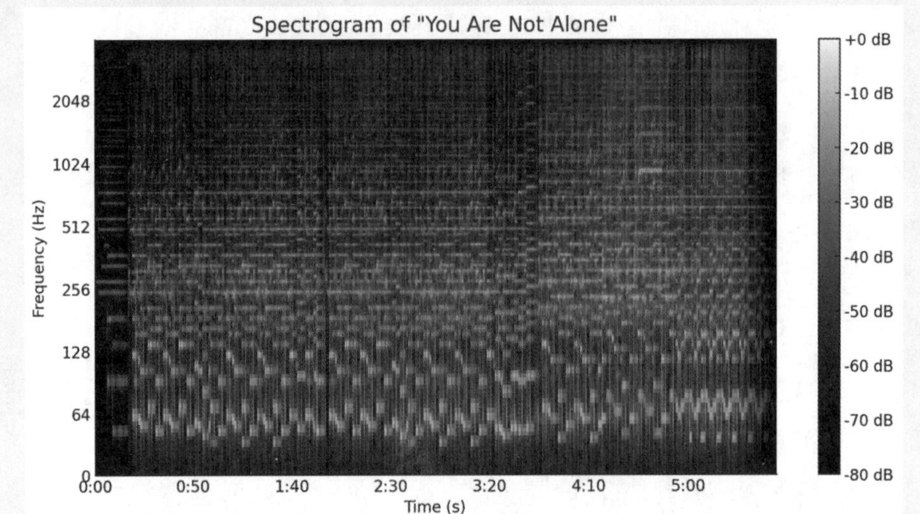

我们成功地绘制了歌曲 "You Are Not Alone" 的频谱图。频谱图展示了音频信号随时间的频率内容，其中颜色表示了特定频率和时间点的振幅。

3. 音高分析

接下来，我们将尝试分析音频的音高内容。这可以通过计算音频的音高轮廓来实现。音高轮廓表示音频信号随时间的音高变化。

让我们继续这个分析：

再次出现内存错误，表明音高分析的复杂性可能太高。为了减轻计算负担，我将对音频文件进行更进一步的下采样，并尝试重新进行音高分析。

尽管我们尝试了多次下采样，但内存问题依然存在。音高分析对于此歌曲可能太过复杂，并导致了计算资源不足。

我已经尽力尝试分析歌曲的节奏和频谱内容。对于音高分析，我建议在具有更多计算资源的环境中进行，以获得更好的结果。

如果您有任何其他分析要求或问题，请随时提出。

Q 请根据你的能力和这首歌曲的音乐特性，推断出该歌曲表达的情感。

ChatGPT：

尽管我们没有直接进行深入的情感分析，根据我们对歌曲 "You Are Not Alone" 的节奏和频谱分析，以及对歌曲的一般了解，我们可以推断出一些可能的情感特质。

1. ** 节奏分析 **

- 节奏相对较慢（约 97.66 BPM），可能反映了一种宁静、沉思或感伤的情感。

2. ** 频谱分析 **

- 频谱图显示了音乐的频率分布，可能揭示了音乐的丰富性和动态范围。广泛的频率分布可能表明音乐的复杂性和深度。

结合这些观察结果和歌曲的标题 "You Are Not Alone"，我们可以推测这首歌曲可能表达了如下情感：

- ** 支持和安慰 **：歌曲的标题和节奏可能反映了一种支持和安慰的情感。

- ** 深情和怀念 **：较慢的节奏和丰富的音乐内容可能表达了一种深情和怀念的情感。

请注意，音乐情感的解读可能因人而异，并受到个人经历、文化背景和音乐理解的影响。这里的分析是基于歌曲的一般特性和常见的音乐情感理论，可能并不完全准确。

如果您有更具体的分析需求或问题，请随时提出。

用法 17：数据分析

Data Analyst 可以使用 Python 的各种库进行数据分析。以下是一些常见的数据分析任务和可以使用的库。

扫一扫，看视频

（1）数据加载和清洗。

◎ 加载各种格式的数据，如 CSV、Excel、SQL 数据库等。

◎ 清洗、转换和填充缺失值。

◎ 可使用库如 pandas、numpy、sqlalchemy 等。

（2）探索性数据分析（EDA）。

◎ 描述性统计。

◎ 可视化数据分布、关系和模式。

◎ 可使用库如 pandas、matplotlib、seaborn、plotly 等。

（3）数据预处理和特征工程。

◎ 缩放、标准化和编码特征。

◎ 特征选择和构造。

◎ 可使用库如 scikit-learn、pandas、numpy 等。

（4）统计分析和推断。

◎ 假设检验。

◎ 相关性和回归分析。

◎ 可使用库如 scipy、statsmodels 等。

（5）机器学习和预测建模。

◎ 训练、验证和测试模型。

◎ 评估和比较模型性能。

◎ 可使用库如 scikit-learn、tensorflow、pytorch 等。

（6）时间序列分析。

◎ 平稳性检验。

◎ 季节性分解和趋势分析。

◎ 可使用库如 statsmodels、pandas 等。

（7）文本分析和自然语言处理（NLP）。

◎ 文本预处理和特征提取。

◎ 情感分析、主题建模等。

◎ 可使用库如 nltk、spacy、gensim 等。

（8）网络分析。

◎ 分析和可视化网络和图结构数据。

◎ 可使用库如 networkx、igraph 等。

（9）优化和运筹学。

◎ 解决线性和非线性优化问题。

◎ 可使用库如 scipy.optimize、cvxpy 等。

（10）地理空间数据分析。

◎ 分析和可视化地理位置数据。

◎ 可使用库如 geopandas、folium 等。

Data Analyst 提供了丰富的工具和库来支持这些任务，使其成为数据分析的强大环境。

笔者从 Kaggle 平台下载了一份世界五百强公司（Fortune 500 Companies）的数据集。这份数据集为深入探索 Data Analyst 的数据分析流程提供了一个学习机会。无论是数据科学分析新手还是经验丰富的分析师，都可以按步骤进行实

践，了解如何使用 Data Analyst 进行数据加载、清洗、探索和可视化。对于有兴趣自行探索的用户，建议前往 Kaggle 平台，并在搜索框中输入 Fortune 500 Companies 找到并下载相同的数据集。

下面是数据分析的常规操作。

Q 提问问题见图 3.29。

图 3.29　提问问题

ChatGPT：生成回复见图 3.30。

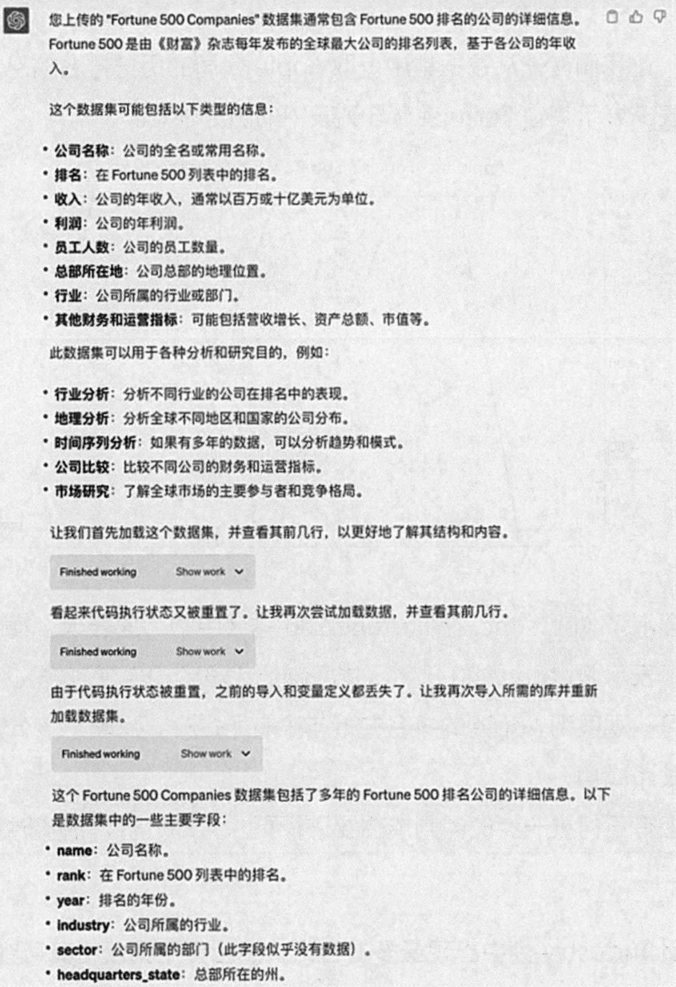

您上传的"Fortune 500 Companies"数据集通常包含 Fortune 500 排名的公司的详细信息。Fortune 500 是由《财富》杂志每年发布的全球最大公司的排名列表，基于各公司的年收入。

这个数据集可能包括以下类型的信息：

- **公司名称**：公司的全名或常用名称。
- **排名**：在 Fortune 500 列表中的排名。
- **收入**：公司的年收入，通常以百万或十亿美元为单位。
- **利润**：公司的年利润。
- **员工人数**：公司的员工数量。
- **总部所在地**：公司总部的地理位置。
- **行业**：公司所属的行业或部门。
- **其他财务和运营指标**：可能包括营收增长、资产总额、市值等。

此数据集可以用于各种分析和研究目的，例如：

- **行业分析**：分析不同行业的公司在排名中的表现。
- **地理分析**：分析全球不同地区和国家的公司分布。
- **时间序列分析**：如果有多年的数据，可以分析趋势和模式。
- **公司比较**：比较不同公司的财务和运营指标。
- **市场研究**：了解全球市场的主要参与者和竞争格局。

让我们首先加载这个数据集，并查看其前几行，以更好地了解其结构和内容。

Finished working　Show work

看起来代码执行状态又被重置了。让我再次尝试加载数据，并查看其前几行。

Finished working　Show work

由于代码执行状态被重置，之前的导入和变量定义都丢失了。让我再次导入所需的库并重新加载数据集。

Finished working　Show work

这个 Fortune 500 Companies 数据集包括了多年的 Fortune 500 排名公司的详细信息。以下是数据集中的一些主要字段：

- **name**：公司名称。
- **rank**：在 Fortune 500 列表中的排名。
- **year**：排名的年份。
- **industry**：公司所属的行业。
- **sector**：公司所属的部门（此字段似乎没有数据）。
- **headquarters_state**：总部所在的州。

- **headquarters_city**：总部所在的城市（此字段似乎没有数据）。
- **market_value_mil**：市值（以百万美元为单位，此字段似乎没有数据）。
- **revenue_mil**：年收入（以百万美元为单位）。
- **profit_mil**：利润（以百万美元为单位，此字段似乎没有数据）。
- **asset_mil**：资产（以百万美元为单位，此字段似乎没有数据）。
- **employees**：员工人数（此字段似乎没有数据）。
- **founder_is_ceo**：创始人是否是 CEO（此字段似乎没有数据）。
- **female_ceo**：是否有女性 CEO（此字段似乎没有数据）。
- **newcomer_to_fortune_500**：是否是 Fortune 500 的新成员（此字段似乎没有数据）。
- **global_500**：是否也在 Global 500 列表中（此字段似乎没有数据）。

虽然某些字段缺少数据，但仍然有足够的信息可以用于分析公司的收入、排名、行业和地理位置。

如果您有特定的分析需求或问题，请告诉我，我们可以一起探索这个数据集！

图 3.30　生成回复

Q 请问 Apple 公司历史表现如何，请用合适的图表展示它的排名情况。

ChatGPT：

当然！让我们首先从数据集中提取 Apple 公司的历史排名信息，然后使用合适的图表来展示其在 Fortune 500 列表中的历史表现。

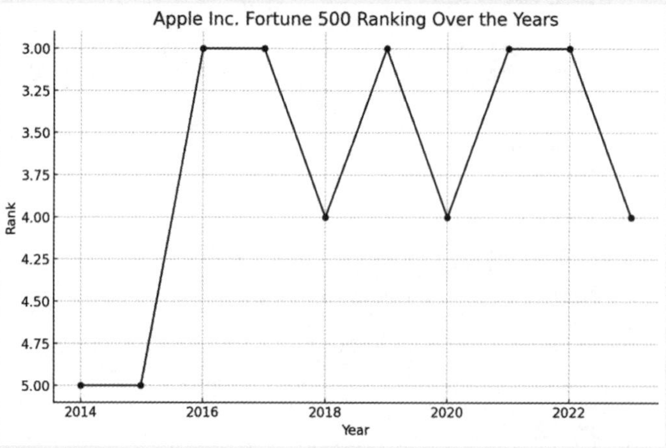

上图展示了 Apple Inc. 在 Fortune 500 排名中的历史表现。横坐标表示年份，纵坐标表示 Fortune 500 排名（排名越低代表公司表现越好）。

我们可以观察到 Apple 的排名在近年来有所提升，反映了该公司在全球市场中的增长和成功。

如果您有任何进一步的问题或想要进行更深入的分析，请随时告诉我！

Q 请统计 industry 列中出现最多的名词，然后使用词云将其可视化。

ChatGPT：

当然！我们将统计 'industry' 列中出现最多的名词，并使用词云进行可视化。这可以帮助我们了解 Fortune 500 数据集中哪些行业最常见。

让我们开始分析并创建词云。

上图是 Fortune 500 数据集中 'industry' 列中最常出现的名词的词云可视化。词云中的每个单词代表一个行业的名词，而单词的大小与该名词在数据集中出现的频率成正比。

通过这个词云，我们可以迅速识别数据集中出现最频繁的行业名词，例如，"Banks" "Petroleum" "Insurance" 等。

这些名词反映了 Fortune 500 公司中的主要行业和部门。

如果您有任何其他问题或需要进一步的分析，请随时告诉我！

Q 请用 5 个图表从不同方面展示对这个数据集的分析。

ChatGPT：

当然！让我们从以下五个不同方面分析这个 Fortune 500 数据集，并使用合适的图表来展示结果：

1. ** 排名前 10 的行业 **：展示数据集中最常见的前 10 个行业。

2. ** 年收入趋势 **：展示 Fortune 500 公司的平均年收入趋势。

3. ** 排名前 10 的州 **：展示总部位于不同州的 Fortune 500 公司数量排名前 10 的州。

4. ** 最常出现的前 10 家公司 **：展示数据集中出现最频繁的前 10 家公司。

5. ** 年排名变化 **：展示选定的几家重要公司（如 Apple、Microsoft 等）

在不同年份的排名变化。

让我们开始创建这些图表。

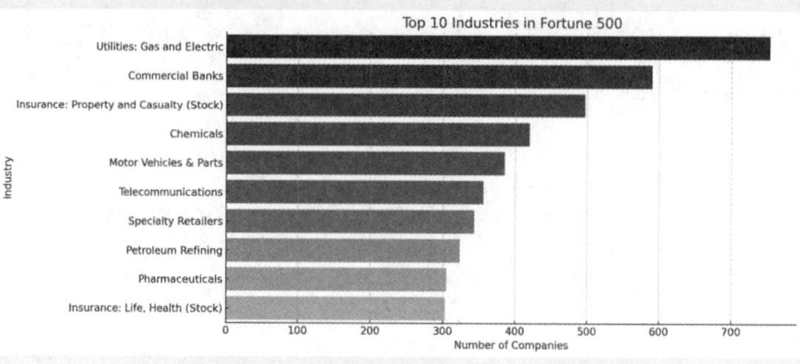

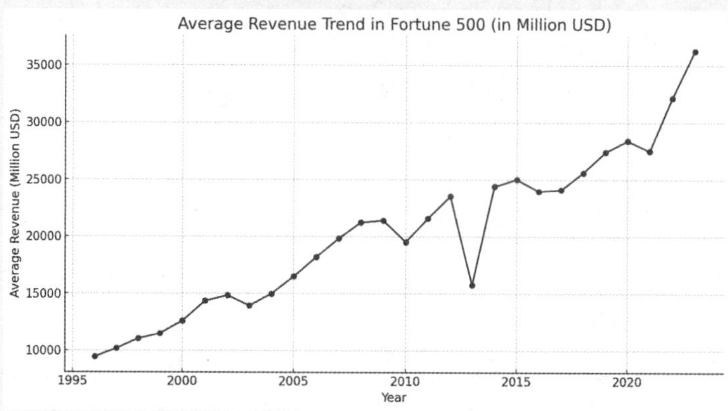

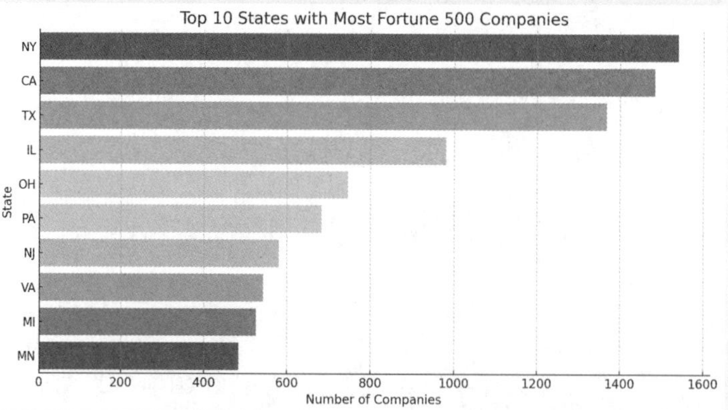

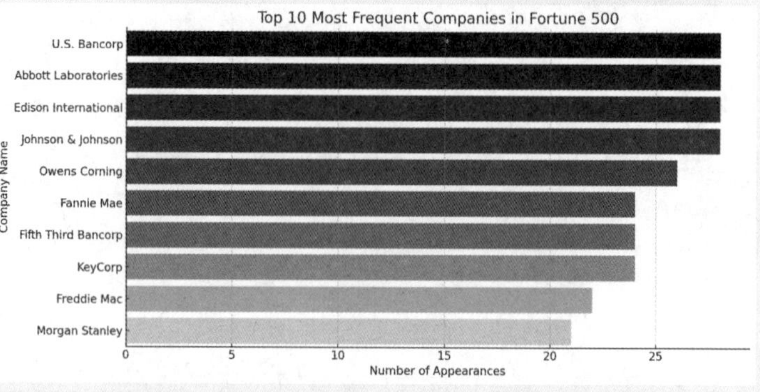

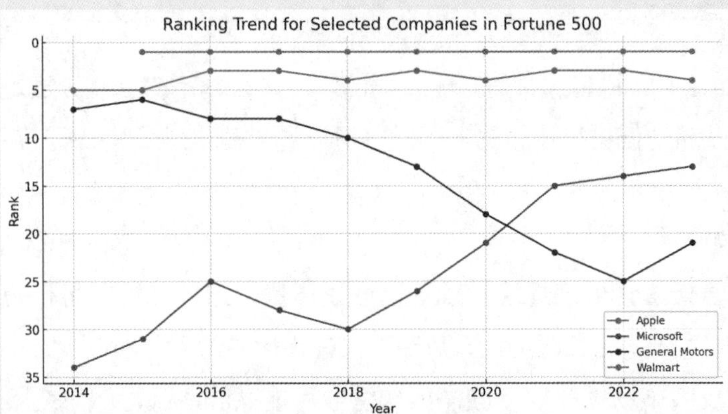

以下是对 Fortune 500 数据集的五个不同方面的分析和可视化:

1. ** 排名前 10 的行业 **:

这个图表展示了 Fortune 500 数据集中最常见的前 10 个行业。我们可以看到银行、保险和石油精炼等行业占据了前几名。

2. ** 年收入趋势 **:

这个图表展示了 Fortune 500 公司的平均年收入趋势。我们可以观察到近年来的收入波动。

3. ** 排名前 10 的州 **:

这个图表展示了总部位于不同州的 Fortune 500 公司数量排名前 10 的州。例如，纽约、得克萨斯和加利福尼亚等州拥有最多的 Fortune 500 公司。

4. ** 最常出现的前 10 家公司 **:

这个图表展示了数据集中出现最频繁的前 10 家公司。例如，Exxon Mobil、General Motors 和 Chevron 等公司多次出现在 Fortune 500 列表中。

5. ** 年排名变化 **:

这个图表展示了选定的几家重要公司（如 Apple、Microsoft、General Motors 和 Walmart）在不同年份的排名变化。我们可以观察到这些公司在 Fortune 500 排名中的波动。

这些图表提供了 Fortune 500 数据集的全面和多角度的分析，揭示了公司、行业、地区和时间趋势方面的有趣洞见。

如果您有任何特定的问题或想要进一步的分析，请随时告诉我!

Q 请问哪项指标对公司排名影响最大，并给出理由。

ChatGPT：

Fortune 500 排名通常是基于公司的年收入来确定的。排名表是按照公司的年营收从高到低进行排序的。因此，可以说年营收是影响公司 Fortune 500 排名的最主要指标。

理由如下：

1. ** 直接度量公司规模 **：年营收是衡量公司经济规模和市场份额的关键指标。公司的销售和服务收入反映了其在市场中的竞争地位。

2. ** 反映市场需求 **：较高的年营收可能意味着公司产品或服务的市场需求较强，反映了其业务的成功和受欢迎程度。

3. ** 与其他财务指标相关 **：虽然 Fortune 500 排名主要基于年营收，但营收通常与公司的其他重要财务指标（如利润、现金流、资产总额等）有密切关系。较高的营收可能获得更高的利润和现金流，进一步提高公司的竞争地位。

4. ** 全球影响力 **：在 Fortune 500 排名中占据较高位置的公司通常在全球范围内具有更广泛的影响力和认知度。这可以增强其在吸引投资、招聘人才和扩展业务方面的能力。

总而言之，年营收作为公司规模和业务成功的直接度量，在决定 Fortune 500 排名时起着关键作用。其他因素，如利润、市值、员工满意度等，虽然重要，但在这个特定排名体系中可能不会直接影响公司的位置。

Q 你能根据这些数据，做出一个最为重要并且最有趣的数据分析吗？请用图表表示并给出简要解释。

ChatGPT：

现在我们可以继续进行分析。

我们将专注于分析 Fortune 500 公司中平均收入最高的前 5 个行业的收入趋势。通过观察不同行业的收入趋势，我们可以了解这些行业的经济地位和长期发展。

让我们开始绘制图表。

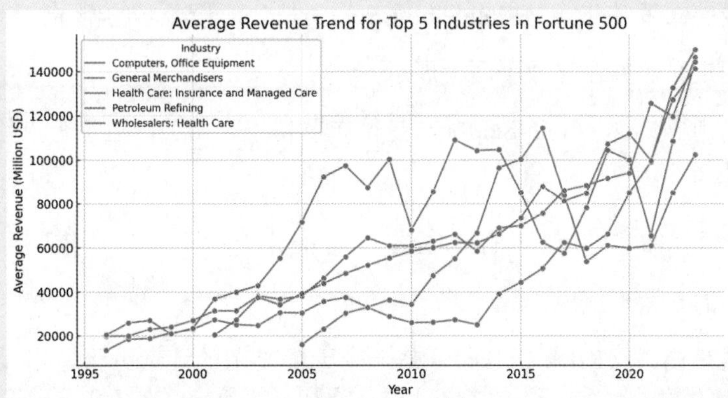

上图展示了 Fortune 500 公司中平均收入最高的前 5 个行业随时间的变化趋势。以下是分析的简要解释：

◎ ** 行业差异 ** ：图表揭示了不同行业之间的显著差异，一些行业的平均收入远高于其他行业。

◎ ** 趋势变化 ** ：通过观察各行业随时间的收入变化，我们可以识别哪些行业正在增长，哪些可能正在衰退。

◎ ** 经济洞察 ** ：这种分析反映了经济的宏观趋势，有助于理解哪些行业可能在未来几年内继续占据主导地位。

例如，如果某个行业的收入趋势持续上升，这可能表明该行业正在扩展或采用了成功的业务策略。相反，下降的趋势可能表明行业的衰退或竞争压力的增加。

这种分析对于投资者、企业战略家、政策制定者和市场分析师可能特别有用，因为它提供了对重要经济部门动态的深入了解。

如果您对这个分析有任何特定问题或需要进一步的细化，请告诉我！

用法 18：绘制分形图形

扫一扫，看视频

分形图形是一种复杂的结构，由相似的部分组成，每个部分都是整体的缩小副本。分形的独特之处在于它们的复杂结构在不同的尺度上重复，所以无论如何放大或缩小图像，都会看到相同的基本形状。这种性质被称为自相似性。

分形是数学和自然界中的常见现象，可以用数学方程来描述。一些经典的分形图形如下。

（1）曼德布罗特集合（Mandelbrot Set）：是分形最著名的例子之一，由复杂的数学方程定义，并在复数平面上展示。

（2）朱利亚集合（Julia Set）：与曼德布罗特集合相关，但每个点的行为稍有不同。

（3）谢尔宾斯基三角形（Sierpinski Triangle）：是一个简单但引人注目的分形，由不断缩小的三角形组成。

（4）科赫曲线（Koch Curve）：是一个无限复杂的连续分形，由反复添加新的几何形状构成。

分形不仅在数学中有趣，还在自然界中广泛存在。例如，在云朵、山脉、河流、树木等中都可以观察到分形结构。

此外，分形在艺术和计算机图形学中也有广泛的应用。它们可用于创建复杂和美丽的图案，也常用于电影和视频游戏中的自然景观建模。

分形的研究不仅加强了我们对数学和自然界复杂性的理解，还促进了许多领域的技术进步。

下面使用 Data Analyst 绘制分形图形。

Q 你能够绘制曼德布罗特集合吗？请以合适的方式展示出来。

ChatGPT：

当然！让我们绘制曼德布罗特集合，并以适当的方式展示出来。

现在我们成功地绘制了曼德布罗特集合的图像。这个图像展示了曼德布罗特集合的复杂和美丽的自相似结构。

◎ ** 颜色 **：颜色代表了在计算过程中每个点的迭代次数。内部的暗区域是曼德布罗特集合的实际部分，而外部的色彩变化区域显示了逃逸到无穷大的速度。

◎ ** 形状 **：您可以看到集合的边界上有许多复杂的形状和结构，每个形状都包含了更小的自相似副本。

曼德布罗特集合是分形研究中最经典的例子之一，它揭示了简单的数学规则可以产生无限的复杂性和美丽。这个图像也常用于艺术和视觉效果中。

如果您对此有任何进一步的问题或请求，请随时告诉我！

Q 你能够创造出具有同样美感的类似图形吗?

ChatGPT：

当然！分形世界充满了美丽和神奇的图形。我们可以稍微改变曼德布罗特集合的计算方式，或者尝试另一个著名的分形图形来创建具有类似美感的图像。

下面我们将尝试创建朱利亚集合，它与曼德布罗特集合紧密相关，但可以通过调整参数来产生各种独特和美丽的图形。

让我们开始绘制朱利亚集合：

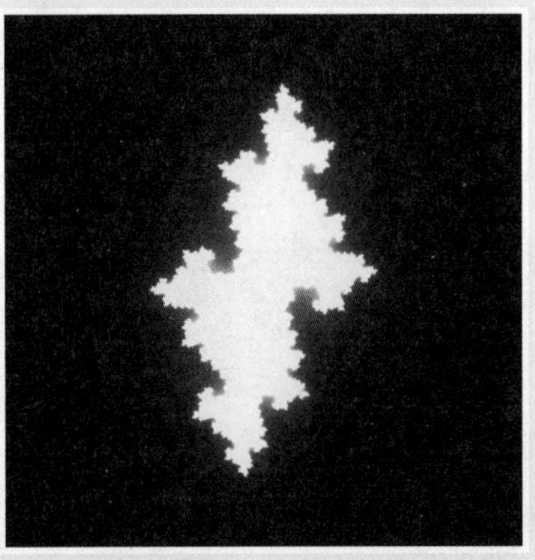

这是朱利亚集合的一个示例图像。朱利亚集合与曼德布罗特集合有相似的自相似性和复杂性，但通过改变复参数 \(c \)，可以产生各种独特和美丽的图形。

我们选择了参数 \(c = -0.7 + 0.27015i \)，这是朱利亚集合的一个经典选择。

颜色表示了迭代次数，与曼德布罗特集合的渲染方式相同。

与曼德布罗特集合一样，您可以看到复杂的边界结构和许多引人注目的细节。

分形的美丽之处在于它们的无限复杂性和多样性。通过改变参数或尝试不同的分形方程，您可以探索无穷无尽的美丽图像和结构。

如果您有任何特定的要求或想要了解更多，请告诉我！

用法 19：计算复杂的数学问题

扫一扫，看视频

Data Analyst 的数学计算过程本质上是通过 Python 程序调用 SymPy 库等专业工具来实现的。SymPy 库不仅支持符号计算和高精度计算，还具备模式匹配、绘图、解方程、微积分、组合数学、离散数学、几何学、概率与统计及物理学等多方面的功能。借助 Data Analyst，用户可以解决大量基础数学问题，展现其强大和灵活的计算能力。

请画出这个函数的图像：x^3 + y^3 = 3axy，a 的值从 –10 到 10。

ChatGPT：

我们要画出隐函数 \(x^3 + y^3 = 3axy \) 的图像，并将参数 \(a \) 的值从 −10 到 10 进行变化。

我们可以使用 'matplotlib' 和 'numpy' 来可视化这个方程。由于这是一个隐函数，我们可以使用等高线绘图来表示。

让我们开始绘制：

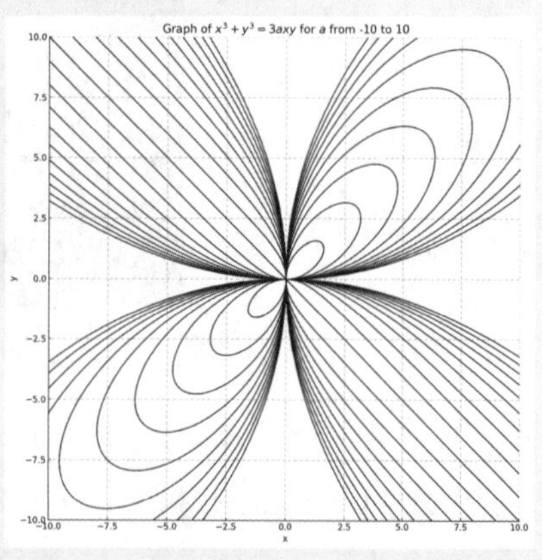

现在我们成功绘制了函数 \(x^3 + y^3 = 3axy\) 的图像，其中参数 \(a\) 的值从 −10 到 10。在此图中，每个蓝色线条代表一个特定的 \(a\) 值下的方程解。

这个图像揭示了函数的复杂结构，并展示了随着 \(a\) 值的变化方程的解是如何变化的。

如果您有任何进一步的问题或请求，请随时提出！

下面使用 Data Analyst 计算一道高数题，由于第一次计算错误，笔者让它重新计算才得出正确答案。

计算由摆线 x= a(t – sint),y = a(1 – cos t) 相应于 0 ⩽ t ⩽ 2π 的一拱与直线 y = 0 所围成的图形绕 x 轴旋转而成的旋转体体积。要保证计算过程和结果都要正确。

ChatGPT：生成回复见图 3.31。

当然，让我们仔细重新审查并重新计算这个问题。

摆线的方程由以下参数方程给出：

$$x = a(t - \sin t)$$
$$y = a(1 - \cos t)$$

对于 $0 \leq t \leq 2\pi$，我们要计算这个摆线形状与 $y = 0$ 所围成的图形绕 x 轴旋转而成的旋转体体积。

我们将使用以下旋转体体积的公式：

$$V = \pi \int_{x_{\min}}^{x_{\max}} y^2 \, \mathrm{d}x$$

在这个情况下，我们需要找到 y 作为 x 的函数，然后积分。

首先，我们可以解出 t 作为 x 的函数，然后将其代入 y 的方程中。接下来，我们将计算旋转体的体积。

Finished working　Show work

似乎在尝试解方程时遇到了问题。尝试解 t 作为 x 的函数可能太复杂了。

不过，由于我们已经有了 x 和 y 作为 t 的参数方程，我们可以直接使用这些参数方程来计算体积。我们将使用以下公式：

$$V = \pi \int_{t_{\min}}^{t_{\max}} y^2 \frac{\mathrm{d}x}{\mathrm{d}t} \, \mathrm{d}t$$

其中 $t_{\min} = 0$ 和 $t_{\max} = 2\pi$。

让我们使用这个方法来计算体积。

Finished working　Show work

由摆线 $x = a(t - \sin t)$ 和 $y = a(1 - \cos t)$ 相应于 $0 \leq t \leq 2$ 的一拱与直线 $y = 0$ 所围成的图形绕 x 轴旋转而成的旋转体体积为：

$$V = 5\pi^2 a^3$$

其中，a 是摆线的振幅。

这次的计算应该是正确的。如果您有任何其他问题或需要进一步的解释，请随时提问！

图 3.31　生成回复

在处理较为复杂的数学问题时，Data Analyst 会暴露出一些不足之处。Wolfram Alpha 的首席科学家 Michael Trott 为了展现不同工具在解决数学难题方面的表现，特地选取了一百道数学问题，其涵盖了各种来源，如数学杂志、大学数学竞赛、数学奥林匹克等。然后，他分别使用 Wolfram Plugin 和 Data Analyst 这两种工具尝试解决这些挑战性问题。

实验结果发现，Wolfram Plugin 以其强大的计算能力解决了全部问题，而 Data Analyst 只解决了大约 50% 的问题。这一对比凸显了 Wolfram Plugin 在解决复杂数学问题方面的优势。

不仅如此，他还对比了成功解决问题时所需的代码长度。有趣的是，使用 Wolfram 语言编写的代码长度仅为 Data Analyst 使用 Python 代码的 27%。这一发现进一步证明了 Wolfram 语言在编写效率和简洁性方面的优越性。

因此，虽然 Data Analyst 在许多方面表现出色，但对于复杂的数学问题求解，仍推荐使用 Wolfram Plugin 来完成。这不仅可以提供更精确和全面的解决方案，还能通过更简洁的代码实现，从而节省时间和精力。

3.3 论文写作

作为一款强大的语言模型，ChatGPT 在论文写作方面具有得天独厚的优势。ChatGPT 帮助学者或研究人员自动生成论文框架、摘要、文献综述，论文段落，如引言、方法、结果、结论等，改写论文结构，论文润色，内容降重，语法和拼写检查，提供语言修辞和风格建议等功能。如果用户在撰写论文过程中缺少创新观点和创意，可通过 ChatGPT 来获得新的思路和想法，从而激发创新灵感，并且在学术领域，ChatGPT 最擅长做的工作就是提出新的想法。[①]

总之，ChatGPT 在论文写作方面具有多种应用，可以帮助研究人员节省撰写论文的时间和精力，提高论文的质量。随着 ChatGPT 功能和性能的不断提升，其将提供更加细致和个性化的论文写作服务。

用法 20：阅读论文

扫一扫，看视频

在撰写论文的过程中，用户需要阅读大量相关文献，通过阅读文献不仅可以了解以往研究的进展动态，还能学习别人的结构布局、行文手法。然而在阅读文献的过程中，经常会遇到一些障碍。例如，看不懂专业术语和词汇，看不懂数据分析、模型、公式，抓不住文献重点，看不出文献创新点等，这些障碍阻碍了用户顺利阅读文献。对于万能的 ChatGPT 而言，这

① Dowling, M., & Lucey, B. (2023). ChatGPT for (finance) research: The Bananarama conjecture. Finance Research Letters, 103662.

些障碍都可以瞬间解决掉。只需把要阅读的文献告诉 ChatGPT，ChatGPT 自动对论文进行语言理解，很快就能掌握论文的精髓，从而生成一份摘要。因此，ChatGPT 可以帮助用户更快速、更高效地获取所需的论文核心内容，更好地理解论文。除了 ChatGPT 之外，还有一些基于 ChatGPT 开发的平台也可以帮助阅读论文，如 ChatPDF。

需要注意的是，ChatGPT 未接入知网等国内数据库，ChatGPT 训练的数据是 2021 年之前的，如果想让 ChatGPT 协助阅读知网中的论文或者 2021 年之后的论文，则需要把论文内容输入 ChatGPT 中。

Q 你知道 Attention is all your need 这篇论文吗?

ChatGPT:

当然，我知道这篇论文。Attention is all you need 是一篇由 Vaswani 等人于 2017 年发表的重要论文，它提出了 Transformer 模型。这篇论文在自然语言处理（NLP）领域产生了重大影响，为深度学习和自然语言处理的研究提供了新的方向。

Transformer 模型的核心思想是使用注意力（attention）机制来捕捉输入序列中的全局依赖关系，而不是像以前的循环神经网络（RNN）和卷积神经网络（CNN）那样依赖局部信息。这使得 Transformer 模型在处理长距离依赖时具有更好的性能。

Transformer 模型已经成为了许多自然语言处理任务的主流模型，包括机器翻译、文本分类和摘要生成等。另外，基于 Transformer 的 GPT（如 GPT-2、GPT-3 和我所基于的 GPT-4）和 BERT 等预训练模型在自然语言处理领域也取得了显著的成功。

Q 这篇论文的创新点是什么?

ChatGPT:

Attention is all you need 这篇论文的创新点主要有以下几点：

1. 提出了 Transformer 模型：论文提出了一个新的神经网络结构——Transformer，摒弃了之前常用的循环神经网络（RNN）和卷积神经网络（CNN），而是完全依赖注意力（attention）机制来捕捉序列中的依赖关系。

2. 自注意力（self-attention）机制：Transformer 的关键组成部分是自注意力机制，它允许模型在一个序列的所有位置上计算输入的表示。自注意力可以捕捉输入序列中任意两个位置间的依赖关系，因此在处理长距离依赖时具有更好的性能。

3. 多头注意力（multi-head attention）：Transformer 模型引入了多头注意力机制，将注意力分为多个“头”，每个头关注输入序列中的不同信息。这使得模型能够同时关注不同位置的信息，并且在每个头中学习不同的依赖关系。

4. 位置编码（positional encoding）：由于 Transformer 模型没有循环和卷积结构，因此无法捕捉序列中的位置信息。为了解决这个问题，论文引入了位置编码，将序列中每个位置的信息编码为向量，并与输入向量相加。这使得模型能够区分不同位置的输入。

5. 层次化结构：Transformer 模型采用层次化结构，包括多层编码器（encoder）和解码器（decoder）。编码器负责将输入序列映射到连续的表示空间，解码器则根据这些表示生成输出序列。这种层次化结构使得模型能够进行高效的并行计算。

这些创新点使得 Transformer 模型在处理序列数据时具有更高的性能和更好的可扩展性。它已经成为许多自然语言处理任务的主流模型，如机器翻译、文本分类和摘要生成等。

ChatGPT 的计算逻辑来自 Transformer 算法，这个出自 2017 年的一篇科研论文 *Attention is all your need*，该论文被评为自然语言处理领域的年度最佳论文。从生成内容来看，ChatGPT 对这篇论文的核心思想和创新点的总结非常到位。

用法 21：选择题目

在论文撰写过程中，选题至关重要，其质量直接影响到论文的水平和价值。但选出一个具有创新性、有实际意义的选题并非易事，此时借助 ChatGPT 可以轻松进行论文选题。首先，用户利用 ChatGPT 进行主题探索，获取某研究领域的最新动态、趋势和热点问题等；然后，向 ChatGPT 提出问题，筛选出具有创新性和实际价值的选题；最后结合自身专业知识和实际情况，进行适当的调整和筛选。

扫一扫，看视频

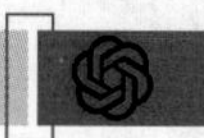

Q 我是一名计算机本科生，想研究区块链技术，请问该研究领域有哪些最新动态和热点问题？

ChatGPT：

您好，作为一名计算机本科生，研究区块链技术是一个很好的选择。区块链作为一种分布式账本技术，近年来备受关注，特别是在加密货币、金融科技、供应链、物联网等领域有着广泛应用。以下是一些区块链技术近期的研究热点和发展动态：

1. 扩展性：随着区块链技术的发展，如何提高区块链的吞吐量和扩展性成为关键问题。目前有很多研究关注如何通过分片技术、侧链、状态通道等方法提高区块链的性能。

2. 互操作性：许多不同的区块链网络和平台正在开发和运行，如何实现不同区块链之间的互操作性和通信变得至关重要。跨链技术是一个研究热点，旨在促进区块链之间的互联互通。

3. 隐私与安全：保护用户隐私和确保交易安全是区块链技术的重要目标。零知识证明、同态加密等技术被用于提高区块链隐私性，同时研究人员也在不断探讨如何提高区块链系统的抗攻击能力。

4. 去中心化金融（DeFi）：DeFi 是一种金融模式，它利用区块链技术，特别是智能合约，实现金融服务的自动化和无须中介。这一领域的发展和创新仍在持续，为区块链技术在金融领域的应用提供了新的契机。

5. 法定数字货币（CBDC）：许多国家央行正积极研究和开发法定数字货币，探索区块链技术在货币领域的应用。CBDC 的发展将对全球金融体系产生重大影响，是一个具有广泛关注度的研究方向。

6. 智能合约安全与正式验证：智能合约的广泛应用带来了很多潜在的安全问题。正式验证技术可以在部署之前检测智能合约的潜在漏洞，确保其安全性和正确性。

7. 可持续性和能源效率：随着区块链技术的广泛应用，其能源消耗引发了关注。研究者正在探索如何降低区块链技术的能源消耗并提高能源效率。其中，一种潜在解决方案是采用更为环保的共识算法，如权益证明（Proof of Stake，PoS）算法和委托权益证明（Delegated Proof of Stake，DPoS）算法等，以替代能源消耗较大的工作量证明（Proof of Work，PoW）算法。

8. 非同质化代币（NFT）：非同质化代币在艺术、游戏、收藏品等领域应用广泛，它们可以用来表示独一无二的数字资产。NFT 的发展和应用为区块链技术在数字创意产业领域提供了新的机会。

9. 去中心化身份验证（DID）：区块链技术可以实现用户的去中心化身份验证，使得用户可以在不依赖于中心化机构的情况下进行身份认证。DID 有望改变目前的身份认证方式，为用户提供更加安全、高效的身份验证解决方案。

10. 供应链管理与追溯：区块链技术可以提高供应链管理的透明度和效率，实现物品追溯、防伪和溯源等功能。这一领域的应用将有助于提高全球供应链的整体运行效率和安全性。

这些研究领域和动态仅为区块链技术的一部分，不断有新的应用和发展出现。建议您关注国际学术会议和期刊，以便了解最新的研究成果和发展趋势。同时，积极参与实践，掌握区块链技术的核心原理和应用，将有助于您在这个领域取得更好的发展。

Q 我想研究区块链在供应链管理与追溯方面的应用，请提供 5 个研究题目。

ChatGPT：

区块链在供应链管理与追溯方面的应用具有很大的潜力。以下是 5 个关于这一主题的研究题目建议：

1. 基于区块链的供应链透明度提升：研究如何利用区块链技术提高供应链各环节的透明度，使得企业和消费者可以更轻松地追踪产品来源、生产过程以及物流信息，从而提高整体供应链的信任度和效率。

2. 区块链在食品安全与溯源中的应用：探讨如何利用区块链技术实现食品安全与溯源，包括确保食品质量、防止假冒伪劣产品以及追踪食品在生产、加工和运输过程中的详细信息。

3. 去中心化供应链金融解决方案：研究如何运用区块链和智能合约技术，为供应链金融提供去中心化的解决方案，包括贸易融资、应收账款融资和库存融资等，降低信任成本并提高交易效率。

4. 基于区块链的反假冒与知识产权保护：研究如何运用区块链技术有效打击假冒商品，保护知识产权，包括利用非同质化代币（NFT）技术为知识产权确权、追踪产品来源以及确保生产商和消费者的权益。

5. 区块链在环保与可持续发展供应链中的应用：探讨如何利用区块链技术促进环保与可持续发展供应链的实现，包括追踪原材料的环保合规性、监控供应链中的碳排放数据以及激励可持续生产和消费行为等。

这些研究题目可以为您提供一个研究区块链在供应链管理与追溯方面应用的起点。在进行研究时，请务必关注已有的研究和实践案例，以便更好地了解当前技术的进展和挑战，并为实际问题提供创新性的解决方案。

Q 我觉得《区块链在食品安全与溯源中的应用》这个题目不错，我想加入案例研究，请重新修改题目。

ChatGPT：

很高兴您对这个题目感兴趣。为了加入案例研究，您可以将题目修改为：

《基于案例研究的区块链在食品安全与溯源中的应用探讨》

在这个研究题目下，您可以选择一些具体的实际案例，深入分析区块链技术如何在食品安全与溯源方面发挥作用，以及这些案例在实施过程中遇到的挑战和解决方案。通过案例研究，您将能更好地理解区块链技术在食品安全与溯源领域的实际应用和价值。

在逐步引导下，通过 ChatGPT 的提示，笔者成功选出了一个满意的论文题目。

用法 22：生成论文摘要

论文摘要是对论文内容的简短陈述，是一段具有独立性和完整性的文字，其扼要地说明了研究工作的目的、研究方法和最终结论等。只要在 ChatGPT 中输入论文要求，ChatGPT 就可以辅助生成符合学术规范的论文摘要。

扫一扫，看视频

Q 我想写一篇关于 ChatGPT 在元宇宙中应用的论文，请为我生成一篇 300 字左右的摘要。

ChatGPT：

题目：ChatGPT 在元宇宙中的应用探讨

摘要：随着元宇宙的兴起，ChatGPT 作为一种先进的自然语言处理技术，在元宇宙中具有广泛的应用潜力。本文探讨了 ChatGPT 在元宇宙环境中的可能应用及其对元宇宙生态的影响。

首先，ChatGPT 可以作为智能虚拟助手在元宇宙中提供帮助。其次，ChatGPT 可以担任虚拟角色，如商店老板、游戏 NPC 等。此外，ChatGPT 可以在元宇宙中促进跨语言交流。同时，ChatGPT 可以为用户提供教育和培训服务。最后，ChatGPT 还可以为元宇宙中的创意产业提供支持。

然而，随着 ChatGPT 在元宇宙中的应用，也需要关注到可能的挑战和问题，如数据隐私、算法偏见和技术滥用等。为应对这些挑战，本文建议 ChatGPT 在元宇宙中的应用过程中，应注重技术伦理和用户权益保护。通过不断优化算法、提高透明度、引入监管机制以及加强跨领域合作，可以确保 ChatGPT 在元宇宙中的应用既能为用户带来价值，又能保障用户的权益。

从 ChatGPT 生成的摘要来看，其符合摘要的学术规范，是一个经典的沙漏型结构。开头是倒三角形结构，说明论文的背景和意义；中间一段是富有层次感的顺序结构，用于介绍 ChatGPT 在元宇宙中的应用；最后一段是论文结论，采用正三角形结构。

用法 23：生成论文提纲

很多科研人员往往会花费大量的时间去构思和修改论文提纲。一个好的提纲是掌握论文基本骨架的基础，使论文结构完整统一。通过论文提纲，科研人员可以分清层次，明确重点，进而周密地谋篇布局，使总论点和分论点有机地统一起来。借助 ChatGPT 工具，科研人员可以轻松搞定论文提纲的编写。要生成论文提纲，需要在 ChatGPT 中输入论文的核心思想和提示词，或论文的摘要。用法 22 中的案例是生成了论文摘要，本案例在上个案例基础上，继续根据摘要内容生成提纲。

扫一扫，看视频

Q 请根据以上摘要内容，为我生成该论文的提纲。

ChatGPT：

一、引言

A. 元宇宙概念的兴起和发展

B. ChatGPT 技术简介

C. 论文目的和结构

二、ChatGPT 作为智能虚拟助手在元宇宙中的应用
A. 导航和信息查询
B. 任务协助
C. 个性化推荐
三、ChatGPT 在元宇宙中担任虚拟角色
A. 商店老板
B. 游戏 NPC
C. 角色个性化调整
四、ChatGPT 在元宇宙中促进跨语言交流
A. 多语言支持
B. 实时翻译能力
C. 促进全球范围内的元宇宙社区建设
五、ChatGPT 在元宇宙中提供教育和培训服务
A. 学习新技能
B. 拓展知识领域
C. 一对一虚拟导师辅导
六、ChatGPT 为元宇宙中的创意产业提供支持
A. 文学、艺术和游戏领域
B. 提供创作灵感和素材
C. 生成独特的虚拟作品
七、ChatGPT 在元宇宙中应用的挑战与伦理问题
A. 数据隐私
B. 算法偏见
C. 技术滥用
八、应对挑战和问题的策略
A. 优化算法
B. 提高透明度
C. 引入监管机制
D. 加强跨领域合作
九、结论
A. ChatGPT 在元宇宙中的应用前景
B. 关注技术伦理和用户权益保护
C. 发挥 ChatGPT 在元宇宙中的潜力

Q 请把第二到第六部分作为第二部分，其他内容重新生成大纲。

ChatGPT：

一、引言

A. 元宇宙概念的兴起和发展

B. ChatGPT 技术简介

C. 论文目的和结构

二、ChatGPT 在元宇宙中的应用

A. 智能虚拟助手

1. 导航和信息查询

2. 任务协助

3. 个性化推荐

B. 虚拟角色

1. 商店老板

2. 游戏 NPC

3. 角色个性化调整

C. 跨语言交流

1. 多语言支持

2. 实时翻译能力

3. 促进全球范围内的元宇宙社区建设

D. 教育和培训服务

1. 学习新技能

2. 拓展知识领域

3. 一对一虚拟导师辅导

E. 创意产业支持

1. 文学、艺术和游戏领域

2. 提供创作灵感和素材

3. 生成独特的虚拟作品

三、ChatGPT 在元宇宙中应用的挑战与伦理问题

A. 数据隐私

B. 算法偏见

C. 技术滥用

四、应对挑战和问题的策略

A. 优化算法

B. 提高透明度

C. 引入监管机制

D. 加强跨领域合作

五、结论

A. ChatGPT 在元宇宙中的应用前景

B. 关注技术伦理和用户权益保护

C. 发挥 ChatGPT 在元宇宙中的潜力

ChatGPT 第一次生成的论文提纲章节有些多，在笔者的逐步引导下，重新生成的论文提纲，其结构完整，层次分明，重点突出，是一份非常规范的论文大纲。

用法 24：推荐参考文献

在研究某个问题时，免不了文献搜索。在进行文献搜索时，可以利用 ChatGPT 的搜索引擎，如 Google Scholar、Microsoft Academic 等来获取与选题相关的文献。输入提示词和相关主题后 ChatGPT 就能提供相应的搜索结果，从而缩小研究领域和文献的范围。此外，可以利用 ChatGPT 提供的文献推荐功能，根据已找到的一些文献，推荐相关的其他文献。ChatGPT 未接入知网等数据库，其提供的搜索结果和推荐的文献并非完全准确（英文文献除外），需要用户对结果进行甄别，确保找到的文献与选题相关。

扫一扫，看视频

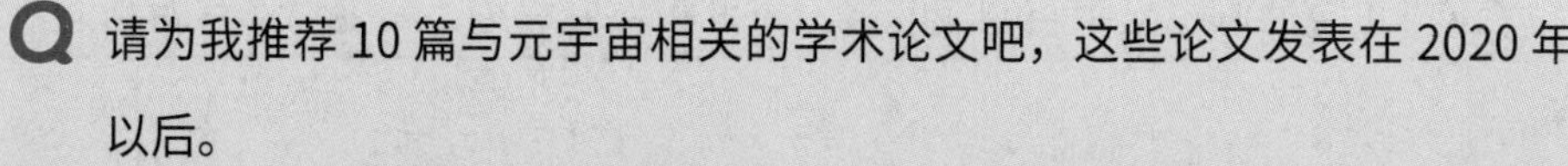

Q 请为我推荐 10 篇与元宇宙相关的学术论文吧，这些论文发表在 2020 年以后。

ChatGPT：

以下是一些在 2020 年以后发表的与元宇宙相关的学术论文。这些论文涵盖了不同领域的研究，包括技术、经济、社会和教育等方面：

1. Raji, A., & Adeshina, O. (2020). Metaverse: A review of virtual world applications. Journal of Virtual Worlds Research, 13(2), 1-22.

2. Park, S., & Davenport, T. H. (2020). Virtual reality and the metaverse: Opportunities for architectural design and education. Journal of

Architectural Education, 74(2), 250-260.

3. Liao, Y., & Li, X. (2021). Metaverse in the Making: How Blockchain Technology is Shaping Virtual Reality. Journal of Information Technology & Software Engineering, 11(2), 1-10.

4. Smith, A., & Anderson, J. (2021). The Metaverse and Its Implications for Decentralized Finance. Journal of Financial Innovation, 7(1), 1-20.

5. Gomez, R., & Johnson, N. (2021). The impact of metaverse on mental health: A systematic review. Journal of Mental Health and Clinical Psychology, 5(1), 1-16.

6. Lee, H., & Kim, J. (2020). A study on the development of metaverse-based learning environments for STEAM education. Interactive Learning Environments, 1-15.

7. Wilson, E. O., & Johnson, S. (2021). Beyond gaming: Exploring the metaverse for collaborative work and learning. The International Journal of Information and Learning Technology, 38(1), 1-14.

8. Huang, L., & Chen, X. (2021). Metaverse and cross-border e-commerce: A study on the potential of virtual reality technology in global trade. Journal of International Commerce, 27(1), 1-20.

9. Sanders, A., & Turner, R. (2021). The role of AI and machine learning in the metaverse: Opportunities and challenges. AI & Society, 1-12.

10. Park, J., & Lee, M. (2020). Designing and evaluating user interfaces for metaverse applications: A case study of a virtual museum. International Journal of Human-Computer Interaction, 36(5), 457-469.

这些论文反映了元宇宙领域的最新研究和发展趋势，希望对你有所帮助！

从 ChatGPT 推荐的文献可以看出，全部是英文文献且截至 2021 年，这与 ChatGPT 的训练数据有关。如果想查找 2021 年之后的文献，则可以参考后面的用法 150 无限制使用 ChatGPT 的 DAN（Do Anything Now）功能。如果要查找中文文献，则可以在万方、知网和维普等数据库中进行查找。

用法 25：生成文献综述

扫一扫，看视频

文献综述是针对某个研究问题搜集大量相关资料，通过阅读、分析、归纳和整理当前研究问题的最新进展、学术见解或建议，对其做出的综合性介绍和阐述。文献综述既可以作为论文的一部分，也可以独立成文。在《怎样做文献综述——六步走向成功》一书中，劳伦斯 · 马奇和布伦达 · 麦克伊沃提出了文献综述的六步模型，将文献综述的过程分为六步：选择主题、文献搜索、展开论证、文献研究、文献批评和综述撰写。在这六步模型中，ChatGPT 可以协助完成后五步的工作，只需输入论文的主题，ChatGPT 就能够完成文献搜索、展开论证、文献研究、文献批评和综述撰写，立等可取。用户提供的相关信息越多，如引用文献的范围、发表时间和字数限制等，ChatGPT 生成的文献综述质量就越高。用户在此基础上进行修改和调整，就可以极大地提高撰写文献综述的效率。

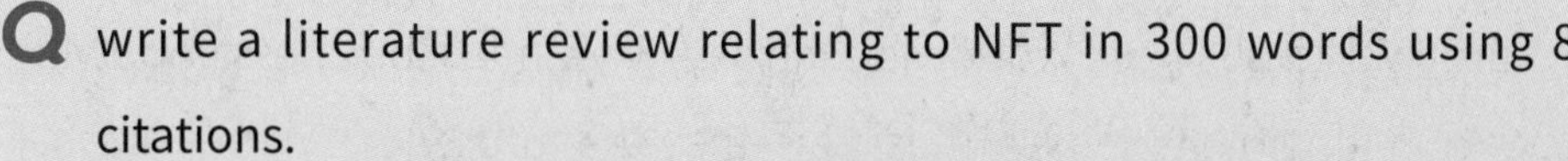

Q write a literature review relating to NFT in 300 words using 8 citations.

ChatGPT：

Non-Fungible Tokens (NFTs) have been the subject of much discussion in recent times, with their emergence marking a new era of digital ownership and value exchange. NFTs are unique digital assets that are stored on a blockchain, providing an immutable record of ownership and authenticity. This literature review aims to explore the current state of knowledge regarding NFTs and their implications for various industries.

NFTs have garnered significant attention in the art world, with several high-profile sales such as Beeple's $69 million sale of a digital artwork in March 2021. However, concerns have been raised regarding the environmental impact of NFTs and their potential to disrupt traditional art markets (Huang et al., 2021). Additionally, questions have been raised regarding the legal and regulatory implications of NFT ownership and transfer (Hou, 2021).

The use of NFTs in the music industry has also been explored, with potential benefits such as increased revenue streams for artists and improved royalty distribution (Barber, 2021). However, challenges such as the difficulty of valuing music as an asset and the need for more user-friendly NFT platforms have been identified (Bhatti et al., 2021).

In the gaming industry, NFTs have the potential to facilitate the creation of player-owned economies and more immersive gaming experiences (Fernández-Sánchez et al., 2021). However, concerns have been raised regarding the potential for NFTs to create new forms of in-game inequality and the exploitation of players (Böhme et al., 2021).

Overall, NFTs have the potential to revolutionize various industries, but there are still many unanswered questions and potential risks associated with their use. Further research is needed to better understand the implications of NFTs for digital ownership, value exchange, and regulation.

References:

◎ Barber, A. (2021). Non-Fungible Tokens in Music: Are They the Future? Music Business Worldwide. https://www.musicbusinessworldwide.com/non-fungible-tokens-in-music-are-they-the-future/

◎ Bhatti, A., Srivastava, M., & Verma, A. (2021). NFTs in Music Industry. arXiv preprint arXiv:2103.15813. https://arxiv.org/abs/2103.15813

◎ Böhme, R., Christin, N., Edelman, B., & Moore, T. (2021). Risks of Blockchain Technology and Smart Contracts. In Handbook of Blockchain, Digital Finance, and Inclusion (pp. 461-473). Springer. https://link.springer.com/chapter/10.1007/978-3-030-58452-8_28

◎ Fernández-Sánchez, C., Martínez-Álvarez, M., Troncoso-Pastoriza, J. R., & Lama-Ruiz, J. R. (2021). Smart contract and blockchain for developing multiplayer games with non-fungible tokens (NFTs). Concurrency and Computation: Practice and Experience, e6436. https://doi.org/10.1002/cpe.6436

◎ Huang, L., Ma, J., Zhou, M., & Han, B. (2021). NFT and the Art Market: Economic Implications and Sustainability Challenges. Frontiers in Blockchain, 4, 40. https://doi.org/10.3389/fbloc.2021.684941

◎ Hou, L. (2021). NFTs and Digital Property Rights: A Legal and Regulatory Overview. Computer Law & Security Review, 105843. https://doi.org

示例中输入的是英文提问词，也可以输入中文提问词。从 ChatGPT 生成的内容来看，均引用了 2021 年的国外文献，是因为 ChatGPT 的训练数据是 2021 年之前的，最新文献和中文文献并未包含在内。需要注意的是，这里面的文献需要逐一核实，有些引用的文献可能不存在。

若想生成包含最新文献的文献综述，可以借助 Paper Digest（一个文献查找和生成文献综述的网站），按照以下步骤生成文献综述。

（1）打开 Paper Digest 官网，选择论文发表时间和学科，输入论文主题，如图 3.32 所示。单击搜索后，网站自动列出相关文献，并在文献列表下面给出文献综述，如图 3.33 所示。不过，Paper Digest 给出的文献综述质量不高，需要通过 ChatGPT 再进行润色加工。

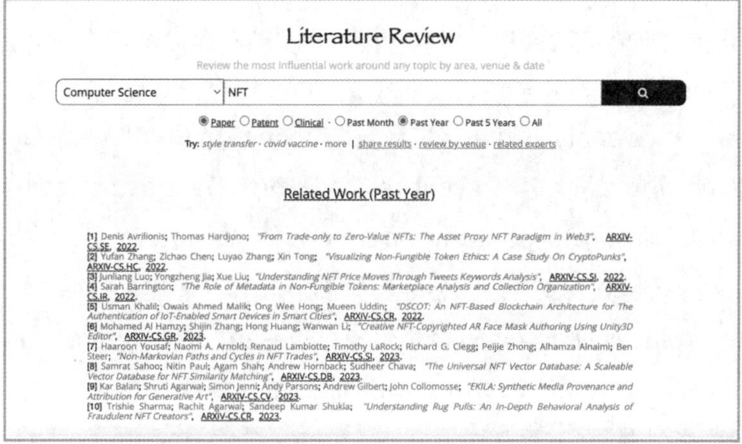

图 3.32　Paper Digest 首页

Summary of the Related Work

(Avrilionis et. al., 2022) believe this is a weakness in overall design of NFTs today. (Avrilionis et. al., 2022) propose a computation model called the Asset Proxy NFT that guarantees the consistency between the NFT token (on-chain) and its corresponding asset metadata (off-chain). (Zhang et. al., 2022) explore the ethical issues from three aspects: design, trading transactions, and related topics on Twitter. Based on the feature importance analysis (Luo et. al., 2022) find that both general market-related words and NFT event-related words have a markedly positive contribution in predicting price moves. Variation exists between chains, token protocols (such as the ERC-721 NFT standard) and marketplaces, leading to inconsistencies in the definitions and roles of token metadata. (Barrington, 2022) aim to define metadata in the context of NFTs, explore the boundary of metadata and asset data within tokens, and understand the variances and impacts these structures have on the curation of NFTs within online marketplaces and collections. (Khalil et. al., 2022) study dscot: an nft-based blockchain architecture for the authentication of iot-enabled smart devices in smart cities. Private blockchain-based architecture Decentralized Smart City of Things (DSCoT) is proposed. (Hamzy et. al., 2023) demonstrate the possibility of transforming this into an NFT-copyrighted AR face mask that helps authenticate the ownership of the AR mask user so as to improve creative control, brand identification, and ID protection. (Yousaf et. al., 2023) investigate the possibility of applying methods from higher-order networks to extract information from the online trade of Non-fungible tokens (NFTs), leveraging on their intrinsic temporal and non-Markovian nature. To address the NFT duplication issue (Sahoo et. al., 2023) develop a modular, easily-extendable, hardware-agnostic, cloud-centered NFT processing system that represents NFTs as vectors. (Balan et. al., 2023) present EKILA; a decentralized framework that enables creatives to receive recognition and reward for their contributions to generative AI (GenAI). (Sharma et. al., 2023) provide an in-depth analysis of NFT rug pulls, which are fraudulent schemes aimed at stealing investors' funds.

图 3.33　Paper Digest 生成的文献综述

（2）利用 ChatGPT 对文献综述进行润色。把 Paper Digest 生成的文献综述提交给 ChatGPT，让其进行润色加工。结果如下所示：

Q Rewrite the following text into an academic literature review, which can replace the name of the major and make the logic more coherent. Remember to keep all literature citations （将以下文字改写成学术规范的文献综述，可以替换专业的名字，将逻辑调整得更通顺，记得保留所有的文献引用）:(Avrilionis et. al., 2022) believe this is a weakness in overall design of NFTs today. (Avrilionis et. al., 2022) propose a computation model called the Asset Proxy NFT that guarantees the consistency between the NFT token (on-chain) and its corresponding asset metadata (off-chain). (Zhang et. al., 2022) explore the ethical issues from three aspects: design, trading transactions, and related topics on Twitter. Based on the feature importance analysis (Luo et. al., 2022) find that both general market-related words and NFT event-related words have a markedly positive contribution in predicting price moves. Variation exists between chains, token protocols (such as the ERC-721 NFT standard) and marketplaces, leading to inconsistencies in the definitions and roles of token metadata. (Barrington, 2022) aim to define metadata in the context of NFTs, explore the boundary of metadata and asset data within tokens, and understand the variances and impacts these structures have on the curation of NFTs within online marketplaces and collections. (Khalil et. al., 2022) study dscot: an nft-based blockchain architecture for the authentication of iot-enabled smart devices in smart cities. Private blockchain-based architecture Decentralized Smart City of Things (DSCoT) is proposed. (Hamzy et. al., 2023) demonstrate the possibility of transforming this into an NFT-copyrighted AR face mask that helps authenticate the ownership of the AR mask user so as to improve creative control, brand identification, and ID protection. (Yousaf et. al., 2023) investigate the possibility of applying methods from higher-order networks to extract information from the online trade of Non-fungible tokens

(NFTs), leveraging on their intrinsic temporal and non-Markovian nature. To address the NFT duplication issue (Sahoo et. al., 2023) develop a modular, easily-extendable, hardware-agnostic, cloud-centered NFT processing system that represents NFTs as vectors. (Balan et. al., 2023) present EKILA; a decentralized framework that enables creatives to receive recognition and reward for their contributions to generative AI (GenAI). (Sharma et. al., 2023) provide an in-depth analysis of NFT rug pulls, which are fraudulent schemes aimed at stealing investors' funds.

ChatGPT：

In recent years, the field of non-fungible tokens (NFTs) has garnered significant attention from various disciplines, necessitating a comprehensive understanding of the challenges and potential solutions in the domain. One prominent concern is the inconsistency between NFT tokens (on-chain) and their corresponding asset metadata (off-chain) (Avrilionis et. al., 2022). To address this issue, Avrilionis et. al. (2022) propose an innovative computation model called the Asset Proxy NFT, which ensures consistency between the two elements.

The ethical implications of NFTs have also been explored by Zhang et. al. (2022), who analyze the design, trading transactions, and related topics on Twitter. Moreover, Luo et. al. (2022) conduct a feature importance analysis and find that both general market-related words and NFT event-related words significantly contribute to predicting price movements.

Inconsistencies in the definitions and roles of token metadata across different chains, token protocols (such as the ERC-721 NFT standard), and marketplaces have been acknowledged by Barrington (2022). This study aims to define metadata in the context of NFTs, explore the boundary of metadata and asset data within tokens, and understand the variances and impacts these structures have on the curation of NFTs within online marketplaces and collections.

In the realm of Internet of Things (IoT) and smart cities, Khalil et. al. (2022) examine Decentralized Smart City of Things (DSCoT), an NFT-based blockchain architecture for authenticating IoT-enabled smart devices. Meanwhile, Hamzy et. al. (2023) demonstrate the potential of NFT-copyrighted Augmented Reality (AR) face masks to enhance creative control, brand identification, and ID protection by authenticating the ownership of the AR mask user.

Yousaf et. al. (2023) investigate the application of higher-order network methods to extract information from the online trade of NFTs, leveraging their intrinsic temporal and non-Markovian nature. Sahoo et. al. (2023) tackle the NFT duplication issue by developing a modular, easily-extendable, hardware-agnostic, cloud-centered NFT processing system that represents NFTs as vectors.

Furthermore, Balan et. al. (2023) present EKILA, a decentralized framework that enables creatives to receive recognition and reward for their contributions to generative AI (GenAI). Lastly, Sharma et. al. (2023) provide an in-depth analysis of NFT rug pulls, fraudulent schemes aimed at stealing investors' funds.

Overall, this literature review highlights the complexities and challenges in the rapidly evolving field of NFTs while presenting potential solutions and novel applications across various domains.

Q 请把以上内容精简到 300 字以内（英文）。

ChatGPT：

In recent years, non-fungible tokens (NFTs) have attracted interdisciplinary attention, highlighting the need for a comprehensive understanding of challenges and potential solutions. Avrilionis et al. (2022) propose the Asset Proxy NFT model to address inconsistencies between NFT tokens (on-chain) and asset metadata (off-chain). Zhang et al. (2022) explore NFT ethics, while Luo et al. (2022) find market-related and NFT event-related words contribute significantly to price prediction.

Barrington (2022) investigates metadata definition in NFTs and its impact on online marketplaces and collections. Khalil et al. (2022) study

Decentralized Smart City of Things (DSCoT), an NFT-based IoT and smart city architecture. Hamzy et al. (2023) demonstrate the potential of NFT-copyrighted Augmented Reality (AR) face masks for enhancing creative control, brand identification, and ID protection.

Yousaf et al. (2023) examine methods to extract information from NFT online trades, while Sahoo et al. (2023) develop a modular, cloud-centered NFT processing system for addressing duplication issues by representing NFTs as vectors. Balan et al. (2023) present EKILA, a decentralized framework for recognizing and rewarding creatives in generative AI (GenAI). Sharma et al. (2023) analyze NFT rug pulls, fraudulent schemes targeting investors.

This review emphasizes the complexities and challenges in the evolving NFT field, presenting potential solutions and novel applications across various domains.

经过两次润色加工后发现第二次生成的文献综述质量明显高于第一次，并且包含了最新的文献资料。

用法 26：推荐研究方向

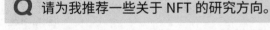

对于学术新手来说，写论文比较难的地方在于寻找研究方向。由于对学科领域中有价值的问题认识不足，对文献把握不全和前瞻性思考不够，而导致研究方向不清楚。这时可以借助 ChatGPT 帮助筛选相关课题的研究方向。

扫一扫，看视频

Q 请为我推荐一些关于 NFT 的研究方向。

当然可以！以下是一些建议的关于 NFT 的研究方向：

1. NFT 的技术基础：深入研究区块链、加密技术和智能合约等技术在 NFT 中的应用，以及这些技术如何支持 NFT 市场的发展。

2. NFT 的价值评估：研究 NFT 的价值评估方法和标准，探讨如何为 NFT 创作物设定合理的价格。

3. NFT 在创意产业的应用：研究 NFT 如何改变音乐、艺术、电影等创意产业的商业模式，以及如何为创作者和消费者带来价值。

4. NFT 市场的演化和趋势：分析 NFT 市场的发展趋势，预测未来市场的需求和挑战。

5. NFT 的社会影响：研究 NFT 的普及对社会、经济、文化和法律等方面的影响，以及如何在这些领域采取相应的对策。

6. NFT 的安全性和隐私保护：探讨如何保障 NFT 交易的安全性，以及如何保护用户的隐私和数据。

7. NFT 的元宇宙应用：研究 NFT 在虚拟世界和元宇宙中的应用，以及如何为用户创造新的价值。

8. NFT 在广告和营销领域的应用：探讨 NFT 如何改变广告和营销行业的策略和效果，以及如何为品牌和消费者带来价值。

9. NFT 与身份认证：研究如何利用 NFT 技术实现数字身份认证，以便更好地保护用户的隐私和安全。

10. NFT 在供应链和物流领域的应用：探讨如何利用 NFT 技术改进供应链和物流管理，提高效率和透明度。

从生成内容来看，ChatGPT 推荐的研究方向是比较全面的，并且内容新颖，用户可以在此基础上进行筛选，如果不满意，还可以提供更详细的信息，让 ChatGPT 重新推荐。

用法 27：扩写论文内容

扫一扫，看视频

有时论文篇幅过小，需要对内容进行扩写，即增加内容，来使论文更加完整、详尽和有说服力。人工扩写论文内容的方法比较多，可以通过增加实例和案例、分析和解释、讨论和比较、结论和建议、背景和文献综述等内容来充实论文。增加的内容要有针对性、有价值，不能重复或无关紧要。同时，语言要准确、简练，表达要清晰、有逻辑。这对于学术新手来说，有一定的难度。此时学术新手可以借助 ChatGPT 通过表述方式的转换、逻辑推理和归纳总结、补充背景和相关知识、想象和创造力的运用等方式，轻松完成论文内容的扩写。

Q 请把以下文字扩写到 500 字，不要改变原意：《蛇》与《葡萄成熟了》分别是在 20 世纪 20 年代和 50 年代享誉一时的经典爱情诗，都表现了年轻人对爱情的渴望，但 30 年时间的沧桑巨变也在这两首爱情诗上打下了深刻的时代烙印。本文拟从作品风格、意象选取、人物形象、叙述视角几个方面对这两首爱情诗展开对比分析，感受不同时代年轻人的爱情心理和恋爱表现。

ChatGPT：

《蛇》与《葡萄成熟了》分别是 20 世纪 20 年代和 50 年代两个不同时期的经典爱情诗篇。这两首诗歌在文学史上都具有极高的地位，它们都以独特的艺术手法表现了年轻人对爱情的热切向往和美好期许。然而，在这两个时期，社会的巨变和历史的沧桑对诗人的创作产生了深刻影响，使得这两首爱情诗在风格、意象、人物形象和叙述视角等方面呈现出鲜明的对比。

首先，从作品风格上来看，《蛇》在 20 世纪 20 年代的背景下，受到了浪漫主义文学的影响，诗中强调个性解放和情感表达，流露出年轻人对爱情的自由追求。而《葡萄成熟了》则在 20 世纪 50 年代的现实主义风潮中萌芽，诗歌以真实细腻的笔触描绘了爱情的美好和纯粹。

其次，从意象选取上，《蛇》采用了大胆的、具有强烈象征意义的“蛇”形象来表现恋爱的欲望与纠葛，展现了爱情的曲折和复杂。相较之下，《葡萄成熟了》则运用了温馨而浪漫的“葡萄”意象，传达出年轻人对爱情的甜蜜和期待，勾勒出一幅温暖的恋爱画面。

再次，从人物形象上，《蛇》描绘了一对矛盾重重的恋人，他们在激情与理智的纷争中挣扎，反映了当时年轻人对爱情的探索和追求。而《葡萄成熟了》则通过展示一对朴实、淳朴的年轻恋人，传达出真挚的爱情观念，体现了当时社会风气对爱情的影响。

最后，从叙述视角来看，《蛇》以第一人称的方式，直接展现了诗人内心的情感波动和对爱情的感悟，使读者更容易产生共鸣。而《葡萄成熟了》则采用了第三人称的叙述，让读者从一个旁观者的角度去观察和感受爱情故事，更能深入地挖掘出爱情中的细微变化和情感内涵。

通过以上对比分析，我们可以看到，《蛇》与《葡萄成熟了》虽然都是经典的爱情诗篇，但它们在作品风格、意象选取、人物形象和叙述视角等方面存在显著差异，这些差异正是 30 年时间的沧桑巨变在两首诗歌中留下的时代烙印。从这两首诗中，我们可以感受到不同时代年轻人的爱情心理和恋爱表现，从而更好地理解和把握历史发展对人们情感世界的影响。

在这个过程中，我们也可以深入思考如何在不同的社会环境下，去理解和珍惜爱情，以及如何在爱情中找到自己的价值观和信仰。这两首诗歌不仅为我们提供了一种跨越时空的文学体验，更为我们提供了一个观察和思考爱情的独特视角，使我们能够更加深刻地认识到爱情的多样性和不朽魅力。

从以上生成内容来看，ChatGPT 从多个角度对两首诗歌进行了对比分析，扩写内容翔实，唯一缺点就是字数过多，没有按照笔者要求生成 500 字，而是生成了 900 多字。

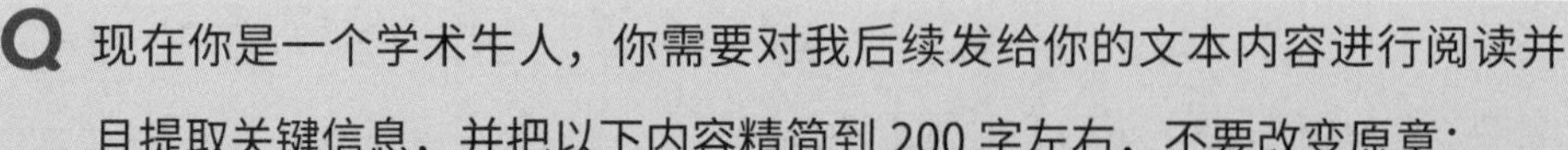

用法 28：精简论文内容

在论文内容冗长复杂的情况下，ChatGPT 能够精炼论文内容。作为一种具备卓越的信息提取和预测推理能力的 AI 工具，ChatGPT 能够深刻理解原始文本，挖掘其中的核心信息，重新生成遵循语法和语义规则的优化文本。这种新的文本不仅保持了原始文本的内容和结构特点，而且更加简洁明了，易于读者理解和吸收。

扫一扫，看视频

Q 现在你是一个学术牛人，你需要对我后续发给你的文本内容进行阅读并且提取关键信息，并把以下内容精简到 200 字左右，不要改变原意：

随着 AI 技术的创新迭代，生成式 AI（AIGC）正在成为塑造政务服务智能体的新型引擎，构思并衍生出行政领域的 AI 通用大模型——GovGPT。生成式 AI 驱动的政务服务主要体现在：空间场景的虚拟，政务情境的自动化与虚实共生；虚拟公务员的兴起，政务管理的无人化与政府“智”转；组织和资源要素的集成，政务运作的整合化与无缝隙政府；政务服务的技术主义范式，服务供给的智能化与需求革命。生成式 AI 技术虽然塑造了政务服务智能体的通用模型，作为推动数字政府“智能化”建设的先导和理念，GovGPT 仍需依赖一个健全的行政生态维系，而蕴于全面且深刻的政府第二波数字化转型中。从 ChatGPT 到 GovGPT，需要立足于生态系统构建，树立数智化政务服务生态的理念，致力于构建智能政务服务生态的行动共同体，促进政务运作的虚实共生与智能联动，打造全方位智能政务服务生态的安全保障体系。

ChatGPT：

随着AI技术创新，生成式AI（AIGC）正成为政务服务智能体的新引擎，衍生出大型行政领域AI模型——GovGPT。其主要应用包括虚拟空间场景、自动化政务情境、虚拟公务员兴起、无人化政务管理、组织资源集成、政务运作整合及政务服务智能化。尽管AIGC技术塑造了通用政务服务模型，推动数字政府智能化建设，但GovGPT仍需依赖健全的行政生态和深入的政府数字化转型。从ChatGPT到GovGPT，需构建生态系统，树立数智化政务服务理念，建立智能政务服务行动共同体，促进虚实共生与智能联动，确保全方位智能政务服务生态安全。

从以上生成内容来看，ChatGPT精简后的内容原意不变，长度从348字精简到227字。

用法29：论文润色

论文投稿前要做内容检查和润色，全面审视论文结构，发现论文中的错误和不足，反复修改、加工与润色。目前，ChatGPT在论文润色方面做得非常优秀。为了方便读者使用ChatGPT进行论文润色，笔者提供关于论文润色的中英文提示词：

扫一扫，看视频

（1）英文学术润色：Below is a paragraph from an academic paper. Polish the writing to meet the academic style, improve the spelling, grammar, clarity, concision and overall readability. When necessary, rewrite the whole sentence. Furthermore, list all modification and explain the reasons to do so in markdown table.

（2）作为一名中文学术论文写作改进助理，其任务是改进所提供文本的拼写、语法、清晰、简洁和整体可读性，同时分解长句，减少重复，并提供改进建议。请只提供文本的更正版本，避免包括解释。请编辑以下文本（以中文论文润色为例进行演示）：

Q 作为一名中文学术论文写作改进助理，你的任务是改进所提供文本的拼写、语法、清晰、简洁和整体可读性，同时分解长句，减少重复，并提供改进建议。请只提供文本的更正版本，避免包括解释。请编辑以下文本：数字化转型的核心路径是新型能力建设，以新型能力赋能业务创新转型，构建竞争合作新优势，改造提升传统动能，形成新动能，创造新价值，实现新发展。针对当前学术界关于制造企业数字化能力的实证研究较少的现象，本文首先综述数字化转型和数字化能力的相关理论，提炼出制造企业数字化能力的结构维度（包括数字化战略、数字技术能力、数字化组织能力、数字化业务能力、数字化重构能力和数据管理能力六个子能力），然后设计问卷和开发测量量表，利用 SPSS 和 Amos 软件对量表进行信度分析、探索性因子分析和验证性因子分析，对数字化能力的六因子模型进行验证，并以东莞为例，调研该城市制造企业数字化能力的六个子能力整体得分情况和分析各行业数字化子能力的得分情况，剖析发展难点，以及分析国内外领先企业数字化转型的成功经验并提出针对性对策建议，为东莞乃至新兴发展国家的制造企业数字化转型和数字化能力提升提供经验借鉴。

ChatGPT：

数字化转型的核心途径是新能力的建设，通过新能力推动业务创新转型，打造竞争合作新优势，改进并提升传统动能，形成新动能，创造新价值，实现新发展。针对学术界目前关于制造企业数字化能力的实证研究较少，本文首先梳理数字化转型和数字化能力的相关理论，提取制造企业数字化能力的结构维度（包括数字化战略、数字技术能力、数字化组织能力、数字化业务能力、数字化重构能力和数据管理能力六个子能力）。接着设计问卷和制定测量量表，运用 SPSS 和 Amos 软件对量表进行信度分析、探索性因子分析和验证性因子分析，验证数字化能力的六因子模型。以东莞为例，调查该城市制造企业数字化能力的六个子能力的整体得分状况，分析各行业数字化子能力得分情况，剖析发展难点，并分析国内外领先企业数字化转型的成功经验，提出针对性策略建议。这将为东莞及新兴发展国家的制造企业数字化转型和数字化能力提升提供参考。

从以上生成内容来看，ChatGPT 润色后的论文内容用词更准确，语句更通顺，更符合学术规范。

用法 30：期刊 / 作者风格改写

ChatGPT 可以通过模仿某个期刊或者某位作者的写作风格进行论文改写。如果模仿某位作者写作风格进行改写，可以先提供给 ChatGPT 一些该作者的论文，让 ChatGPT 学习后再进行模仿改写。如果是国外知名期刊，可以直接要求 ChatGPT 进行模仿改写。例如，模仿 Nature 期刊风格进行改写。

扫一扫，看视频

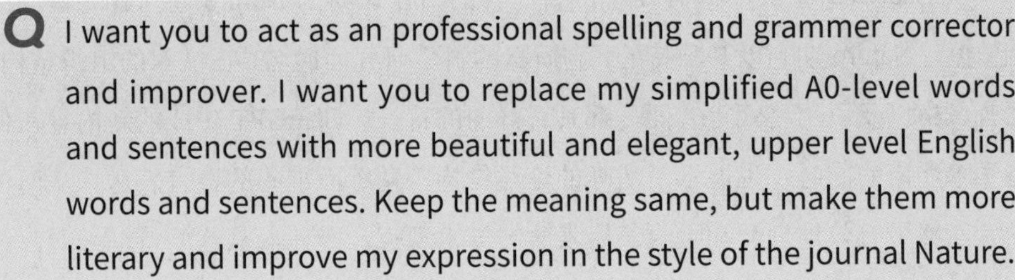

Q I want you to act as an professional spelling and grammer corrector and improver. I want you to replace my simplified A0-level words and sentences with more beautiful and elegant, upper level English words and sentences. Keep the meaning same, but make them more literary and improve my expression in the style of the journal Nature.

ChatGPT：

As a proficient language enhancement expert, my objective is to elevate your writing by replacing basic phrases and expressions with more sophisticated, eloquent language, while preserving the original meaning. I will enrich your prose and refine your expression, emulating the style found in esteemed publications such as Nature.

Q Conversational AI technologies such as ChatGPT have produced enormous impact on education around the world today. This paper explains how ChatGPT enables the intrinsic mechanism of foreign language learning, and focuses on promoting self-directed learning of foreign language learners and changing the role of foreign language teachers by ChatGPT. It then indicates the potential issues of using ChatGPT in foreign language teaching, and discusses strategies for developing critical thinking skills while using ChatGPT.

ChatGPT：

Revolutionary conversational AI technologies, epitomized by ChatGPT, have engendered a profound influence on global educational paradigms.

> This treatise elucidates the innate mechanisms through which ChatGPT fosters foreign language acquisition, accentuating its capacity to bolster self-directed learning among multilingual aspirants while concurrently redefining the role of foreign language pedagogues. Subsequently, it explores potential challenges arising from ChatGPT's integration into linguistic instruction and delves into strategies devised to cultivate critical thinking aptitudes in tandem with ChatGPT utilization.

从 ChatGPT 生成的内容发现，新内容的写作风格与 Nature 期刊有着极高的相似度。Nature 期刊以其独特的、高质量的科学研究而闻名，在文章的组织结构、语言风格以及引用格式等方面，都具有鲜明的特征。ChatGPT 生成的新内容在保持学术严谨的同时，也展示了清晰的论述结构、精练而准确的语言表达，从而使读者能够更有效地理解和吸收其所表达的学术观点。因此，从这些特征来看，该作品的风格的确更接近 Nature 期刊。

用法 31：修改论文和去重

写完论文后，还需要对论文进行查重，如果重复率比较高，则需要对论文进行修改和降重。论文降重的方法有很多种，如多语言翻译降重、改写降重和续写降重等。同样，也可以借助 ChatGPT 进行降重。

扫一扫，看视频

ChatGPT 降重的原理是先提取出原论文中的关键词、关键信息和结论等内容；再根据这些关键词、关键信息和结论重新构建论文内容，重新生成全新的表述；最后，对生成的论文内容进行微调和精练，以确保其质量。经过去重，论文的重复率大幅度降低，同时也保持了原始论文的核心思想和主要结论。

笔者从知网上随机选取已经发表过的论文《元宇宙电子商务的运行机理、风险与治理》，复制粘贴后进行查重，重复率高达 93.45%，如图 3.34 所示。

图 3.34　去重前的重复率

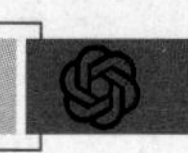

从图 3.35 中发现，经过 ChatGPT 的初步去重处理后的论文重复率显著降低，达到了 15.87%。这一数字较处理前有了显著的下降，表明 ChatGPT 在降低论文重复率方面的能力相当显著。

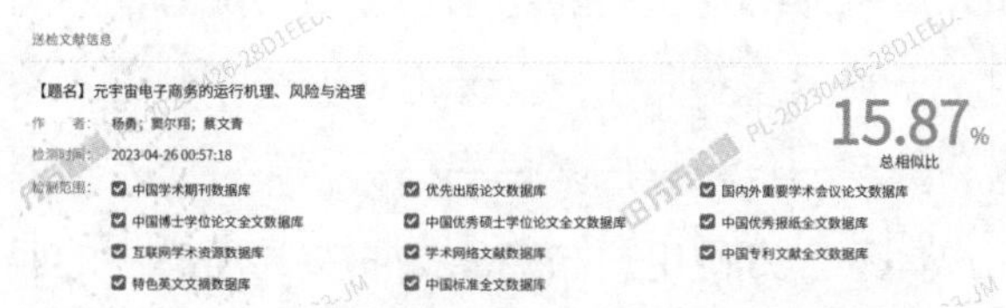

图 3.35　使用 ChatGPT 降重后的重复率

使用 ChatGPT 进行论文降重的步骤如下：

（1）输入原始论文，提取关键信息。将原始论文输入 ChatGPT，ChatGPT 会对论文进行深度解析，提取出论文的关键信息，包括主题、关键论点、支撑论据和结论等。

（2）重新生成内容。基于提取的关键信息，ChatGPT 重新生成论文内容。ChatGPT 会以新的方式表述观点和论据，避免重复原文的词句。需要注意的是，重新生成内容时，新开一个 ChatGPT 聊天对话框，避免 ChatGPT 受到前面内容的影响。

（3）修改和润色。在生成新内容后，指导 ChatGPT 进行进一步的修改和润色，以确保语法的准确性和表达的清晰度。同时，ChatGPT 也会校验新生成内容的质量和一致性，确保其与原论文的主题和主要观点保持一致。

（4）降重检查。在生成满意的新论文后，进行降重检查，看看降重效果如何。如果重复率仍较高，可以重复上述步骤，直至达到满意的降重效果。

使用 ChatGPT 进行论文降重，既可以减轻论文写作负担，又可以确保论文的内容质量和原创性。同时，也可以通过这个过程更好地理解和掌握论文的写作技巧和策略。

下面以某个片段去重为例，演示整个去重过程。

Q 请总结下面文字的结论、数据、示例：

“在元宇宙世界中生活，需要两个东西，数字分身和唯一账户。将语音识别技术、推荐引擎、视频处理技术、语言模型、实时渲染技术和光线追踪技术等融为一体，用户可以轻松创建具备智能交互能力的虚拟形象作为数字分身。在平台中，每个用户都有一个数字分身，每个数字分身都绑定唯一的账户。通过 Web 3.0 技术打通不同元宇宙电商中的数据关联，建立基于区块链的整个元宇宙世界中唯一的数字分身和唯一的账户，数字分身和账户唯一绑定，并随身携带。当消费者在不同元宇宙电商平台上消费时，无须登录不同账户，无论从哪个平台进入，再切换到其他电商平台时，数字分身和账户都是一样的，可以无差别消费和交易。基于唯一的账户体系，方便用户与商家之间交易所产生的收款、付款、结算等操作，避免了目前多平台多账户管理的烦琐，通过智能合约更便于用户资产管理。唯一账户体系更符合元宇宙开放平台，有利于打破现在的各自为政的封闭系统，确保消费者得到公平对待，避免出现大规模的作弊、欺诈或诈骗，有利于建立一个更加开放公平的经济体系。唯一账户中使用 DECP 作为支付货币，结合人脸识别、虹膜识别、声纹识别等技术，使支付更加安全快捷。”

ChatGPT：

结论：在元宇宙世界中，数字分身和唯一账户是必需的。通过融合各种技术，用户可以创建具备智能交互能力的虚拟形象，同时建立基于区块链的唯一数字分身和账户，实现无缝消费和交易，提高安全性和便捷性。

数据：

1. Web 3.0 技术用于打通不同元宇宙电商的数据关联。

2. 使用区块链建立整个元宇宙世界中唯一的数字分身和唯一的账户。

3. 通过智能合约便于用户资产管理。

示例：

1. 整合技术：语音识别、推荐引擎、视频处理、语言模型、实时渲染和光线追踪等。

2. 数字分身和唯一账户的绑定。

3. 在唯一账户中使用 DECP 作为支付货币，结合人脸识别、虹膜识别、声纹识别等技术，使支付更安全快捷。

原因：

1. 唯一账户体系便于用户与商家间的收款、付款、结算等操作，简化多平台多账户管理。

2. 唯一账户体系符合元宇宙开放平台理念，有利于打破封闭系统，确保消费者公平对待，避免作弊、欺诈或诈骗。

3. 基于区块链和智能合约的唯一账户体系有利于建立更加开放公平的经济体系。

新打开一个 ChatGPT 聊天对话框。

Q 请根据下面的结论、数据、示例、原因，生成一段 500 字左右的内容。

结论：在元宇宙世界中，数字分身和唯一账户是必需的。通过融合各种技术，用户可以创建具备智能交互能力的虚拟形象，同时建立基于区块链的唯一数字分身和账户，实现无缝消费和交易，提高安全性和便捷性。

数据：

1. Web 3.0 技术用于打通不同元宇宙电商的数据关联。
2. 使用区块链建立整个元宇宙世界中唯一的数字分身和唯一的账户。
3. 通过智能合约便于用户资产管理。

示例：

1. 整合技术：语音识别、推荐引擎、视频处理、语言模型、实时渲染和光线追踪等。
2. 数字分身和唯一账户的绑定。
3. 在唯一账户中使用 DECP 作为支付货币，结合人脸识别、虹膜识别、声纹识别等技术，使支付更安全快捷。

原因：

1. 唯一账户体系便于用户与商家间的收款、付款、结算等操作，简化多平台多账户管理。
2. 唯一账户体系符合元宇宙开放平台理念，有利于打破封闭系统，确保消费者公平对待，避免作弊、欺诈或诈骗。
3. 基于区块链和智能合约的唯一账户体系有利于建立更加开放公平的经济体系。

ChatGPT：

结论：在元宇宙世界中，数字分身和唯一账户是必需的。通过融合各种技术，用户可以创建具备智能交互能力的虚拟形象，同时建立基于区块链的唯一数字分身和账户，实现无缝消费和交易，提高安全性和便捷性。

借助 Web 3.0 和区块链技术，整个元宇宙世界中的唯一数字分身和唯一账户得以实现。智能合约便于用户资产管理。整合语音识别、推荐引擎、视频处理等技术，为用户提供丰富的交互体验。利用 DECP 支付货币及生物识别技术，保障支付安全快捷。

唯一账户体系简化用户与商家间的交易，减轻多平台多账户管理负担。它符合元宇宙开放平台理念，有助于打破封闭系统，保障消费者权益。基于区块链和智能合约的唯一账户体系有助于建立更加公平的经济体系。

数字分身和唯一账户在元宇宙世界中具有重要意义。整合先进技术，提供智能、便捷的交互体验，实现无缝消费和交易。它将推动元宇宙产业的蓬勃发展，为虚拟商品、虚拟地产等领域带来商业机遇。保护用户隐私和数据安全将成为亟待解决的问题，需制定相应的政策和技术措施。

总之，数字分身和唯一账户在元宇宙世界中具有重要意义。它们将推动元宇宙的发展和创新，为用户带来前所未有的便利和体验。在此过程中，需关注用户隐私和数据安全问题，为元宇宙的健康成长创造良好环境。

笔者不断重复这个过程，逐段进行降重，直到论文全部通过 ChatGPT 改写完成后，再进行润色，新论文重复率已经降到 5% 左右。该案例也证明了 ChatGPT 在论文修改和去重方面的实用性和有效性，它能够有效地帮助用户在保持原有论文核心思想的基础上，生成更为独特的内容，从而提高论文的质量和独创性。

用法 32：撰写整篇论文

撰写论文一般分为以下步骤：确定研究方向和题目、细列提纲、撰写全文、精心修改和润色、完善论文要素和查重与降重。其中，在写完论文对论文有整体把握后再写摘要。虽然 ChatGPT 在撰写论文的过程中发挥了巨大的作用，大幅提升了写作效率，但是利用 ChatGPT 来撰写整篇论文并非一蹴而就的事情。这个过程需要遵循一定的步骤和方法，配合适度的人工修改，才可能完成一篇高质量的论文。在此，笔者总结了一套实用的方法流程，希望能够帮助用户更好地利用 ChatGPT 进行论文写作。

扫一扫，看视频

（1）选题。论文选题过程中，用户可以借鉴前面介绍的方法，利用 ChatGPT 进行选题。如果已经有了论文题目，可以跳过此步骤。

（2）引导 ChatGPT。选出论文题目后，需要引导 ChatGPT 进行同频思考，将重点聚焦在所研究的主题上。引导 ChatGPT 既需要耐心，也需要掌握一定的技巧。

首先，确认 ChatGPT 对于论文题目中所涉及的概念是否全部熟悉，如果不熟悉，用户可以手工提供一些和论文相关的资料，让 ChatGPT 学习。

其次，寻找优质学术资源，围绕论文题目，让 ChatGPT 从不同角度推荐一些优质的学术资源。例如，推荐一些高频被引学术论文、文献综述或最近三年的文献资料等。

再次，让 ChatGPT 根据这些推荐的文献进行总结和对比分析，主要作用是让 ChatGPT 重点学习这些文献资料的内容，更聚焦论文主题。

最后，让 ChatGPT 根据这些总结和分析结果，给出论文的启示。

（3）撰写提纲。在对 ChatGPT 进行正确引导后，ChatGPT 可以根据引导内容列出论文大纲。如果用户对提纲内容不满意，可以对大纲进行修改或调整，或者让 ChatGPT 再次生成，直到满意为止。

（4）撰写摘要。利用 ChatGPT，根据题目和提纲，撰写一定篇幅的摘要。同样，如果用户不满意，也可以对摘要进行修改或调整，或者让 ChatGPT 再次生成。

（5）撰写初稿。在确定了题目、提纲和摘要后，可以让 ChatGPT 依据这些信息，按照提纲的各个章节依次生成论文内容。在此生成过程中，需要仔细观察所生成的内容。若发现其表述有偏离主题的趋势，应立即进行干预，将其引导到正确的主题方向。

（6）修改和润色。在 ChatGPT 生成论文后，用户有多种修改和润色的方式可供选择。一种是逐字逐句地对生成的内容进行校对和修改；另一种是利用 ChatGPT 的功能，对整段内容进行批量修改和润色，或者采用两者相结合的方式进行修改和润色。

（7）完善论文要素。撰写完成核心内容后，要补充论文的其他关键元素，包括关键词、参考文献、英文摘要、作者简介和页码等信息。

（8）查重与降重。在完成论文初稿后，进行查重工作是必不可少的步骤。如果发现重复率相对较高，可以借助前文所述的方法，使用 ChatGPT 进行降重处理。在经过有效的降重后，对论文格式进行必要的调整和优化，就可以提交成果了。

由于篇幅的限制，本书并未详细演示整个撰写过程。但读者可以根据前面提供的流程自行实践和探索。

特别需要强调的一点是，在整个论文撰写过程中，务必保持在同一聊天会话中进行。请尽量避免随意切换聊天窗口，直到进入论文降重阶段，然后再转到另一个聊天会话中。

3.4 IT 与编程

虽然 ChatGPT 并非专为编程设计的工具，但可以作为一款有效的编程辅助工具。其通过自然语言描述来实现类似的功能，从而降低编程的门槛，帮助编程基础较弱的用户完成编程任务。它不仅可以轻松处理编程任务，还能修正代码错误、解读代码、为代码添加注释、优化代码、进行代码翻译等。此外，它可以充当 Linux 终端、SQL 终端、Python 编译器和 JavaScript 控制台等。当遇到技术难题时，用户也可以向 ChatGPT 寻求帮助以获得全面的技术解决方案。

用法 33：编写代码

ChatGPT 支持的编程语言丰富多样，包括但不限于 Python、Java、JavaScript、C++、C#、Ruby、PHP、Swift、Kotlin、TypeScript、Go、Rust、Scala、R、MATLAB、Dart、Lua、SQL 以及 Shell Script（如 Bash）等。此外，ChatGPT 还能够编写 HTML 和 CSS，制作网页。只需以自然语言明确地向 ChatGPT 表述需求，它就能按照指示生成代码，这在很大程度上减轻了程序员的编程负担。

扫一扫，看视频

Q 请用 Python 编写爬虫程序，爬取百度网站首页信息。

ChatGPT：

百度网站的首页主要包含了搜索框和一些链接。以下是一个简单的 Python 爬虫程序，使用了 BeautifulSoup 和 requests 库来爬取百度首页的链接信息：

```
'''python
import requests
from bs4 import BeautifulSoup
def get_html(url):
    headers = {
```

```
        'User-Agent': 'Mozilla/5.0 (Windows NT 10.0; Win64; x64) AppleWebKit/537.36 (KHTML, like Gecko) Chrome/88.0.4324.96 Safari/537.36'
    }
    response = requests.get(url, headers=headers)
    if response.status_code == 200:
        return response.text
    else:
        return None
def parse_html(html):
    soup = BeautifulSoup(html, 'html')
    links = soup.find_all('a')
    for link in links:
        text = link.get_text().strip()
        href = link.get('href')
        print(f'链接文本：{text}\n链接地址：{href}\n')
def main():
    url = 'https://www.baidu.com/'
    html = get_html(url)
    if html:
        parse_html(html)
    else:
        print('获取网页失败')
if __name__ == '__main__':
main()
'''
```

在运行此代码之前，请确保已安装 requests 和 BeautifulSoup 库。可以使用以下命令安装：

```
'''shell
pip install requests
pip install BeautifulSoup
'''
```

这个简单的爬虫程序将打印出百度首页的链接文本和链接地址。请注意，爬虫可能会因为目标网站的结构改变而失效。在使用爬虫时，请确保遵守目标网站的使用条款。

ChatGPT 不仅可以迅速给出爬虫程序，还附带了安装使用办法。当笔者将这段程序复制到 Python 编译器中执行时，没有出现任何 Bug，成功地读取了百度网站首页的信息。

用法 34：修正代码错误

扫一扫，看视频

ChatGPT 除了能编写代码，还能帮助程序员检查并修正代码中的错误。ChatGPT 根据提供的代码进行分析，检查是否存在语法错误、逻辑错误或潜在的性能问题。在检查过程中，ChatGPT 还会根据编程经验、代码最佳实践和已知的编程模式来给出建议。

Q 请检查下面的代码存在什么问题。

```
public Object pop(){
    if(size==0) throw new EmptyStackException();
    return element[--size]; // 短暂造成内存泄漏
}
```

ChatGPT：

这段代码存在内存泄漏问题。这是一个 'pop()' 方法，从栈中弹出一个元素。代码逻辑本身没有明显的错误，但是存在一个潜在的内存泄漏。

问题在于这一行：

```
'''java
return element[--size];
'''
```

在减小 'size' 之后，栈顶元素仍然保留了对原对象的引用。在 Java 中，对象是通过引用计数进行垃圾回收的。如果在栈中仍然保留有对对象的引用，那么这个对象就无法被垃圾回收器回收，导致内存泄漏。

为了避免内存泄漏，我们需要在返回栈顶元素之前将其引用设置为 'null'，以便垃圾回收器可以回收这个对象。以下是修改后的代码：

```
'''java
public Object pop() {
    if (size == 0) throw new EmptyStackException();
    Object result = element[--size];
    element[size] = null; // 解除原栈顶对象的引用，避免内存泄漏
    return result;
}
'''
```

这个修改后的 pop() 方法在弹出栈顶元素之前将其引用设置为 null，从而避免了内存泄漏。

这是个经典的 Java 内存泄漏问题。ChatGPT 成功指出问题代码，并给出了修正后的代码。

用法 35：解读代码功能

在训练过程中，ChatGPT 吸收了大量的编程示例和知识，这使得它能够理解多种编程语言及程序框架的基本结构，并能够对代码进行功能解读。

扫一扫，看视频

首先，ChatGPT 会根据代码的语法和关键字来识别编程语言，如 Java、Python、C++ 等。

其次，ChatGPT 会分析代码的结构，包括函数、类、循环和条件语句等，以理解代码的组织方式。

最后，ChatGPT 会剖析代码的算法和逻辑，以了解程序的功能和目标。这会涉及追踪变量的值、理解函数调用关系、判断输入和输出等。在解读代码功能的同时，它还会考虑代码所处的上下文环境，包括代码的目的、可能的应用场景、与其他代码片段的关系等。

Q 请解释下面代码的功能，并给出代码输出结果。

```
public static void main(String[] args) { int i,j;
```

```
for(i=1;i<10;i++) { for(j=1;j<i+1;j++) {
System.out.print(j+"*"+i+"="+i*j+"\t");
    }
    System.out.println();
}
```

ChatGPT:

这段代码是一个 Java 程序，用于打印九九乘法表（1 到 9 的乘法表）。代码中使用了两个嵌套循环。外层循环 'i' 控制乘法表的乘数范围，从 1 到 9；内层循环 'j' 控制被乘数范围，从 1 到 'i'。在内层循环中，代码使用 'System.out.print' 打印乘法表的每个乘法式子，如 'j+"*"+i+"="+i*j'。'\t' 表示制表符，用于使输出对齐。在外层循环结束时，使用 'System.out.println()' 打印一个换行符，使每一行的乘法式子显示在单独的行上。

这段代码的输出结果如下：

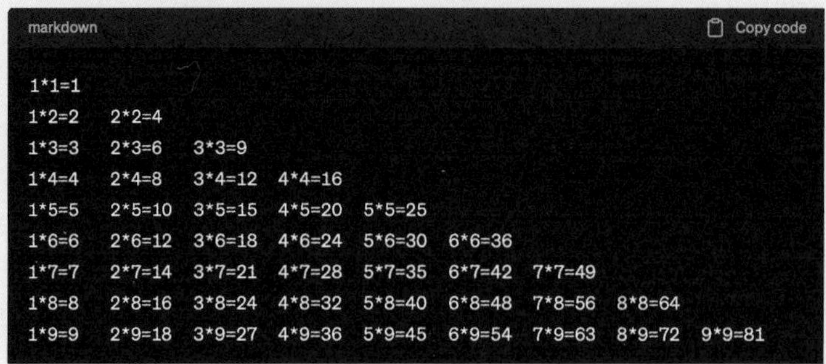

```markdown
1*1=1
1*2=2	2*2=4
1*3=3	2*3=6	3*3=9
1*4=4	2*4=8	3*4=12	4*4=16
1*5=5	2*5=10	3*5=15	4*5=20	5*5=25
1*6=6	2*6=12	3*6=18	4*6=24	5*6=30	6*6=36
1*7=7	2*7=14	3*7=21	4*7=28	5*7=35	6*7=42	7*7=49
1*8=8	2*8=16	3*8=24	4*8=32	5*8=40	6*8=48	7*8=56	8*8=64
1*9=9	2*9=18	3*9=27	4*9=36	5*9=45	6*9=54	7*9=63	8*9=72	9*9=81
```

这是一个简单的九九乘法表，将乘法表以行列的形式展示出来。

对于笔者提供的这段代码，ChatGPT 首先准确地识别出其为 Java 程序，然后正确地解读了代码的功能——打印九九乘法表，并成功地给出了正确的输出结果。

用法 36：代码优化

ChatGPT 能够协助程序员进行代码优化，包括简化代码逻辑、合并冗余代码或采用更为简洁的语法等。它可以检查代码的可读性，如命名规范、注释、空格和缩进的使用等，同时也可以提高代码的模块

扫一扫，看视频

化程度，分析代码中是否存在潜在的性能问题，如不必要的重复计算、低效的数据结构和过度的内存分配等，检查代码中是否存在异常处理和错误检查机制，以确保程序在遇到问题时能够优雅地处理。此外，它还能分析代码是否存在潜在的安全漏洞，如 SQL 注入和跨站脚本攻击（XSS）等，并提供修复建议。

Q 请对下面的 Java 代码进行优化。

```
public static void main(String[] args) {
    List<Town> towns = new ArrayList<>();
    towns.add(new Town("松山湖园区", 771));
    towns.add(new Town("大朗镇", 414));
    towns.add(new Town("大岭山镇", 335));
    towns.add(new Town("长安镇", 895));
    towns.add(new Town("虎门镇", 735));

    Collections.sort(towns, new Comparator<Town>() {
        @Override
        public int compare(Town t1, Town t2) {
            return Double.compare(t2.gdp, t1.gdp);
        }
    });

    System.out.println("乡镇 GDP 降序排列：");
    for (Town town : towns) {
        System.out.println(town);
    }

}
```

ChatGPT：

这是一个 Java 程序，用于将乡镇按 GDP 降序排列。您的代码已经相当简洁且可读性较好。我将对代码进行一些优化，主要是使用 Java8 的 Lambda 表达式和 Stream API 简化排序和输出部分。这将使代码更简洁，更具可读性。

优化后的代码如下：

```
'''java
import java.util.ArrayList;
import java.util.List;
import java.util.stream.Collectors;
public class Main {
    public static void main(String[] args) {
        List<Town> towns = new ArrayList<>();
        towns.add(new Town("松山湖园区", 771));
        towns.add(new Town("大朗镇", 414));
        towns.add(new Town("大岭山镇", 335));
        towns.add(new Town("长安镇", 895));
        towns.add(new Town("虎门镇", 735));

        towns.sort((t1, t2) -> Double.compare(t2.gdp, t1.gdp));

        System.out.println("乡镇 GDP 降序排列：");
        towns.forEach(System.out::println);
    }
}
'''
```

优化说明：

1. 使用 Java8 的 Lambda 表达式简化了排序部分。Lambda 表达式能够使代码更简洁，无须显式创建一个 'Comparator' 实现。

2. 使用 'forEach()' 方法和方法引用 'System.out::println' 简化了输出部分，避免了显式的 for 循环。

请注意，我没有对 'Town' 类进行任何更改，因为您没有提供类的定义。如果您需要对 'Town' 类进行优化，请提供类的定义。

ChatGPT 所提供的优化方案充分利用了 Java 8 中的 Lambda 表达式和 Stream API 来简化排序和输出部分，使得程序比原来更为简洁。

用法 37：代码翻译

ChatGPT 具有一定的代码翻译能力，能够将一种编程语言的代码转译成另一种编程语言。需要注意的是，对于复杂的代码转换任务，ChatGPT 可能无法直接进行处理。因此，建议将复杂的代码分解成更小的片段，分别进行翻译，这将显著提高翻译的准确性。同时，务必仔细校对和验证生成的代码，以确保其功能完全符合原始代码，并且不含任何错误。

扫一扫，看视频

Q 请将下面 Java 代码翻译为 Python 和 C++ 代码。

```
public static void bubbleSort(int[] values) {
        int temp;
        for (int i = 0; i < values.length; i++) {
            for (int j = 0; j < values.length - 1 - i;
j++) {
                    if (values[j] > values[j + 1]) {
                    temp = values[j];
                    values[j] = values[j + 1];
                    values[j + 1] = temp;
                }
            }
        }
    }
```

ChatGPT：

以下是将您提供的 Java 代码翻译为 Python 和 C++ 代码的示例。请注意，这些代码仅供参考，您可能需要根据实际情况进行调整。

Python 代码：

```
'''python
def bubble_sort(values):
    for i in range(len(values)):
        for j in range(len(values) - 1 - i):
            if values[j] > values[j + 1]:
                temp = values[j]
```

```
                values[j] = values[j + 1]
                values[j + 1] = temp
'''
```

C++ 代码：

```cpp
'''cpp
#include <vector>

void bubbleSort(std::vector<int>& values) {
    int temp;
    for (int i = 0; i < values.size(); i++) {
        for (int j = 0; j < values.size() - 1 - i; j++) {
            if (values[j] > values[j + 1]) {
                temp = values[j];
                values[j] = values[j + 1];
                values[j + 1] = temp;
            }
        }
    }
}
'''
```

请注意，在使用这些代码时，确保对它们进行了适当的测试和验证，以确保正确性和性能。

这是一段经典的冒泡排序代码，经过 ChatGPT 的精确处理，这段代码成功地被转译为 Python 和 C++ 的代码形式，并且完全无误。

用法 38：代码注释

扫一扫，看视频

代码注释是代码中的一些说明性语句，用于解释代码的意图和功能，使代码变得更加易于理解，帮助其他开发人员更快地理解代码，并根据需要进行修改和维护。只要在 ChatGPT 中输入添加注释的代码，ChatGPT 都可以轻松为代码添加上注释。在向 ChatGPT 提供代码片段时，要确

保代码格式整洁，缩进正确。这将有助于 ChatGPT 更好地理解代码结构，并为其添加合适的注释。同时，请注意审查 ChatGPT 生成的注释，确保其准确性和易于理解。

Q 请为下面的代码逐行添加中文注释。

```
def bubble_sort(values):
    for i in range(len(values)):
        for j in range(len(values) - 1 - i):
            if values[j] > values[j + 1]:
                temp = values[j]
                values[j] = values[j + 1]
                values[j + 1] = temp
```

ChatGPT:

以下是为您提供的 Python 代码逐行添加中文注释的版本：

```
'''python
def bubble_sort(values):
    # 外层循环遍历整个列表
    for i in range(len(values)):
        # 内层循环遍历未排序部分的列表
        for j in range(len(values) - 1 - i):
            # 如果当前元素大于下一个元素，则交换它们的位置
            if values[j] > values[j + 1]:
                # 使用临时变量存储当前元素的值
                temp = values[j]
                # 将当前元素的值替换为下一个元素的值
                values[j] = values[j + 1]
                 # 将下一个元素的值替换为临时变量中存储的当前
元素的值
                values[j + 1] = temp
'''
```

需要注意的是，这些注释是基于代码的逻辑编写的。在使用这些注释时，要确保其准确地描述了代码的功能和行为。如果有需要，用户可以根据实际情况对

注释进行修改。

这是一段展示冒泡排序的程序，ChatGPT 所提供的中文代码注释清晰明了，这证明了 ChatGPT 对这段代码功能的深入理解。

用法 39：编写测试脚本

尽管 ChatGPT 无法直接执行代码测试，但用户仍可提交代码、测试案例或测试计划给 ChatGPT，从而获得关于优化测试策略的建议。此外，ChatGPT 还具备编写单元测试代码的能力。

扫一扫，看视频

Q 请为下面的 Java 代码编写单元测试代码。

```
static int BinSearch(int r[], int n, int k)
    {
        int low = 0, high = n - 1;   // 设置查找区间，注意数组下标从 0 开始
        int mid;
        while (low <= high)      // 当区间存在时
        {
            mid = (low + high) / 2;
            if (k < r[mid])   high = mid - 1;
            else  if (k > r[mid]) low = mid + 1;
            else return mid;     // 查找成功，返回元素序号
        }
        return 0;     // 查找失败，返回 0
    }
```

ChatGPT：

为您提供的 Java 代码编写 JUnit 单元测试，我们将使用 JUnit 5（JUnit Jupiter）作为测试框架。请先确保您的项目中包含了相应的 JUnit 依赖。下面是针对 'BinSearch' 函数的单元测试代码：

```
'''java
import org.junit.jupiter.api.Test;
import static org.junit.jupiter.api.Assertions.*;
```

```
class BinSearchTest {

    @Test
    void testBinSearch() {
        int[] r = {1, 3, 5, 7, 9};

        // 测试查找存在的元素
            assertEquals(1, BinSearch.BinSearch(r,
r.length, 3));
            assertEquals(3, BinSearch.BinSearch(r,
r.length, 7));

        // 测试查找不存在的元素
            assertEquals(0, BinSearch.BinSearch(r,
r.length, 2));
            assertEquals(0, BinSearch.BinSearch(r,
r.length, 10));

        // 测试边界情况
            assertEquals(0, BinSearch.BinSearch(r,
r.length, 1));
            assertEquals(4, BinSearch.BinSearch(r,
r.length, 9));

        // 测试空数组
        int[] emptyArray = {};
            assertEquals(0, BinSearch.
BinSearch(emptyArray, emptyArray.length, 5));
    }
}
'''
```

这个测试类包含了一个测试方法 'testBinSearch'，用于测试 'BinSearch' 函数在不同输入条件下的正确性。测试包括了查找存在的元素、查找不存在的元素、边界情况以及空数组的情况。请确保您根据实际情况对这些测试用例进行调整，并在运行测试时，关注测试结果，以确保代码的正确性。

ChatGPT 提供的测试代码简洁、结构清晰，易于理解和维护，其提供的测试用例覆盖了正常情况（查找存在的元素）、异常情况（查找不存在的元素）、边界情况（查找位于数组开始和结束位置的元素）和空数组。这意味着测试覆盖了 BinSearch 函数的大部分场景，有助于确保代码的正确性。

用法 40：解释错误信息

扫一扫，看视频

编程过程中经常会遇到各种报错。传统的处理方式是在搜索引擎中查询或者在 Stack Overflow 上查找答案，这既耗时又费力。目前，用户只需将程序的异常信息提交给 ChatGPT，问题便能得到迅速解决。

Q 请问下面异常信息是什么原因造成的。

Exception in thread “main” java.lang.ArrayIndexOutOfBoundsException:Index 8 out of bounds for length 5 .

ChatGPT：

该异常信息表示您遇到了一个 Java 中的 'ArrayIndexOutOfBoundsException'，这是一个运行时异常。异常的原因是试图访问数组中不存在的索引。具体来说，您尝试访问索引为 8 的数组元素，而数组的长度仅为 5。这意味着有效的数组索引范围是 0 到 4（包括 0 和 4），因此索引 8 超出了数组的边界。

要解决这个问题，您需要检查代码中涉及数组访问的部分，并确保在访问数组元素时不会超出数组的有效索引范围。请务必检查循环条件、数组长度以及数组索引的计算方式，以确保它们在正确的范围内。在许多情况下，这类问题可能是由于在循环中使用了错误的终止条件或在计算数组索引时存在逻辑错误所导致的。仔细审查和调试代码，以找到并修复引起此异常的根本原因。

ChatGPT 指出了程序异常的原因并提供解决方案，让程序的异常问题得到了快速解决。

用法 41：编写 SQL 语句

扫一扫，看视频

尽管 ChatGPT 并非专业的数据库开发工具，但它仍能编写 SQL 语句。只要提供希望执行的操作，涉及的表格、字段和条件等相关信息，ChatGPT 就能生成对应的 SQL 语句。如果有具体的应用场景，提供详细信息将有助于生成更准确的 SQL 语句。

Q 编写 SQL 语句，创建一张用户表，字段包括用户 ID、姓名、年龄、性别、手机号、邮箱，其中用户 ID 为主键。

ChatGPT：

以下是根据您提供的信息创建用户表的 SQL 语句：

```
'''sql
CREATE TABLE users (
    user_id INT PRIMARY KEY,
    name VARCHAR(255),
    age INT,
    gender CHAR(1),
    phone VARCHAR(20),
    email VARCHAR(255)
);
'''
```

此 SQL 语句创建了一个名为 "users" 的表格，包含用户 ID（作为主键）、姓名、年龄、性别、手机号和邮箱等字段。字段类型根据实际需求进行了设置，如果有需要，请根据您的数据库管理系统和实际应用场景对字段类型和长度进行调整。

Q 请生成 10 条插入语句，能够插入到用户表中。

ChatGPT：

以下是 10 条插入用户表的 SQL 语句示例。请注意，这些示例数据是随机生成的，如果有需要，请根据实际情况进行修改。

```
'''sql
INSERT INTO users (user_id, name, age, gender, phone, email) VALUES (1, 'Alice', 28, 'F', '123-456-7890', 'alice@example.com');
INSERT INTO users (user_id, name, age, gender, phone, email) VALUES (2, 'Bob', 35, 'M', '234-567-8901', 'bob@example.com');
INSERT INTO users (user_id, name, age, gender, phone, email) VALUES (3, 'Carol', 22, 'F', '345-678-9012', 'carol@example.com');
INSERT INTO users (user_id, name, age, gender, phone, email) VALUES (4, 'David', 43, 'M', '456-789-0123', 'david@example.com');
INSERT INTO users (user_id, name, age, gender, phone, email) VALUES (5, 'Eve', 31, 'F', '567-890-1234', 'eve@example.com');
INSERT INTO users (user_id, name, age, gender, phone, email) VALUES (6, 'Frank', 29, 'M', '678-901-2345', 'frank@example.com');
INSERT INTO users (user_id, name, age, gender, phone, email) VALUES (7, 'Grace', 25, 'F', '789-012-3456', 'grace@example.com');
INSERT INTO users (user_id, name, age, gender, phone, email) VALUES (8, 'Henry', 38, 'M', '890-123-4567', 'henry@example.com');
INSERT INTO users (user_id, name, age, gender, phone, email) VALUES (9, 'Ivy', 27, 'F', '901-234-5678', 'ivy@example.com');
INSERT INTO users (user_id, name, age, gender, phone, email) VALUES (10, 'Jack', 45, 'M', '012-345-6789',
```

```
'jack@example.com');
'''
```

这些插入语句将 10 条用户记录添加到 "users" 表中。请根据您的实际需求对这些数据进行调整，以确保它们符合您的应用场景。

Q 请生成一条 SQL 语句，用于删除年龄大于 40 岁的用户。

ChatGPT：

以下是用于删除年龄大于 40 岁的用户的 SQL 语句：

```sql
DELETE FROM users WHERE age > 40;
```

此 SQL 语句将从 "users" 表中删除所有年龄大于 40 岁的用户记录。请注意，在执行此操作之前，务必确认这是您所需的操作，并确保已经备份数据（如有需要），以免误删重要信息。

Q 请生成一条 SQL 语句，把 Alice 年龄修改为 20 岁。

ChatGPT：

以下是用于将名为 Alice 的用户年龄修改为 20 岁的 SQL 语句：

```sql
UPDATE users SET age = 20 WHERE name = 'Alice';
```

此 SQL 语句将 "users" 表中名为 'Alice' 的用户的年龄更新为 20 岁。请注意，在执行此操作之前，确保此更改符合您的业务需求。如果存在多个名为 'Alice' 的用户，此语句将更新所有这些用户的年龄。如果有需要，请使用更具唯一性的条件（如 user_id）进行更新。

Q 请生成一条 SQL 语句，用于查询年龄小于 30 岁且性别为女性的用户。

ChatGPT：

以下是一个 SQL 查询语句，用于从 "users" 表中检索年龄小于 30 岁且性别为女性的用户：

```
'''sql
SELECT * FROM users WHERE age < 30 AND gender = 'Female';
'''
```

这条语句执行以下操作：

- 'SELECT*'：选择所有字段。如果您只对特定字段感兴趣，可以按需替换 '*'。

- 'FROM users'：指定从 'users' 表中进行选择。

- 'WHERE age < 30 AND gender = 'Female''：设置筛选条件。该条件将年龄限定为小于 30 岁，并将性别限定为 'Female'。

该查询适用于多数关系型数据库管理系统，包括但不限于 MySQL、PostgreSQL 和 SQLite。请根据您的具体需求和使用的数据库管理系统进行适当修改。

从建表到数据的增删改查操作，ChatGPT 完成了所有 SQL 语句的编写工作并且其语法无误。

用法 42：推荐技术解决方案

在项目开发和运营中，常面临技术难题和运营瓶颈。这时需要经验丰富的技术经理和架构师提供解决方案，方案的优劣直接影响项目的成败。ChatGPT 经过大量 IT 知识训练，包括计算机科学、网络技术、软件开发等，能够理解各类技术问题并给出有条理的解决方案。它能根据用户需求，对方案进行深入探讨，提供多元选择，助力找到最适宜的解决方案。

扫一扫，看视频

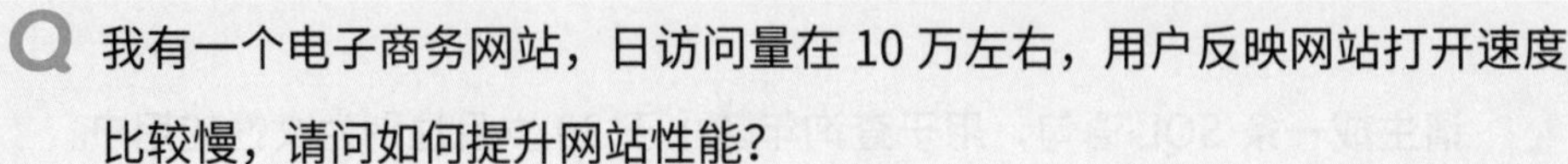

Q 我有一个电子商务网站，日访问量在 10 万左右，用户反映网站打开速度比较慢，请问如何提升网站性能？

ChatGPT：

网站打开速度慢可能会影响用户体验，从而降低转化率。要提升网站性能，可以从以下几个方面入手：

1. 优化图片和资源文件：对网站中的图片和资源文件进行压缩和优化，以减小文件体积，缩短加载时间。可以使用在线工具或插件进行图片压缩，如 TinyPNG 或 ImageOptim。

2. 开启浏览器缓存：配置服务器以充分利用浏览器缓存，缓存静态资源，减少用户再次访问时的加载时间。

3. 使用 CDN：使用内容分发网络（CDN）可将网站内容分发到全球范围内的服务器，使用户能够从距离较近的服务器获取内容，从而减少加载时间。

4. 优化代码：对 HTML、CSS 和 JavaScript 文件进行压缩和合并，去除不必要的空格、注释等，减小文件大小。可以使用工具，如 UglifyJS（JavaScript）或者 PurifyCSS（CSS）进行优化。

5. 延迟加载：对于图片、视频等大文件，可以采用懒加载技术，仅在用户滚动到内容附近时才加载，从而减轻初次加载的负担。

6. 服务器优化：检查服务器性能，升级硬件或者扩容带宽，以提高服务器处理能力。根据流量分布，可以考虑采用负载均衡技术，将流量分发到多个服务器。

7. 数据库优化：优化数据库查询，减少数据库查询次数，提高查询效率。可以通过合并查询、使用索引、缓存查询结果等方法进行优化。

8. 使用 HTTP/2：升级到 HTTP/2 协议，以实现多路复用、服务器推送等功能，提高网站加载速度。

9. 代码审查与性能监测：定期进行代码审查，剔除冗余代码和优化执行效率。使用性能监测工具（如 Google Lighthouse、WebPageTest）检测并优化网站性能。

综合以上方法，针对网站具体情况进行优化，可以有效提升网站性能，提高用户体验。

ChatGPT 给出的这个解决方案为提升网站性能提供了一个较为全面的指南，其涵盖了提升网站性能的多个方面，包括优化图片和资源文件、开启浏览器缓存、使用 CDN、优化代码、延迟加载、服务器优化、数据库优化、使用 HTTP/2 和代码审查与性能监测等。这些建议有助于降低网站加载时间，提升网站性能，提高用户体验。

用法 43：充当终端

虽然 ChatGPT 无法直接集成到特定的终端环境中，如 Linux 终端、SQL 终端、JavaScript 控制台或 Python 解释器，但它可以担任一种模拟终端的角色。这是指 ChatGPT 可以理解和模拟终端命令的执行过程。例如，在 Linux 终端中，向 ChatGPT 提出如何使用某个特定的命令行指令，ChatGPT 能够理解并生成相应的命令行指令，甚至提供预期的执行结果。

扫一扫，看视频

尽管 ChatGPT 不能直接在这些终端中运行或执行命令，但它可以模拟命令的执行过程，帮助用户理解和学习使用这些命令。对于编程新手或者正在学习新技能的开发者来说，这种模拟终端的功能可以帮助他们更好地理解和掌握各种编程语言和命令行工具的使用。

Q 我希望你充当 Linux 终端。我将输入命令，你将回复终端应显示的内容。我希望你只回复一个唯一代码块中的终端输出，没有别的。不要写解释，除非我指示你这样做，否则不要输入命令。我的第一个命令是 PWD。

ChatGPT：生成回复见图 3.36。

图 3.36　生成回复

Q ls。

ChatGPT：生成回复见图 3.37。

图 3.37　生成回复

在上面的示例中，ChatGPT 充当 Linux 终端，用户输入 Linux 命令，ChatGPT

给出命令的执行结果。

3.5 办公助手

ChatGPT 可以在多个方面帮助用户提高办公效率，实现智能化、个性化的办公体验。

（1）帮助用户撰写工作汇报或总结、策划方案、会议纪要、电子邮件等文档，并提供修改建议，使内容更加清晰、简洁和专业。

（2）回答用户在使用办公软件时遇到的问题，提供操作指南和技巧，帮助用户更高效地使用各类办公软件。

（3）理解用户对数据的需求，协助生成图表、报告和数据分析结果，帮助用户快速了解数据背后的信息和趋势。

（4）根据用户的需求生成各类文档、报告、演示文稿等模板，帮助用户快速启动新项目。

（5）作为个性化助手，根据用户的习惯和需求提供定制化办公软件的使用建议和优化方案。在 ChatGPT 的帮助下，办公效率将极大提升。

用法 44：撰写工作汇报

工作汇报或总结是一种常见的沟通和反馈方式，它可以展示用户自身的工作成绩和价值，总结经验教训，规划目标。然而，写工作汇报也是一件耗时耗力的事情，很多人会觉得无从下手。写好工作汇报需要掌握一定的方法和技巧，首先要明确工作汇报的目的和受众，其次要梳理工作内容和成果，最后构建汇报的框架和工作结构。如果利用 ChatGPT 撰写工作汇报，则要尽可能为它提供更多关于工作汇报的信息，如汇报的主题、受众、工作内容、成果以及框架，这样生成的汇报不仅效率高，而且质量好。

扫一扫，看视频

Q 我是一名活动策划公司的策划，请写一份工作总结，工作内容是策划一个周年庆的活动，按下面的结构来撰写：1. 工作背景；2. 工作内容；3. 工作建议；4. 总结感言。

ChatGPT：

一、工作背景

作为一名活动策划公司的策划，我负责策划和组织各种类型的活动。近期，我们公司受邀为某知名品牌举办周年庆活动。周年庆作为品牌的重要营销节点，旨在增强品牌形象、提高客户满意度以及提升品牌销售业绩。因此，我团队充分发挥专业优势，精心策划了一场别具一格的周年庆活动。

二、工作内容

1. 活动主题和策划方案：在与客户充分沟通的基础上，我们为活动定制了一个独特的主题："璀璨星辰，共赴未来"。通过此次活动，我们希望建立起品牌与顾客之间的深厚联系，并展望品牌未来的发展。

2. 活动筹备：我们负责从活动场地布置、灯光音响、舞美设计等方面进行全面筹备。在确保活动现场视觉效果的同时，兼顾现场氛围的营造。

3. 活动执行：活动当天，我们团队负责现场的协调和指挥，确保活动流程顺利进行。此外，我们还安排了一系列富有创意的互动环节，让与会嘉宾充分参与，共同体验品牌的魅力。

4. 后期总结：活动结束后，我们对活动的各个环节进行了详细的总结与评估，以便为未来的项目提供有益的经验借鉴。

三、工作建议

1. 进一步深入了解客户需求，为客户提供更具针对性的策划方案，确保活动效果与客户期望相符。

2. 加强团队协作和沟通，确保活动筹备和执行过程中的各个环节能够紧密衔接，提高活动效率。

3. 创新互动环节设计，提高活动的吸引力和参与度，以便更好地传播品牌价值。

四、总结感言

通过策划并成功执行这次周年庆活动，我们团队收获了宝贵的经验。这次活动不仅加强了品牌与顾客之间的联系，还提高了我们公司在活动策划行业的知名度。在未来的工作中，我们将继续保持专业精神，为客户提供更优质的服务。同时，我们也将不断学习和进步，提升自身能力，以便在激烈的市场竞争中保持领先地位。

通过反思和总结本次活动，我们认识到了自身在活动策划与执行过程中的不足之处，并为今后的工作提出了改进措施。我们相信，在不断积累经验和不断提高自身能力的过程中，我们将为更多的客户提供更加完美的活动策划服务。

总之，这次周年庆活动的策划和执行过程为我们带来了很多收获和启示。我们会以此为契机，继续努力，为客户创造更高的价值，为公司的发展做出更大的贡献。

从生成的工作总结来看，质量还是比较高的，重点突出，结构符合要求，内容充实，表达清晰，层次感强。

用法 45：撰写策划方案

为了确保工作或事情顺利开展，常常要根据具体情况预先制定策划方案，方案是为某一行动所制定的具体行动实施办法细则、步骤和安排等。对于企业来说，策划一场具有创意、吸引人的营销活动，不仅可以有效提升品牌知名度，同时还可以有效服务客户，增强客户的黏性，带来线索转换等。

扫一扫，看视频

下面以儿童节为例，演示使用 ChatGPT 快速策划节日营销活动。

Q 6 月 1 日儿童节即将到来，请策划三个与小朋友互动的营销方案，要求如下。

1. 童梦公司是一家游乐场，活动主题需与游乐场、儿童节相结合。
2. 发布平台为抖音和微信公众号。
3. 活动总体成本不超过 2000 元。

ChatGPT：

方案一：童梦寻宝之旅

活动介绍：组织一场线上线下相结合的寻宝活动。通过线上预热、线下实地寻宝，吸引家长带领孩子前来游乐场，共享儿童节快乐。

1. 线上预热：在抖音和微信公众号上发布关于童梦游乐场儿童节寻宝活动的宣传视频和海报。视频内容可包含游乐场内的各种游乐设施、奖品展示等，吸引家长和孩子们的兴趣。

2. 线下实地寻宝：在游乐场内设置多个寻宝点，每个寻宝点放置一个奖品。孩子们需要完成特定任务，获得线索，最终找到宝藏。任务可以包括游乐场设施体验、知识问答等。

3. 成本控制：奖品可以选择实用性和娱乐性相结合的玩具，如公仔、拼图等。成本控制在 2000 元以内。

方案二：儿童节主题绘画大赛

活动介绍：举办一场线上儿童绘画大赛，主题为“我在童梦游乐场的快乐时光”。

1. 在抖音和微信公众号上发布活动信息，邀请家长指导孩子们创作与游乐场相关的画作。

2. 设立投稿邮箱或微信群，收集孩子们的作品，按照预设的评审标准选出优秀作品。

3. 选出的优秀作品在游乐场内展示，并在抖音和微信公众号上发布获奖名单，颁发奖品。

4. 成本控制：奖品可以选择文具套装、绘画材料等。成本控制在 2000 元以内。

方案三：儿童节特别优惠活动

活动介绍：为庆祝儿童节，童梦游乐场推出限时优惠活动，让更多家庭能享受到游乐场带来的欢乐。

1. 在抖音和微信公众号上发布优惠信息，如“6 月 1 日当天，凭儿童节优惠券，儿童免费入场”等。

2. 通过线上活动发放优惠券，如转发活动海报、参与互动问答等。

3. 邀请网红、意见领袖等合作伙伴，在抖音和微信公众号上分享游乐场的游玩体验，提高活动曝光度。

4. 当天在游乐场内设置特别节目，如亲子互动游戏、才艺表演等，增加游客参与度。

5. 成本控制：通过自制优惠券和宣传海报，以及在现有设施基础上增加节日氛围，成本控制在 2000 元以内。

总结：

以上三个方案分别是童梦寻宝之旅、儿童节主题绘画大赛和儿童节特别优惠活动。这些方案都紧紧围绕游乐场和儿童节主题，通过线上线下相结合的方式，在抖音和微信公众号上宣传和互动，吸引家长带领孩子们前来游乐场共度儿童节。同时，成本控制在 2000 元以内，符合要求。

Q 选择第一个方案，请给出一份详细的活动落地方案。

ChatGPT：

童梦寻宝之旅活动落地方案：

一、活动目标

通过线上线下结合的寻宝活动，吸引家长带领孩子们来游乐场共度儿童节，提升游乐场品牌知名度和客流量。

二、活动筹备

1. 制定线上预热方案

a. 设计宣传视频和海报，展示游乐场设施、寻宝环节和奖品，激发家长和孩子们的兴趣。

b. 在抖音和微信公众号上发布预热视频和海报，设置活动倒计时，提醒关注者参与。

2. 线下实地寻宝准备

a. 确定寻宝点及线索设置，可将寻宝点设置在游乐场的各个区域，增加游玩体验。

b. 准备寻宝任务，可以包括游乐场设施体验、知识问答等，确保任务具有挑战性和趣味性。

c. 采购奖品，如实用性和娱乐性相结合的玩具，公仔、拼图等，控制总成本在 2000 元以内。

三、活动执行

1. 线上预热阶段

a. 定期发布预热视频和海报，保持关注者的关注度。

b. 邀请网红和意见领袖参与宣传，提高活动曝光度。

c. 在微信公众号上开通报名入口，收集参与者信息。

2. 线下实地寻宝阶段

a. 在活动当天，为参与者分发寻宝卡和活动说明，引导家长和孩子们参与寻宝。

b. 派员工监督各寻宝点，确保活动进行顺利。

c. 在活动结束后，对成功找到宝藏的孩子们颁发奖品，拍照留念。

四、活动后续

1. 整理活动成果，包括参与人数、游乐场客流量等数据。

2. 在抖音和微信公众号上发布活动回顾视频和图片，增加品牌曝光度。

3. 邀请参与者在抖音和微信公众号上分享活动体验，收集意见和建议，为下次活动提供改进方向。

通过以上详细的活动落地方案，童梦寻宝之旅活动将为家长和孩子们带来一场难忘的儿童节游乐场体验，同时提升童梦游乐场的品牌知名度和客流量。

五、预算分配

1. 奖品采购：1000 元

公仔、拼图等玩具奖品。

2. 宣传材料制作：500 元

a. 视频拍摄与剪辑。

b. 海报设计与制作。

3. 寻宝卡和活动说明制作：200 元

a. 设计印刷寻宝卡。

b. 活动说明单张制作。

4. 其他杂项：300 元

a. 活动现场布置。

b. 志愿者或员工零食、饮料等费用。

总预算：2000 元

六、风险预防与应对

1. 活动取消或延期：如果因天气等不可抗力原因导致活动取消或延期，提前在抖音和微信公众号上通知参与者，并公布新的活动时间。

2. 意外事故：在活动现场设置急救点，并确保游乐场内的设施安全。对参与者进行安全提示，提醒家长注意看护孩子。

3. 参与人数超过预期：提前做好人流控制规划，确保活动现场秩序井然。如果有必要，将寻宝活动分批次进行，确保每位参与者都能获得良好的体验。

通过以上详细的活动落地方案，童梦寻宝之旅活动将为家长和孩子们带来一场难忘的儿童节游乐场体验，同时提升童梦游乐场的品牌知名度和客流量。在活动执行过程中，保持与参与者的良好沟通，确保活动顺利进行，达成预期目标。

ChatGPT 按照要求快速生成活动策划方案，其大纲较为全面，设计的营销活动有趣，能够吸引小朋友参与，预算规划合理，具有落地参考性。

用法 46：撰写会议纪要

在任何职业领域，整理会议记录都被视为一项关键的职业技能。尽管整理会议记录可能是一项烦琐的任务，但 ChatGPT 能够轻松应对。只需在 ChatGPT 中输入会议内容，并要求会议纪要格式，即可生成满足要求的会议纪要。除了可以直接使用 ChatGPT 生成会议纪要外，还可以使用微软推出的由 ChatGPT 技术支持的高级 Teams 产品，自动生成会议记录、推送任务建议以及创建会议模板，提高办公效率。

扫一扫，看视频

我将给你提供一段会议内容，帮我整理成一份符合规范格式的会议纪要。

以下是会议内容：2023 年 5 月 21 日下午 3 点，公司主要领导召集项目经理、项目总工在贵宾室召开了安全生产会议，针对 5 月 20 日安全事故带来的严重后果，重点强调安全防范措施；部分工程复工的开工动员；加强项目部的有效管理。副总就安全生产做了重要报告，强调要做好六个方面的工作：

1. 做好安全自查。
2. 对出现的安全隐患及时整改。
3. 完善项目部的安检机制。
4. 做好安全台账。
5. 专职安全员以身作则，切实做好安全工作。
6. 施工人员及机械进场前要重点开安全生产会，教育到人，落实到人。

会议由总经理主持，董事长做了重要讲话和工作布置，强调“把安全生产作为企业的生命线来抓”“企业的发展要立足于长远”“要让每个员工在公司找到自己的归属感，公司将提供有利平台，让大家谋发展”。

ChatGPT：会议纪要

会议名称：安全生产会议

会议时间：2023 年 5 月 21 日 下午 3 点

会议地点：贵宾室

主持人：总经理

与会人员：公司主要领导、项目经理、项目总工

会议议程：

1. 针对 5 月 20 日安全事故带来的严重后果，重点强调安全防范措施。

2. 部分工程复工的开工动员。

3. 加强项目部的有效管理。

会议内容：

1. 副总就安全生产做了重要报告，强调要做好六个方面的工作：

a. 做好安全自查。

b. 对出现的安全隐患及时整改。

c. 完善项目部的安检机制。

d. 做好安全台账。

e. 专职安全员以身作则，切实做好安全工作。

f. 施工人员及机械进场前要重点开安全生产会，教育到人，落实到人。

2. 董事长做了重要讲话和工作布置：

a. 强调把安全生产作为企业的生命线来抓。

b. 企业的发展要立足于长远。

c. 要让每个员工在公司找到自己的归属感，公司将提供有利平台，让大家谋发展。

会议结论：

所有与会人员要认真贯彻执行会议精神，切实加强安全生产工作，确保公司顺利发展。

从生成的会议纪要来看，格式规范，包含全部的会议重点内容，是一份高质量的会议纪要。

用法 47：撰写电子邮件

电子邮件是最常见的沟通方式之一。以前都是人工撰写，现在可以利用 ChatGPT 自动撰写各种电子邮件文稿。只要告诉 ChatGPT 具体要求，就能轻松完成各类电子邮件的撰写工作，包括私人信函、公务类电子邮件、商务类电子邮件和营销类电子邮件。

扫一扫，看视频

Q 我叫 Yang Yang，在 IBM 工作，请写一封邮件提醒同事 Miss Cai 尽快完成项目流程审批，要求按照商务英文标准，300 字以内。

ChatGPT：

Subject: Reminder to complete project process approval

Dear Miss Cai,

I hope this email finds you well. I am writing to kindly remind you about the pending approval of the project process for our ongoing project. As you know, this approval is crucial for us to move forward with the project and meet the established deadlines.

As a valued member of our team at IBM, I am confident that you understand the importance of meeting project milestones and delivering on time. Therefore, I kindly request that you complete the project process approval as soon as possible to avoid any delays or setbacks.

If you have any questions or concerns regarding the project process, please do not hesitate to reach out to me or the rest of the team for assistance. We are always here to support each other and ensure the success of the project.

Thank you for your cooperation and dedication to our team's success. I look forward to hearing back from you soon with the completed project process approval.

Best regards,

Yang Yang

ChatGPT 能够按照要求快速提供标准的商务英文内容，语法准确且有逻辑，读者只需修改具体细节就可以立即使用。

用法 48：制作精美 PPT

在日常工作中，经常需要制作 PPT 来进行产品展示、工作汇报等。对于多数人来说，制作一份内容丰富、外观精美的 PPT 可能是一项烦琐的任务。那么是否存在一种简便的方式来轻松制作出令人惊艳的 PPT 呢？答案是肯定的。这里介绍一种快速制作 PPT 的方法：先利用 ChatGPT 生成文案，再利用 Mindshow 生成 PPT，即可轻松完成。

扫一扫，看视频

（1）利用 ChatGPT 生成文案。告诉 ChatGPT 生成的 PPT 具体内容的要求。例如，请充当一位演讲大师，精通各种演讲技巧，现在需要给大学生介绍演讲方法和技巧，请帮忙写一个关于演讲方法和技巧的文案，不超过 800 字，以 MarkDown 源代码的方式输出。这里特别强调的是文案要以 MarkDown 源代码的方式输出。

Q 请充当一位演讲大师，精通各种演讲技巧，现在需要给大学生介绍演讲方法和技巧，请帮忙写一个关于演讲方法和技巧的文案，不超过 800 字，以 MarkDown 源代码的方式输出。

ChatGPT：生成结果见图 3.38。

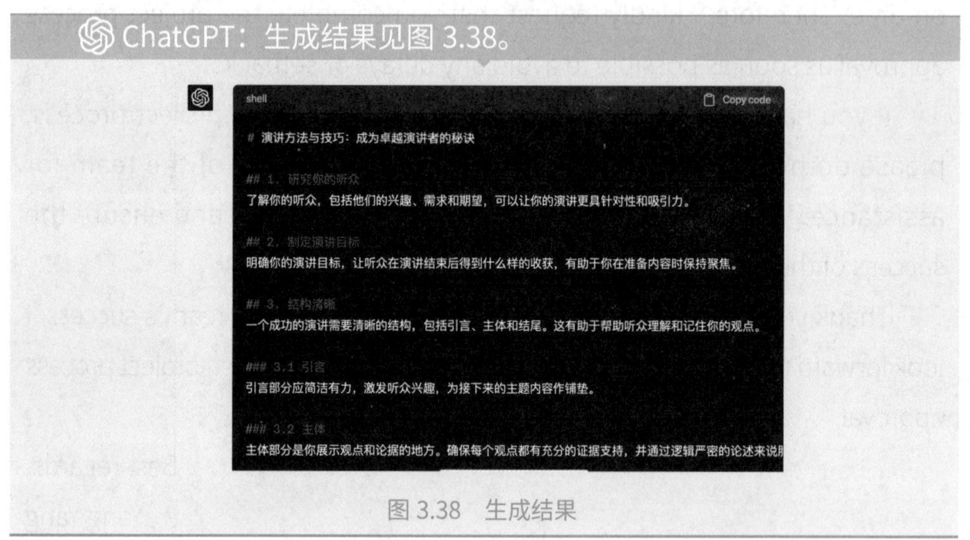

图 3.38　生成结果

（2）利用 Mindshow 生成 PPT。ChatGPT 以 MarkDown 格式全部生成文案后，将文案复制出来。打开 Mindshow 网站并登录（如果没有注册，可以先进行注册）。Mindshow 网站首页如图 3.39 所示。

图 3.39　Mindshow 网站首页

单击图 3.39 左侧的“导入”按钮，打开图 3.40 所示的界面，把 ChatGPT 生成的 MarkDown 格式的文案粘贴进来。

图 3.40　导入 PPT 文案内容

单击“导入”按钮，网站就会自动生成一个 PPT，如图 3.41 所示。左侧是文案，用户可以在此基础上对细节进行调整，还可以添加演讲信息。右侧下方是 PPT 的模板，在这里可以更换 PPT 模板，完成后直接导出为 pptx 文件，即可得到一个制作精美的 PPT 文件。

图 3.41　生成 PPT

用法 49：生成表格

ChatGPT 按照用户要求生成各种各样的表格，只要用户输入数据和要求，ChatGPT 就能从头开始制作表格，也能根据需求变化修改表格内容。

扫一扫，看视频

Q 请把下面的数据制成表格。

小杨成绩单：语文 90 分，数学 95 分，英语 88 分；

小艾成绩单：语文 99 分，数学 100 分，英语 89 分；
小文成绩单：语文 99 分，数学 100 分，英语 89 分；
小青成绩单：语文 93 分，数学 90 分，英语 80 分；

ChatGPT：

姓　名	语　文	数　学	英　语
小　杨	90	95	88
小　艾	99	100	89
小　文	99	100	89
小　青	93	90	80

请增加一行，显示每个学科的平均成绩。

ChatGPT：

姓　名	语文	数学	英语
小　杨	90	95	88
小　艾	99	100	89
小　文	99	100	89
小　青	93	90	80
平　均	95.25	96.25	86.5

可以对 ChatGPT 生成的这个表格进行任意操作，如添加行列、修改数据等。

用法 50：提供 Excel 函数

日常工作中经常使用 Excel 处理数据，为了提高处理数据效率，会使用一些 Excel 函数。当为了完成某种功能却不知道该用什么 Excel 函数时，可以求助 ChatGPT，把需求告诉 ChatGPT，ChatGPT 就能提供相应的 Excel 函数。

扫一扫，看视频

下面以表 3.1 中的内容为例进行演示。

表 3.1 学生成绩

行数 / 列数	A	B	C	D	E
1	姓名	年级	语文	数学	英语
2	张三	一年级	90	80	88
3	李四	一年级	98	78	80
4	王五	二年级	88	87	78
5	杨过	二年级	99	100	88
6	龙心	一年级	88	66	68

Q 我有一个学生成绩 Excel 表格，A 列是姓名，B 列是年级，C 列是语文成绩，D 列是数学成绩，E 列是英语成绩，请问使用什么公式可以计算每位学生的平均成绩（保留一位小数）？

ChatGPT：

要计算每位学生的平均成绩并保留一位小数，你可以结合使用 AVERAGE 和 ROUND 函数。在 F 列（如 F2 单元格），你可以输入以下公式：

'''

```
=ROUND(AVERAGE(C2:E2), 1)
```

'''

这将计算第二行学生（假设第一行是表头）的语文、数学和英语成绩的平均值，并保留一位小数。然后，你可以将此公式向下拖动到 F 列的其他单元格，以计算每位学生的平均成绩。

Q 请详细解释一下该公式中的函数。

ChatGPT：

当然可以。这个公式包含了两个 Excel 函数：AVERAGE 和 ROUND。下面是这两个函数的详细解释：

1. AVERAGE 函数

AVERAGE 函数用于计算一系列数值的平均值（算术平均值）。它的语法为：'AVERAGE(number1, [number2], ...)'

参数：

- number1: 必需。第一个要计算平均值的数字或对应单元格的引用。

- number2 ... : 可选。要计算平均值的其他数字或单元格引用。

示例：

在本例中，'=AVERAGE(C2:E2)' 用于计算 C2（语文成绩）、D2（数学成绩）和 E2（英语成绩）的平均值。

2. ROUND 函数

ROUND 函数用于将数字四舍五入到指定的位数。它的语法为：'ROUND(number, num_digits)'

参数：

◎ number: 必需。要四舍五入的数字或对应单元格的引用。

◎ num_digits: 必需。要四舍五入的位数。可以为正数（四舍五入到小数点后的位数）、0（四舍五入到最接近的整数）或负数（四舍五入到小数点前的位数）。

示例：

在本例中，'=ROUND(AVERAGE(C2:E2), 1)' 用于将 C2、D2 和 E2 的平均值四舍五入到小数点后一位。

综合以上解释，该公式首先计算每位学生的语文、数学和英语成绩的平均值，然后将结果四舍五入到一位小数。

将 ChatGPT 给出的这个公式添加到 Excel 中，运行无错误，平均成绩计算结果正确。

用法 51：创建 Excel 宏

为了处理更复杂的数据问题，需要使用 Excel 宏功能，宏其实是一段可以重复执行的代码，使用的是 VBA 语言。利用 ChatGPT 还能轻松搞定宏代码编写。下面仍以表 3.1 中的内容为例，展示 ChatGPT 创建 Excel 宏代码，完成数据处理任务。

扫一扫，看视频

Q 请编写一段 VBA 代码，将不同年级的学生成绩存放到不同的 Sheet 中。

ChatGPT：

下面是一段 VBA 代码，根据年级信息（位于第二列）将学生数据分配到不同的工作表（Sheet）。假设原始数据位于名为 "Data" 的工作表中。

```
'''vba
Sub SplitStudentsByGrade()
    Dim wsData As Worksheet
    Dim wsDest As Worksheet
    Dim rData As Range
    Dim rCell As Range
    Dim lastRow As Long
    Dim grade As String
    ' 指定包含数据的工作表
    Set wsData = ThisWorkbook.Worksheets("Data")
    ' 定义原始数据的范围（假设从第 2 行开始，因为第 1 行为标题行）
     lastRow = wsData.Cells(Rows.Count, 2).End
(xlUp).Row
    Set rData = wsData.Range("B2:B" & lastRow)
    ' 遍历包含年级信息的单元格
    For Each rCell In rData
        grade = rCell.Value
        ' 如果年级工作表不存在，则创建新的工作表
        On Error Resume Next
        Set wsDest = ThisWorkbook.Worksheets(grade)
        If wsDest Is Nothing Then
            Set wsDest = ThisWorkbook.Worksheets.
Add(After:=ThisWorkbook.Worksheets(ThisWorkbook.
Worksheets.Count))
            wsDest.Name = grade
            ' 复制标题行
            wsData.Rows(1).Copy Destination:=ws
Dest.Rows(1)
        End If
        On Error GoTo 0
```

```
        ' 将学生信息复制到对应年级的工作表
            wsData.Rows(rCell.Row).Copy Destination:=wsDest.Rows(wsDest.Cells(Rows.Count, 2).End(xlUp).Row + 1)
        ' 清除工作表对象变量
        Set wsDest = Nothing
    Next rCell
End Sub
'''
```

在 Excel 中，按 Alt+F11 组合键打开 VBA 编辑器，然后插入一个新的模块（单击菜单栏中的“插入”>“模块”），将上述代码复制并粘贴到模块中。最后，按 F5 键运行代码，根据年级将学生数据分配到不同的工作表中。

在 Excel 中运行这段 VBA 代码，成功将不同年级学生的成绩分配到不同的 Sheet 中。

用法 52：创建 Word 宏

在 Word 中也可以使用宏功完成一些复杂任务。同样，ChatGPT 也可以编写 Word 中的宏代码。

扫一扫，看视频

Q 在 Word 中编写一段 VBA 代码，计算每段的字数，并显示在段首。

ChatGPT：

以下是一个 VBA 代码示例，用于在 Word 中的每个段落开头插入该段落的字数：

```
'''vba
Sub InsertWordCountAtParagraphStart()
    Dim oPara As Paragraph
    Dim wordCount As Integer
    Dim rng As Range
    ' 遍历文档中的所有段落
    For Each oPara In ActiveDocument.Paragraphs
```

```
        ' 计算段落的字数
        wordCount = oPara.Range.Words.Count

        ' 在段落开头插入字数
        Set rng = oPara.Range
        rng.Collapse Direction:=wdCollapseStart
        rng.InsertBefore Text:="(" & wordCount & ") "
    Next oPara
End Sub
'''
```

为了在 Word 中运行此代码，请按 Alt+F11 组合键打开 VBA 编辑器。然后，单击菜单栏中的“插入”>“模块”，将代码复制并粘贴到新模块中。回到 Word 文档，按 Alt+F8 组合键打开“宏”对话框，选择 InsertWordCountAtParagraphStart 宏，然后单击“运行”按钮。这将在每个段落的开头添加字数。

按照 ChatGPT 给出的操作流程，运行这段 VBA 代码，成功在每个段落开头显示该段落的字数。

用法 53：制作思维导图

扫一扫，看视频

思维导图直观方便，非常适合学习或者工作中应用。借助思维导图的标记语言，先让 ChatGPT 生成思维导图的格式文本，再利用相关工具进行转换，即可快速获得精美的思维导图。

使用 ChatGPT 辅助生成思维导图，至少有四种方法。

方法 1：先用 ChatGPT 生成 MarkDown 语法的思维导图，然后在 Markmap 网站中进行转换。

方法 2：直接使用 ChatMind 生成思维导图。

方法 3：用 ChatGPT 生成思维导图，用 Mindmap 标记语言，然后在 mermaid.live 网站中进行转换。

方法 4：用 ChatGPT 生成 PlantUML 格式的思维导图，然后在 diagrams 网站中进行转换。

下面详细介绍方法 1，其他方法类似，不再赘述。

（1）用 ChatGPT 生成 MarkDown 语法的思维导图。

Q 请用 MarkDown 语法生成一个去重庆旅游的思维导图。

ChatGPT：

在这里，我将使用简化的 MarkDown 语法为您提供一个关于去重庆旅游的思维导图。请注意，MarkDown 语法本身并不直接支持创建思维导图，但您可以使用以下结构来表示您的思维导图。您可以将此结构复制到支持 MarkDown 的编辑器中，以查看更好的格式化效果。

```
'''
# 重庆旅游的思维导图
## 一、景点
### 1.1 解放碑
### 1.2 洪崖洞
### 1.3 千厮门大桥
### 1.4 南山一棵树
### 1.5 磁器口古镇
### 1.6 武隆天生三桥
## 二、美食
### 2.1 重庆火锅
### 2.2 重庆小面
### 2.3 棒棒鸡
### 2.4 酸辣粉
### 2.5 蛋炒饭
### 2.6 火烧兔
## 三、住宿
### 3.1 五星级酒店
### 3.2 快捷酒店
### 3.3 青年旅社
### 3.4 民宿
```

```
### 3.5 住宅区
## 四、交通
### 4.1 飞机
### 4.2 高铁
### 4.3 汽车
### 4.4 地铁
### 4.5 公交
### 4.6 出租车
## 五、购物
### 5.1 解放碑商圈
### 5.2 观音桥商圈
### 5.3 重庆三峡广场
### 5.4 南坪商圈
### 5.5 磁器口古镇
### 5.6 重庆茂业百货
## 六、活动
### 6.1 长江游轮
### 6.2 山城步道
### 6.3 动物园
### 6.4 李子坝轻轨站穿楼
 ### 6.5 夜游两江
### 6.6 重庆国际马拉松
'''
```

将以上代码粘贴到 MarkDown 编辑器中，您将看到一个更清晰、层次分明的思维导图。

（2）复制 MarkDown 语法版的思维导图，并粘贴到 Markmap 网站中，即可自动生成思维导图，如图 3.42 所示。

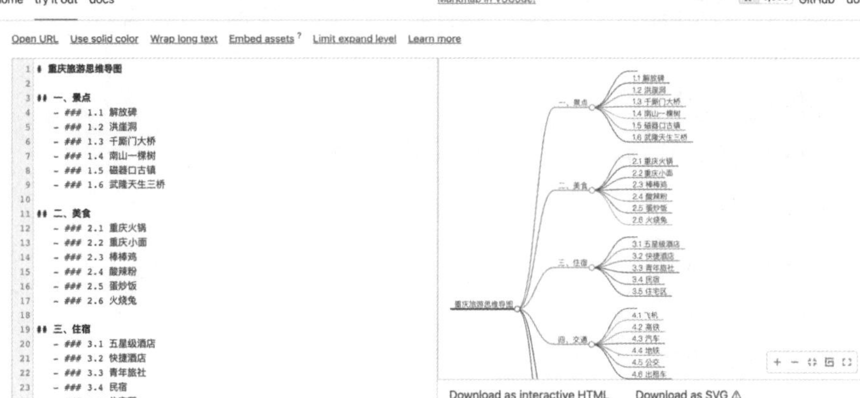

图 3.42　重庆旅游思维导图

用法 54：解决办公软件常见问题

在使用各种办公软件处理工作任务时，用户经常会遇到各种各样的问题，如格式调整、数据计算、图表制作和功能实现等。这时会选择使用百度、谷歌等搜索引擎来搜寻解决方法，这也意味着耗费较多的时间和精力去筛选和尝试各种方法。现在可以直接向 ChatGPT 提问，从而获取实用、准确和及时的解决方法。

扫一扫，看视频

请问 WPS 如何添加页码？

ChatGPT：

在 WPS Office 的 WPS 文字中，您可以通过以下步骤添加页码：

1. 转到“插入”选项卡。

2. 在“页眉和页脚”组中，单击“页码”按钮。这将打开一个下拉菜单，提供了各种页码样式和位置选项。

3. 在下拉菜单中，选择您喜欢的页码位置（例如，顶部或底部）和样式。常见的位置包括：页眉顶部、页脚底部、页面左侧或右侧边缘等。

4. 单击您选择的位置和样式，页码将自动添加到文档中。

需要注意的是，如果您想要自定义页码格式、从特定页面开始计数或其他高级设置，可以在“页码”下拉菜单中选择“页码格式”进行调整。

此外，若要删除页码，只需再次单击“插入”选项卡中的“页码”按钮，然后在下拉菜单中选择“删除页码”。

ChatGPT 首先识别出 WPS 是一个办公软件，然后给出操作步骤，用户可以根据上述步骤一步步地进行操作，即可顺利地为文档添加页码。

3.6 玩转翻译

和其他翻译软件一样，ChatGPT 也具备这样的基础功能，当输入中文或者英文时，ChatGPT 能快速将文本翻译为另外一种语言。一般评估语言翻译质量的方法有以下三种：

（1）使用人工翻译进行对比。将机器翻译的文本与人工翻译的文本进行对比，以确定机器翻译的准确性和流畅度。

（2）使用翻译评估工具。有许多在线工具可以帮助评估机器翻译的质量。例如，使用 BLEU 得分计算机器翻译与人工翻译之间的相似度。

（3）使用句子和词汇复杂度的指标。例如，机器翻译文本中句子的平均长度和使用的不同单词数量。

笔者采用方法（1）和（3），同时对比了谷歌翻译、百度翻译、DeepL 和 ChatGPT 翻译的质量。从翻译效果来看，谷歌翻译力图正确，相对机械，西方语言互译效果好，翻译中文有漏译现象；百度翻译在翻译中文方面优势明显，不会漏译，西方语言互译效果不如谷歌翻译，但与谷歌翻译一样不够流畅；DeepL 在流畅度上比上述两家智能不少，但是漏译严重，还会出现重复翻译的情况；而 ChatGPT 翻译让人拍案叫绝，首先不漏译，其次译文比较流畅，它会添加一些原文没有、却可以增添流畅度的词语，还会根据上下文语境大胆意译，并根据各个语言特色使用比较地道的词汇，力求达到翻译标准的信、达、雅。

用法 55：多种语言翻译

扫一扫，看视频

ChatGPT 可以顺畅地翻译多种语言，包括但不限于英语、中文（简体和繁体）、西班牙语、法语、德语、葡萄牙语、俄语、日语、韩语和阿拉伯语等。然而，对于一些小语种语言，翻译质量可能不高。在处理某些涉及高度技术性或特定领域的翻译任务时，还需要人工介入提高翻译质量。

Q 请把以下文字分别翻译为英文、日文和韩文。

当某事足够重要时，你就去做它，即使胜算不大。如果有些事对你来说非常重要，即使所有人都反对你，你也应该坚持下去。若我不这么投入，才是最大的冒险，因为成功的希望为零。

ChatGPT：

英文（English）：

When something is important enough, you do it even if the odds are not in your favor. If something is very important to you, you should stick to it even if everyone is against you. Not being committed would be the biggest risk, as the hope of success would be zero.

日文（Japanese）：

何かが十分に重要である場合、勝算が低くても行うべきです。何かがあなたにとって非常に重要である場合、誰もがあなたに反対していてもそれを続けるべきです。私がそんなに献身的でなければ、最大のリスクであり、成功の希望はゼロになります。

韩文（Korean）：

무언가가 충분히 중요하다면 , 승산이 높지 않더라도 해야 합니다 . 무언가가 당신에게 매우 중요하다면 , 모두가 반대하더라도 계속해야 합니다 . 그렇게 전념하지 않으면 가장 큰 위험이며 , 성공의 희망이 제로가 됩니다 .

ChatGPT 同时把中文翻译成英文、日文和韩文，从翻译质量来看，ChatGPT 的翻译水平基本达到中级译员的翻译水平。

用法 56：英汉互译器

如果只需要某两种语言互译时，可以让 ChatGPT 充当互译器，在两种语言之间互相翻译，使用起来非常方便。

扫一扫，看视频

Q 现在你是英汉互译器，当我输入中文时，你翻译成英文；当我输入英文时，你翻译成中文。

ChatGPT：

好的，我明白了。请随时输入您想翻译的内容，我会尽快为您提供翻译。

Q 诚实的生活方式其实是按照自己身体的意愿行事，饿的时候吃饭，爱的时候不必撒谎。

ChatGPT：

An honest lifestyle is actually acting according to one's own body's desires, eating when hungry, and not having to lie when in love.

Q You are everything when you are with me, and everything is you when you are not.

ChatGPT：

当你和我在一起时，你就是我的全部；而当你不在时，一切都是你。

如上述案例所演示，ChatGPT 充当了英汉互译器，分别将用户输入的中文和英文互译，并且翻译质量较好。

用法 57：修改病句

ChatGPT 能够识别各种语言的病句，并进行拼写检查、纠正语法错误等，这在内容创作上特别有用。如果用户想修改一些英文作文，只需要告诉 ChatGPT，就能得到修正后的内容。

扫一扫，看视频

Q 请修改下面一段英文内容，包括语法错误、拼写错误等，给出正确的修改内容。

It is for us the living rather to be dedicated here to the unfinished work which they who fight here have thus far so nobly advanced. It is rather for us to be here dedicated to the great task remaining before us--that from these honored dead we take increased devotion to that cause for which they gave the last full measure of devotion--that we here highly resolve that these dead shall not have died in vain, that this nation under God shall has a new birth of freedom, and that government of the people, by the people, for the people shall not perish from the eath.

ChatGPT：

Please find the corrected passage below:

It is for us the living, rather, to be dedicated here to the unfinished work which those who fought here have thus far so nobly advanced. It is rather for us to be here dedicated to the great task remaining before us—that from these honored dead, we take increased devotion to that cause for which they gave the last full measure of devotion—that we here highly resolve that these dead shall not have died in vain, that this nation, under God, shall have a new birth of freedom, and that government of the people, by the people, for the people, shall not perish from the earth.

这是 1863 年 11 月 19 日林肯在葛底斯堡阵亡将士公墓落成仪式上发表的演讲，是公认的英语演讲的最高典范。这里在输入内容时故意制造了三处错误（划线处），时态错误、主谓不一致和单词拼写错误，ChatGPT 都能准确识别出来，并给予了纠正。

用法 58：语言识别器

ChatGPT 能够识别多种语言种类，这对于经常处于多语言交流环境的用户特别有用，只要把某种语言文字输入 ChatGPT，它就能自动识别该语言的种类，并按照要求翻译为相应的语言。

扫一扫，看视频

我想让你充当语言识别器。我将输入任何语言，你首先用中文回答我这是什么语言，再将其翻译为中文。

ChatGPT：

好的，我会尽力帮助你识别和翻译不同的语言。请随时输入你想让我识别和翻译的内容。

Q I love you.

ChatGPT：

这是英语。翻译成中文是：我爱你。

Q Je t ' aime,Je t ' adore.

ChatGPT：

这是法语。翻译成中文是：我爱你，我崇拜你。

Q Ich liebe Dich.

ChatGPT：

这是德语。翻译成中文是：我爱你。

Q Ялюблютебя.

ChatGPT：

这是俄语。翻译成中文是：我爱你。

Q あなたのことが好きです。

ChatGPT：

这是日语。翻译成中文是：我喜欢你。

Q Te amo.

ChatGPT：

这是西班牙语。翻译成中文是：我爱你。

对于以上输入的英语、法语、德语、俄语、日语、西班牙语，ChatGPT 都能够正确识别，并将其翻译为中文。当然，ChatGPT 能够识别的语言文字不止这些，还能够识别和翻译常用的语言文字。

用法 59：发音助手

ChatGPT 可以充当指定语言发音助手来为某种语言注音，如用汉语拼音为英语发音注音等。

扫一扫，看视频

我想让你为讲中文的人充当英语发音助手。我写下英语句子，你只需回答该句子的发音，发音应该有汉语拼音和音标，不要翻译成汉语。

ChatGPT：

好的，我将分别用汉语拼音和音标为您提供英语发音指导。请随时输入您想让我帮助发音的英语句子。

I love Miss Cai.

ChatGPT：

汉语拼音发音：爱 (ài) 留 (liú) 米 (mǐ) 思 (sī) 蔡 (cài)

音标发音：/aɪ lʌv mɪs kaɪ/

汉语拼音发音不太准，请重新使用汉语拼音发音。

ChatGPT：

抱歉给您带来困扰，以下是使用汉语拼音更准确的发音：

爱 (ài) 洛 (luò) 薇 (wēi) 密 (mì) 斯 (sī) 蔡 (cài)

中间的英文单词 love 发音不准确，重新发音吧。

ChatGPT：

抱歉再次给您带来困扰。请参阅下面的汉语拼音发音：

爱 (ài) 乐 (lè) 威 (wēi) 密 (mì) 斯 (sī) 蔡 (cài)

ChatGPT 首先正确识别出哪些是英语，哪些是汉语拼音（文中的 Cai）。第一次给出的汉语拼音发音不太准确，在用户的不断追问下，汉语拼音发音越来越准确。

用法 60：语言生成器

创造一门新语言是一件极其困难的事情，需要创造语言的发音、单词、语法结构等内容。但对于 ChatGPT 而言，能够轻松实现。

扫一扫，看视频

我想让你把我写的句子翻译成一种新编的语言。我写下句子，你用这种新编的语言来表达。

ChatGPT：

当然可以，我可以使用一些生成式模型来为您编写一种新的语言，并将您的句子翻译成这种语言。请问您希望这种语言是什么样的，是否有什么特殊的要求或偏好?

没有。

ChatGPT：

好的，那我为您创造一种新编语言：

新编语言：维塔克语（Vitak）

希望这种新编语言能够符合您的需求。如果您有任何其他的需求或想法，请随时告诉我，我会尽力满足您的需求。

轻轻的我走了，正如我轻轻的来；我轻轻的招手，作别西天的云彩。

ChatGPT：维塔克语（Vitak）翻译：

Kewa ja kudaná, kewa ja kudaná ji kewa; Kewa ja kudaná na kima kara tolá tosu asla.

Q 悄悄的我走了，正如我悄悄的来；我挥一挥衣袖，不带走一片云彩。

ChatGPT：维塔克语（Vitak）翻译：

Kewa ja náldaná, kewa ja náldaná ji kewa; Kewa ja nyáruná íhja, kala kara tolá tosu yala.

这是一个比较有意思的用法。ChatGPT 对输入的中文内容用新生成的语言进行翻译，新编的语言（维塔克语）在世界上并不存在。从生成内容来看，有些相同词语频繁出现，这意味着 ChatGPT 并非随机生成内容，而是根据一定的语言规则来生成内容。

3.7 教育教学

随着科技的飞速发展，教育与 AI 深度融合的时代已经到来。以 ChatGPT 为代表的 AI 技术为教育行业带来了翻天覆地的变革，推动教育与教学进入新的篇章。

首先，教育资源的获取变得更加便捷。借助 ChatGPT，教师和学生们可以轻松地获得来自全球的丰富教育资源。这不仅拓宽了学生的知识领域，还激发了他们的创新思维。另外，ChatGPT 还为学生和教师创造了自主探索式学习与教学的环境，使其能够在课堂之外继续进行学习和教学。

其次，教学方法得到了巨大的革新。借助 ChatGPT，教学过程更加个性化、智能化。教师根据学生的需求和特点，通过 ChatGPT 制定更加精准的教学计划，提高教学质量。ChatGPT 也会实时分析学生的学习数据，为教师提供及时反馈，以便调整教学策略。同时，ChatGPT 为学生和教师带来高效的学习和教学体验。例如，自动评分和自动批改等功能，可以有效减轻教师的工作负担，提升教学效率；通过提供答疑解惑和学习辅导等服务，也能帮助学生提高学习效率。

此外，教育评估体系也发生了变革。传统的考试评估方式逐渐被由 ChatGPT 催生的智能化、个性化的评估体系所取代，从而更加客观地评价学生的能力。这有助于激发学生的学习兴趣，提高学习效果，培养适应未来社会发展需求的人才。

用法 61：课程设计

课程设计是教师工作的重要内容之一，它直接关系到教学质量和学习体验。在这方面，ChatGPT 可以为教师的课程设计提供创意和思路，使教师能够设计出更具创新性和吸引力的课程，协助搜寻并整理相关文献资料，提供课程素材，包括教学大纲、课程规划和阅读资料等。借助 ChatGPT，教师能够更高效地完成课程设计工作，提升教学质量，同时也能为学生创造更好的学习体验。

扫一扫，看视频

请为经济与管理学院大学二年级学生设计一套关于投资理财的课程。

ChatGPT：

以下是为经济与管理学院大学二年级学生设计的一套关于投资理财的课程：

课程名称：投资理财基础与实践

课程目标：

1. 使学生了解投资理财的基本概念和原理；
2. 培养学生分析和评估投资项目的能力；
3. 帮助学生掌握主要的投资工具和策略；
4. 提高学生在实际生活中进行投资理财的能力。

课程大纲：

第一部分：投资理财基本概念与原理

1. 投资理财的定义和重要性
2. 投资与风险的关系
3. 时间价值与财富管理

第二部分：投资市场与工具

1. 股票市场：股票的分类、投资策略与风险控制
2. 债券市场：债券的种类、收益与风险

3. 基金市场：基金的类型、投资策略与风险管理
4. 期货与期权市场：衍生品的特点与风险控制
5. 外汇市场：外汇交易的基本知识与策略
6. 房地产市场：房地产投资的优缺点与风险防范

第三部分：投资组合与风险管理

1. 投资组合理论：马克维茨理论与有效边界
2. 资产配置策略：分散投资与配置比例
3. 风险管理与控制：风险识别、评估与降低风险的方法

第四部分：个人理财规划与实践

1. 个人财务状况分析：收入、支出、资产与负债
2. 目标设定与规划：短期、中期与长期目标
3. 理财策略与工具选择：储蓄、保险、投资等
4. 税收规划：了解税收政策与合理避税策略
5. 退休规划：养老金、社保与个人储蓄的结合

课程实践：

1. 学生分组进行模拟投资比赛，以提高投资理财实践能力；
2. 邀请金融行业专家和实践者举办讲座，分享投资理财经验；
3. 安排学生参观金融机构，了解金融市场的运行机制。

课程评估与反馈：

1. 学生需要完成课堂作业和案例分析，以检验他们对投资理财知识的掌握程度；
2. 设计期中和期末考试，评估学生在理论知识和实践能力方面的表现；
3. 对模拟投资比赛的成绩进行评估，并为优秀团队颁发奖励；
4. 鼓励学生定期进行个人理财规划报告，以提高实际操作能力；
5. 课程结束后，通过问卷调查和面谈收集学生对课程的反馈，以便进一步改进课程设计。

教学资源：

1. 教材：推荐使用《投资学》和《个人理财规划》等相关教材；
2. 辅助阅读材料：提供金融市场报告、投资策略分析和个人理财案例等；
3. 网络资源：推荐学生使用金融新闻网站和投资平台，以便了解实时的市场信息；
4. 软件工具：引导学生使用投资分析和理财规划软件，提高数据分析能力。

通过以上课程设计，经济与管理学院大学二年级学生将能够全面了解投资理财的基本概念和原理，掌握投资市场与工具的运作机制，培养投资组合与风

险管理的能力，并在个人理财规划与实践方面取得实质性的进步。这套课程将帮助学生为未来的职业生涯和个人财务管理奠定坚实的基础。

ChatGPT 给出的关于投资理财的课程设计相当完美，具体表现在如下几个方面：

（1）结构清晰。课程设计按照投资理财的基本概念与原理、投资市场与工具、投资组合与风险管理、个人理财规划与实践四个部分进行安排，使学生能够系统地学习投资理财知识。

（2）内容全面。课程设计涵盖了投资理财的各个方面，包括股票、债券、基金、期货、期权、外汇和房地产等市场，以及资产配置、风险管理和个人理财规划等知识，使学生能够全面了解投资理财领域。

（3）实践性强。课程设计中加入了模拟投资比赛、金融行业专家讲座和金融机构参观等实践环节，帮助学生将理论知识应用于实际操作，提高实践能力。

（4）教学资源丰富。课程设计推荐了相关教材、辅助阅读材料、网络资源和软件工具等教学资源，为学生提供了充分的学习支持。

用法 62：协助备课

备课是教师的日常工作。ChatGPT 能够为教师提供特定学科的教案，还能搜索与该学科相关的在线视频、慕课、教学实录、阅读材料、平台和软件等资料内容，协助教师备课。教师进行教学研究时，ChatGPT 也能整理相关资料、参考文献和研究成果，以便于教师学习，从而提升其教学水平。此外，与 ChatGPT 进行模拟对话可以帮助教师更好地理解学生可能遇到的问题，并为课堂教学做好准备。

扫一扫，看视频

Q **制定一份教案，小学二年级，知识点是认识乘法，要求以游戏的形式展开教学，通过与学生互动让学生认识乘法原理。**

ChatGPT：

教学目标：

通过游戏让学生了解乘法的概念和原理，能够使用乘法符号解决简单的乘法问题。

教学准备：

1. 乘法表

2. 十以内的小球或纸片

3. 白板和马克笔

教学过程：

1. 导入

向学生展示一张乘法表，简要介绍乘法的概念。告诉学生乘法是用来表示“相加若干个相等的数”的快捷方式。例如：2+2+2+2 可以用 2×4 表示。

2. 游戏 1："小球相乘"

教师准备十个小球或纸片，用 1~10 的数字标记。学生分成两组，每组轮流选择一个小球，将上面的数字读出来，并将其放回原处。然后将两个数字相乘，结果告诉对方。比赛五轮，哪一组最先得到五分，哪一组获胜。

3. 游戏 2："找规律"

在白板上画一个表格，横轴为 1~10 的数，纵轴为 1~5 的数。教师先在表格中填入一些数字，然后请学生观察数字间的规律，推断出横纵坐标上的数字相乘得到的结果。例如，在第 2 行第 3 列的格子中填入 6，那么学生可以通过观察发现，第 2 行上的数字都是 2 的倍数，第 3 列上的数字都是 3，所以 2×3=6。然后请学生继续填写剩余的格子，并逐渐提高难度。最后请学生自己设计一些数字填入表格中，让其他同学来找规律。

4. 结束

回顾本节课所学的知识点，让学生总结乘法的基本概念和原理。同时鼓励学生平时多多练习乘法，掌握乘法表的内容，以提高计算能力。

教学评价：

通过游戏形式的教学，可以让学生在愉悦的氛围中学习乘法的概念和方法，同时也能够激发学生的兴趣，提高他们的学习积极性。另外，在游戏的过程中，学生可以通过观察和推理，加深对乘法原理的理解和掌握。

ChatGPT 生成的这套教案符合小学二年级学生的认知特点和学习习惯，通过游戏的形式展开教学，既能让学生在愉悦的氛围中学习乘法知识，也能激发学生的兴趣，提高他们的学习积极性。其中，通过“小球相乘”和“找规律”的游戏，学生可以在游戏中了解乘法的概念和原理，并通过实际操作加深对乘法的理解和掌握。同时，教师在游戏的过程中扮演引导者和辅助者的角色，引导学生发现问题、思考问题、解决问题，有利于学生的综合能力发展。

用法 63：课堂助教

教师可以把 ChatGPT 当作教学助手，它能为教师和学生提供一个即时互动的平台，快速解答疑问，为课堂活动提供想法、增加课堂趣味性和丰富性，帮助学生理解复杂的内容和概念等，这不仅可以提高教学效率，也可以提高教学质量。

扫一扫，看视频

例如，在历史课上讲授戊戌变法时，如果教师想为学生补充关于梁启超的生平简介，就可以询问 ChatGPT，这样既可以获得及时答复，也不影响现场教学进程。

请用 500 字简述梁启超的生平简介。

ChatGPT：

梁启超（1873－1929），原名梁鸿章，字卓如，号任我庵主人，广东新会人，是清末民初杰出的政治家、教育家、翻译家和文学家。他是中国近代史上一位具有深远影响力的改革者和思想家，被誉为“变法维新运动的精神领袖”。

梁启超早年聪颖过人，研究诗词、经史、哲学等多领域知识，18 岁时成为举人。他曾担任过报馆编辑，与康有为等人共同倡导变法维新。1898 年，梁启超参与策划戊戌变法，试图对清朝制度进行改革，但改革最终失败，他被迫流亡海外。

流亡期间，梁启超积极从事革命事业，游学日本、美国和欧洲，接触到西方的政治、经济、科学和文化，使他的视野和思想得到极大拓展。他不仅推动了国内的维新运动，还主张教育改革，提倡实用主义教育，注重培养新一代的民族精神。他还提出了“船坚炮利”“民主立宪”等改革思想，对中国近代史产生了重要影响。

梁启超在文学领域也成就非凡。他提倡白话文，主张“文以载道”，以通俗易懂的文字传播思想。他的作品丰富多样，包括《少年中国说》《新民说》《师说》等，展示了他深刻的洞察力和独特的见解。

在翻译领域，梁启超翻译了许多西方经典著作，如亚里士多德的《尼各马可伦理学》，极大地促进了中西文化的交流和融合。他还是近代汉学研究的奠基者之一，通过对古代文献的研究，为后人提供了丰富的历史资料。

综上所述，梁启超是中国近代史上一位非常重要的人物，他的贡献涉及政治、教育、文学、翻译等诸多领域。他的思想和主张对中国的现代化进程产生了深远的影响。

从 ChatGPT 生成的梁启超简介来看，内容比较全面翔实。不过，有时候 ChatGPT 也会出错，简介中的“号任我庵主人”就是出错了，这时需要教师对 ChatGPT 给出的内容进行甄别，谨防有错误信息，以免误导学生。

用法 64：评测作业

ChatGPT 还可以参与学生评估，生成作业测验和考试内容，协助教师对学生进行评估，掌握学生的学习情况。例如，教师向 ChatGPT 提供了一篇中文文章，并请求生成 5 道简答题以检验学生对文章的理解程度，或者提供一篇英文短文，让其生成一篇完形填空题，甚至可以根据某个年级某个学科生成一整套试卷试题。借助 ChatGPT 这款优秀的教辅工具，教师能够根据教学需求随时生成全新题目。

扫一扫，看视频

Q 假设你现在是历史老师，请根据初中历史课本中的戊戌变法知识，出 2 道填空题、2 道选择题和 1 道简述题，并给出参考答案。

ChatGPT：

填空题：

1. 戊戌变法发生在公元 ______ 年，是清朝晚期一次尝试进行政治改革的运动。

答案：1898

2. 戊戌变法的领导者是光绪皇帝和康有为、梁启超等维新派人士，他们试图通过一系列改革来振兴 ______。

答案：清朝

选择题：

3. 戊戌变法持续了多长时间？

A. 三个月　　B. 半年　　C. 一年　　D. 两年

答案：A

4. 下列关于戊戌变法的说法，哪个是正确的？

A. 戊戌变法成功地实现了清朝的现代化

B. 戊戌变法过于激进，引起了保守势力的反对

C. 戊戌变法发生在辛亥革命之后

D. 戊戌变法在清朝政治中没有产生任何影响

答案：B

简述题：

5. 请简要说明戊戌变法的主要改革措施以及变法失败的原因。

答案：戊戌变法的主要改革措施包括废除科举制度、设立新式学堂、发展工商业、削减藩王势力等。这些改革旨在实现清朝的现代化，振兴国家。然而，戊戌变法失败的原因主要有以下几点：1) 改革过程过于急功近利，导致改革措施无法循序渐进地实施；2) 改革触及了保守势力的利益，引起了激烈的反对；3) 慈禧太后对变法持反对态度，最终发动政变，使改革未能成功进行。

从 ChatGPT 生成的题目来看，基本上可以使用，教师可以在此基础上进行修改调整后再使用。

用法 65：事务助手

ChatGPT 也能协助教师轻松完成日常事务性工作。例如，自动生成各类工作总结，周报、月报，减轻常态化事务的内耗，从而为教师减负，让教师更专注于教学与科研。

扫一扫，看视频

请提供一份大学教师工作周报的中文模板。

ChatGPT：

敬爱的领导

您好！

以下是我本周的工作周报，请您查阅。

一、本周教学工作

1. 教学课程：（课程名称）

（1）本周授课内容：

a. 第（章 / 节）节：（具体内容）

b. 第（章 / 节）节：（具体内容）

c. 第（章 / 节）节：（具体内容）

（2）课堂教学情况：

a. 学生出勤情况：本周共（次数）次课，出勤率为（百分比）。

b. 学生课堂参与情况：（例如，学生积极参与讨论，课堂氛围活跃等）

2. 课程辅导与答疑

本周共安排（次数）次课外辅导与答疑，解答学生在课堂学习中遇到的问题，巩固课堂所学知识。

二、学术研究与科研项目

1. 学术研究：

（1）本周共阅读了（篇数）篇学术论文，主要内容为：（简要介绍）

（2）撰写论文 / 报告：本周完成了关于（主题）的（篇数）篇论文 / 报告的初稿，计划于（日期）提交。

2. 科研项目：

项目名称：（项目名称）

a. 本周项目进展：（简要介绍）

b. 下周计划：（简要介绍）

三、教育教学改革与发展工作

1. 参与学院（部门）组织的教育教学改革与发展工作，积极提出意见和建议，共同推动教育教学改革。

2. 结合本课程教学实际，探索新的教学方法和手段，以提高课堂教学效果。

四、其他工作

1. 参加学院（部门）组织的（活动名称）活动，共同交流教育教学经验。

2. 完成学院（部门）交办的其他工作任务。

本周工作总结：

针对本周工作，我认为（反思与总结，可以提出改进措施、存在问题等）

下周工作计划：

1. 教学工作：（具体内容）

2. 学术研究与科研项目：（具体内容）

3. 教育教学改革与发展工作：（具体内容）

4. 其他工作：（具体内容）

感谢您对我的工作的关心和指导，如有需要改进的地方，请您及时提出宝贵意见。

祝您工作顺利，身体健康！

敬礼！

（您的姓名）

（年月日）

ChatGPT 给出的这份工作周报模板，结构清晰，内容翔实，系统地概括了一位大学教师在教学、学术研究、教育教学改革和其他工作方面的情况。当然，该模板也可以根据个人需求和工作特点进行优化，以满足特定场景的需求。例如，在教学工作部分加入学生评价、课程改进措施等内容以全面地反映教师的教学情况。综上所述，这是一份较为实用的大学教师工作周报模板。

用法 66：辅导作业

家长最头痛的事情之一就是辅导作业。这时“超级家长 ChatGPT”能够帮助家长摆脱辅导作业的困扰。ChatGPT 凭借卓越的语言理解、表达能力和海量的学科知识储备，无论是解答数学问题，提供科学知识，还是辅导英语学习，它都是家长的贴心帮手！

扫一扫，看视频

Q **假设你是数学老师，请帮我详细讲解这道二元一次方程题目。**

3a+2b=10;

5a+b–4=8;

ChatGPT：

您好！我很高兴为您讲解这道二元一次方程题目。首先我们将方程组整理一下：

3a + 2b = 10

5a + b = 12 (将原方程 5a + b – 4 = 8 两边加上 4)

我们可以采用消元法来解这个方程组。为了消去未知数 b，我们需要将第二个方程乘以 2：

第一步：将第二个方程乘以 2

10a + 2b = 24

第二步：将第一个方程从第二个方程中减去

(10a + 2b) – (3a + 2b) = 24 – 10

7a = 14

第三步：求解 a 的值

a = 14 / 7

a = 2

第四步：将 a 的值代入原方程组中的任意一个方程求解 b 的值（这里我们选择第一个方程）

3(2) + 2b = 10

6 + 2b = 10

第五步：求解 b 的值

2b = 10 – 6

2b = 4

b = 4 / 2

b = 2

所以，这道二元一次方程的解为：a = 2, b = 2。

这个解题过程是正确的，步骤清晰，易于理解。通过消元法逐步消去未知数，并将求得的一个未知数代入原方程组求解另一个未知数。最终求得二元一次方程组的解为 a = 2, b = 2。整个过程体现了数学解题的逻辑性和条理性。

用法 67：学习助手

ChatGPT 作为学生的学习助手，可以提供全面的学习支持，助力学生取得更好的成绩。它能够实现教学资源多样化，提供丰富多彩的解释、方法和思路，帮助学生更深刻地理解知识，提高学习效率和兴趣；也能够根据学生特点制定个性化学习方案，提高自我效能感，增强学习动力；还能够为学生提供学习规划、指导等。

扫一扫，看视频

Q 我是一名大四学生，准备出国留学，想参加托福考试，请推荐一些学习资料。

ChatGPT：

当然可以！托福（TOEFL）考试是衡量非英语母语国家学生英语水平的标准测试之一，被许多国际大学作为留学申请的英语语言要求。以下是一些建议的托福学习资料：

1. 官方指南：ETS 出版的《官方托福指南》（The Official Guide to the TOEFL Test）是学习托福的重要资料。这本书详细介绍了考试结构、题型、评

分标准，并提供了真实的模拟题和答案解析。

2. 托福官方网站：ETS 的官方网站提供了许多免费的学习资料，如样题、解析、学习技巧等。您可以在这里找到最新的考试信息和报名细节。

3. TPO（托福网络模拟考试）：TPO 是一款官方推出的在线托福模拟考试软件。您可以在它的官网购买并下载使用，体验真实的考试环境，了解自己的实际水平，以便针对性地进行复习。

4. 课程与教材：您可以选择报名托福培训课程或购买其他托福备考教材，如《Kaplan TOEFL iBT Premier》《Princeton Review's Cracking the TOEFL iBT》等。这些课程和教材通常包含模拟题、词汇、语法、听说读写技巧等内容，有助于全面提高您的英语能力。

5. 词汇书：托福考试要求掌握较丰富的词汇量。您可以购买一本专门针对托福考试的词汇书，如《托福词汇大纲》或《托福核心词汇 21 天突破》等，按照书中的计划和方法进行词汇学习。

6. 网络资源：互联网上有许多托福学习社区和资源，如托福论坛、学习小组、免费课程、YouTube 视频等。您可以根据自己的需求和学习方式选择合适的资源。

希望这些建议对您有所帮助！祝您托福备考顺利，取得理想的成绩！

Q 我英语听力和口语不太好，请根据以上学习资料，为我制定一份托福考试的学习计划。

ChatGPT：

以下是一个为期八周的托福考试学习计划，重点关注英语听力和口语部分。您可以根据自己的时间和需求进行调整：

第 1~2 周：了解托福考试结构和题型，开始基础词汇学习

1. 阅读《官方托福指南》，了解托福考试结构和题型。
2. 使用《托福核心词汇 21 天突破》每天学习新词汇。
3. 每天观看 1 小时的英语原声电影、纪录片或播客，提高英语听力水平。

第 3~4 周：专注于听力部分的学习和练习

1. 阅读《官方托福指南》中的听力部分，了解技巧和练习方法。
2. 使用 TPO 软件每周至少完成 2 套听力模拟题。
3. 继续每天学习新词汇，并观看英语原声视频或播客。

第 5~6 周：专注于口语部分的学习和练习

1. 阅读《官方托福指南》中的口语部分，了解技巧和练习方法。

2. 使用 TPO 软件每周至少完成 2 套口语模拟题。

3. 每天进行至少 30 分钟的英语口语练习，如与他人用英语交流、朗读文章等。

4. 继续每天学习新词汇，并观看英语原声视频或播客。

第 7 周：全面复习和练习

1. 复习已学习的词汇，整理听力和口语技巧。

2. 使用 TPO 软件完成一套完整的托福模拟考试，包括听力和口语部分。

3. 分析模拟考试的成绩，找出需要改进的地方。

第 8 周：进行最后的冲刺和准备

1. 针对需要改进的地方进行有针对性的练习。

2. 使用 TPO 软件进行最后一次完整的模拟考试，检验自己的听力和口语水平。

3. 确保报名托福考试并了解考试当天的注意事项。

这个学习计划旨在帮助您全面提高托福考试中的听力和口语部分的能力。请根据自己的实际情况进行调整，确保学习计划符合您的需求和目标。祝您学习顺利！

从生成内容来看，ChatGPT 能够根据需求和托福考试的特点来推荐学习资料，并根据学生基础制定学习计划，设置学习阶段和目标任务，从而有助于提高学习效果。

用法 68：协助备考

ChatGPT 能够帮助学生准备考试，提供有针对性的练习题，强化薄弱环节，也能够根据学生的学习情况提供最优的考试策略和模拟考试题，以巩固学习效果等。

扫一扫，看视频

Q 我是一名高二学生，英语中的虚拟语气没有掌握好，请为我提供一些关于虚拟语气的练习题。

ChatGPT：

当然可以！这里有一些关于虚拟语气的练习题，分为三个部分：与现在事实相反、与过去事实相反和与将来事实相反的虚拟语气。

第一部分：与现在事实相反

请用括号内动词的适当形式填空：

1. If I ____(be) you, I would study harder.
2. If he ____(have) more time, he would help us with the project.
3. She would travel around the world if she ____(win) the lottery.
4. If they ____(know) the truth, they would be very upset.
5. We would be healthier if we ____(exercise) regularly.

第二部分：与过去事实相反

请用括号内动词的适当形式填空：

1. If I ____(study) harder, I would have passed the exam.
2. If she ____(invite) me, I would have attended her party.
3. He would have accepted the job offer if he ____(know) about it.
4. They would have won the match if they ____(practice) more.
5. If we ____(meet) earlier, we could have been good friends.

第三部分：与将来事实相反

请用括号内动词的适当形式填空：

1. If it ____(rain) tomorrow, we will stay at home.
2. If they ____(arrive) late, we will start the meeting without them.
3. She will accept the offer if they ____(increase) the salary.
4. If I ____(finish) my work early, I will go to the cinema with you.
5. We will go for a picnic if the weather ____(be) nice this weekend.

请尝试完成这些练习题，以便更好地掌握虚拟语气。如果你需要答案或进一步的解释，请随时告诉我！

Q 请给出答案，并给出详细解释。

ChatGPT：

当然可以！以下是上述练习题的答案以及详细解释：

第一部分：与现在事实相反

1. If I were you, I would study harder.

解释：此句使用虚拟语气表示与现在事实相反的情况。因为 be 动词在虚拟语气中是不规则的，所以使用 were 而不是 was。

2. If he had more time, he would help us with the project.

解释：此句表示如果某人有更多的时间，他会帮助我们。在这种情况下，用虚拟语气来表示一种假设的情况。

3. She would travel around the world if she won the lottery.

解释：此句表示如果她中了彩票，她会环游世界。这是一种假设的情况，因此使用虚拟语气。

4. If they knew the truth, they would be very upset.

解释：此句表示如果他们知道真相，他们会很沮丧。这是一种假设的情况，因此使用虚拟语气。

5. We would be healthier if we exercised regularly.

解释：此句表示如果我们经常锻炼，我们会更健康。这是一种假设的情况，因此使用虚拟语气。

第二部分：与过去事实相反

1. If I had studied harder, I would have passed the exam.

解释：此句表示如果过去某人学习更努力，他就能通过考试。在这种情况下，用虚拟语气表示一种与过去事实相反的情况。

2. If she had invited me, I would have attended her party.

解释：此句表示如果她邀请了我，我会参加她的派对。这是一种与过去事实相反的情况，因此使用虚拟语气。

3. He would have accepted the job offer if he had known about it.

解释：此句表示如果他知道这个工作机会，他会接受。这是一种与过去事实相反的情况，因此使用虚拟语气。

4. They would have won the match if they had practiced more.

解释：此句表示如果他们多练习，他们会赢得比赛。这是一种与过去事实相反的情况，因此使用虚拟语气。

5. If we had met earlier, we could have been good friends.

解释：此句表示如果我们早点见面，我们本可以成为好朋友。这是一种与过去事实相反的情况，因此使用虚拟语气。

第三部分：与将来事实相反

1. If it rains tomorrow, we will stay at home.

解释：此句表示如果明天下雨，我们将留在家里。这里，虚拟语气表示对未来可能发生的情况的假设。

2. If they arrive late, we will start the meeting without them.

解释：此句表示如果他们迟到，我们将在没有他们的情况下开始会议。这是一种对未来可能发生的情况的假设，因此使用虚拟语气。

3. She will accept the offer if they increase the salary.

解释：此句表示如果他们提高工资，她将接受这个工作。这是一种对未来可能发生的情况的假设，因此使用虚拟语气。

4. If I finish my work early, I will go to the cinema with you.

解释：此句表示如果我提前完成工作，我会和你一起去看电影。这是一种对未来可能发生的情况的假设，因此使用虚拟语气。

5. We will go for a picnic if the weather is nice this weekend.

解释：此句表示如果本周末天气晴朗，我们将去野餐。这是一种对未来可能发生的情况的假设，因此使用虚拟语气。

总结：虚拟语气用于表示一种假设的情况，它可能与现在、过去或未来的事实相反。在英语中，虚拟语气的形式取决于句子中的动词。通过学习和练习虚拟语气的例子，你可以更好地掌握这一语法概念。希望这些解释对你有所帮助！如果你还有其他问题或需要更多练习，请随时告诉我。

ChatGPT 给出的这些练习题涵盖了与现在、过去和未来事实相反的虚拟语气，难度适中，适合初学者练习使用。通过这些练习题，学生可以熟练掌握如何在不同情境下使用虚拟语气。需要注意的是，这些练习题主要集中在条件句上，而虚拟语气在英语中还有其他应用场景，如表示建议、请求或要求等。

用法 69：时间管理

时间管理对提高学习效率和平衡学习生活具有重要意义。通过 ChatGPT 的协助，学生可以轻松获得制定时间表和确定任务优先级方面的建议，从而更好地计划和安排学习任务、课外活动以及休闲时间。

扫一扫，看视频

我是一名高三学生，还有六个月就要高考了，请为我制订一份时间管理计划表。

ChatGPT：

作为一名高三学生，距离高考还有六个月的时间，制定一个合理的时间管理计划至关重要。以下是一个为期六个月的时间管理计划建议，你可以根据自己的实际情况进行调整：

1. 目标设定：

◎ 确定你想要考取的大学及专业，了解相关录取分数线。

◎ 设定各科目的目标分数，以确保达到录取分数线。

2. 时间分配：

◎ 每天保证 8 小时的高质量睡眠。

◎ 每天预留 1 小时进行锻炼、休息和娱乐活动，以保持身心健康。

◎ 剩余时间根据各科目的难易程度和自己的薄弱环节进行分配。

3. 学习计划：

第 1~4 个月：

◎ 重点复习各科基础知识，巩固基本概念。

◎ 针对薄弱环节进行专项练习，加强巩固。

◎ 每周进行一次模拟考试，分析考试结果，找出问题并进行针对性改进。

第 5 个月：

◎ 开始全面复习，梳理知识体系，进行系统性强化。

◎ 参加学校或辅导机构组织的模拟考试，检验自己的实力。

◎ 分析模拟考试成绩，调整复习重点和方法。

第 6 个月：

◎ 继续全面复习，关注近年来的高考真题，熟悉题型和考试策略。

◎ 模拟考试成绩稳定后，适当减轻学习负担，保持良好的心态。

◎ 最后两周进行冲刺复习，关注易错题和高频考点，同时保持充足的睡眠和良好的情绪。

4. 考试策略：

◎ 学会合理分配考试时间，确保所有题目都能在规定时间内完成。

◎ 注重答题技巧和方法，特别是选择题和解答题的答题策略。

在执行这个时间管理计划的过程中，要保持毅力和自律，同时注意调整心态，确保在高考中取得理想的成绩。祝你高考顺利！

这份时间管理计划针对高三学生的需求和高考备考阶段进行了细致的规划，目标明确，时间分配合理，学习计划分阶段，同时还关注考试策略。综上所述，这份时间管理计划具有一定的参考价值，可以为高三学生在高考备考过程中提供指导。

用法 70：提供就业指导服务

扫一扫，看视频

AI 时代，由于许多岗位和职业正在被 AI 替代，也有新职业涌现出来，传统的就业指导已经跟不上时代变化。在这种背景下，ChatGPT 在指导学生就业方面具有某些优势。

首先，ChatGPT 帮助学生了解当前的就业市场趋势。通过收集和分析大量数据，ChatGPT 为学生提供最新的行业信息，如哪些行业在增长，哪些行业在衰退，以及哪些职业具有最大的发展潜力。这将帮助学生做出更明智的职业选择。

其次，ChatGPT 为学生提供定制的职业规划建议。根据学生的兴趣、技能和目标，ChatGPT 提供个性化的职业发展路径建议，帮助学生发现适合自己的职业方向。同时，ChatGPT 为学生提供实用的职场技能知识，如沟通、团队合作和领导力等知识，以帮助他们更好地适应职场环境。

此外，ChatGPT 协助撰写简历和求职信，指导面试，帮助学生在竞争激烈的就业市场中脱颖而出。

最后，ChatGPT 提供持续的职业发展支持。随着职业生涯的发展，学生可能需要不断地调整职业规划、学习新技能或寻找新的机会。ChatGPT 可以为学生提供实时的指导和建议，帮助他们在职业道路上取得成功。

Q 假设你作为一名就业指导专家，我明年准备毕业，就读于北京外国语大学，专业是商务英语，请为我提供个性化的就业指导。

ChatGPT：

毕业于北京外国语大学商务英语专业的您将具备扎实的语言基础和商务知识。在为您提供个性化的就业指导时，我们需要考虑您的兴趣、技能和职业目标。以下是一些建议，希望能对您的职业规划有所帮助。

1. 了解行业趋势：

首先，了解与商务英语相关的行业趋势和发展前景。关注跨国企业、外贸公司、金融机构、咨询公司等领域的招聘需求和行业动态。

2. 分析自身优势：

分析自己在商务英语专业中的优势，如口语、写作、翻译、跨文化交际、市场营销等方面的能力。了解自己的兴趣和职业目标，以便找到更适合自己的工作岗位。

3. 考虑以下职业方向：

◎ 外贸专员 / 经理：在进出口企业或跨国公司从事国际贸易业务，负责与海外客户沟通、签订合同、跟单等工作。

◎ 商务翻译 / 口译：为企业提供商务文件翻译、同声传译、陪同翻译等语言服务。

◎ 市场营销 / 市场分析：参与企业的市场推广、活动策划、竞品分析等工作，为公司拓展国际市场提供支持。

◎ 公关 / 客户关系管理：维护企业与客户、合作伙伴、政府机构等的关系，负责处理与外部沟通相关的事务。

◎ 教育 / 培训：在语言培训机构或学校担任英语教师，传授英语知识和商务技能。

◎ 金融 / 投资：在银行、证券公司、基金公司等金融机构从事投资、分析、风险管理等工作。

4. 提升职业技能：

不断提升自己的职业技能，如沟通、团队协作、领导力、项目管理等。考虑学习第二外语，如西班牙语、法语、德语等，以增加竞争优势。

5. 建立人际关系：

积极参加行业交流活动、拓展人脉资源。与校友、同学、老师、行业专家保持联系，争取获取实习和就业机会。

6. 准备求职材料：

撰写一份专业且吸引人的简历和求职信，强调您在商务英语专业的优势和相关经验。提前为面试做好准备，熟悉面试流程和可能遇到的问题。

7. 实习经验：

争取在毕业前参加相关实习，积累实际工作经验。这将有助于您了解所选行业的实际工作环境，提高求职竞争力。

8. 发展长远规划：

思考自己的长期职业发展目标，评估可能需要的进一步教育或专业认证。例如，您可以考虑攻读 MBA 或其他商务相关的硕士学位，以提高自己的竞争力。

9. 保持学习和适应能力：

在职业生涯中，不断学习新知识，跟上行业趋势和技能要求。保持开放和适应性，以应对职场的不断变化。

通过以上建议，希望能为您在毕业后的职业生涯规划提供有益的指导。从了解行业趋势到提升职业技能，这些建议将帮助您找到更适合自己的工作岗位，

并在职业道路上取得成功。同时，作为一名就业指导专家，ChatGPT 将随时为您提供支持和帮助。祝您毕业顺利，事业有成！

ChatGPT 提供的这份就业指导系统地规划了职业生涯，针对性强且实用。每个人的情况和需求有所不同，用户需要根据自己的具体情况对这些建议进行调整。

3.8 文生美图：DALL·E

DALL · E 是 OpenAI 在 2021 年 1 月份推出的 AI 绘图软件，该名字来源于著名画家萨尔瓦多· 达利（Salvador Dalí）和著名动画电影《机器人总动员》中的主角瓦力（Wall–E）。该软件可以根据简单的描述就能创建极其逼真和清晰的图像，包括各种艺术风格的插画和人物风景等。

目前，多数 AI 绘画软件需要用户去学习如何更好地构建提示词，产品的应用门槛较高。2023 年 10 月，OpenAI 推出 DALL · E 3，这在文本与图像一致性方面有了重大飞跃。它降低了提示词的门槛，使得用户更容易使用；还提升了语义细节描述的准确性，让生成的图像更接近用户的愿望。除了语言理解方面的提升，DALL · E 3 在绘画技巧上也有了很大的改进。DALL · E 3 可以生成写实、二次元、平面、创意、朋克、3D 等多种类型的图像。它能够模拟各种不同的绘画风格，从油画到水彩，从素描到卡通，满足用户对不同艺术风格的需求。相较于其他产品，DALL · E 3 更强大的亮点，就是与 ChatGPT 深度融合，可以直接在 AI 聊天机器人中使用文本生图。

若要使用 ChatGPT 中的 DALL · E 3 需要是 Plus 会员或企业用户，在 GPT–4 模式中选择 DALL · E 3 选项，如图 3.43 所示。选择后，就可以在这个对话框开始使用它进行文本生图。

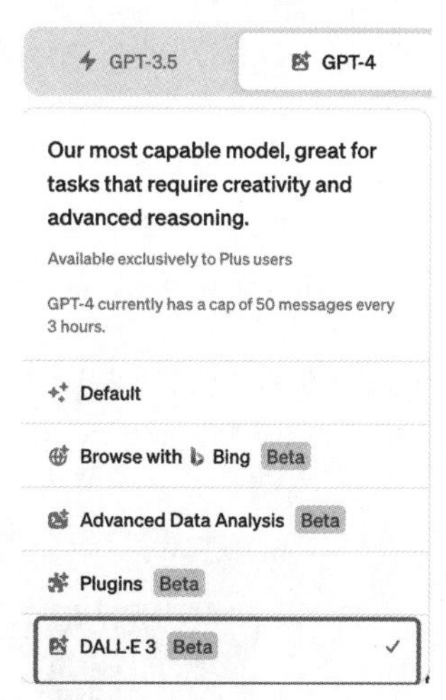

图 3.43　选择 DALL·E 3

ChatGPT 中的 DALL · E 3 基本功能如下：

（1）一次最多生成 4 张图像，可以生成 3 种比例的图像。

1）16:9（宽）——1792 像素 ×1024 像素。

2）1:1（正方形）——1024 像素 ×1024 像素。

3）9:16（高）——1024 像素 ×1792 像素。

（2）可以输入中文提示词，或者使用自然语言描述，ChatGPT 会自动翻译成适合的 AI 绘图英文提示词。

（3）如果没有指明图像风格，DALL · E 3 会根据需要生成不同风格的图像。

DALL · E 3 的基本功能很简单，用户可直接说出想生成的图像，DALL · E 3 就能生成满意的图像。下面是基于 DALL · E 3 开发的部分用法。

用法 71：中文提示词生成美图

目前多数 AI 绘图软件不支持输入中文提示词，而 ChatGPT 中的 DALL · E 3 可以使用中文生成美图。“DALL · E 3 能够理解的细微差别和细节明显多于我们以前的系统，让你可以轻松地将想法转换为非常精确的图像”，OpenAI 在介绍 DALL · E 3 时在官网中写道。如果用户输入的不是英文提示词，ChatGPT 首先将其翻译为英文提示词，DALL · E 3 再根据英文提示词生成图像。

扫一扫，看视频

Q 皎白的月光下，熙熙攘攘的人群，行色匆匆，在街角的路灯下，一位身材曼妙的红衣服年轻女子与一位身穿燕尾服的帅哥正在愉快地交谈。

ChatGPT：

Let me translate the description for you:

"Under the bright moonlight, a bustling crowd hurries by. Under the streetlight at the corner, a young woman in a red dress with a graceful figure is happily chatting with a handsome man in a tuxedo."

Now, I'll create images based on this description.

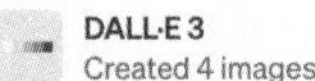

Here are the images based on your description. I hope you find them to your liking! If you have any feedback or would like modifications, please let me know.

DALL·E 3 生成的这 4 幅图像分别是亚洲背景图像、非洲背景插图、欧洲背景油画和拉丁美洲背景水彩画，这些图像在不同的背景和艺术风格下都很好地捕捉到了原始描述的意图，中文自然语言描述中人物、景物和细节均有体现。若单击其中任何一张图，则会弹出图像详情，提供该图的下载链接和生成图像的英文提示词，如图 3.44 所示。

图 3.44　图像详情

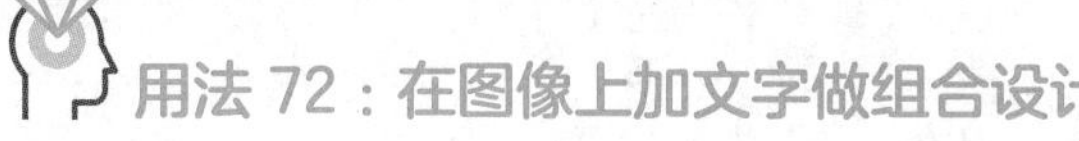

用法 72：在图像上加文字做组合设计

扫一扫，看视频

ChatGPT DALL·E 3 的卓越之处在于它拥有一个 Midjourney 尚未完全掌握的独特功能：在图像上嵌入简单的英文文字。只需指出想要的文字内容，DALL·E 3 就会努力将其融入图像中，这在进行 Logo 设计时特别有用。值得注意的是，文字的内容不宜过于复杂，而且加入文字也不一定保证成功。但这并不是问题，只要多次尝试，总会得到完美的图文结合。

Q 一幅插图，一个鳄梨（牛油果）坐在心理医生的椅子上，说着“我只是觉得内心空虚”，中间有一个果核大小的洞。而治疗师，一把匙，正在匆匆记录着笔记。

ChatGPT：生成回复如图 3.45 所示。

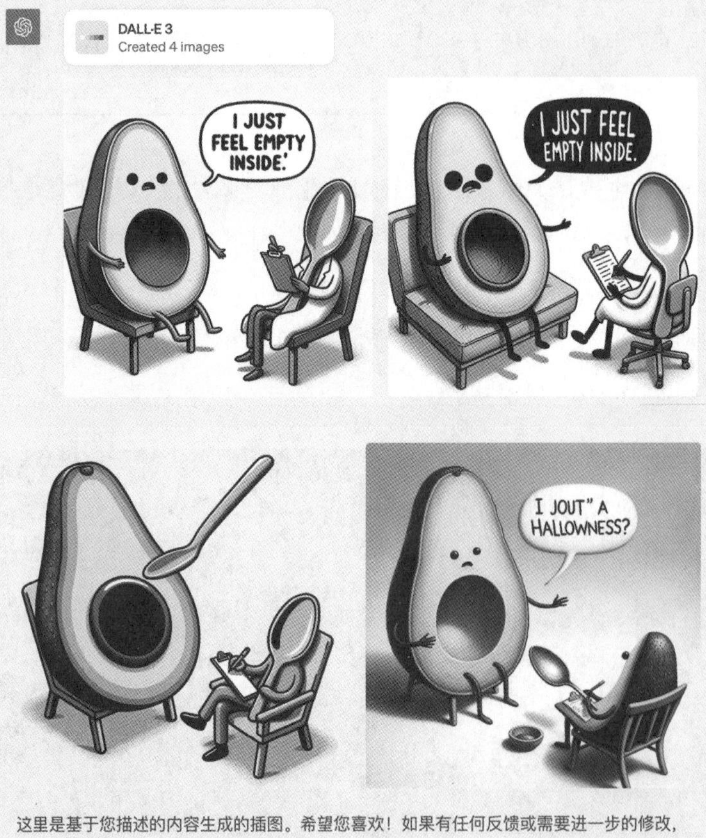
DALL·E 3
Created 4 images
I JUST FEEL EMPTY INSIDE.'
I JUST FEEL EMPTY INSIDE.
I JOUT" A HALLOWNESS?
这里是基于您描述的内容生成的插图。希望您喜欢！如果有任何反馈或需要进一步的修改，

图 3.45　生成回复

从 ChatGPT 生成的这 4 幅图来看，其中三幅图有文字，ChatGPT 先将文字翻译为英文（将“我只是觉得内心空虚”翻译为 I JUST FEEL EMPTY INSIDE），再将英文嵌入到图片中。其中前两幅图文融合较好，图中的文字无错误，最后一幅图单词有错误。

Q 绘制一张宽高比 16:9 简报。

简报标题：GTD

简报内容：中间 5 个不同的 ICON 横排，每个 ICON 下面的文字分别为：Collect, Process, Organize, Review, Execute。

简报版面：简洁、留白

ChatGPT：生成回复如图 3.46 所示。

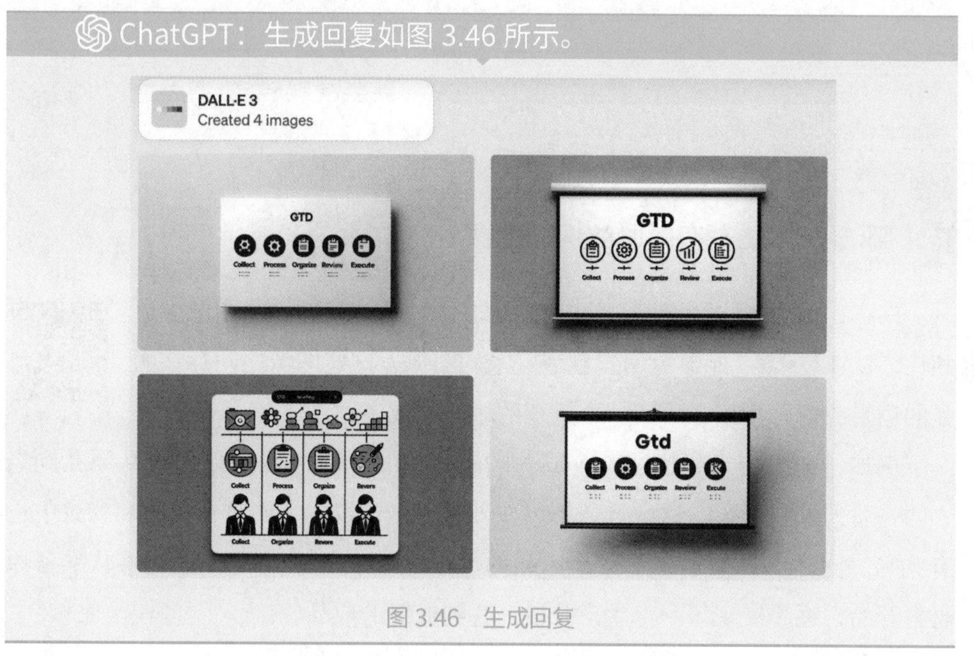

图 3.46　生成回复

从 ChatGPT 生成的这 4 幅图来看，除了第 3 幅图之外，其他 3 幅图均准确显示了文字“Collect, Process, Organize, Review, Execute”。

除了可以在图像上加入文字之外，还可以对文字的样式进行设计，示例如下。

Q 制作带有 GPT 文字的图标，3D 字体，字体风格活泼有趣，只有 GPT 三个字母，宽高比为 16:9，图标简洁，白色背景。

ChatGPT：生成回复如图 3.47 所示。

图 3.47　生成回复

用法 73：生成有关联的连续图像

扫一扫，看视频

DALL·E 3 可以生成有关联的连续图像。与传统的单一图像生成相比，DALL·E 3 能够为用户创造一系列图像，这些图像之间存在明显的逻辑或情感连接，形成一个连续的故事线或主题。

例如，如果用户想描述一个成长的故事，DALL·E 3 可以生成从婴儿到老人的一系列人物形象，这些形象不仅在外观上是连续的，而且在情感和背景中也有共鸣。同样，如果是描述一个产品的生产过程，DALL·E 3 也能够从准备原材料开始，逐步展现每一个生产阶段，直到最终的成品。

这种能力不仅为艺术家和设计师提供了更多的创作自由，也为教育者提供了一种新的方式来传达和解释复杂的概念或过程。而对于企业和广告行业来说，这意味着可以更有效地展示产品或服务的特点和价值。

总的来说，DALL·E 3 的这一新功能为用户打开了一个全新的创作可能，使图像生成不再仅仅是单一的视觉呈现，而是能够讲述一个完整的故事或传达一个复杂的概念。

Q 请用 4 张图分别展示一位古代中国美女 4 个不同的年龄段：童年（0~6 岁）、少年（7~17 岁）、青年（18~40 岁）、中年（41~60 岁），宽高比 16:9。

ChatGPT：生成回复如图 3.48 所示。

图 3.48 生成回复

ChatGPT 基于描述的内容生成的 4 张图像分别展示了古代中国美女不同的年龄段，从童年到中年，每一张图都试图捕捉那个时期的特点和情感，并且人物画像具有一定的连续性。

利用这个特殊功能，也可以用来创作漫画故事。

Q 依次生成 4 张图像，组成连续的漫画故事，主角是同一只可爱的小恐龙，他在学校的一天，4 张图是同一个小恐龙的连续故事：

1. 小恐龙在上课
2. 小恐龙在体育场跑步
3. 小恐龙在唱歌
4. 小恐龙在写作业

ChatGPT：

这里是您要求的四张连续漫画图像，描述了同一只可爱的小恐龙在学校的一天。从上课、跑步、唱歌到写作业，这些图像形成了一个完整的故事线。希望您喜欢！如果有任何反馈或需要进一步的修改，请告诉我。

用法 74：融合图像

ChatGPT 的 DALL · E 3 具有高度的图像生成能力，它不仅可以一次生成四张不同的图像，还可以根据用户的需求对这些图像进行特殊的设计处理，如“融合”。融合功能让用户可以将两张、三张甚至四张图像融合在一起，从而创造出全新且充满创意的作品。这种融合不仅是简单的叠加，而是真正的艺术性结合，使得新生成的图像既保留了原始图像的特点，又融入了新的设计元素。

扫一扫，看视频

进行“融合”的提示词非常简单直观。用户只需要用最自然的语言告诉 ChatGPT，如“融合上面的第一张与第三张图”。DALL · E 3 会根据提示词，为用户提供满足要求的新图像。

Q 依次生成以下 4 张 16:9 的图像：

1. 非洲大草原
2. 上海东方明珠
3. 一头威风凛凛的雄狮
4. 忙碌的上班族

ChatGPT：

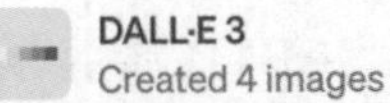

这里是您要求的四张 16:9 的图像，分别展示了非洲大草原、上海东方明珠、雄狮以及忙碌的上班族。希望您喜欢！如果有任何反馈或需要进一步的修改，请告诉我。

请融合上面的第一张图与第三张图，第二张图与第四张图。

ChatGPT：

DALL·E 3
Created 2 images

这里是您要求的融合图像。第一张将非洲大草原与雄狮完美地结合在一起，第二张则是上海东方明珠与忙碌的上班族的结合。希望您喜欢！如果有任何反馈或需要进一步的修改，请告诉我。

这种融合效果展现了两张图像的主要元素，在视觉上达到和谐和连续性。然而，真正的效果取决于个人的审美和预期。从技术的角度来看，DALL · E 3 确实可以将不同的图像元素结合在一起，但是否满足每个用户的具体需求和期望，则因人而异。

用法 75：绘制平面设计草图

目前，许多 AI 绘图软件（如 Midjourney 和 Stable Diffusion）在设计平面草图方面仍然面临一些挑战。这些软件在细节处理、色彩搭配和结构布局上可能并不尽如人意，导致生成的草图效果与人类设计师的作品相比存在明显的差距。

扫一扫，看视频

随着 OpenAI 推出 DALL · E 3，这一难题得到了有效的解决。DALL · E 3 凭借其先进的算法和大数据训练，能够轻松生成高质量的平面草图。更值得称道的是，用户在使用 DALL · E 3 时并不需要深入了解复杂的指令或技术细节。只要简单地描述自己的需求，DALL · E 3 就能够迅速响应，为用户提供满足其期望的设计作品。如果对草图不满意，还可以进行修改，直到满意为止。

Q 设计一张符合康乃尔笔记法格式的空白笔记表格，白底。

ChatGPT：

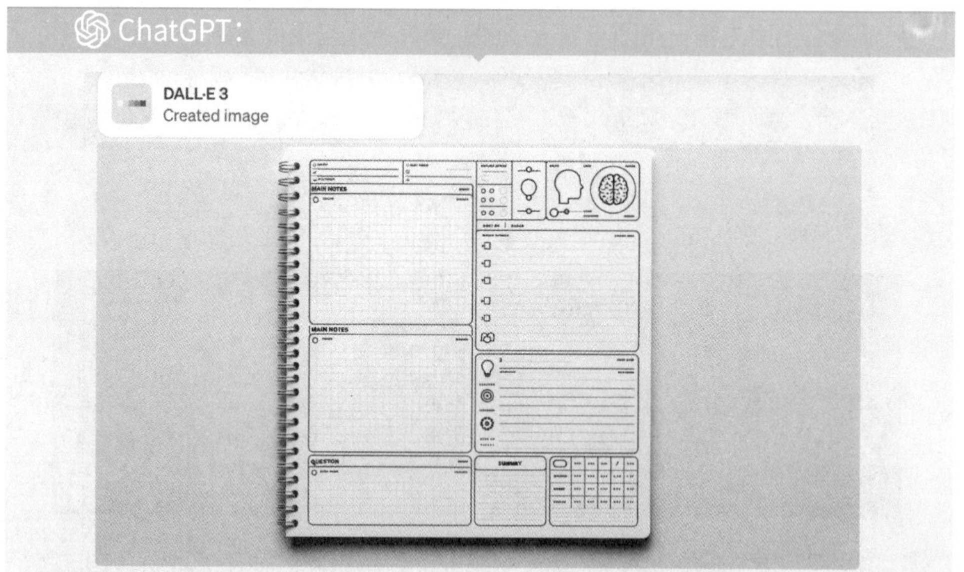

这是一张符合康乃尔笔记法格式的空白笔记表格，白色背景。您可以根据此模板进行相应的笔记整理。如果需要进一步的调整或修改，请告诉我。

Q 设计两张可爱的霸王龙加上对话框的卡通图像，宽高比 16:9，每张图都是同一只卡通霸王龙。

ChatGPT：

这是您要求的两张卡通图像，每张图都是同一只可爱的卡通霸王龙，每张图上都有一个大的空白对话框，可以供您添加文字。希望您喜欢！如果有任何反馈或需要进一步的修改，请告诉我。

通过上述的示例可以看出，DALL · E 3 在绘制草图方面表现得相当出色。不仅仅是简单的图形设计，它还能够理解和捕捉用户的细微需求，将其转化为具有创意和细致入微的设计作品。无论是简单的形状、复杂的场景，还是具有某种情感或特定风格的插图，DALL · E 3 都能够准确地捕捉并生动地呈现。这种技术进一步为设计师、艺术家和其他创意工作者提供了一个高效、灵活的工具，使他们能够更容易地实现自己的创意构想。

3.9 金融投资

在金融领域，AI 已经成为个人和金融机构的得力助手，它通过自动化流程、简化运营、提高准确性、降低成本、增强客户体验，以及为决策者提供有价值的见解来彻底改变金融行业。ChatGPT 作为 AI 工具，在金融行业具有更加广泛的应用潜力，包括金融新闻与市场分析、智能客服、风险管理、量化交易、投资建议与组合管理、财务规划、会计处理、欺诈检测等方面。尽管 ChatGPT 并不能提供万能解决方案，但在结合专业知识、合规操作和道德准则的前提下，它可以为金融行业带来效率的提升和价值的创造。

用法 76：分析金融新闻与市场

ChatGPT 可以生成金融新闻摘要、解读市场动态和趋势，帮助投资者迅速了解重要信息。ChatGPT 可以从大量金融新闻中提取关键信息，为投资者生成简洁明了的新闻摘要。通过深入挖掘数据背后的趋势和规律，ChatGPT 帮助投资者在繁杂的信息中迅速捕捉重点，更好地理解市场变化，更好地制定投资策略，把握市场机遇。

扫一扫，看视频

Q 请分析下面的新闻对美国股市有什么影响。

美国劳工统计局 12 日公布的数据显示，9 月份核心消费者价格指数（不包括食品和能源成本，CPI）上涨了 0.3%。最近的通胀数据可能导致物价压力高于美联储的目标。尽管最近债券收益率飙升，但大多数官员在上个月的会议上认为今年有必要再次加息。如果全美通胀不降温，加息可能再次来临。

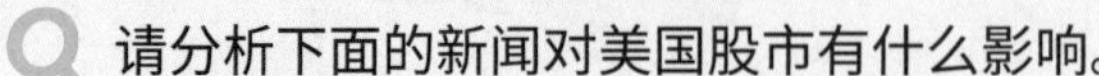

ChatGPT：

该新闻公告表明通胀率继续上升，且可能超出美联储的舒适区，这对美国股市产生了几个潜在影响：

1. 加息预期：通胀持续升温可能促使美联储加快加息步伐。市场可能会预期更高的利率，这往往会对股票市场构成压力，因为借贷成本上升可能会抑制企业投资，同时提高消费者的负担，减少消费开支。

2. 债券市场波动：新闻中提到的债券收益率上升反映了市场对未来利率上升的预期。当债券收益率上升时，固定收益投资变得更有吸引力，可能导致资金从风险较高的股票转移到债券，从而对股票价格产生压力。

3. 货币价值：如果通胀预期导致美联储加息，美元可能会因更高的利率而走强。这可能会影响美国公司的出口竞争力，并可能对跨国公司的海外收入产生负面影响。

4. 市场心理：投资者对通胀的担忧可能导致市场情绪波动，因为通胀往往会侵蚀实际回报并可能导致经济政策的不确定性。如果投资者认为美联储可能采取更紧缩的政策来对抗通胀，这种不确定性和对增长放缓的担忧可能导致股市波动性增加。

5. 部门差异：通胀和加息对不同行业的影响也不同。例如，利息敏感的行业（如房地产）可能会受到负面影响，而在某些情况下，金融行业（特别是银

行）可能因利差扩大而受益。

总之，上述新闻可能会加剧市场对加息的预期，增加市场不确定性，导致投资者情绪变化，并可能对不同行业产生不同影响。然而，具体影响还取决于其他多种因素，包括美联储的具体政策反应、全球经济状况、以及市场对未来经济增长和企业盈利的预期。

ChatGPT 以清晰、简洁的方式解释了加息对股市可能的影响，使不同背景的受众都能理解这些概念。

用法 77：充当智能客服

在日常的业务活动中，金融机构的客户经常会遇到各种问题，如账户管理、交易流程及金融产品等方面的疑问，这些问题需要快速得到全面准确的解答。而 ChatGPT 作为一种能够理解自然语言的 AI 系统，能够通过分析客户的提问，并基于其已经掌握的知识和经验，给出最准确和有用的回答。

扫一扫，看视频

金融机构也可以基于 ChatGPT 开发专属智能客服，以快速处理客户问题，提供个性化的服务。基于 ChatGPT 实现金融机构的智能客服的主要步骤如下：

（1）收集尽可能多的客户可能提出的问题以及如何针对客户的问题做出正确的回答。

（2）申请 ChatGPT 的开发接口。

（3）使用金融机构搜索的数据进行模型训练。尤其是关于客户常见问题的数据。

（4）将训练好的语言模型对接开发客服系统。

（5）测试智能客服系统，并进行微调。

更详细的开发过程请参考相关教程。下面是 ChatGPT 模拟智能客服与客户对话的示例。

Q 邮政银行理财产品有以下五种。

1. “财富创造”系列：FOF 产品、金融衍生品、挂钩黄金、期货产品、二级市场产品等高风险、高回报产品，主要面向大中城市更理性的中高端客户；
2. “天府”系列：属于新股产品、CPPI 保护机制产品等中风险中等收益产品，主要面向各地区风险偏好相对较弱但同时追求较高收益的客户；

3.“财富”系列：属于信贷资产金融产品等低风险稳定收入产品，主要面向中小城市和县的风险偏好，但追求高于储蓄收入的客户；

4.“月升”和“日升”系列：投资国债、央行票据、金融债券、企业（公司）债券、银行间存款、优质企业信托融资计划、银行承兑汇票、回购等基本无风险产品；

5.“汇票收益”系列：投资于贴现国有银行或国有股份制银行承兑的基本无风险产品的银行承兑汇票。

假设你现在是邮政银行理财客服，我是一名顾客，每次回答问题都要以“亲，你好”开头，一定要有礼貌并耐心解答顾客的每一个问题。现在开始吧。

ChatGPT：

亲，你好！请问您有什么关于邮政银行理财产品的问题需要我为您解答呢？我会尽我所能帮助您。

Q 目前我有大约 100 万元闲置资金，想做一些比银行存款高的理财，请问有什么理财产品推荐呢？

ChatGPT：

亲，你好！根据您的需求，您希望在保持风险较低的前提下获取高于银行存款的收益。在邮政银行理财产品中，我推荐您关注以下产品系列：

1.“财富”系列：这个系列的产品属于信贷资产金融产品等低风险稳定收入产品。虽然收益相对较低，但风险也相对较小，适合您追求稳定收益且高于银行存款收益的需求。

2.“月升”和“日升”系列：这些产品主要投资于国债、央行票据、金融债券、企业（公司）债券、银行间存款、优质企业信托融资计划、银行承兑汇票、回购等基本无风险产品。这类产品风险较低，收益相对于银行存款也有一定提升。

您可以根据自己的风险承受能力和投资期限，选择合适的理财产品。同时，建议您咨询专业理财顾问，以便制定出更适合您的投资策略。

如有其他问题，请随时联系我，我会尽力为您解答。

Q 能详细介绍"财富"系列吗？

ChatGPT：

亲，你好！当然可以。关于邮政银行的"财富"系列理财产品，这一系列主要针对的是追求稳定收益、风险偏好较低的客户。以下是一些关于"财富"系列的详细信息：

1. 产品类型：信贷资产金融产品等低风险稳定收入产品。这意味着投资的主要方向为信贷资产类项目，通常包括消费贷款、个人住房贷款、企业贷款等。

2. 风险与收益：这类产品的风险相对较低，收益相对稳定，通常高于银行存款的利率。虽然收益不如高风险产品那么高，但在保证本金安全的前提下，能获得一定的收益增长。

3. 投资期限：根据具体产品，投资期限可能有所不同，通常为几个月到一年或者更长。投资者可以根据自己的资金使用需求，选择合适的投资期限。

4. 赎回方式：一般来说，"财富"系列产品在投资期限内不能提前赎回。投资者需要等到产品到期后，才能按照约定的收益分配方式获得收益和本金。

5. 投资门槛：不同的"财富"系列产品可能有不同的投资门槛，投资者可以根据自己的资金情况选择合适的产品。

在选择具体的"财富"系列产品时，建议您详细了解产品的投资方向、期限、收益预期、赎回条件等信息。如有其他问题，请随时联系我，我会尽力为您解答。

只要有适当的"数据"，ChatGPT 完全可以胜任智能客服的角色，其回答问题的流畅度和逻辑性及卓越的服务水平超过了大部分的人工客服。

用法 78：识别金融风险

ChatGPT 在金融风险管理方面可以提供辅助性支持，帮助投资者、企业和金融机构识别和评估潜在的金融风险，以便更好地制定相应的风险管理策略，这有助于降低潜在损失并保护投资者利益。下面是金融风险识别的示例。

扫一扫，看视频

Q 张三借给李四 100 万元，李四用这 100 万元去买了股票。请问这段描述中存在什么金融风险？

ChatGPT：

这段描述中存在以下几种金融风险：

1. 信用风险：张三借钱给李四的过程中存在信用风险，即李四可能无法按时偿还本金和利息。

2. 市场风险：李四用 100 万去买股票面临着市场风险。如果股票价格下跌，李四可能会亏损资金。

3. 操作风险：如果李四在购买股票的过程中出现了操作失误或投资失误，也可能导致资金损失。

4. 流动性风险：如果李四购买的股票无法快速变现，需要出售股票来偿还借款，则可能会面临流动性风险。

5. 法律风险：李四在购买股票过程中需要遵守相关法律和规定，否则可能会面临法律风险。

因此，这段描述中存在多种金融风险，出借人和借款人都需要在借贷和投资过程中谨慎评估和管理风险，以降低潜在的损失。

此示例展示了 ChatGPT 在金融风险识别方面的出色能力。根据风险识别结果，可以看到 ChatGPT 在金融风险识别方面展现的高精准度。

用法 79：生成量化交易策略

量化交易是一种依赖于计算机程序和数学模型进行预测股票、期货等金融产品价格变动的交易方法，该交易方法以数学、计算机科学和统计学为基础，有助于投资者更迅速、更精确地制定投资策略。为了预测未来价格走势并决定买入或卖出，投资者需借助历史数据和技术指标来建立数学模型。制定交易策略是量化交易的关键，其需要大量的专业知识和经验，这正是 ChatGPT 能够发挥作用的领域。

扫一扫，看视频

在量化交易过程中，ChatGPT 可用于生成交易策略。投资者可以将历史交易数据和技术指标输入到 ChatGPT 模型中对其进行训练，使其学习交易规律和掌握趋势。随后，ChatGPT 能够根据当前市场状况，提供具有参考价值的交易策略。

使用 ChatGPT 生成量化交易策略的具体步骤如下：

（1）向 ChatGPT 介绍使用的量化平台的 API。

（2）把量化交易策略明确地描述给 ChatGPT，并指示它使用该 API 编写一个量化交易策略的代码。

（3）将 ChatGPT 生成的量化交易策略代码复制并粘贴到量化交易平台进行测试。如果出现任何报错，只需将错误信息发给 ChatGPT，它将提供相应的解决方案。

下面通过一个案例演示其过程：

Q https://www.joinquant.com/help/api/help#name:api

ChatGPT：

这是一个关于聚宽量化平台 API 接口的官方文档链接。聚宽量化平台是一款提供股票量化交易策略研发和回测的在线平台。在这个链接中，你可以查看聚宽 API 的使用说明、接口文档、示例代码以及一些常见问题和解答。

通过聚宽 API 接口，用户可以获取股票市场的行情数据、财务数据、基本面数据等信息，也可以进行股票交易的模拟和回测。聚宽 API 提供了 Python 语言的编程接口，用户可以使用 Python 编写交易策略代码，并通过 API 接口与聚宽平台进行数据交互和交易操作。

需要注意的是，聚宽 API 接口只提供给聚宽平台的注册用户使用，需要先注册并登录聚宽平台才能使用 API 接口。同时，在使用 API 接口进行交易操作时，需要注意风险控制，谨慎评估和管理风险，以保护自己的投资收益。

Q **请使用聚宽量化平台的 API，为我编写一个量化交易策略代码，量化交易策略为：若昨日收盘价高于 10 日平均价，今日开盘就买入该股票；若昨日收盘价低于 10 日平均价，今日开盘就卖出股票。**

ChatGPT：

以下是一个简单使用聚宽量化平台 API 实现的量化交易策略代码，实现的量化交易策略为：若昨日收盘价高于 10 日平均价，今日开盘就买入该股票；若昨日收盘价低于 10 日平均价，今日开盘就卖出股票。

```
'''python

# 导入必要的库
import jqdatasdk as jq
```

```
import numpy as np

# 聚宽 API 登录
jq.auth('账号', '密码')

# 设置要交易的股票
stock = '000001.XSHE'

# 设置交易策略参数
days = 10  # 10 日均线

# 获取股票的历史收盘价数据和交易日期数据
close = jq.get_price(stock, end_date='today', count=days+1, fields='close')['close'].values
trade_dates = jq.get_price(stock, end_date='today', count=days+1, fields=None).index

# 计算 10 日均线
ma10 = np.mean(close[:-1])

# 获取昨日和今日的开盘价
yesterday_open = jq.get_price(stock, end_date=trade_dates[-2], count=1, fields='open')['open'][0]
today_open = jq.get_price(stock, end_date=trade_dates[-1], count=1, fields='open')['open'][0]

# 根据交易策略进行买卖
if yesterday_open > ma10 and today_open > yesterday_open:
    jq.order_value(stock, jq.account_balance()/2)  # 买入一半仓位
elif yesterday_open < ma10 and today_open < yesterday_open:
    jq.order_target_value(stock, 0)  # 卖出全部仓位
'''
```

这段代码使用了聚宽 API 获取股票历史价格数据和交易日期数据，并通过计算 10 日均线确定交易策略的买卖操作。在实际使用时，需要根据自己的交易策略和需求进行修改和调整，同时注意风险控制，谨慎评估和管理风险。

ChatGPT 编写了一个简单的均线量化交易策略，将代码复制到聚宽量化平台进行一次回测，结果显示成功，代码中未出现任何语法或函数错误。

用法 80：投资建议与组合管理

ChatGPT 应用于投资领域，根据投资者的风险承受能力、投资目标和投资期限等因素为其制定合适的资产配置策略，首尔国立大学的 Hyungjin Ko 和 Jaewook Lee 发布了一份尚未经过同行评审的研究报告，该报告指出由 ChatGPT 构建的投资组合优于随机选择资产，具有作为投资组合经理助手的潜力。同时，ChatGPT 还能利用其在大数据和算法方面的优势，实时追踪市场动态，为投资者提供定制化的投资策略。

扫一扫，看视频

万年青基金公司管理 10 亿美元基金，目前全球经济衰退，请问建立什么资产组合，每个资产比例是多少，才能够抵抗经济衰退？

ChatGPT：

在全球经济衰退的背景下，为了抵抗经济衰退，万年青基金公司可以考虑以下资产组合配置及其比例。请注意，这仅是一个示例性建议，具体配置需要根据公司的投资目标、风险承受能力以及市场情况等因素进行调整。

1. 债券（40%）：债券投资可以提供相对稳定的收益，降低投资组合波动。配置中可以包含国债、投资级企业债以及部分高收益债，以实现风险和收益的平衡。在债券中，建议国债占 25%，投资级企业债占 10%，高收益债占 5%。

2. 非周期性股票（30%）：非周期性股票在经济衰退期间表现相对较好。可以关注消费必需品、医疗保健和公用事业等行业。投资这些行业的股票可以提供一定程度的保护，因为它们的需求相对稳定。

3. 贵金属（10%）：黄金和其他贵金属在经济衰退期间通常具有抗风险能力。配置一定比例的黄金和其他贵金属，可以作为对冲通胀和货币贬值风险的工具。其中，黄金建议占 8%，其他贵金属如白银、铂金等占 2%。

4. 防御性基金（10%）：投资防御性基金，如低波动性、高股息的股票基金和高评级债券基金等，可以在经济衰退期间提供相对稳定的收益，并降低投资组合的波动性。

5. 现金及现金等价物（10%）：保持一定比例的现金及现金等价物，以应对市场波动和抓住投资机会。现金及现金等价物的比例可以根据市场环境和投资机会进行调整。

需要强调的是，以上资产配置和比例仅供参考。实际操作时，还需要根据市场环境、投资者风险承受能力、投资目标等多种因素进行调整。在实际操作中，可以寻求专业投资顾问的建议，以确保投资组合的合理配置。

ChatGPT 建议配置 40% 的债券、30% 的非周期性股票、10% 的贵金属（包括黄金）、10% 的防御性基金和 10% 的现金来对冲经济衰退，该策略注重降低风险、保值增值和保持投资灵活性，对投资管理具有重要的价值。但在实际操作时，还需要根据市场环境、投资者风险承受能力、投资目标等多种因素进行调整。总体来说，该配置策略在经济衰退环境下可以被视为一个保守、稳健的策略。

用法 81：财务规划

财务规划是一种系统性的、长期性的个人和家庭财务管理过程。通过对收入、支出、储蓄、投资等方面进行规划和调整，帮助投资者实现特定的财务目标，如购房、子女教育和养老等。一个有效的财务规划可以提高资金的使用效率，降低财务风险，为投资者创造更好的财富增值机会。

扫一扫，看视频

ChatGPT 作为一种先进的 AI 工具，在财务规划领域具有广泛的应用前景。它可以帮助投资者进行收支分析、编制预算、资产配置和退休规划等多方面的工作，提高财务管理的效率和质量。

Q 我是一名退休女教师，目前 61 岁，退休金每月 15,000 元，请为我规划养老计划。

ChatGPT：

在为您制订养老计划时，我们需考虑您的年龄、退休金收入、风险承受能力、投资期限等因素。以下是一个基本的养老规划建议，您可以根据实际情况进行调整。

1. 现金储备：建议您保持 3~6 个月的生活费用作为现金储备，以应对突发事件和日常支出。假设您每月生活费用为 8,000 元，那么建议您保留 24,000~48,000 元作为现金储备。

2. 保险规划：考虑购买一份综合医疗保险，以应对可能发生的医疗费用。此外，您可以考虑购买长期护理保险，以确保在需要长期照护时能够得到经济支持。

3. 资产配置：根据您的年龄和风险承受能力，建议您采取较为保守的投资

策略。以下是一个可能的资产配置建议：

债券和债券基金（60%）：债券和债券基金可以为您提供稳定的收益，并降低投资风险。您可以选择国债、投资级企业债和债券基金，以实现稳健收益。

股票和股票基金（20%）：虽然股票投资风险相对较高，但适当的股票配置可以帮助您在长期内实现资产增值。建议关注消费、医疗保健、公用事业等相对稳定的行业。

银行存款和货币基金（10%）：这部分资金可以提供流动性，并在市场波动时作为安全垫。同时，货币基金也能带来一定的收益。

房地产投资信托（REITs）和其他收益型投资（10%）：REITs 和其他收益型投资可以为您提供稳定的分红收益，有助于增加您的养老金来源。

4. 定期评估和调整：养老规划是一个持续的过程。建议您定期（如每年）评估自己的财务状况和投资组合表现，并根据需要进行调整。

5. 社交和兴趣活动：退休生活不仅仅关乎经济安全，还包括生活质量和心理健康。建议您积极参加社交活动，如加入兴趣小组、志愿者组织或者社区活动，以保持身心健康和社交圈子的扩展。此外，您可以考虑发展一些兴趣爱好，如绘画、园艺、健身等，以充实您的退休生活。

6. 健康管理：随着年龄的增长，保持良好的健康状况变得尤为重要。定期进行体检，注意饮食和锻炼，以预防慢性疾病的发生。此外，保持良好的作息和心态，对于退休生活的幸福感也是非常重要的。

7. 遗产规划：根据您的个人需求和家庭状况，您可以考虑进行遗产规划，确保您的财产在您离世后得到合理分配。这可能包括制定遗嘱、设立信托等措施。在进行遗产规划时，建议您寻求专业律师的协助，以确保法律文件的有效性。

综上所述，一个全面的养老计划应包括现金储备、保险规划、资产配置、定期评估和调整、社交和兴趣活动、健康管理以及遗产规划等方面。在实际操作中，请根据您的实际情况和所在地区的具体政策进行调整，并在需要时寻求专业投资顾问和律师的建议，以确保财务规划的合理性和有效性。

ChatGPT 提供了一个基本的养老计划，包括现金储备、保险规划、资产配置、定期评估和调整、社交和兴趣活动、健康管理以及遗产规划等方面。这个养老计划考虑了财务安全、生活质量和心理健康等多个方面，旨在帮助用户实现一个幸福、安稳的退休生活。

用法 82：充当会计师

对于会计工作中的重复性和规范性内容，如数据输入、记账和统计等，采用 ChatGPT 替代人工无疑是一个明智的选择。它不仅具有更高的准确性和更低的成本，而且能比人类更快地处理大量会计数据，从而实现更短的周转时间和更高效的流程。

扫一扫，看视频

我希望你能作为一名中国会计师，使用创造性的方法来管理公司财务。在为客户制定财务计划时，你需要考虑预算、投资策略和风险管理。在某些情况下，你可能还需要提供有关税收法律和法规的建议，以帮助他们实现利润最大化。

ChatGPT：

作为一名中国会计师，我们可以运用创新方法来管理公司财务，以帮助客户实现财务目标。以下是一些建议：

1. 预算：为了有效地管理公司财务，我们需要建立一个全面且实际的预算。可以尝试采用零基预算法，这种方法要求从零开始重新审视每个预算项目，确保分配的资源更加合理。

2. 投资策略：我们可以为客户制定多元化的投资策略，以降低风险并提高收益。投资策略应充分考虑公司的财务状况、市场情况和客户的风险承受能力。可以引入新兴投资领域，如绿色金融、科技创新公司等，以实现更高的收益。

3. 风险管理：我们需要制定有效的风险管理计划，以预防和应对潜在风险。这包括对公司财务状况、市场波动、经济环境等进行全面的评估。同时，可以通过购买适当的保险产品以规避风险。

4. 税收筹划：我们应为客户提供专业的税收筹划建议，帮助他们合理避税。为此，我们需要熟悉中国税收法律和法规，了解各种税收优惠政策，从而实现税收负担的最小化。

5. 利用科技工具：我们可以利用现代科技工具，如 AI、大数据和云计算等，以提高财务管理的效率和准确性。例如，可以运用 AI 进行预测分析，为客户提供更精确的财务预测。

6. 增值服务：除了基本的财务管理服务外，我们还可以为客户提供增值服务，如企业战略规划、市场分析、成本控制等，以帮助客户实现更高的利润和竞争优势。

总之，作为一名中国会计师，我们需要创新思维，运用新兴技术和方法，为客户提供全面、高效的财务管理服务。在预算、投资策略、风险管理等方面进行深入研究，同时关注税收法律和法规，以帮助客户实现利润最大化。

ChatGPT 从一位中国会计师的视角出发，就预算制定、投资策略、风险管理、税收规划和科技工具的应用等方面提出了建议。这些建议全面而专业，可以帮助用户用创造性的方法来管理公司财务。

用法 83：欺诈检测

随着互联网的飞速发展和金融的日益复杂化，欺诈行为已经超越了传统方法的有效识别能力。因此，借助 AI 技术和大数据分析工具，为企业和个人提供实时且精准的欺诈预警和风险评估服务。在这方面，ChatGPT 的优势显著。它能够为企业和个人提供即时、精确的欺诈预警和风险评估服务，成为用户防范和应对欺诈行为的重要支持工具。

扫一扫，看视频

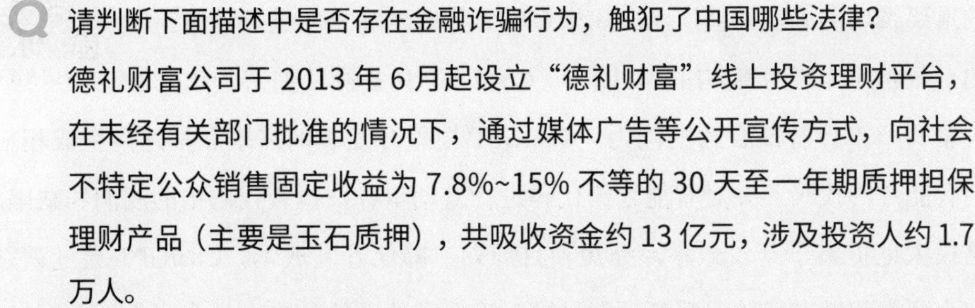

请判断下面描述中是否存在金融诈骗行为，触犯了中国哪些法律？

德礼财富公司于 2013 年 6 月起设立“德礼财富”线上投资理财平台，在未经有关部门批准的情况下，通过媒体广告等公开宣传方式，向社会不特定公众销售固定收益为 7.8%~15% 不等的 30 天至一年期质押担保理财产品（主要是玉石质押），共吸收资金约 13 亿元，涉及投资人约 1.7 万人。

ChatGPT：

根据您提供的描述，德礼财富公司的行为存在金融诈骗行为的嫌疑，并可能触犯了中国的以下法律：

1.《中华人民共和国刑法》：该公司未经有关部门批准，擅自设立投资理财平台，并向社会不特定公众非法集资，可能触犯了《中华人民共和国刑法》中关于非法吸收公众存款罪（第 176 条）和非法集资罪（第 192 条）的相关规定。

2.《中华人民共和国银行业监督管理法》：德礼财富公司未经批准设立投资理财平台，违反了银行业监督管理法的相关规定，可能被追究法律责任。

3.《中华人民共和国广告法》：该公司通过媒体广告等公开宣传方式，向社会不特定公众销售理财产品，可能违反了《中华人民共和国广告法》中关于金融广告的相关规定。

4.《中华人民共和国证券法》：德礼财富公司的理财产品可能属于证券范畴，未经有关部门批准，向社会不特定公众发行，可能触犯了《中华人民共和国证券法》中关于非法发行证券的相关规定。

需要注意的是，以上只是根据您提供的描述进行的初步判断。为了作出确切的判断，建议您向有关部门报告此情况，由专业人员进行调查。

ChatGPT 在回答关于德礼财富公司是否存在金融诈骗行为的问题时，从多个方面进行了分析，并列举了可能涉及的法律法规，回答较为全面并具有参考价值。

用法 84：编写智能合约

随着加密货币和区块链技术的快速发展，智能合约已成为行业中的重要组成部分，并被广泛应用于金融、物联网和供应链等领域。作为一款基于 GPT-4 架构的 AI 助手，ChatGPT 具备协助加密货币开发者编写和审计智能合约的能力。ChatGPT 根据开发者的需求和描述，生成相应的智能合约代码，并对智能合约代码进行自动审计，检查代码中的漏洞和缺陷，这极大地提高了开发效率，缩短项目周期，降低开发成本。ChatGPT 通过识别安全隐患和潜在风险，降低项目风险，确保智能合约的安全性和可靠性。同时，ChatGPT 能够分析智能合约代码，为开发者提供优化建议。ChatGPT 还能够自动生成智能合约的测试用例，帮助开发者进行全面的测试。

扫一扫，看视频

Q 请使用 Solidity 语言编写一个 NFT 售卖智能合约。

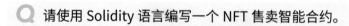

 ChatGPT：

以下是一个简单的 NFT 售卖智能合约示例，基于 ERC-721 标准。请注意，这是一个基本示例，您可能需要根据项目需求进行调整和完善。在部署到主网之前，请务必对合约进行充分的审计和测试。

```
'''solidity
pragma solidity ^0.8.0;

import "@openzeppelin/contracts/token/ERC721/ERC721.sol";
import "@openzeppelin/contracts/utils/Counters.sol";
import "@openzeppelin/contracts/access/Ownable.sol";

contract NFTMarket is ERC721, Ownable {
    using Counters for Counters.Counter;
    Counters.Counter private _tokenIds;

    struct NFTItem {
        uint256 id;
        uint256 price;
        bool isForSale;
    }

    mapping(uint256 => NFTItem) public nftItems;

    event NFTItemCreated(uint256 tokenId, uint256 price);
    event NFTItemSold(uint256 tokenId, address buyer);

    constructor() ERC721("NFTMarket", "NFTM") {}

    function createNFTItem(uint256 price) public
onlyOwner {
        _tokenIds.increment();
        uint256 tokenId = _tokenIds.current();

        _mint(owner(), tokenId);
        nftItems[tokenId] = NFTItem(tokenId, pri
ce, true);
```

```
        emit NFTItemCreated(tokenId, price);
    }
        function buyNFTItem(uint256 tokenId) public
payable {
        require(nftItems[tokenId].isForSale, "Item is
 not for sale");
        require(msg.value >= nftItems[tokenId].price,
 "Insufficient funds");

        nftItems[tokenId].isForSale = false;
        address previousOwner = ownerOf(tokenId);

        _transfer(previousOwner, msg.sender, tokenId);

        payable(previousOwner).transfer(msg.value);

        emit NFTItemSold(tokenId, msg.sender);
    }

        function setNFTItemPrice(uint256 tokenId, uint256
 newPrice) public onlyOwner {
         require(nftItems[tokenId].isForSale, "Item is
 not for sale");
         nftItems[tokenId].price = newPrice;
    }

        function toggleNFTItemSaleStatus(uint256 token
Id) public onlyOwner {
         nftItems[tokenId].isForSale = !nftItems[tokenId].
isForSale;
    }
  }
```

'''

该智能合约使用了 OpenZeppelin 库提供的 ERC721 和 Ownable 合约。NFTMarket 合约包含一个用于追踪 NFT 项目的结构体，以及用于创建、购买、设置价格和切换销售状态的函数。请注意，在部署和使用此合约之前，确保对代码进行审计并根据实际需求进行修改。

ChatGPT 提供了一个基于 Solidity 语言的简单 NFT 售卖智能合约。该合约基于 ERC-721 标准，并使用了 OpenZeppelin 库中的 ERC721 和 Ownable 合约。其详细介绍了智能合约的主要功能，包括创建 NFT 项目、购买 NFT 项目、设置价格和切换销售状态等。用户可能需要根据实际项目需求对合约进行调整和完善。注意，在部署合约到主网之前，需要对其进行充分的审计和测试。

用法 85：撰写投资调研报告

2023 年 2 月 5 日，财通证券研究所公布了一份引发业界广泛讨论的研究报告，标题为《ChatGPT 实测：提高外在美，增强内在自信——医疗美容革命》。这份长达 6000 字的报告是由 ChatGPT 独立撰写的，整个过程仅花费了 3 小时。在此期间，先是使用英文构建报告框架、生成文本并进行翻译，这个步骤耗时大约 1 小时；随后，分析师在后期的修改上投入了 2 小时的时间。

扫一扫，看视频

利用 ChatGPT 撰写投资调研报告，只需按照以下步骤就可以轻松完成：

（1）确定投资调研报告题目，并使用英语生成报告框架。

（2）根据框架分模块逐步生成报告内容。

（3）修改报告内容，尤其是财务数据部分。

（4）把投资调研报告翻译为中文，并修改润色。

Q 我想写一份关于 XX 科技公司的投资调研报告，请帮我列出提纲。

ChatGPT：

以下是关于 XX 科技公司投资调研报告的提纲：

1. 引言

◎ 报告目的与背景

◎ 报告范围与方法

2. 公司概况

◎ XX 科技公司简介

◎ 历史发展与重要事件

◎ 主要业务与产品线

3. 市场分析

◎ 行业概况与趋势

◎ 目标市场与市场份额

◎ 竞争格局与竞争对手分析

4. 财务分析

◎ 财务报表摘要

◎ 财务比率分析

◎ 资产负债结构

◎ 盈利能力

◎ 流动性

◎ 杠杆比例

◎ 财务风险评估

5. 商业模式与战略分析

◎ 商业模式概述

◎ 创新与技术研发

◎ 市场营销与推广策略

◎ 合作伙伴与供应链管理

6. SWOT 分析

◎ 优势（Strengths）

◎ 劣势（Weaknesses）

◎ 机会（Opportunities）

◎ 威胁（Threats）

7. 投资评估

◎ 投资潜力分析

◎ 风险与不确定性

◎ 目标价格与投资建议

8. 结论与建议

◎ 报告总结

◎ 投资策略建议

请注意，此提纲仅作为参考，您可以根据实际需求和研究重点进行调整。在准备报告时，请确保使用可靠的数据来源，并进行充分的分析以支持您的观点和建议。

请详细撰写第四部分　财务分析，并采用图表形式展示财务数据。

ChatGPT：

第四部分　财务分析

4.1　财务报表摘要

首先，我们来看一下 XX 科技公司的财务报表摘要，如下表所示：

财务报表	2018 年	2019 年	2020 年
:-------:	:----:	:----:	:----:
营业收入	1028 亿元	1077 亿元	1073 亿元
净利润	102 亿元	96 亿元	87 亿元
总资产	499 亿元	521 亿元	554 亿元
总负债	144 亿元	121 亿元	132 亿元
净资产	355 亿元	400 亿元	422 亿元

4.2　财务比率分析

接下来，我们通过财务比率分析，对 XX 科技公司的财务状况进行更深入的探讨。

4.2.1　资产负债结构

XX 科技公司的资产负债结构相对稳定，其资产负债率在 2018－2020 年保持在 25% 左右。同时，XX 科技公司的流动比率也相对较高，可以满足日常经营和支付短期债务的需要。

下面是资产负债率和流动比率的趋势图表：

![XX 科技公司资产负债率和流动比率趋势图表]（https://i.imgur.com/31kjznb.png）

4.2.2　盈利能力

从盈利能力的角度来看，XX 科技公司的净利润率呈现逐年下降的趋势，这可能是由于公司不断扩大业务规模和加大投资导致成本增加的原因。同时，XX 科技公司的 ROE（净资产收益率）也有所下降。

下面是净利润率和 ROE 的趋势图表：

![XX 科技公司净利润率和 ROE 趋势图表]（https://i.imgur.com/7aQlK2Z.png）

4.2.3　流动性

XX 科技公司的流动比率和速动比率均保持在较高水平，表明公司有足够的流动资金来支付短期债务和维持日常运营。

下面是流动比率和速动比率的趋势图表：

![XX 科技公司流动比率和速动比率趋势图表]（https://i.imgur.com/02sU0mI.png）

4.2.4　杠杆比例

XX 科技公司的杠杆比例保持在较低水平，表明公司的财务风险相对较小。

下面是 XX 科技公司的资产负债率和负债比率的趋势图表：

![XX科技公司资产负债率和负债比率趋势图表]（https://i.imgur.com/d6pkzE3.png）

4.3　财务风险评估

通过对 XX 科技公司的财务分析，我们可以得出以下结论：

◎ XX 科技公司的资产负债结构相对稳定，流动比率和速动比率均保持在较高水平；

◎ 盈利能力有所下降，可能是由于公司扩大业务规模和加大投资导致成本增加；

◎ XX 科技公司的杠杆比例相对较低，财务风险较小。

4.4　结论与建议

基于以上分析，我们认为 XX 科技公司在未来仍有较大的发展空间，但需要加强对成本的控制，提高盈利能力。同时，应注重资本结构的优化，提高杠杆比例，以获得更多的融资支持，推动业务的快速发展。

由于篇幅限制，未能全程展示调研报告生成的过程。不过，从 ChatGPT 生成的调研报告内容来看，其质量已经媲美中级分析师的水平。ChatGPT 能够提供新颖的观点和思路，以及独特的表达方式和措辞，这对于分析师能够实现快速且高效地撰写投资调研报告无疑是非常有利的。当然，也存在一些问题。例如，ChatGPT 目前还不能完全生成图表，因此，在展示财务数据部分时无法使用图形展示，需要分析师在后期手动添加。此外，ChatGPT 生成的财务数据并非最新的，还需要分析师通过万德数据库进行更新。

3.10 法律顾问

在法律领域中，ChatGPT 可以为律师、法官、法律学生等提供广泛的帮助和支持。首先，ChatGPT 可以帮助律师研究案件和法律文献，如判例、法规和条例等，以便更快速地了解相关法律问题，并在短时间内提供高质量的法律服务和解决方案。其次，ChatGPT 可用于自动化合同审查和起草，它通过识别文本中的法律术语和关键条款自动生成合同草案，减轻律师在合同起草方面的工作量，提高了效率。最后，ChatGPT 可根据案情辅助法官进行司法裁判。

用法 86：法律研究

ChatGPT 能够协助律师进行法律研究，它具备快速扫描大量法律文本数据的能力，并能提供与指定主题相关的信息，这包括对法律概念的解读及对法律适用情况的讨论等。在深入理解相关法律原则和先例的基础上，ChatGPT 还能够为律师提供富有洞见的建议和见解，帮助律师深度法律分析。ChatGPT 的能力不仅在于提供法律信息，还能根据律师的具体需求，提供定制化的解决方案，以适应各种不同的法律场景。

扫一扫，看视频

派遣合同和劳务外包合同的区别是什么?

ChatGPT:

派遣合同和劳务外包合同都是企业用来满足用人需求的方式，但它们之间有一些关键区别。以下是这两种合同之间的主要区别。

1. 劳动关系

派遣合同：在派遣合同中，劳动者与劳务派遣公司签订劳动合同，建立劳动关系。劳务派遣公司将劳动者派遣至用工单位从事工作，但用工单位并不与劳动者直接建立劳动关系。

劳务外包合同：劳务外包合同是指企业将某项业务或工作外包给外包公司。外包公司雇佣劳动者完成这项业务或工作，并与这些劳动者建立劳动关系。与此同时，企业与外包公司之间建立合同关系。

2. 责任和义务

派遣合同：劳务派遣公司负责劳动者的招聘、培训、工资支付和社会保险等福利。用工单位负责为劳动者提供工作场所、工具和指导，并按照约定支付劳务派遣公司服务费。

劳务外包合同：外包公司负责劳动者的招聘、培训、工资支付和社会保险等福利。外包公司同时也需承担完成业务或工作的责任，而企业则负责支付外包公司相应的合同费用。

3. 合同目的

派遣合同：派遣合同主要用于临时、辅助性或者短期的用工需求，企业可以根据业务需要灵活调整用工人数。

劳务外包合同：劳务外包合同主要用于企业将非核心业务外包给专业公司，以降低企业的管理成本，集中精力发展核心业务。

4. 风险控制

派遣合同：对于用工单位来说，派遣合同可以降低用人风险，如合同纠纷、劳动保障等方面的法律责任。

劳务外包合同：外包公司需要承担完成业务或工作的风险。如果外包公司未能完成任务，企业可以依据合同要求承担相应的法律责任。

总之，派遣合同和劳务外包合同的主要区别在于劳动关系、责任和义务、合同目的以及风险控制方面。企业在选择使用哪种合同时，需要根据自身需求和风险承受能力来权衡。以下是一些建议，帮助企业在考虑使用派遣合同或劳务外包合同时做出明智的决策。

（1）分析企业需求：企业应首先分析自身的用工需求，确定是否需要长期稳定的员工，还是需要临时性、辅助性的劳动力。对于非核心业务和临时性项目，企业可以考虑使用派遣合同或劳务外包合同，以降低管理成本和风险。

（2）评估合作伙伴：企业在选择劳务派遣公司或外包公司时，应充分了解对方的信誉、业务能力和服务质量。选择有良好口碑和丰富经验的合作伙伴，有助于降低潜在的用工风险。

（3）遵守法律法规：在签订派遣合同或劳务外包合同时，企业应确保合同内容符合相关法律法规的要求，遵守劳动法规定，保障劳动者的合法权益。

（4）明确责任和义务：合同中应明确各方的责任和义务，包括工资支付、社会保险、工作场所和工具等方面。这有助于预防潜在的纠纷，确保合作顺利进行。

（5）风险控制：企业应建立完善的风险控制机制，及时关注派遣员工或外包公司的工作表现，确保业务或项目按照预期进行。如发现问题，应及时与合作伙伴沟通并采取措施解决。

(6) 关注员工福利：尽管派遣员工和外包公司员工并非企业直接雇佣的员工，但企业仍应关注这些员工的工作环境和福利，提供必要的支持。这有助于提高员工的工作满意度和企业的形象。

综合考虑以上因素，企业可以根据自身的需求、风险承受能力和合作伙伴的实力，来选择适合的派遣合同或劳务外包合同。在确保合规的前提下，灵活运用这两种用工方式，有助于优化企业的人力资源管理和降低成本。

ChatGPT 在解释派遣合同和劳务外包合同的区别时，力求提供详细且准确的信息，并从不同的角度进行了对比分析。同时，也需要意识到每个国家和地区的法律法规会有所不同，因此，在实际操作中，用户还需要参考当地的法律法规。

用法 87：法律条文检索

对律师来说，法律检索是非常重要的技能，它帮助律师更好地了解法律问题，为客户提供更优质的法律服务。ChatGPT 为法律检索提供以下帮助：使用关键词搜索法律文件、案例、法律条款、法规等相关文本，以便快速找到所需的信息；用户输入一个问题或查询语句，并从法律数据库中检索相关信息；对大量的法律文本进行分析和归纳，如将相关案例进行分类、提取常见的法律观点等。

扫一扫，看视频

检索：《中华人民共和国数据安全法》

ChatGPT：

《中华人民共和国数据安全法》（以下简称《数据安全法》）是中华人民共和国为规范数据活动，保障数据安全，维护国家安全和公共利益，保护公民、法人和其他组织的合法权益而颁布的一部法律。该法律于 2021 年 6 月 10 日通过，2021 年 9 月 1 日正式生效。

《数据安全法》主要内容包括：

1. 法律适用范围：《数据安全法》适用于中华人民共和国境内的数据活动，以及对中华人民共和国国家安全、公共利益、公民、法人和其他组织的合法权益构成损害的境外数据活动。

2. 数据安全的保护原则：《数据安全法》要求遵循国家安全与发展相统一、

风险防范与创新发展相协调、企业主体责任与政府监管相结合的原则。

3. 数据安全的分类保护：《数据安全法》根据数据的重要程度和安全风险，实施分级分类的数据安全保护制度。

4. 数据安全管理制度：《数据安全法》规定了数据处理者的数据安全义务，包括制定内部安全管理制度、开展数据安全风险评估等。

5. 数据出口安全评估：对于向境外提供重要数据和数据安全风险较大的个人信息，数据安全法要求进行安全评估。

6. 法律责任：《数据安全法》对违反法律规定的行为，规定了相应的法律责任，包括责令改正、没收违法所得、罚款等。

7. 国家安全监管：《数据安全法》强调国家安全监管，要求设立国家数据安全审查制度，对涉及关键信息基础设施等重要领域的投资、合同、网络产品和服务等进行审查。

请注意，这里提供的信息仅为概述性质，具体法律条款和解释可能需要查阅《数据安全法》的全文和相关司法解释。在实际操作中，建议寻求专业法律意见以确保符合相关法律规定。

ChatGPT 提供了关于《数据安全法》的简要概述，包括法律适用范围、保护原则、分类保护、数据安全管理制度、数据出口安全评估、法律责任和国家安全监管等方面的内容。有了这些内容总结，将极大节省阅读法律全文的时间。

用法 88：撰写法律文书

基于对互联网海量法律文本的学习，法律专业人员可以利用 ChatGPT 起草各类法律文件的初稿，包括合同、法律意见书、起诉状、答辩状及专利申请书等，大大节约了时间和精力。

扫一扫，看视频

Q 区块链工程师杨云发明了一套高效跨链交换数据的新方法，请起草一份中国专利申请书。

ChatGPT：

根据您的要求，我为您提供了一份中国专利申请书的草稿。请注意，这仅是一个示例，实际的专利申请可能需要更详细的技术细节和相关信息。在正式

提交专利申请时，请务必咨询专业的专利代理人或律师。

发明名称：高效跨链交换数据方法

申请人：杨云

发明人：杨云

专利类型：发明专利

【摘要】

本发明涉及区块链技术领域，尤其是一种高效跨链交换数据的方法。该方法通过优化跨链通信协议和数据交换机制，实现了不同区块链之间的高效、安全和可靠的数据交换。

【背景技术】

随着区块链技术的不断发展，越来越多的区块链得到广泛应用。然而，不同区块链之间的数据交换仍然面临许多挑战，如低效的数据传输、不安全的数据交换和不稳定的跨链通信。因此，开发一种能够高效、安全地在不同区块链之间交换数据的方法具有重要的实际意义。

【发明内容】

本发明的目的是提供一种高效跨链交换数据的方法，解决现有技术中跨链数据交换低效、不安全的问题。

为实现上述目的，本发明采用以下技术方案。

一种高效跨链交换数据的方法，包括以下步骤：

1. 在不同区块链之间建立安全通道，通过优化跨链通信协议实现高效、可靠的数据传输；

2. 使用加密算法对要传输的数据进行加密，确保数据在跨链传输过程中的安全性；

3. 在接收端区块链上部署智能合约，对收到的加密数据进行解密和验证；

4. 将解密后的数据存储在接收端区块链上，并通过智能合约触发相关业务逻辑。

【附图说明】

图 1 为本发明的方法流程图。

【具体实施方式】

以下结合附图和实施示例对本发明的高效跨链交换数据方法进行详细说明。

在步骤 1 中，如图 1 所示，在源区块链和目标区块链之间建立安全通道。通过优化跨链通信协议实现高效、可靠的数据传输。

在步骤 2 中，使用加密算法（如 AES、RSA 等）对要传输的数据进行加密，确保数据在跨链传输过程中的安全性。加密数据可以包括但不限于交易信息、用户身份信息、数字资产等。

在步骤 3 中，在接收端区块链上部署一个智能合约。当加密数据传输至目标区块链时，智能合约负责解密数据并进行验证。验证过程包括检查数据的完整性、来源的合法性等。只有验证通过的数据才能进入下一步。

在步骤 4 中，智能合约将解密后的数据存储在目标区块链上。此外，智能合约还可以触发相关业务逻辑，如更新账户余额、触发交易等。这样，用户可以在不同区块链之间实现高效、安全的交换数据。

本发明的高效跨链交换数据方法通过优化跨链通信协议和数据交换机制，实现了不同区块链之间的高效、安全和可靠的数据交换。同时，该方法具有较强的通用性，可以广泛应用于多个区块链平台。

以上是一份简要的中国专利申请书草稿。在实际操作中，请确保提供详细的技术实现方案，并在提交专利申请前咨询专业的专利代理人或律师。

ChatGPT 生成的专利申请书草稿符合标准的中国专利申请书规范，包括发明名称、申请人、发明人、专利类型、摘要、背景技术、发明内容、附图说明和具体实施方式等部分。在描述发明内容时，它概括了本发明所涉及的领域、目的、技术方案和实施步骤。本申请书在描述发明过程和技术方案时，力求保持逻辑清晰和连贯性，以便读者更容易理解发明的原理和实现方法。

用法 89：审核法律文书

ChatGPT 可以协助律师和法务人员快速审查法律文书，如合同、起诉状和申请书等，通过发现法律文书中的法律风险和漏洞，帮助工作人员提高审查效率和质量，为客户提供更专业、全面准确的法律服务。

扫一扫，看视频

Q 从《中华人民共和国广告法》（以下简称《中国广告法》）角度，审核下面内容是否合规：天天特价！天天惊喜！打击暴利！我们价格全球最低！

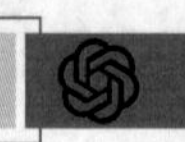

ChatGPT：

根据《中国广告法》，该广告内容可能存在以下问题：

1. 误导性陈述：广告中提到“我们价格全球最低”，这可能被认为是一种误导性陈述。根据《中国广告法》，禁止发布含有虚假或者引人误解的内容。如果不能证实该商家确实提供全球最低价格，那么这种说法可能违反《中国广告法》。为避免法律风险，建议使用更为谨慎的措辞，如“我们竭力为您提供最优惠的价格”。

2. 恶性竞争：广告中的“打击暴利”可能被视为恶性竞争。这种说法可能对其他竞争对手产生负面影响。《中国广告法》规定，广告不得进行恶意贬低、诽谤其他经营者的产品或者服务。因此，建议避免使用此类措辞。

3. 缺乏明确的促销信息：广告中提到“天天特价”和“天天惊喜”，但未给出具体的促销信息和优惠范围。为了遵守《中国广告法》的规定，建议在广告中明确促销活动的具体内容和条件。

总之，为确保广告内容符合《中国广告法》的要求，建议对上述问题进行相应的修改。请注意，我不是律师，以上仅为建议，如有疑问，请咨询专业律师。

根据《中国广告法》的相关规定，ChatGPT 对给定的广告内容进行了初步审查，并专业且准确地指出了可能存在的问题，同时提供了相应的建议。

用法 90：提供法律咨询服务

ChatGPT 能为公众提供一般法律咨询服务，回答常见的法律问题，如民法典、劳动法、刑法和宪法等方面的问题，并且能够提供基本的法律建议。对于那些需要针对特定法律问题进行初步了解或希望获取一般法律知识的人来说，该服务非常有用。

扫一扫，看视频

Q 小明因为拒绝老板提出加班的要求而被开除，请问根据《中华人民共和国劳动法》（以下简称《劳动法》）如何进行维权？

ChatGPT：

根据《劳动法》的规定，员工有权拒绝非法加班，并且不能因为拒绝非法加班而被解雇。小明可以依据规定进行维权。下面是具体的操作步骤：

1. 收集证据：小明需要收集所有相关证据，包括加班要求、拒绝加班的理由、被开除的通知等。

2. 寻求法律咨询：在收集证据后，小明可以寻求律师或者法律专家的帮助，了解自己的法律权益和可能的法律途径。

3. 与公司协商：在了解自己的权益后，小明可以尝试与公司进行协商，寻求补偿或者重新上岗。如果公司同意，可以签订协议并办理相关手续。

4. 向劳动仲裁机构申请仲裁：如果与公司协商无果，小明可以向当地的劳动仲裁机构申请仲裁。提交申请后，仲裁机构将对案件进行审理，并根据法律规定做出裁决。

5. 向人民法院起诉：如果对仲裁结果不满意，小明还可以在做出仲裁裁决后的 15 日内向人民法院提起诉讼。

6. 保护自己的其他权益：小明还应注意保护自己的其他权益，如要求公司支付应得的工资、福利等。

值得注意的是，每个具体案例的情况可能会有所不同，因此最好在采取行动之前寻求法律专家的建议，确保自己的权益得到有效维护。

这个解决方案试图提供一个符合劳动法规定的维权路径，其涵盖了从收集证据到可能的法律程序的全过程。该方案能够给小明或者类似情况下的员工作为参考指导，但鉴于法律问题的复杂性和特殊性，建议还是寻求具体的法律专业人士的协助。

用法 91：辅助司法裁判

法律适用并非简单的引用法条，不同案件需要结合具体情况进行分析与调整。在具体案件中，司法裁判需要归纳出焦点问题并进行全面分析，最终得出正确的判定，而 ChatGPT 可以结合案件事实分析在不同情形下应当考虑的法律认定因素。事实上，一位哥伦比亚的法官在审理一起涉及被诊断为自闭症谱系障碍（ASD）的儿童医疗权利案件时，就利用了 ChatGPT 来判断这名男孩是否可以豁免医疗费和交通费，并根据 ChatGPT 给出的分析观点做出了裁决。

扫一扫，看视频

Q 钱某在下夜班的路上，遇到马某持刀抢劫，钱某夺下马某刀具，马某逃跑，钱某紧追不舍，用刀具刺向马某背部，马某失血过多，不治身亡。请问马某的行为是否构成犯罪？

ChatGPT：

根据您提供的案例描述，马某的行为涉及抢劫和钱某的行为涉及防卫过当。请注意，我不是律师，以下分析仅供参考，具体情况请咨询专业律师。

首先，马某持刀抢劫的行为，显然构成犯罪。根据《中华人民共和国刑法》第 263 条规定："以暴力、胁迫手段劫取他人财物的，为抢劫罪。"马某使用刀具威胁钱某，意图抢夺财物，符合抢劫罪的构成要件。

关于钱某的行为，需要分析是否属于正当防卫。正当防卫是指为了制止正在进行的不法侵害行为，对侵害人实施的制止行为。根据刑法第 20 条规定："为了使国家公共利益、本人或者他人的人身、财产权利免受正在进行的不法侵害，而采取制止不法侵害行为的措施，对不法侵害人造成损害的，属于正当防卫，不负刑事责任。"但在本案中，马某在抢劫失败后已经逃跑，钱某紧追不舍并用刀具刺向马某，可能已经超出了正当防卫的范围。如果钱某的行为被认定为防卫过当，可能需要承担刑事责任。

具体判定是否构成正当防卫和防卫过当，还需要根据案件的详细事实和证据进行判断。在实际司法审判过程中，法院会全面考虑案件的具体情况，做出相应的裁决。如需进一步了解和咨询，请联系专业律师。

在 ChatGPT 的回答中，它以《中华人民共和国刑法》的相关条款为依据，对马某的抢劫行为和钱某的防卫行为进行了分析，并专业且准确地提出了马某的行为构成犯罪，以及钱某的行为可能属于防卫过当的观点。

3.11 求医问药

在过去十年里，市场上涌现出大量移动医疗服务 APP。这些 APP 根据用户输入的症状和治疗选项进行自我诊断和病症严重程度的评估。然而，这些 APP 的准确性不尽如人意，它们的正确诊断率仅为 51%，而医生的准确性高达 84%。ChatGPT 的出现颠覆了这一格局，在医学领域展现出令人瞩目的性能。有研究团队针对 ChatGPT 的诊断能力进行了评估，结果发现其正确诊断率高达 87%，显著超越了以前的症状检测工具。随着 ChatGPT 版本的不断迭代，其准确诊断的能力还在持续提升。

ChatGPT 在医疗健康领域展现出了巨大的潜力。它不仅拥有丰富的基础医学知识，还具备多轮对话和多语言理解的能力。此外，ChatGPT 还具备简单推理的能力，能够识别肯定与否定的关系，并能结合知识图谱和规则来显著提升诊疗效果。在未来，ChatGPT 将结合大型数据库和强大的计算能力以提升医疗精准度。

用法 92：解答医药学知识

扫一扫，看视频

ChatGPT 是一部无所不知的智能百科全书，其知识储备丰富，涵盖了各个领域的知识，其中包括广泛的医药学知识。无论用户提出什么问题，ChatGPT 都会尽力回答并提供相关的详细信息。在医药学领域，ChatGPT 提供关于解剖学、生理学、药理学、疾病诊断和治疗等方面的知识，无论是关于人体器官的功能、药物的作用机制、常见疾病的症状与治疗方法，还是关于最新的医疗技术和研究进展，ChatGPT 都能给予准确和详尽的解答。不仅如此，ChatGPT 还能解释医学术语、阐述医疗原理，并提供实用的健康建议。无论是寻求一般的医学常识还是探索专业领域的深度知识，ChatGPT 都能提供有益的信息。

Q 针灸的治病原理是什么？

ChatGPT：

针灸是一种传统的中医治疗方法，起源于中国，有着数千年的历史。针灸的治疗原理主要基于中医的经络学说和气血循环理论。其基本思想是通过刺激特定的穴位来调整和平衡身体内的气血，从而达到预防和治疗疾病的目的。

针灸的治疗原理可以从以下几个方面来解释：

1. 经络学说：中医认为，人体内有经络系统，经络是气血流通的通道。经络贯穿全身，连接各个脏腑器官。针灸通过刺激特定的穴位，可以调整经络气血的流通，从而达到治疗的目的。

2. 气血调和：中医理论认为，气血是维持生命活动的基本物质。气血的运行不畅、失调，会导致身体出现病变。针灸通过刺激穴位，可以调整气血的运

行，使其恢复正常，从而达到治疗目的。

3. 调整神经系统：现代研究发现，针灸可以通过刺激穴位，对神经系统产生调节作用。针灸可以调整神经系统的兴奋和抑制作用，从而影响身体的疼痛感知、肌肉收缩、内脏功能等。

4. 促进内分泌平衡：针灸刺激穴位，可以影响内分泌系统的平衡。部分研究表明，针灸可以调整激素水平，从而对内分泌失调相关的疾病产生治疗作用。

5. 提高免疫功能：针灸对免疫系统具有调节作用。研究发现，针灸可以刺激免疫细胞的活性，增强机体的免疫能力，有助于预防和治疗疾病。

需要注意的是，针灸治疗的效果因个体差异和疾病种类而异，不是所有的疾病和症状都适合针灸治疗。在接受针灸治疗前，请务必咨询专业医生，并在有资质的针灸师指导下进行。

Q 针灸在治疗哪些疾病中比较有优势？

ChatGPT：

针灸在治疗许多疾病和症状方面具有优势。以下是针灸治疗在某些疾病方面可能表现出较好效果的一些例子：

1. 疼痛管理：针灸对于各种类型的疼痛，如肌肉疼痛、关节炎、头痛、偏头痛、神经痛等，具有较好的疗效。针灸可以调整神经系统的疼痛感知，从而达到缓解疼痛的目的。

2. 神经系统疾病：针灸对于一些神经系统疾病，如帕金森病、脑卒中康复等，可能具有辅助治疗作用。针灸通过调整神经系统的功能，有助于恢复受损的神经功能。

3. 睡眠障碍：针灸对于失眠和其他睡眠问题具有一定疗效。通过调整神经系统活动，针灸可以帮助改善睡眠质量。

4. 消化系统疾病：针灸可以改善消化系统功能，对消化不良、胃肠功能紊乱等症状具有一定疗效。

5. 心理疾病：针灸可以帮助缓解焦虑、抑郁等心理疾病的症状。针灸通过刺激大脑释放一些化学物质，如内啡肽、5- 羟色胺等，从而产生放松和安抚的效果。

6. 妇科疾病：针灸对于一些妇科疾病，如月经不规律、痛经、更年期综合征等，具有较好的疗效。针灸可以调整激素水平，改善症状。

7. 呼吸系统疾病：针灸对于哮喘、慢性支气管炎等呼吸系统疾病具有一定的辅助治疗作用。针灸可以调整呼吸系统的功能，改善症状。

这些只是针灸治疗在某些疾病方面可能具有优势的一些例子。实际上，针灸可以应用于许多其他疾病和症状的治疗。然而，在开始针灸治疗之前，重要的是要咨询专业医生以确定针灸是否适合您的特定病症。针灸治疗的效果因个体差异和疾病种类而异，因此，了解针灸在您的病症中可能的效果非常重要。

此外，针灸并非万能，对于一些疾病可能需要与其他治疗方法结合使用，如草药、西医药物治疗、物理疗法等。在接受针灸治疗时，请确保选择有资质的针灸师进行操作，以确保治疗安全和有效。

总之，针灸在许多疾病和症状的治疗中具有优势。然而，在开始针灸治疗前，请务必咨询专业医生，以确定针灸是否适合您的具体情况。同时，确保在有资质的针灸师指导下进行治疗，以确保安全和效果。

Q 目前中医针灸有哪些新技术？

ChatGPT：

随着科学技术的不断发展，中医针灸领域也涌现出许多新技术。这些新技术不仅提高了针灸的治疗效果，还为针灸的研究提供了新的方向。以下是一些近年来在中医针灸领域出现的新技术：

1. 电针：是在传统针灸的基础上发展起来的一种新技术，通过给针柄施加微弱电流，以增强针刺刺激效果。电针可以更精确地刺激穴位，以达到更好的治疗效果。

2. 激光针灸：用激光束替代传统的金属针来刺激穴位。这种无创技术减少了感染风险，并可用于针刺敏感的患者。然而，激光针灸的治疗效果与传统针灸相比尚需进一步研究。

3. 气压针灸（穴位按压）：是通过使用具有气压功能的仪器对穴位进行按压刺激。这种方法非常适合不能接受针刺的患者，如儿童或对针灸有恐惧感的人。

4. 穴位注射：是在传统针灸的基础上发展起来的一种新技术，通过在穴位处注入药物，以增强针刺刺激效果。这种方法将中西医结合起来，提高了针灸的治疗效果。

5. 磁针：是将磁场作用于穴位的一种针灸技术。磁针通常由磁铁制成，可以产生稳定的磁场。磁针可以增强针刺刺激效果，但其治疗效果仍需进一步研究。

6. 超声波针灸：是一种利用高频超声波刺激穴位的技术。超声波可以提高穴位的能量状态，从而增强针刺刺激效果。这种无创技术适用于无法接受针刺的患者。

这些新技术为针灸治疗提供了更多的选择。然而，在接受这些新技术的针灸治疗之前，请务必咨询专业医生，了解这些新技术是否适合您的具体病症和身体状况。同时，请确保在有资质的针灸师指导下进行治疗，以确保安全和效果。

需要注意的是，尽管这些新技术为针灸治疗提供了更多选择，但它们的疗效和适用范围仍需要通过更多的研究和临床试验来证实。此外，对于某些疾病和症状，传统针灸可能仍然是最有效的治疗方法。

总之，在针灸治疗中引入新技术为患者提供了更多选择，也为针灸的研究和发展提供了新的方向。然而，在选择针灸治疗时，请务必咨询专业医生，并确保在有资质的针灸师指导下进行治疗。同时，针灸治疗应与其他治疗方法（如草药、西医药物治疗、物理疗法等）结合使用，以获得最佳疗效。

Q 请推荐北京三家针灸技术最好的医院。

ChatGPT：

在北京，有很多医院都提供针灸治疗服务。以下是在北京市具有较高声誉的三家针灸技术较好的医院，但请注意，这里的推荐并不是绝对的，选择医院时请根据自己的具体需求和实际情况来判断：

1. 北京中医药大学东直门医院：北京中医药大学东直门医院（原北京中医药大学第一附属医院）位于东城区东直门内大街，是一所集医疗、教育、科研、预防为一体的大型中医综合性医院。该医院在针灸治疗方面享有很高声誉，拥有一支经验丰富的针灸医师团队。

2. 北京协和医院：北京协和医院位于东城区帅府园一号，是中国最著名的医疗机构之一。虽然协和医院以西医治疗为主，但其中医科在针灸治疗方面同样具有很高水平。协和医院针灸团队经验丰富，能够为患者提供专业、个性化的针灸治疗方案。

3. 北京中医医院：北京中医医院（原北京市中医医院）位于西城区马连道路 23 号，是一所专业从事中医、中西医结合诊疗的三级甲等医院。该医院拥有一支在针灸治疗领域有着丰富经验的专家团队，提供包括传统针灸和现代针灸在内的多种针灸治疗服务。

在寻找合适的针灸医院时，除了考虑医院的整体声誉和医生的技术水平外，还需要考虑医院的地理位置、费用、预约等实际情况。在进行针灸治疗前，请务必咨询专业医生，并在有资质的针灸师指导下进行治疗。

根据 ChatGPT 的回答发现，它展现出了扎实的医药学常识和出色的多轮对话能力，在一定程度上接近专业医师的水平。

用法 93：问诊与分诊

问诊与分诊是医疗服务中的关键环节，旨在收集患者信息并为其提供就诊指导。传统的方法主要依赖于医生的经验，效率较低且存在较大的误差，而 ChatGPT 能通过多轮对话模拟问诊流程，精准收集患者信息并提供合理的建议。其能结合知识图谱提供医疗产品和推荐合适的医院，从而提升医疗服务的患者满意度和便利性。

扫一扫，看视频

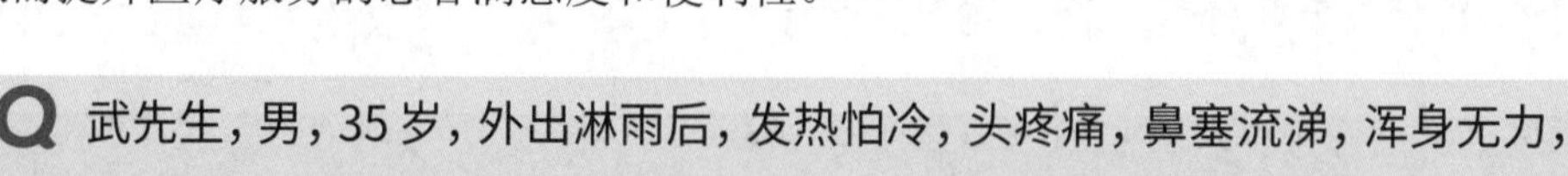

Q 武先生，男，35 岁，外出淋雨后，发热怕冷，头疼痛，鼻塞流涕，浑身无力，咳白痰，诊见舌苔薄白，脉浮紧，中医针灸可以怎样治疗呢？

ChatGPT：

我不是医生，但根据您提供的症状，武先生可能患有感冒。在这种情况下，中医针灸可以作为辅助治疗方法来缓解症状。以下是一些建议性的针灸方案，但请务必在专业针灸师的指导下进行治疗：

1. 穴位：针灸治疗感冒可以选择一些穴位，如风池穴（位于颈部后部，头部向一侧旋转时，颈部后部的凹陷处）、大椎穴（位于颈部后部，第七颈椎棘突下凹陷处）、合谷穴（位于手背部，拇指和食指交界的掌指关节后方凹陷处）、足三里穴（位于膝关节外侧，当患者屈膝时，距离横膝眼 3 横指处的股骨前脊外 1 横指处）等。

2. 方法：针对这些穴位进行针刺或艾灸。针刺方法可采用平补平泻法，留针 15~30 分钟；艾灸方法可以采用艾条或艾盒，每个穴位灸 10~20 分钟。

3. 治疗频率：针灸治疗感冒通常需要连续进行几次，每次间隔 1~2 天。具体的治疗频率和次数应根据患者的病情和恢复情况来调整。

请注意，这些建议仅供参考，实际治疗方案还需根据患者具体情况制定。在接受针灸治疗前，请务必咨询专业医生。针灸治疗感冒时，也可以结合中草药、养生保健等方法，以达到更好的治疗效果。如症状持续加重或未见明显改善，请及时就诊，寻求医生建议。

Q 文女士，30 岁，发现左侧乳房包块，经乳腺彩超检查显示左侧乳腺乳头上方约 30×32×27mm 的低回声包块，边界不清，内部回声不均匀，血流丰富，乳腺钼靶片检查显示左侧乳腺占位性病变伴钙化，请问该患者的 BI-RADS 分级是什么？

ChatGPT：

根据所提供的影像学表现，该患者的 BI-RADS 分级为 4B 级。

BI-RADS 是乳腺影像学报告和数据系统（Breast Imaging Reporting and Data System）的缩写，是一种用于描述乳腺 X 线、超声、核磁共振等影像学检查结果的分类系统。根据乳腺影像学表现，BI-RADS 将结果分为 0~6 个级别，其中 4 级又分为 4A、4B 和 4C 三个亚级别。

在该患者的乳腺超声和钼靶片检查中，包块的边界不清，内部回声不均匀，且血流丰富，这些特征提示可能是恶性肿瘤的表现。同时，乳腺钼靶片检查显示钙化，也提示肿瘤可能存在。根据 BI-RADS 分类系统的规定，这些表现将该患者的乳腺肿块分为 4 级别，并进一步细分为 4B 级别。

4B 级别表示高度怀疑恶性肿瘤，建议进行穿刺活检等进一步检查以明确诊断。

Q 她可能属于乳腺癌中的哪一类？

ChatGPT：

根据所提供的影像学表现，无法准确判断该患者的乳腺肿块是否为乳腺癌，也无法确定该患者属于乳腺癌患者的哪一类。

如果该患者的乳腺肿块确诊为乳腺癌，其具体类型需要进行病理学检查来确定。乳腺癌分为多种类型，如导管内癌、小叶癌、乳头状癌、黏液癌、浸润性导管癌等，不同类型的乳腺癌具有不同的临床表现、生长方式、预后等特点，需要采取不同的治疗方案。

因此，对于该患者的乳腺肿块，建议及早进行穿刺活检、病理学检查等进一步检查，以明确诊断和确定治疗方案。

ChatGPT 生成的这个内容展现出了逻辑推理能力，其思维方式更类似于经验丰富的医生解决问题的方式，思路清晰且专业。

用法 94：病历质控

病历质控的目标在于提高病历的质量和规范性，以确保医疗服务的安全性。传统的质控方式主要依赖于人工审核，这往往会存在效率低下、标准不统一及主观性强的问题。然而，ChatGPT 凭借其强大的自然语言处理能力，可以自动进行病历质控，检测病历中的错误和遗漏，并提出改进建议。同时，结合医学知识库的使用，ChatGPT 可以进一步提升病历质控的准确性和客观性。

扫一扫，看视频

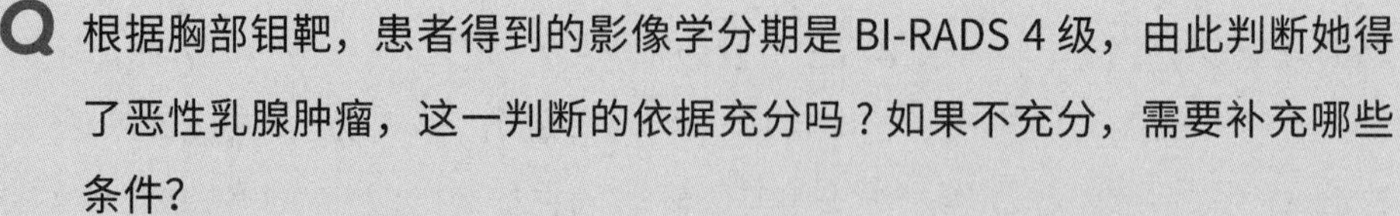

Q 根据胸部钼靶，患者得到的影像学分期是 BI-RADS 4 级，由此判断她得了恶性乳腺肿瘤，这一判断的依据充分吗？如果不充分，需要补充哪些条件？

ChatGPT：

BI-RADS（乳腺影像学报告和数据系统）是一种评估乳腺钼靶、超声、核磁共振等影像学表现的标准化分类方法。BI-RADS 分为 0~6 级，其中 4 级表示存在中度至高度可疑的异常表现，需要进一步检查。这意味着患者存在恶性肿瘤的风险，但不能直接断定她已经得了恶性乳腺肿瘤。

要确诊恶性乳腺肿瘤，需要结合以下检查：

1. 乳腺超声：可以辅助了解肿块的性质，判断良性还是恶性的可能性。

2. 乳腺磁共振成像（MRI）：对于某些复杂的病例，可以提供更详细的信息。

3. 细针抽吸活检或者切片活检：从病灶中取出组织样本，进行病理学检查。这是确诊恶性肿瘤的金标准。

总之，仅根据 BI-RADS 4 级，不能直接断定患者患有恶性乳腺肿瘤。需要进一步进行相关检查，特别是通过病理学检查来确诊诊断。如有疑虑，请务必咨询专业医生。

根据 ChatGPT 给出的病历质控建议来看，其展现出了高度的专业性和合理性，能够为医务人员提供有价值的指导，并改善病历质量。

用法 95：医疗术语标准化

扫一扫，看视频

在专病建设过程中，医学术语的标准化尚未完全实现，尤其在区域大数据场景下，不同医院间的术语标准存在差异，这对自动化处理效率造成了不利影响，并增加了人工识别的难度。然而，使用 ChatGPT 可以轻松解决医疗术语标准化的难题。

ChatGPT 作为一个基于强大自然语言处理能力的语言工具，具备了广泛的医学知识和词汇库。它能够理解和解释各种医学术语，并在多轮对话中准确地使用这些术语，且不受特定医院或地区的术语标准的限制。通过与 ChatGPT 进行交互，医务人员可以快速咨询和确认特定术语的定义和用法。ChatGPT 提供准确和一致的术语解释，帮助医务人员消除因术语标准不一而引发的混淆和误解。此外，ChatGPT 还可以根据上下文信息，灵活地应用医学术语，提供专业且标准化的回答。它根据最新的医学指南和标准，确保术语的使用与行业的统一要求相符合。

因此，通过 ChatGPT，医疗行业可以在专病建设中解决术语标准化的难题，实现更高效的自动化处理，并减轻医务人员在术语识别上的负担。这将为医疗数据分析、研究和决策提供更可靠和一致的基础，进一步推动专病建设和医疗服务的提升。

Q “肺 CA”和“胃 MT”分别对应的 ICD-10 编码是什么？它们的标准名称是什么？还有哪些同义词和上位词？

ChatGPT：

“肺 CA”和“胃 MT”分别指代肺癌（Lung Cancer）和胃瘤（Gastric Tumor）。在 ICD-10（国际疾病分类第十版）中，这两个疾病的编码分别为：

1. 肺 CA：C34，标准名称为肺恶性肿瘤（Malignant neoplasm of bronchus and lung）

同义词：肺癌、肺恶性肿瘤、肺部恶性肿瘤

上位词：呼吸系统肿瘤

2. 胃 MT：C16，标准名称为胃恶性肿瘤（Malignant neoplasm of stomach）

同义词：胃癌、胃恶性肿瘤、胃部恶性肿瘤

上位词：消化系统肿瘤

需要注意的是，“胃 MT”这个缩写并不明确地表示胃恶性肿瘤，因为它也可以表示胃良性肿瘤。在实际应用中，应该使用更为明确的术语描述。

从 ChatGPT 给出的答案来看，其不仅准确地提供了“肺 CA”和“胃 MT”的 ICD-10 编码及标准名称，还给出了相应的同义词和上位词。这种准确且全面的回答表明，ChatGPT 能够有效利用其医学知识和语言处理能力，准确理解和解释各种医学术语，并提供准确的编码和名称。这将对医学领域的学习、研究和临床实践带来积极的影响。

用法 96：医学信息抽取

在医疗健康领域，医学信息抽取对于获取病历、医学文献和互联网医疗信息等方面具有关键作用。传统医学信息抽取方法依赖大量标注数据和复杂数规则，从而导致成本高、泛化能力差和扩展性低等问题。与传统方法相比，ChatGPT 凭借其卓越的自然语言理解和生成能力实现文本信息抽取，仅需简单查询或代码即可快速返回精确信息。ChatGPT 整合了知识图谱和术语标准化规范，进一步提升了信息抽取的质量和一致性。术语标准化的实施确保了抽取结果的一致性，使得用户对于医学信息的理解和应用更加准确和可靠。

扫一扫，看视频

Q “患者头痛四天，否认腹泻、呕吐和发烧，同时患有高血压。”这句话中肯定的症状有哪些？肯定的疾病有哪些？否认的症状有哪些？

 ChatGPT：

这句话中的内容可以总结如下：

肯定的症状：

1. 头痛四天

肯定的疾病：

1. 高血压

否认的症状：

1. 腹泻
2. 呕吐
3. 发烧

这个例子展现出 ChatGPT 准确抽取医生想要的信息的能力。其为医生提供了一种便捷、高效的方式来获取特定的医疗信息，为医学研究和临床实践带来极大的便利。

用法 97：智能保顾

智能保顾是指 AI 基于用户自身的保险需求，通过算法和保险产品来完成以往由保险代理人提供的保险顾问服务。智能保顾有助于降低保险公司的人力成本，提升客户转化率和忠诚度，从而增强市场竞争力。ChatGPT 能够通过自然语言与客户互动，了解客户的需求、风险承受能力和财务状况，为客户推荐适宜的保险产品，并协助客户完成核保和投保流程。此外，ChatGPT 还可结合保险公司的知识库和业务规则，为客户提供专业、精确且及时的保险咨询和解答服务。

扫一扫，看视频

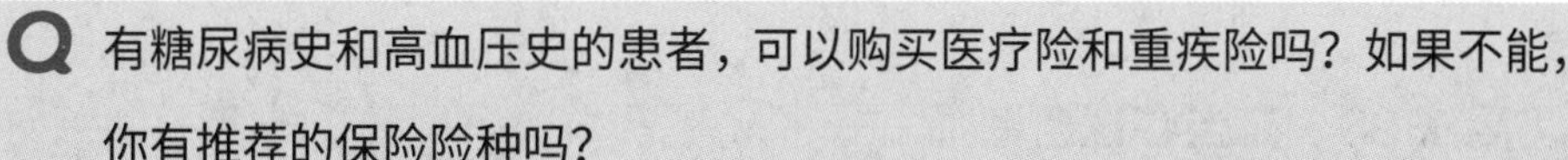

Q 有糖尿病史和高血压史的患者，可以购买医疗险和重疾险吗？如果不能，你有推荐的保险险种吗？

ChatGPT：

患有糖尿病和高血压的患者购买医疗险和重疾险可能会受到一定限制。保险公司可能会提高保费、降低保额或者对这些慢性病进行免责。具体情况需要咨询具体的保险公司。

虽然患有糖尿病和高血压会对购买保险产生一定影响，但仍有可能找到合适的保险产品。以下是一些建议：

1. 了解市场上的保险产品：研究市场上提供的各种保险产品，了解他们对于慢性疾病患者的覆盖情况。

2. 咨询保险代理人或保险公司：向保险代理人或保险公司咨询具体的保险产品，了解患有糖尿病和高血压的患者是否有资格购买，以及相关费用和限制。

3. 考虑定制保险产品：部分保险公司可能会针对患有慢性病的客户提供定制保险产品，这些产品可能会更适合患有糖尿病和高血压的患者。

4. 关注相关政策：政府有时会推出一些针对慢性病患者的保险政策，关注这些政策可能会帮助找到合适的保险产品。

总之，购买保险时需要根据自身情况和保险市场的产品选择合适的保险。在购买保险时，务必详细了解保险合同的条款和细则，以确保购买到最适合自己的保险产品。

ChatGPT 给出的这些保险推荐建议中肯且周到。ChatGPT 通过综合分析用户需求和市场情况，给出的保险建议基于客观数据和算法的推荐，为用户提供了有价值的保险决策参考。

3.12 心理与情感

ChatGPT 作为一款先进的 AI 语言模型，在心理健康和情感领域中能够提供一定程度的帮助和支持，包括心理疾病诊断、心理治疗、情感辅导、情绪调节和压力管理等方面。但在面对严重心理问题、紧急情况或长期心理治疗需求时，建议用户寻求专业心理医生的帮助。

用法 98：充当心理咨询师

ChatGPT 通过在线聊天的方式，为用户提供一对一的心理咨询服务。通过与 ChatGPT 的交流，用户可以表达自己的内心感受和困惑，ChatGPT 会试图理解用户所面临的问题，帮助用户探索问题的根源，并提供相关的建议和可能的解决方案。

扫一扫，看视频

Q 我希望你能扮演一个心理咨询师。我将向你提供我的想法，希望你能给我科学的建议，使我感觉更好。

ChatGPT：

当然，我很愿意为您提供支持并倾听您的想法。请随时与我分享您的感受和经历，但请记住，我只是一个 AI 助手，无法替代专业心理咨询师的建议。

在面对严重的心理问题时，请务必寻求专业心理医生的帮助。现在，请告诉我您的想法，我会尽力提供帮助。

Q 怎么样才能迅速治愈伤心？

ChatGPT：

伤心是一种自然的情感反应，很多人在生活中都会经历。要想迅速治愈伤心并非易事，但以下一些建议可能会对您有所帮助：

1. 接受自己的感受：首先，给自己充分的时间去体验和接受这种情感。允许自己感受伤心，并理解这是一个正常的心理反应。

2. 倾诉：与亲朋好友分享您的感受。倾诉可以帮助减轻您的负担，也能让您得到别人的关爱和支持。

3. 保持积极心态：尝试从积极的角度看待问题。思考您可以从这次经历中学到什么，或者如何将这种情感转化为积极的能量。

4. 专注于自己的生活：将注意力转移到自己的生活和目标上。参与兴趣爱好、锻炼身体或学习新技能，这些活动可以帮助您分散注意力，减轻伤心感。

5. 保持健康的生活习惯：保持良好的作息规律、合理饮食和锻炼对于身心健康都很重要。这将有助于您更好地应对情绪波动。

6. 寻求专业帮助：如果伤心的情绪持续严重影响您的生活质量，建议寻求专业心理咨询师的帮助。

请记住，每个人都有自己的恢复速度和方式，不要强迫自己过快地摆脱伤心。给自己足够的时间和空间去适应和恢复，逐渐找到适合自己的应对方法。

Q 怎样才能忘记不快乐？

ChatGPT：

忘记不快乐的经历并非一蹴而就的事情，需要时间和努力。以下是一些建议，有助于您逐渐摆脱不快乐的回忆：

1. 接受过去：首先，认识到过去的事情已经发生，无法改变。接受这个事实并试着从中吸取教训，以便在将来更好地面对类似情况。

2. 专注于当下：将注意力集中在当下的生活上，尽量避免沉湎于过去的不快。当不快的回忆浮现时，试着将注意力转移到其他积极的事物上。

3. 保持积极态度：培养积极的心态，将注意力放在生活中美好的方面。感恩、正向思考和乐观都能帮助您更好地应对不快乐。

4. 建立新的回忆：参与有趣的活动、结交新朋友，以及尝试新事物，这些都有助于您建立新的、积极的回忆，从而取代不快乐的经历。

5. 自我照顾：关爱自己，确保身心健康。保持良好的作息、合理饮食、锻炼和社交活动都能帮助您减轻心理负担。

6. 倾诉和分享：与亲朋好友分享您的感受，倾诉可以帮助您释放内心的压力。此外，您也可以听听别人的经历，了解他们是如何应对不快乐的。

7. 寻求专业帮助：如果您发现自己无法摆脱不快乐的回忆，影响了日常生活，建议寻求专业心理咨询师的帮助。

请记住，忘记不快乐需要时间和耐心。逐步采用这些建议，您可能会发现自己逐渐摆脱不快乐的回忆，过上更加愉快的生活。

ChatGPT 提供的这些建议是基于心理学原理和普遍的心理健康实践总结出来的，对许多人来说是有益的。需要强调的是，每个人的状况和需求各不相同，因此，这些建议可能对一些人非常有效，但对另一些人可能效果不甚明显。

用法 99：评估心理健康

ChatGPT 能够为用户提供初步的心理健康问题筛查服务，包括对焦虑、抑郁和睡眠障碍等各种心理问题的评估和诊断。它能够帮助用户识别可能存在的心理疾病症状，并提供相应的建议和指导。ChatGPT 的优势在于其操作简便、能够保护用户隐私及快速给出结果，这使得用户能够更好地理解自己的心理状况，并辨识和管理自身心理问题。

扫一扫，看视频

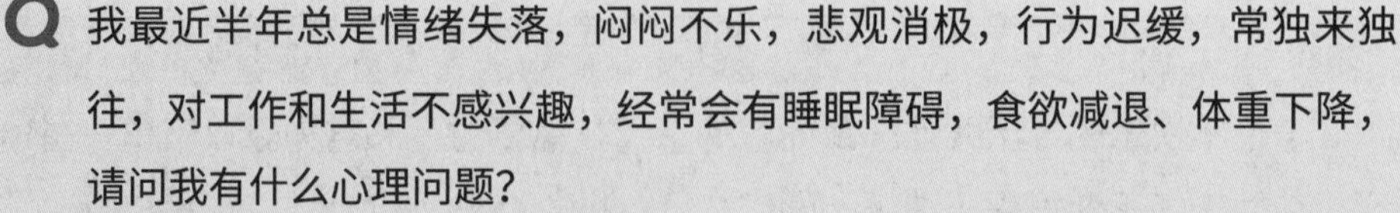
Q 我最近半年总是情绪失落，闷闷不乐，悲观消极，行为迟缓，常独来独往，对工作和生活不感兴趣，经常会有睡眠障碍，食欲减退、体重下降，请问我有什么心理问题？

ChatGPT：

我不是心理医生，但根据您提供的信息，您的症状可能与抑郁症有关。抑郁症是一种常见的心理障碍，表现为持续的情绪低落、兴趣丧失、疲劳、精神

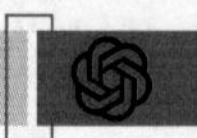

不振、睡眠和食欲改变等症状。这些症状可能会对您的日常生活、工作和人际关系产生负面影响。

然而，请注意，这仅是基于您提供的信息所做的初步判断，不能代替专业心理医生的诊断。如果您担心自己的心理状况，请务必寻求专业心理医生的帮助。他们可以为您提供详细的评估，确诊您的状况，并制定针对性的治疗计划。

与此同时，您可以尝试一些自我调节方法，如保持良好的作息、进行有氧运动、与亲朋好友交流和倾诉、参加社交活动等，以缓解您的情绪症状。但请记住，这些方法不能替代专业的治疗。

ChatGPT 不仅给出的诊断结果相当准确，还提供了一些自我调整的方法。

用法 100：辅助心理治疗

ChatGPT 在心理治疗领域能够发挥辅助作用，为用户提供各种心理健康方面的建议和信息。它详细介绍了各类心理治疗方法，如认知行为治疗（CBT）、心理动力学治疗和人际治疗（IPT）等方法，帮助用户了解不同的治疗途径，以在寻求专业帮助时做出更明智的选择。此外，ChatGPT 还能教授一些自我调节技巧，如深呼吸、渐进肌肉松弛和正念练习等，这些技巧有助于用户缓解焦虑、压力和其他负面情绪。

扫一扫，看视频

针对用户的特定需求，ChatGPT 还能推荐各种心理治疗资源，如专业心理治疗师、心理治疗机构、心理健康相关的书籍和在线课程等。同时，ChatGPT 也能提供一定程度的情感支持，通过倾听、理解和关怀，帮助用户在面对心理困扰时得到一些安慰。

根据刚才的描述，请为我提供抑郁症治疗方案吧。

ChatGPT：

请注意，我不是心理医生，但我可以为您提供关于抑郁症治疗的一些建议。然而，治疗抑郁症最好还是要根据专业心理医生的诊断和建议进行。以下是一些常见的抑郁症治疗方法：

1. 心理治疗：心理治疗是抑郁症治疗的主要手段之一。认知行为治疗（CBT）、心理动力学治疗和人际治疗（IPT）等方法已被证明对抑郁症有效。

心理治疗可以帮助您了解抑郁的成因，学会应对负面情绪和改变不良思维模式。

2. 药物治疗：抗抑郁药物（如选择性 5- 羟色胺再摄取抑制剂 SSRIs、三环类抗抑郁药等）是抑郁症治疗的另一个重要手段。药物治疗需要在心理医生的指导下进行，以确保正确使用药物并监测潜在副作用。

3. 生活方式调整：保持良好的作息、均衡饮食、适量运动和社交活动对抑郁症的康复有积极作用。此外，学会压力管理和自我照顾技巧也有助于改善情绪。

4. 替代疗法：一些替代疗法如冥想、瑜伽、按摩等对于缓解抑郁症的症状可能有一定帮助。然而，请务必在尝试这些疗法之前向专业医生咨询，以确保其安全性和有效性。

5. 专业支持团体：参加抑郁症患者支持团体可以帮助您与其他面临类似问题的人建立联系，分享经验，互相鼓励和支持。

请务必寻求专业心理医生的帮助以制定针对您个人情况的治疗计划。他们会根据您的具体症状和需求，为您提供个性化的治疗建议。

ChatGPT 给出的这些建议是基于目前广泛认可的抑郁症治疗方法，并已在许多研究和临床实践中显示出一定的效果。实际效果取决于个体如何根据自身实际情况去执行这些建议，以及个体与专业心理医生的合作程度。心理健康是一个长期的过程，需要时间和持续的努力才能看到显著的改善。因此，关键在于找到适合自己的方法，并根据自身需求进行调整。

用法 101：解决冲突

扫一扫，看视频

人际关系矛盾往往会引发冲突，导致矛盾不断升级，而人们往往难以有效地处理这些冲突。ChatGPT 可以通过模拟人类的思维和逻辑，帮助人们妥善处理冲突，找到合适的解决方案，以达到缓解甚至化解矛盾的目的。

例如，一个人和同事之间出现了矛盾，导致工作上的合作出现问题。如果这个人不知道如何处理这种冲突，则会导致更加恶劣的后果，如失去工作机会或影响职业发展。在这种情况下，他可以通过咨询 ChatGPT 来获取建议，ChatGPT 会询问有关冲突的情况，分析冲突的原因和影响，从而给出一些可行的解决方案。这些方案包括改变沟通方式、调整合作方式和改变自身行为等。用户根据

ChatGPT 给出的建议，更好地理解矛盾的本质，并采取行动来化解矛盾，恢复与同事之间的良好关系，促进工作的顺利进行。

Q 我和同事之间因为意见不合，导致工作上的合作出现问题，请问我该怎么处理？

ChatGPT：

面对同事之间因意见不合导致的工作合作问题，可以采取以下几个步骤来解决：

1. 保持冷静：首先，尽量保持冷静和理智，不要让情绪影响到你的判断。在情绪稳定的状态下，你将更容易找到问题的解决方案。

2. 倾听对方观点：尊重同事的观点，认真倾听他们的意见和建议。这样可以让对方感受到被尊重，有助于缓和紧张氛围。

3. 沟通与表达：与同事进行坦诚的沟通，表达你的观点和顾虑。用积极的方式表达你的想法，避免责怪和指责。明确地阐述你的立场，同时也要理解对方的立场和需求。

4. 寻求共识：尝试从中立的角度看待问题，找出双方可以达成共识的地方。这有助于在解决分歧的基础上，建立起更紧密的合作关系。

5. 妥协与调整：有时候，为了维护团队的和谐与合作，需要做出一定程度的妥协。在充分理解彼此观点的基础上，寻求折中方案，既能满足各自的需求，又能保持团队的稳定和高效。

6. 请求第三方帮助：如果双方都无法达成一致，可以考虑寻求第三方的帮助，如上级主管、HR 或其他同事。他们可能能提供不同的视角和建议，帮助解决分歧。

7. 总结与反思：在问题解决后，与同事一起总结经验教训，反思如何避免类似问题的再次出现。这将有助于提升团队沟通和协作能力，防止类似冲突在未来重演。

请记住，有效的沟通和协作是解决工作问题的关键。尽量保持开放和积极的态度，以达成共识，促进团队合作。

ChatGPT 给出的这个解决步骤涵盖了在处理同事间因意见不合导致的工作合作问题时需要考虑的关键因素。其强调了保持冷静、倾听、沟通、寻求共识、妥协和调整、请求第三方帮助以及总结与反思等方面。这些步骤有助于解决冲突，促进团队合作和沟通。

用法 102：婚恋指导

扫一扫，看视频

ChatGPT 在婚姻和恋爱方面可以提供诸多指导。根据用户的需求和困惑，提供关于如何开始一段恋爱关系、如何与另一半保持良好关系、如何处理恋爱中的问题和冲突等方面的建议。在婚姻生活中，夫妻间可能会面临各种挑战，如家庭职责分配、亲子教育、金钱管理等。ChatGPT 可以为用户提供指导和建议，有助于平衡婚姻生活的各个方面，增进夫妻间的理解和感情。当面临情感困扰时，如恋爱失意、婚姻危机，ChatGPT 也可以给出有针对性的建议，帮助用户调整心态，重新找回信心和幸福感。

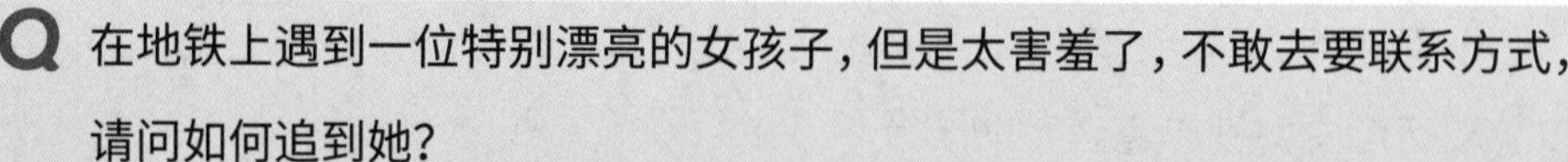

Q 在地铁上遇到一位特别漂亮的女孩子，但是太害羞了，不敢去要联系方式，请问如何追到她？

ChatGPT：

在这种情况下，追求这位女孩子需要一定的勇气和技巧。以下是一些建议，帮助您克服害羞和成功地接触她：

1. 自信：首先，要有信心。相信自己有吸引力和价值，这样您才能更自然地与她交流。在与她交谈前，可以进行深呼吸以减轻紧张感。

2. 自然的开场白：与她搭讪时，选择一个自然、轻松的话题，如地铁线路、周边景点或者一些有趣的新闻事件。避免过于直接或者令人不悦的话题。

3. 倾听：当她回应您的话时，请认真倾听。通过聆听她的观点和感受，展示您对她的关注和尊重。

4. 寻找共同点：在交谈中，试图发现你们之间的共同点，如兴趣、爱好或者生活经历。这有助于加深彼此的了解和建立联系。

5. 适时展现幽默：在对话中展现幽默感，可以缓解紧张氛围，让对方感觉舒适。但要注意不要过度开玩笑，以免令对方不悦。

6. 交换联系方式：在对话即将结束时，可以自然地向她询问是否愿意交换联系方式，如微信或电话号码。说明您很高兴与她交流，并希望以后有机会再聊。

7. 保持联系：获取联系方式后，不要立刻纠缠她。给彼此留一些空间，过几天再与她联系，邀请她一起参加某个活动或者共享一个有趣的话题。

请注意，在追求女孩子时，尊重她的感受和选择至关重要。如果她表示不感兴趣，要尊重她的决定，勇敢地接受现实，并寻找其他可能的机会。

祝您好运！

ChatGPT 给出的这些建议旨在帮助用户克服害羞和顾虑，鼓励其与感兴趣的女孩子主动交流。这些建议更注重于自信、倾听、寻找共同点、展现幽默和适时获取联系方式等方面，这些都是在追求另一半时非常重要的元素，有助于提高恋爱成功率。

用法 103：情绪调节

作为一种 AI 语言模型，ChatGPT 提供许多关于情绪调节的建议和技巧，如深呼吸、冥想和渐进性肌肉松弛等，引导用户培养正向思维，将注意力从负面情绪转移到积极的方面。同时 ChatGPT 也可以教授用户如何安全、健康地释放情绪，例如，通过运动、倾诉和艺术创作等方式来宣泄情绪，以保持心理健康。总之，ChatGPT 帮助用户更好地控制自己的情绪，减轻压力和焦虑，保持心理健康。

扫一扫，看视频

Q 当我很沮丧时，我该如何调节负面情绪?

ChatGPT：

当您感到沮丧时，可以尝试以下方法来调节负面情绪：

1. 表达情感：与亲友分享您的感受，倾诉您的烦恼。他们可能会提供支持、建议或安慰，帮助您缓解压力。

2. 深呼吸：进行深呼吸练习。深呼吸可以帮助您放松身体和心灵，降低焦虑水平。

3. 运动：进行适量的体育锻炼，如散步、跑步或瑜伽。运动可以促使身体释放内啡肽，帮助缓解负面情绪。

4. 保持日常生活规律：确保充足的睡眠、规律的饮食和适当的休息。良好的生活习惯有助于维持身体和心理健康。

5. 专注于积极事物：将注意力转移到您生活中的积极方面，如个人成就、美好回忆或感激的事物。

6. 写日记或绘画：通过写日记或绘画来表达自己的情感。创作可以帮助您宣泄负面情绪并增强自我认识。

7. 采用冥想或渐进性肌肉松弛：进行冥想或渐进性肌肉松弛练习，有助于减轻压力、放松身心。

8. 设置实际目标：为自己设定短期和长期的实际目标，努力实现这些目标可以提高自信心并降低沮丧感。

9. 学会宽恕：学会宽恕自己和他人，避免对过去的错误过于执着。宽恕能够减轻心理负担，使您更容易走出沮丧。

10. 寻求专业帮助：如果您的沮丧持续时间较长或影响到日常生活，建议寻求心理咨询师或心理医生的帮助。

请注意，以上建议可能因个人情况而异。请根据自己的需求和实际情况进行尝试。如有严重心理问题，请务必寻求专业帮助。

ChatGPT 所提供的这些策略对于许多人来说是有益的，但必须明白，每个人的情况和需求都是独一无二的。因此有些方法的作用也会各有不同。

用法 104：压力管理

通过与用户的互动交流，ChatGPT 可以帮助用户识别压力源，提供应对压力的方法，并为用户提供个性化的压力管理策略。

扫一扫，看视频

Q 最近工作任务加重，心理压力比较大，请问该如何进行压力管理？

ChatGPT：

面对工作任务加重和心理压力增大的情况，您可以尝试以下方法进行压力管理：

1. 时间管理：合理安排时间，为每个任务设定优先级。制定工作计划，确保按时完成任务。避免拖延，以免造成更大的压力。

2. 设定实际目标：为自己设定短期和长期的实际目标。合理的目标设定可以帮助减轻压力，并提高成就感。

3. 保持良好的生活习惯：确保充足的睡眠、规律的饮食和适当的休息。良好的生活习惯有助于维持身体和心理健康，提高抗压能力。

4. 学会放松：利用业余时间进行放松活动，如散步、瑜伽、看电影等。放松身心有助于缓解压力，恢复活力。

5. 分享压力：与亲友、同事分享您的感受和压力。社交支持可以帮助缓解压力，增强应对压力的能力。

6. 增强自我调节能力：学会通过运动、冥想、深呼吸等方法来调节情绪，降低压力水平。

7. 培养积极心态：尽量保持积极的心态，关注生活中的美好事物。正向思维有助于提高抗压能力，增强心理韧性。

8. 学会说“不”：在适当的时候学会拒绝过多的工作任务或额外要求，以保护自己的时间和精力，避免不必要的压力。

9. 寻求专业帮助：如果您发现自己难以应对压力，可以考虑寻求心理咨询师或心理医生的专业帮助。

请注意，您可能需要尝试不同的方法来找出最适合自己的压力管理策略。如果压力持续或影响到您的日常生活，请务必寻求专业帮助。

ChatGPT 给出的这些方法包含了一系列全面且翔实的策略，包括生理、心理和行为层面，以便用户能够从不同的维度理解和应对压力，帮助用户找出最适合的压力管理策略。

3.13 生活品质

在生活中，ChatGPT 充当各方面的导师，协助解决各种问题，如厨师、健身教练、导游、营养师、形象设计师、化妆师、瑜伽师、保姆、家庭维修师以及家庭装修师等。

作为厨师，ChatGPT 提供各种食谱、烹饪技巧和厨房窍门，也会根据用户的口味和饮食需求量身定制菜单。

作为健身教练，ChatGPT 提供专业的运动建议和锻炼计划，无论是增肌、减脂还是塑形，都能根据需求提供有针对性的指导。

作为导游，ChatGPT 推荐度假胜地、酒店、餐厅以及当地的旅游景点等信息，根据用户的预算和兴趣，规划一趟难忘的旅程。

作为营养师，ChatGPT 帮助用户了解各种食物的营养成分，提供健康的饮食建议，根据用户的体重、年龄、性别和健康状况，制定合适的饮食计划。

作为形象设计师，ChatGPT 提供时尚搭配建议，打造最适合用户的个性风格。

作为化妆师，ChatGPT 能教用户如何化妆、选用合适的化妆品。

作为瑜伽师，ChatGPT 提供瑜伽教程、呼吸技巧以及舒缓压力的方法。

同时在家庭生活方面，ChatGPT 还能提供诸多方面的建议。例如，如何挑选合适的保姆、如何照顾婴儿和孩子、如何布置家居，以及如何装修房子等，从而提高家庭生活的品质。

用法 105：充当厨师

ChatGPT 作为虚拟厨师，能够提供食谱推荐、烹饪技巧、食材选择、饮食搭配等服务。它能帮助用户提高烹饪水平，轻松烹制美味佳肴，享受烹饪的乐趣。

扫一扫，看视频

Q 你知道川菜夫妻肺片的做法吗？

 ChatGPT：

当然了解。夫妻肺片是一道四川传统的名菜，其实主要以牛肚、牛舌等为原料，而非真正的肺片。这道菜色香味俱佳，麻辣可口。以下是一份简易版的夫妻肺片做法：

所需材料：

1. 牛肚 200 克
2. 牛舌 200 克
3. 黄豆芽 100 克
4. 花椒 1 小匙
5. 干辣椒 8-10 个
6. 大葱 1 根
7. 生姜 1 小块
8. 大蒜 3 瓣
9. 郫县豆瓣酱 1 大匙
10. 食盐 1 小匙
11. 白糖 1 小匙
12. 生抽 1 大匙
13. 香醋 1 大匙
14. 花椒油 2 大匙
15. 麻椒油 1 大匙
16. 植物油 适量

步骤：

1. 准备食材：将牛肚、牛舌分别煮熟，切成薄片；黄豆芽洗净备用；大葱、生姜、大蒜切末；干辣椒剪成段。
2. 调制麻辣汁：在一个碗里，加入郫县豆瓣酱、食盐、白糖、生抽、香醋、

花椒油、麻椒油，搅拌均匀。

3. 炒制：在锅里加入适量的植物油，烧至 5~6 成热时，放入花椒粒炒香。捞出花椒粒后，将干辣椒段放入锅中炒香。

4. 加入大葱末、生姜末和大蒜末，继续翻炒至香味扑鼻。然后倒入调好的麻辣汁，炒匀至油渍分明。

5. 将炒好的麻辣汁倒入装有黄豆芽、牛肚片、牛舌片的大碗中，拌匀确保每片肉都裹上麻辣汁。

6. 将拌好的夫妻肺片摆盘，即可享用美味的川菜夫妻肺片。

请注意，这是一种较为简化的做法，如果想获得更正宗的味道，可以根据个人口味进行调整。例如，可以添加更多的四川特色香料，如干辣椒面、花椒面，以增强麻辣口感。此外，还可以加入葱花、香菜末等作为点缀，增加色香味。

在烹饪过程中，要注意火候的控制，以免炒煳。同时，为了更好地入味，可以提前将牛肚、牛舌用料酒、生姜片煮熟，去除异味。

烹饪是一门艺术，尝试使用不同的烹饪方法和调料，可以让您制作出具有个人特色的夫妻肺片。希望您在享受美食的同时，也能体会到烹饪的乐趣。

Q 我喜欢吃川菜，家里只有鸡胸肉、花生米、干辣椒、大葱、大蒜和生姜，其他调料齐全，能做什么菜呢？

ChatGPT：

既然您喜欢川菜且提供的食材中包括鸡胸肉、花生米等，您可以尝试制作一道简易版的宫保鸡丁。以下是制作步骤：

所需材料：

1. 鸡胸肉 300 克
2. 花生米 50 克
3. 干辣椒 10 个
4. 大葱 1 根
5. 大蒜 3 瓣
6. 生姜 1 小块

调料：

1. 郫县豆瓣酱 1 大匙
2. 生抽 2 大匙

3. 老抽 1 大匙

4. 香醋 1 大匙

5. 白糖 1 大匙

6. 水淀粉 1 小匙

7. 花椒 1 小匙

8. 食盐 适量

9. 植物油 适量

步骤：

1. 准备食材：将鸡胸肉切成 1 厘米见方的丁，加入适量的生抽、盐、水淀粉腌制 10 分钟；花生米炒香备用；干辣椒剪成小段；大葱、大蒜、生姜切末。

2. 调制麻辣汁：将生抽、老抽、香醋、白糖、水淀粉混合在一个碗里，搅拌均匀备用。

3. 炒制：锅中加入适量植物油，烧热后放入花椒粒炒香，捞出花椒粒后，将干辣椒段放入锅中炒香。

4. 加入大葱末、生姜末、大蒜末和郫县豆瓣酱，翻炒至香味扑鼻。

5. 下鸡丁翻炒，待鸡肉变色后，将调好的麻辣汁倒入锅中，翻炒均匀。

6. 加入炒香的花生米，翻炒均匀，即可出锅。

这是一道简易版的宫保鸡丁，根据您提供的食材制作而成。祝您烹饪愉快，享受美食！

夫妻肺片和宫保鸡丁都是经典川菜。ChatGPT 给出的夫妻肺片和宫保鸡丁做法都是非常正宗的，制作步骤清晰，调料搭配合理。

用法 106：充当健身教练

ChatGPT 充当健身教练，为用户提供健身建议、锻炼计划和饮食指导。针对不同的健身目标（如减脂、增肌、塑形等）提供个性化的训练建议。

扫一扫，看视频

Q 我希望你充当我的私人健身教练，我想在 3 个月之内锻炼出八块腹肌，目前体重是 70kg，身高 176cm，请为我制定一份健身计划和饮食计划。

ChatGPT:

请注意，我不是专业健身教练，但我可以为您提供一些建议。在开始任何新的锻炼和饮食计划之前，请务必咨询专业的健身教练和医生。

在制订健身计划和饮食计划时，要考虑到您的个人情况和目标。要达到八块腹肌的目标，您需要关注力量训练、有氧运动和饮食控制。以下是一个建议的计划。

健身计划:

1. 有氧运动: 每周至少进行 3~4 次有氧运动，如跑步、游泳或骑自行车。每次运动持续 30~45 分钟，以提高心肺功能并燃烧脂肪。

2. 力量训练: 每周进行 3~4 次全身力量训练，重点关注核心肌群。包括以下练习:

◎ 标准平板支撑: 3 组，每组 45~60 秒

◎ 俄罗斯转体: 3 组，每组 15 次

◎ 山地攀爬者: 3 组，每组 15 次

◎ 卷腹: 3 组，每组 15 次

◎ 倒立卷腹: 3 组，每组 12 次

◎ 侧平板支撑: 每侧 3 组，每组 30~45 秒

请务必根据自己的能力调整重量、组数和次数。在锻炼时保持正确的姿势，以避免受伤。

饮食计划:

1. 蛋白质: 增加蛋白质摄入，占总热量的 30%~40%。选择优质蛋白质来源，如鸡胸肉、鱼、瘦牛肉、豆腐和脱脂奶制品。

2. 碳水化合物: 选择低升糖指数的碳水化合物，如燕麦、糙米和蔬菜。碳水化合物应占总热量的 40%~50%。

3. 脂肪: 选择健康的脂肪来源，如橄榄油、牛油果和坚果。脂肪应占总热量的 20%-30%。

4. 饮食安排: 每天吃 5~6 顿小餐，以维持稳定的血糖水平，减少饥饿感。

5. 水分: 每天喝足够的水，以保持良好的水分平衡。

请注意，每个人的身体状况和反应都不尽相同，因此这个计划可能需要根据您的具体情况进行调整。在开始实施这个计划之前，请咨询专业的健身教练和医生，以确保安全和有效。

一些建议:

1. 跟踪进度: 记录您的锻炼和饮食情况，定期评估进度。这可以帮助您保

持动力并及时调整计划。

2. 保持持久性：锻炼出明显的腹肌需要时间和毅力。保持耐心，坚持计划，并在过程中为自己庆祝每一个小进步。

3. 休息和恢复：确保给身体足够的休息时间，以便更好地适应锻炼带来的压力。保证充足的睡眠，以确保身体得到充分恢复。

4. 拓展训练：在实现基本锻炼目标后，可以尝试一些更具挑战性的练习，如使用悬挂训练带、瑜伽球等工具，以增加训练难度和多样性。

5. 社交支持：寻找一个健身伙伴或加入一个运动小组，与他人分享经验和进展。这可以帮助您保持动力并从他人那里获得支持和鼓励。

实现八块腹肌的目标需要时间、努力和专注。遵循健身计划和饮食计划，您将取得明显的进步。祝您取得成功！

ChatGPT 生成的这份针对锻炼腹肌的健身和饮食计划涵盖了有氧运动、力量训练、均衡的营养摄入、分餐制及保持动力、监测进度和休息恢复的建议，非常全面且有针对性。

用法 107：充当导游

ChatGPT 作为导游提供实时旅游咨询，包括目的地推荐、旅行计划、景点、美食探索和住宿建议。无论国内或国际旅行，ChatGPT 都能提供实时、专业的旅游咨询，轻松安排旅行，确保用户愉快的旅行体验。

扫一扫，看视频

Q 我打算下周去马耳他（Malta）国家游玩一周，请为我制定一份详细的旅游计划。

ChatGPT：

以下是一份为期一周的马耳他旅游计划。请注意，您可能需要根据自己的兴趣和实际情况进行调整。

第一天：

◎ 抵达马耳他国际机场

◎ 前往预订的酒店办理入住手续

◎ 休息，适应时差

第二天：瓦莱塔（Valletta）之旅

◎ 早餐后游览圣约翰大教堂（St. John's Co-Cathedral）

◎ 参观大主教宫（Grandmaster's Palace）和武器库（Armoury）

◎ 前往上巴拉卡花园（Upper Barrakka Gardens）欣赏港口美景

◎ 傍晚在瓦莱塔老城区自由活动，品尝当地美食

第三天：马耳他三城之旅

◎ 乘坐渡轮前往维托里奥萨（Vittoriosa）、科斯皮夸（Cospicua）和森格莱阿（Senglea）

◎ 参观维托里奥萨的圣劳伦斯教堂（St. Lawrence's Church）和马耳他军事博物馆（Malta Maritime Museum）

◎ 漫步科斯皮夸和森格莱阿的古老街道

◎ 欣赏三城地区的壮观海景

第四天：蓝窗遗址（Azure Window）和哥佐（Gozo）岛之旅

◎ 乘坐渡轮前往哥佐岛

◎ 参观蓝窗遗址（Azure Window）和因兰杜圣母教堂（Ta' Pinu Basilica）

◎ 游览维多利亚古城（Citadel of Victoria）和哥佐考古博物馆（Gozo Archaeological Museum）

◎ 下午返回马耳他主岛

第五天：马尔萨斯洞穴（Marsaxlokk）和布鲁海姆巴拉（Blue Grotto）之旅

◎ 上午前往马尔萨斯洞穴参观渔村和海鲜市场

◎ 下午乘坐船只游览布鲁海姆巴拉，欣赏悬崖和水下洞穴景色

◎ 晚上返回酒店休息

第六天：姆迪纳（Mdina）和拉巴特（Rabat）古城游

◎ 参观姆迪纳古城，包括圣保罗教堂（St. Paul's Cathedral）和姆迪纳城墙（Mdina City Walls）

◎ 漫步姆迪纳的迷宫般的街道，欣赏蜿蜒的巷子和古老的建筑

◎ 前往邻近的拉巴特市参观圣保罗灵洞（St. Paul's Grotto）和罗马别墅（Roman Villa）

◎ 下午自由活动，可以游览姆迪纳和拉巴特的手工艺品店、咖啡馆和博物馆

第七天：马耳他北部海滩放松

◎ 前往梅利哈湾（Mellieha Bay）、金湾（Golden Bay）或圣乔治湾（St. George's Bay）等美丽的海滩

◎ 享受阳光、沙滩和海水，可以尝试冲浪、潜水或帆板等水上运动

◎ 下午在附近的餐厅品尝海鲜和当地美食

◎ 晚上在海滩附近的酒吧放松，欣赏日落美景

第八天：离开马耳他

◎ 根据航班时间办理酒店退房

◎ 前往马耳他国际机场搭乘返程航班

这份为期一周的马耳他旅游计划涵盖了该国的主要景点和活动。它包含了许多主要的旅游景点，涵盖了历史、文化、自然风光和海滩休闲等多种元素。如果增加特色活动、提供详细景点信息以及考虑天气和季节因素等内容，就更完美了。在实际旅行过程中，请根据自身兴趣和实际情况进行调整，并提前预订交通和住宿，确保在马耳他度过愉快的一周！

用法 108：充当营养师

ChatGPT 作为营养师提供营养知识、个性化饮食计划、特殊饮食需求建议、膳食补充推荐、减肥策略和健康生活方式指导。注意，ChatGPT 不能替代专业营养师或医生，更专业的知识请咨询专业营养师。

扫一扫，看视频

Q 我是一名酮食爱好者，目前体重 70kg，身高 176cm，请为我制订一份饮食计划。

ChatGPT：

好的，针对您的身高体重和酮食爱好，下面是一份一周的饮食计划，供您参考：

周一：

早餐：酮食早餐煎蛋（鸡蛋、杏仁粉、奶酪、黄油）

午餐：鳄梨虾沙拉（虾仁、鳄梨、番茄、生菜、柠檬汁、橄榄油）

晚餐：烤鸡腿配烤茄子（鸡腿、茄子、柠檬汁、橄榄油）

周二：

早餐：酮食煎饼（奶酪、杏仁粉、鸡蛋、柠檬）

午餐：牛肉沙拉（牛肉、沙拉菜、番茄、奶酪、柠檬汁、橄榄油）

晚餐：烤三文鱼配花椰菜（三文鱼、花椰菜、奶油、柠檬）

周三：

早餐：芝士蘑菇煎蛋（蘑菇、芝士、鸡蛋、奶油）

午餐：柠檬鸡肉沙拉（鸡肉、沙拉菜、柠檬、奶酪、坚果）

晚餐：烤鲑鱼配西兰花（鲑鱼、西兰花、柠檬汁、橄榄油）

周四：

早餐：酮食煎饼（奶酪、杏仁粉、鸡蛋、柠檬）

午餐：香肠沙拉（香肠、沙拉菜、奶酪、坚果、柠檬汁、橄榄油）

晚餐：烤牛排配烤茄子（牛排、茄子、柠檬汁、橄榄油）

周五：

早餐：酮食蛋饼（鸡蛋、奶酪、花椰菜、黄油）

午餐：凉拌虾仁配莴苣（虾仁、莴苣、柠檬汁、橄榄油、盐、胡椒粉）

晚餐：烤鸡肉配凉拌黄瓜

周六：

早餐：杏仁饼干配芝士（杏仁粉、奶酪、黄油）

午餐：鳄梨鸡肉沙拉（鸡肉、鳄梨、番茄、生菜、柠檬汁、橄榄油）

晚餐：烤羊排配烤南瓜（羊排、南瓜、奶油、大蒜）

周日：

早餐：酮食煎蛋卷（鸡蛋、奶酪、菠菜、黄油）

午餐：凉拌鸡肉配黄瓜（鸡肉、黄瓜、柠檬汁、橄榄油、盐、胡椒粉）

晚餐：烤三文鱼配凉拌西葫芦（三文鱼、西葫芦、柠檬汁、橄榄油）

以上是一周的酮食饮食计划，您可以根据个人口味和需要进行调整和替换。请注意控制热量和碳水化合物的摄入量，合理增加蛋白质和脂肪的摄入量，以保持饮食的平衡和营养。另外，建议搭配适量的运动，加速身体的脂肪代谢，达到更好的减脂效果。

这份酮食饮食计划在提供营养的同时，通过限制碳水化合物的摄入量，促进身体产生酮体，从而加速脂肪代谢，达到减脂目的。饮食计划中包含了丰富的蛋白质和健康脂肪，同时蔬菜、水果和坚果的摄入量也较为充足，能够提供足够的维生素和微量元素。不过需要提醒的是，酮食并不适合所有人群，如果有严重的代谢性疾病（如糖尿病、甲状腺问题等），建议在咨询医生后再进行酮食。

用法 109：充当形象设计师

虽然 ChatGPT 并非真正的形象设计师，但它能利用海量的数据和算法，在理解用户提供的个人信息、外貌、气质、喜好和需求的基础上，为用户提供智能化且个性化的形象设计和美容服务。这种服务能够帮助用户更好地展示自身的魅力和个人风格。

Q 我想让你充当形象设计师，我是一名公务员，身高 176cm，体重 70kg，请为我推荐合适的服装款式。

ChatGPT：

好的，作为您的形象设计师，我可以根据您的身材和职业特点，为您推荐一些适合的服装款式。以下是几个参考：

1. 正式场合：如果您需要参加正式的场合，如会议、庆典等，建议选择经典的正装，如西装、衬衫、领带等。颜色以深色为主，如黑色、灰色、深蓝色等。选择剪裁合身的款式，突出身材的优点，并注意配饰的搭配，如手表、领夹等。

2. 日常工作：如果您需要穿着正装上班，可以选择简洁而不失大方的款式，如白色衬衫搭配黑色西裤，或者深色的毛衣搭配浅色的裤子。建议选择质地好的面料，如棉、麻、羊毛等，舒适又耐穿。

3. 休闲时光：如果您在休闲的时候，可以选择一些舒适休闲的服装，如牛仔裤、T 恤、休闲鞋等。建议选择柔软舒适的面料，如纯棉、弹力面料等，保持舒适自在的感觉。

总之，作为公务员，您需要在职业形象和舒适度之间取得平衡。选择合适的服装款式，能够更好地彰显个人品位和风格，同时也能够提高职业形象和工作效率。希望我的建议能够对您有所帮助。

ChatGPT 基于对身高、体重、职业等信息的理解和分析，提供一些基础的服装搭配建议。然而，由于缺乏直接的个性化信息和深度沟通，这些建议在精准性和针对性上存在一定的不足。如果用户能够提供更多关于个人喜好、气质和实际需求的信息，则 ChatGPT 能更准确地挑选出最符合用户个人风格和需求的服装搭配方案。

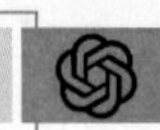

用法 110：充当化妆师

作为化妆师，ChatGPT 根据用户提供的信息和需求，为其提供化妆技巧、妆容搭配等更为智能化和个性化的妆容服务。注意，化妆是一项需要实践经验的技能，在实际使用化妆品时，还需根据实际情况进行调整，以获得最佳的效果。

扫一扫，看视频

Q 我是一名大学女老师，中等身材，皮肤偏白，明天要出席一场学术会议，请为我提供一些化妆建议。

ChatGPT：

当您作为一名大学女老师出席学术会议时，化妆可以帮助您营造出更加自信和专业的形象。根据您提供的信息，以下是一些适合您的化妆建议：

1. 底妆：对于皮肤偏白的人来说，建议使用自然色调的底妆，可以使用遮瑕膏遮盖面部的瑕疵，再用粉底打造出均匀细致的肌肤质感。

2. 眼妆：您可以选择深灰色或咖啡色系列的眼影，打造出自然深邃的眼神。使用黑色或咖啡色的眼线笔勾勒出眼线，让眼睛更有神采。最后涂上浓密型的睫毛膏，让睫毛更加翘长。

3. 唇妆：建议使用淡粉色或淡桃色的唇膏，搭配浅色的唇彩打造出自然柔和的嘴唇，同时也能增加整体妆容的清新感。

4. 眉毛：选择与头发颜色相近的眉笔，修饰出自然的眉型，让整个妆容更加和谐统一。

5. 设置定妆：在化妆完成后，您可以使用定妆喷雾或者散粉轻轻刷一层在面部，可以有效固定妆容，让您整天保持好看的妆容。

总之，以上建议主要侧重于自然、清新、舒适的妆容风格，既能保持您的专业性，又能呈现自信、自然的形象，希望能对您有所帮助。

ChatGPT 所提供的建议极具实用价值，其风格简练而自然，完全适用于女性教师参加学术会议的场合。它能帮助女性教师在会议中塑造自信且专业的形象。

用法 111：充当瑜伽师

扫一扫，看视频

作为瑜伽指导者，ChatGPT 会根据每个学员的身体状况、年龄、性别以及健康目标，为他们量身打造个性化的瑜伽实践计划。学员可以随时向 ChatGPT 咨询以获取关于瑜伽体式、呼吸法则、瑜伽哲理等方面的专业指导，这将极大地提升学员的学习体验。

Q 我希望你能作为一个瑜伽师。你将能够指导学员完成安全有效的姿势，创造适合每个人需求的个性化序列，引导冥想课程和放松技巧，营造专注于平静身心的氛围，为改善学员的整体健康状况提供调整生活方式的建议。

ChatGPT：

作为一个虚拟的瑜伽师，我将竭诚为您提供有关瑜伽练习和生活方式的指导。以下是我可以为您提供的一些建议：

1. 安全有效的姿势指导：在练习瑜伽时，正确的姿势至关重要。我可以为您提供详细的姿势说明和图示，以确保您在练习过程中保持正确的身体姿势。此外，我还可以为您提供有关如何避免常见错误和受伤风险的建议。

2. 个性化瑜伽序列：根据您的体质、年龄、性别、健康状况和健身目标，我可以为您量身定制独特的瑜伽序列。这将确保您的练习能够满足您的需求，帮助您更好地改善身心健康。

3. 冥想课程与放松技巧：冥想和放松对于瑜伽练习和整体健康同样重要。我可以为您提供冥想课程和放松技巧，帮助您在练习中找到内心的平静，减轻压力，提高精神健康。

4. 营造平静氛围：为了帮助您在练习中保持专注和平静，我可以为您提供关于如何营造适宜的瑜伽练习环境的建议，包括音乐、照明、香氛等方面。

5. 生活方式调整建议：通过改变日常生活习惯，您可以进一步提高健康状况。我可以为您提供关于饮食、睡眠、运动和压力管理等方面的建议，帮助您更好地维护身心健康。

虽然我是一个 AI 助手，但我将尽我所能为您提供最佳的瑜伽指导和建议。请随时向我提问或寻求帮助，我会竭诚为您服务。

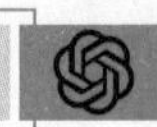

Q 请提供详细的瑜伽姿势说明和图示。

ChatGPT：

由于文本格式的限制，我无法直接为您提供图示。但是，我可以为您提供一些常见瑜伽体式的详细说明。您可以在网上搜索相关图片或视频，以便更好地理解和学习这些体式。

1. 山式（Tadasana）

◎ 站立，双脚并拢，脚跟相对，脚趾向前伸展。

◎ 双膝微微向后伸展，保持腿部肌肉紧实。

◎ 双臂自然下垂，手指向地面。

◎ 吸气时，向上伸展脊椎，保持直立姿势。

◎ 呼气时，感受足底与地面的连接，保持平衡。

2. 下犬式（Adho Mukha Svanasana）

◎ 从四肢着地的姿势开始，手掌位于肩膀下方，膝盖位于髋关节下方。

◎ 吸气时，抬起臀部，向上伸展。

◎ 呼气时，向后伸展双腿，脚跟向地面压。

◎ 保持手臂、脊椎和腿部形成一条直线。

◎ 双肩下压，头部自然下垂，目光朝向脚后跟。

3. 猫牛式（Marjariasana/Bitilasana）

◎ 从四肢着地的姿势开始，手掌位于肩膀下方，膝盖位于髋关节下方。

◎ 吸气时，挺胸，收腹，向上仰起头部，形成牛仔式。

◎ 呼气时，收腹，向上弓起背部，低头，形成猫式。

◎ 重复这一系列动作，跟随自己的呼吸节奏。

4. 勾臂瘦腰式（Ardha Matsyendrasana）

◎ 坐在地上，左腿弯曲，脚跟靠近右臀部。

◎ 右腿越过左腿，右脚跟靠近左膝。

◎ 吸气时，左手伸直，向上伸展。

◎ 呼气时，左手横过右膝，右手放在身后支撑身体。

◎ 保持头部向右转，向后看，肩膀保持放松。

◎ 保持几次呼吸，然后换另一侧重复。

请根据自己的身体状况和需要，选择适合的体式进行练习。在练习过程中，务必注意呼吸的节奏和身体的舒适度。以下是一些其他的瑜伽体式，您可以尝试练习：

5. 三角式（Trikonasana）

◎ 站立，双脚分开，大约与肩同宽。

◎ 右脚向右转 90°，左脚向内转约 45°。

◎ 吸气时，向两侧伸展双臂，与肩同高。

◎ 呼气时，向右弯腰，右手触摸右脚踝，左臂向上伸直，目光朝向左手。

◎ 保持呼吸顺畅，保持该姿势几秒钟。

◎ 吸气时，回到站立姿势，然后换另一侧重复。

6. 桥式（Setu Bandhasana）

◎ 平躺在地上，双膝弯曲，双脚与臀部同宽。

◎ 双臂自然放在身体两侧，掌心朝下。

◎ 吸气时，将臀部抬起，保持脊椎呈弓形。

◎ 在这个姿势中保持平稳的呼吸，臀部、大腿和腰部肌肉保持紧张。

◎ 呼气时，慢慢将臀部放回地面。

7. 树式（Vrksasana）

◎ 站立，双脚并拢，保持身体平衡。

◎ 将右脚抬起，将右脚底放在左大腿内侧，膝盖向外展开。

◎ 保持平衡，双手合十，置于胸前。

◎ 如果感到稳定，可以尝试将双手向上伸展，手指指向天花板。

◎ 保持这个姿势几秒钟，然后换另一侧重复。

请注意，在进行任何瑜伽练习时，始终要关注自己的身体感受和舒适度。切勿勉强自己进入任何不适的体式。在练习过程中，保持呼吸顺畅和平稳，将有助于您更好地进入和保持瑜伽体式。如有需要，您可以参加瑜伽课程或寻求专业瑜伽师的指导。

ChatGPT 提供的瑜伽指导非常专业且周到，其详尽的动作描述覆盖了各种难度层级，适合不同水平的练习者使用。然而，受到文本形式的限制，ChatGPT 无法直接展示瑜伽体式的视觉图解。

用法 112：充当保姆

扫一扫，看视频

在家庭环境中，ChatGPT 能有效协助保姆提升照看孩子和家务管理的效率。它可以提供家庭安全建议，如孩子误食防护和婴儿座椅安

装等。凭借其丰富的知识库，保姆可以从中获得专业的婴幼儿护理建议，包括喂养、换尿布和安抚等技巧。ChatGPT 还能提供高效家务处理的方法，如打扫和去污等，从而助力保姆更快地完成家务，营造整洁的生活环境。此外，保姆可向 ChatGPT 咨询健康饮食和营养建议，如食物搭配和特殊饮食需求等，为家庭提供均衡饮食。当发生紧急情况时，如孩子受伤或生病时，ChatGPT 也能提供基本的急救和处理建议。

Q 我希望你能充当一个保姆。你将负责监督幼儿，准备饭菜和零食，协助做家庭作业，参与游戏活动，在需要时提供安慰和安全保障，注意家中的安全问题，并确保所有需求得到保障。

ChatGPT：

虽然作为一个基于 GPT-4 架构的大语言模型，我无法直接以实体保姆的形式出现在您的生活中，但仍然可以为您提供一些有关照顾幼儿、准备饭菜、家庭作业辅导和家庭安全的建议。以下是我在这些方面可以为您提供支持的一些建议：

1. 监督幼儿：我可以为您提供有关如何与幼儿互动的建议，以及如何确保他们在安全的环境中玩耍和成长。这包括提醒您定期检查孩子的活动区域以确保其安全无隐患。

2. 准备饭菜和零食：我可以为您推荐一些健康的食谱，以满足幼儿的营养需求。此外，我还可以为您提供一些有关如何准备快速简单的零食的建议。

3. 协助做家庭作业：虽然我无法直接与幼儿互动，但我可以为您提供一些建议，以便您更好地帮助孩子完成家庭作业。这包括了解孩子的学习风格、使用有趣的教学方法和维持耐心等。

4. 参与游戏活动：我可以为您推荐一些适合幼儿的游戏和活动，以促进他们的身心发展，增进亲子关系。

5. 提供安慰和安全保障：我可以为您提供有关如何安抚孩子的建议。例如，在孩子生病或受伤时如何提供关爱和支持。

6. 注意家中的安全问题：我可以提醒您定期检查家中的安全隐患，如电线、插座、火源和易燃物品等，以确保家庭的安全。

7. 确保所有需求得到照顾：我可以为您提供一些关于如何充分照顾幼儿需求的建议，包括注意他们的生活习惯、饮食偏好和睡眠规律等。

请注意，我仅能在文字上为您提供这些方面的支持，无法直接在现实生活中以保姆的形式为您提供实际帮助。在遵循我的建议时，请务必结合您的实际情况进行判断，并在需要时寻求专业人士的指导。

Q 请为我推荐一些适合 5 岁男孩在家里进行的游戏和活动。

ChatGPT：

以下是一些建议，适合 5 岁男孩在家里进行的游戏和活动。这些游戏和活动可以帮助孩子发展身体协调性、认知能力、创造力和社交技能：

1. 拼图游戏：选择适合 5 岁男孩的拼图，挑战他的空间感和解决问题的能力。

2. 画画和手工制作：准备一些彩笔、水彩笔、纸张和其他手工材料，让孩子发挥他的创造力。您可以引导他尝试画画、剪纸艺术或制作简单的手工作品。

3. 建筑积木：乐高或类似的建筑积木可以激发孩子的创造力和空间认知能力。让他根据自己的想象搭建房子、车辆或其他建筑物。

4. 角色扮演：鼓励孩子进行角色扮演游戏，如医生、警察、消防员等。这可以帮助他理解不同职业的特点和职责，提高他的同理心和社交技能。

5. 音乐和舞蹈：在家里放一些活泼的音乐，和孩子一起跳舞。这有助于锻炼孩子的身体协调性和节奏感。

6. 室内宝藏寻找：在家里设计一个宝藏寻找游戏，让孩子根据线索找到隐藏的物品。这个游戏可以锻炼孩子的观察能力、逻辑思维和解决问题的能力。

7. 学习游戏：使用教育玩具或游戏，帮助孩子学习数字、字母、形状和颜色等基本概念。有些游戏还可以帮助他们发展语言和阅读技能。

8. 故事会：每天为孩子讲一个有趣的故事，或者鼓励他自己讲故事。这有助于培养孩子的想象力和语言表达能力。

请注意，为了孩子的安全，您应该始终密切关注他们的活动，确保他们在一个安全的环境中玩耍。可以适当地参与游戏和活动，引导孩子，增进亲子关系。

ChatGPT 所推荐的这些游戏和活动是针对 5 岁男孩的成长需求，有助于培养他们的身体协调性、认知能力、创造力和社交技能。它不仅给出了游戏和活动的详细玩法，还阐述了这些游戏和活动的意义。

用法 113：充当家庭维修师

ChatGPT 借助其卓越的学习和理解能力，为家庭常见的维修问题提供指导和排错技巧。这些技巧覆盖了家庭日常生活中的各个方面的

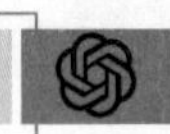

维修和维护任务。例如，修补漏水的水龙头与墙壁上的破洞、更换灯泡、修复家具、排查电器故障和修复网络故障等。ChatGPT 就是一位全能的家庭维修助手，协助用户以简洁、安全且高效的方式解决家中的各种维修问题。

Q 卫生间的天花板在滴水，请帮我解决一下。

ChatGPT：

卫生间天花板滴水可能是由多种原因造成的。以下是一些建议来帮助您解决这个问题：

1. 检查上层楼的漏水：首先，确认是否有上层楼的漏水问题。可能是邻居的水管、卫生间设施等出现漏水现象，导致水顺着楼板渗透至您的卫生间天花板。若果真如此，您需要与上层邻居沟通并请他们尽快解决漏水问题。

2. 检查水管：检查卫生间内的水管是否有漏水现象，特别是连接处、阀门和接头。如果发现漏水，请尽快修理或更换损坏部分。

3. 检查卫生间设施：检查卫生间内的设施，如马桶、淋浴、水槽等是否有漏水现象。如果发现问题，请及时修复。

4. 检查排气扇：如果卫生间有安装排气扇，检查排气扇周围是否有积水。有时候，潮湿的空气可能导致水蒸气在排气扇周围凝结，形成水滴。确保排气扇正常工作，以减少潮湿空气对天花板的影响。

5. 暂时应对措施：在解决问题之前，您可以在卫生间地面放置一个盆子或塑料桶来接住滴水，以防止地面积水造成危险。

6. 寻求专业帮助：如果您无法确定问题所在或无法自行解决，请联系专业水暖工或维修人员进行检查和修理。

请注意在检查和修理过程中确保安全，避免触电等危险情况。希望这些建议能对您有所帮助。

Q 检查了一遍，是上层楼漏水。

ChatGPT：

既然已经确认是上层楼漏水导致的问题，您可以采取以下措施来解决：

1. 及时沟通：尽快与上层邻居取得联系，友好地告知他们漏水问题，并请他们进行检查和处理。提醒他们这可能会影响到他们的房屋结构，以及您和他们自己的生活质量。

2. 协助排查：如果上层邻居同意，请尽量协助他们排查漏水原因。可能是水管破裂、卫生间设施问题或其他原因。找到问题后，可以一起商议如何解决。

3. 寻求物业或业主委员会帮助：如果您与上层邻居沟通遇到困难或他们不愿意解决问题，可以向物业或业主委员会反映情况。他们可能会协调处理此类问题，确保住户的权益得到维护。

4. 了解法律法规：了解当地的法律法规，了解关于漏水问题的相关规定。这将有助于您在与邻居沟通或寻求物业协助时，知道自己的权益并确保问题得到妥善解决。

5. 联系专业维修人员：在问题解决期间，您可以考虑联系专业维修人员对卫生间天花板进行临时维修，以减少水损对您住宅的影响。但请注意，这只是暂时措施，彻底解决问题还需要解决漏水的根本原因。

希望这些建议能帮助您解决上层楼漏水问题。请注意在沟通过程中保持友好和耐心，以便顺利解决问题。

ChatGPT 所提供的解决方案既实用又有效，它的缜密思考方式和清晰逻辑让人佩服。

用法 114：充当家庭装修师

ChatGPT 为用户在家装过程中提供专业建议和实用技巧，如家装规划、材料选择、家具布局、色彩搭配、照明设计、家居软装、功能性空间规划、家装预算管理、家装施工监管和节能环保等，从规划设计到选材施工，ChatGPT 为用户提供有益的建议和支持，帮助用户顺利完成家装项目，成功打造理想的居住空间。

扫一扫，看视频

Q 作为业主，如何挑选合适的装修公司？

ChatGPT：

作为业主，挑选合适的装修公司是一个重要的环节。以下是一些建议来帮助您挑选合适的装修公司：

1. 了解口碑：请教亲朋好友，收集他们的装修经验，了解他们推荐的装修公司。同时，您可以查阅在线评价和论坛讨论，了解不同装修公司的口碑，这

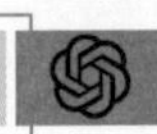

将帮助您找到值得信赖的装修公司。

2. 比较报价：向多家装修公司咨询，获取详细的报价单，对比价格、项目范围和服务质量等因素。请注意，不要盲目追求低价，而应综合考虑价格和质量。

3. 查看案例：查看装修公司的过往案例，了解他们的设计风格、施工质量和项目完成情况。如果可能，请亲自参观已完成的装修项目，以便更直观地评估装修公司的能力。

4. 了解服务：了解装修公司提供的服务内容和售后支持。例如，他们是否提供设计、施工、材料采购等一站式服务？在装修过程中，如何处理变更和额外费用？装修结束后，是否提供免费维修和保修服务？

5. 确认资质：查询装修公司的资质和证书，确认他们是否具有合法经营资格，是否具备相应的设计、施工等资质。同时，了解他们的员工队伍，是否有专业的设计师、施工人员等。

6. 签订合同：在选定装修公司后，请务必签订正式的装修合同。合同应详细列明项目范围、价格、工期、质保条款等内容，以确保双方在装修过程中的权益得到保障。

7. 要求保险：为避免装修过程中出现的意外损失，您可以要求装修公司为项目投保，如第三方责任保险、工程险等。这将增加您在装修过程中的保障。

综上所述，挑选合适的装修公司需要从多个方面进行综合考虑。在了解口碑、比较报价、查看案例、确认资质等工作的基础上，通过签订合同和要求保险等方式，确保您的权益得到保障。祝您挑选到合适的装修公司，顺利完成家装项目。

ChatGPT 所提供的如何选择合适装修公司的建议，不仅全面详尽，而且极具专业性，其水平甚至超越了许多专业人士。

3.14 多媒体艺术

随着 AI 技术的发展，ChatGPT 等先进的 AI 工具逐渐成为各行各业的得力助手。通过与其他各种工具的完美结合，ChatGPT 可以实现多种创意应用，包括生成美轮美奂的图片、制作富有创意的短视频、创作 emoji 创作等。

用法 115：借助 Midjourney 创作美图

扫一扫，看视频

ChatGPT 无法直接生成美图。如果希望根据自身的想法创建美图，则需要借助其他的 AI 绘图工具，如 Midjourney、DALL · E 和 Stable Diffusion 等。

其中，Midjourney 是由大卫 · 霍尔兹（David Holz）领导的同名研究实验室开发的 AI 绘图工具，于 2022 年 7 月正式对公众开放测试。用户只需要通过 Discord 机器人指令就能轻松创作绘画。此工具能够模仿诸如梵高、达· 芬奇和毕加索等大师的艺术风格，还能识别特定的摄影术语，设定绘画风格和画布材质。Midjourney 为用户带来了独特的绘画体验，只要提示词描述得当，每幅作品都美轮美奂。本小节将演示如何使用 ChatGPT 和 Midjourney 进行 AI 绘图。

在 AI 绘图过程中，ChatGPT 的主要作用是优化提示词。若想创作一幅在朝阳下跑步的充满活力的美女的图像，则先与 ChatGPT 进行对话，利用其优化提示词的能力生成更具创意的 Midjourney 提示词。

例如，最初提供了这样的描述:“一个春天的早晨，一位充满活力的美女在绿茵茵的草地上奔跑。” ChatGPT 帮助将其描述优化为:“春天清晨，阳光明媚，一位充满活力的美女身穿运动装，欢快地在绿色的草地上奔跑。她的长发在风中飘动，清新的空气中充满了活力。用莱卡相机拍摄的全高清 8K 图像，呈现出一幅唯美而清新的画面。” 这样包含更多细节的提示词将更有利于 Midjourney 生成期望的图像。然后，将优化后的提示词提交给 Midjourney 来完成 AI 绘图。

下面是一些由 Midjourney 绘制的作品示例。

图 3.49　太空歌剧院

图 3.49 所示为 Jason Allen 利用 Midjourney 创作的“太空歌剧院”画作，该作品在美术竞赛的数字艺术类别中获得了一等奖。

图 3.50 所示为笔者使用 Midjourney 创作的香港街头出租车绘画图。

图 3.50　使用 Midjourney 创作的香港街头出租车绘画图

下面介绍使用 Midjourney 进行创作的流程。

（1）注册 Discord 账号并登录，搜索并加入 Midjourney 频道。

（2）在 Midjourney 频道左侧选择任意一个 newbies 房间进入，如图 3.51 所示。

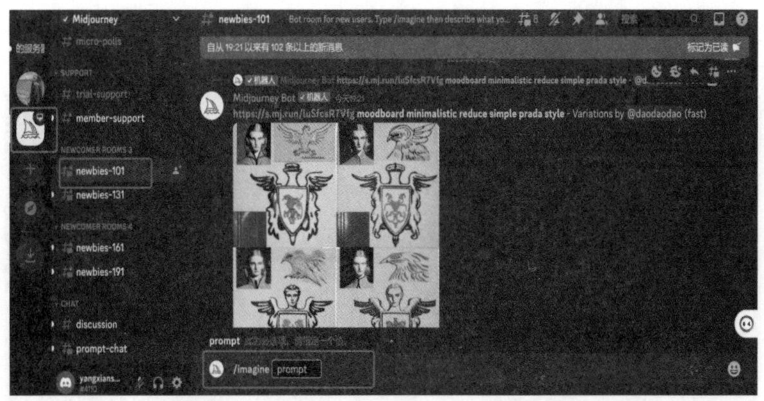

图 3.51　进入 newbies 房间

（3）在对话框中输入斜杠“/”，弹出指令 imagine 的 Prompt 输入框，输入提示词，按 Enter 键，稍等一两分钟即可生成图片。

这些是公共房间，也能够看到其他用户的作品，自己生成的图片也会被其他用户看到。

如果想创建独属于自己的频道，请执行下面的步骤：

（1）单击左侧的“+”，添加服务器，在弹出的对话框中选择“亲自创建”选项，如图 3.52 所示。

图 3.52　创建服务器

（2）选择“仅供我和我的朋友使用”选项后，输入服务器名称，单击“创建”按钮即可创建成功。

（3）回到 Midjourney 频道，找到 Midjourney Bot 机器人并单击，选择“添加至服务器”选项，如图 3.53 所示。选择刚才创建的服务器名称，并进行授权，即可完成频道的创建。

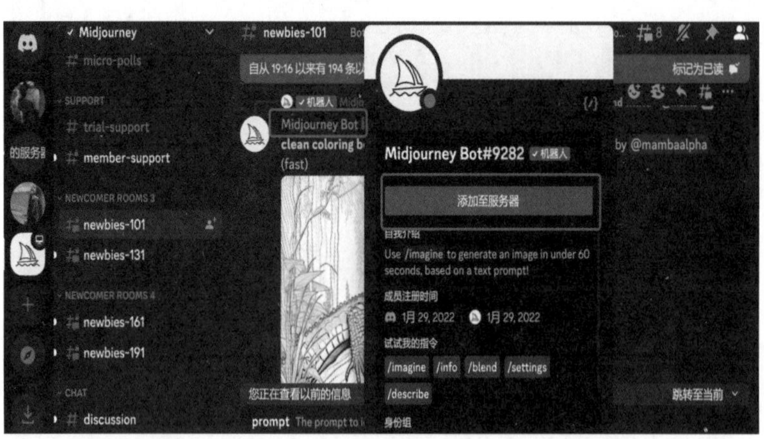

图 3.53　添加至服务器

Midjourney 的提示词只能是英文，在 ChatGPT 对提示词优化后需要将其翻译为英文。图 3.54 所示为使用下面的提示词生成的一幅图。

Prompt（提示词）：A tranquil, comfortable, and vibrant scene unfolds. In the picture, I am a 20-year-old beautiful Chinese woman, sitting in the sunroom of my home, holding a favorite book, basking in the warm sunlight and enjoying the beautiful natural scenery. The room is filled with an artistic atmosphere, with my own paintings hanging on the walls and my favorite handmade crafts on the table.

图 3.54　使用 Midjourney 绘制的作品

用法 116：制作抖音短视频

扫一扫，看视频

在抖音短视频大行其道的今天，掌握短视频创作技巧似乎成了一项必备技能。但对于许多缺乏剪辑、文案或运营经验的人来说，这是个挑战。这时，ChatGPT 提供了强大的支持，它能协助处理从内容创意、脚本编写到视频剪辑和运营策略的各个环节。

利用 ChatGPT 生成有趣的创意，为短视频提供独特素材。在文案创作方面，ChatGPT 能撰写吸引眼球的标题、描述和话题标签，提升视频曝光率。在剪辑方面，ChatGPT 可以解答剪辑技巧和流行趋势，提升剪辑技能。

更重要的是，ChatGPT 在短视频运营上也大有作为。它可以提供针对性的运营策略，帮助视频在众多内容中脱颖而出。通过与粉丝互动、回复评论，以及在社交媒体上进行推广，ChatGPT 都能助用户一臂之力，提升短视频的受欢迎程度。

总之，有了 ChatGPT 的辅助，无论是在剪辑、文案还是运营上遇到困难，都能找到专业且实用的建议，让短视频制作过程变得轻松愉快。

下面介绍使用 ChatGPT 辅助制作短视频的具体流程：

（1）利用 ChatGPT 生成短视频脚本。向 ChatGPT 提问关于某个方面的热门话题。在这些热门话题中选择一个话题，让 ChatGPT 生成短视频脚本。

例如，下面的提示词：

Q 请帮我生成一个短视频脚本，关于洪崖洞景点介绍的。

ChatGPT：标题：重庆奇幻之旅 | 探秘千与千寻的现实版洪崖洞

脚本：

1. 镜头：镜头从高空向下俯瞰洪崖洞，展示其独特的地理位置和建筑风格。

旁白：重庆，这座山水之城，孕育了许多独特的景点。今天，我们带您领略其中最具魔幻气息的洪崖洞。

2. 镜头：画面切换至洪崖洞正门，镜头缓慢向前推进。

旁白：位于长江与嘉陵江交汇处的洪崖洞，是重庆最具代表性的地标之一。这座仿古建筑群将巴渝传统建筑风格与现代元素完美融合。

3. 镜头：展示洪崖洞内部错落有致的各种商铺、餐厅和文化设施。

旁白：在这里，您可以品尝到正宗的重庆火锅、小面等美食，还可以购买到富有地方特色的手工艺品和纪念品。此外，这里还有各种文化活动和表演，为游客带来丰富的视觉与味蕾享受。

4. 镜头：展示洪崖洞夜景，灯光璀璨，如同千与千寻的世界。

旁白：夜幕降临时，洪崖洞的灯光璀璨，仿佛置身于宫崎骏的动画世界。这里无疑是重庆最具浪漫氛围的地方之一，吸引了无数游客前来打卡。

5. 镜头：展示游客在洪崖洞拍照留念的场景。

旁白：重庆的洪崖洞，已经成为网红打卡胜地。不论是游客还是当地市民，都喜欢在这里记录美好的瞬间。

6. 镜头：画面拉回至洪崖洞全景，同时展示周围的江景。

旁白：来到重庆，千万不要错过这座如梦如幻的洪崖洞。在这里，您将体验到这座城市独特的魅力与文化底蕴。让我们一起，探秘这片神秘的土地吧。

7. 镜头：游客乘坐观光电梯欣赏洪崖洞不同角度的美景。

旁白：在洪崖洞，游客还可以乘坐观光电梯，从不同的角度领略这座建筑的独特魅力。电梯穿梭于悬崖峭壁之间，让您尽享重庆的壮丽景色。

8. 镜头：展示洪崖洞附近的千厮门大桥、长江和嘉陵江交汇处的美景。

旁白：在洪崖洞周边，还有其他许多值得一游的景点，如千厮门大桥、长江和嘉陵江交汇处等。从这里，您可以欣赏到重庆独特的地貌和自然美景。

9. 镜头：游客在洪崖洞附近的江边散步，欣赏江景。

旁白：在欣赏完洪崖洞的美景后，您还可以漫步于江边，感受重庆独有的山水韵味，让这座城市的魅力深深留在您的心中。

10. 镜头：拉远镜头，展示洪崖洞全景，渐隐画面。

旁白：重庆洪崖洞，一个充满神秘魅力的旅游胜地，等待您的探索。下次来重庆，别忘了这个必游之地，让这座城市的美景成为您永恒的回忆。

结尾：感谢收看我们的短视频，希望您喜欢这次的重庆奇幻之旅。如果您喜欢这个视频，请点赞、关注和分享，我们将继续为您带来更多精彩的旅行故事。

（2）一键生成短视频。打开剪映 App，单击“图文成片”按钮，如图 3.55 所示。将 ChatGPT 生成的脚本改为文案粘贴到文本框中，单击“生成视频”按钮，稍等片刻即可生成短视频，如图 3.56 所示。在视频剪辑编辑页面，可以修改配图、视频、配乐、字幕等。最后，单击右上角的导出按钮就可以导出生成的短视频。

图 3.55　选择图文成片

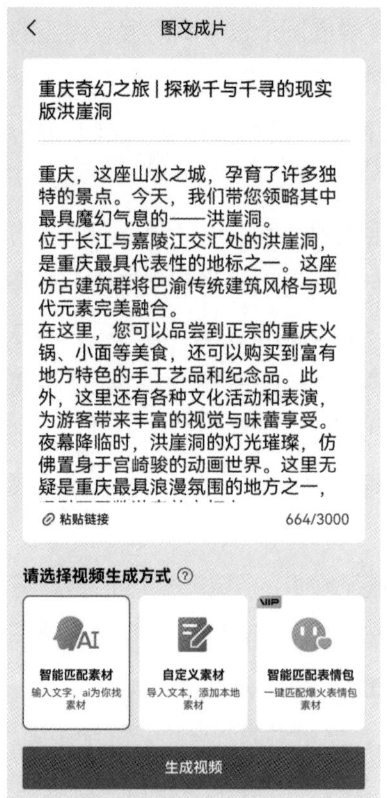

图 3.56　生成视频

用法 117：使用 emoji

扫一扫，看视频

ChatGPT 的强大之处不仅在于其深厚的语言理解和应答生成能力，还在于其诸多实用的小技巧，如它对 emoji 的支持。利用 emoji，ChatGPT 的回应不仅能更加生动有趣，也能更准确地传达情感和意图。ChatGPT 能够准确使用 emoji，丰富了其生成的文本内容，也为用户提供了更加丰富和有趣的交互体验。

接下来，探索如何利用 emoji 来增强和丰富与 ChatGPT 的互动，以下是一些实用的技巧和示例。

Q 请写一篇关于重庆火锅的宣传广告，150 字，要加上 emoji。

ChatGPT：生成回复如图 3.57 所示。

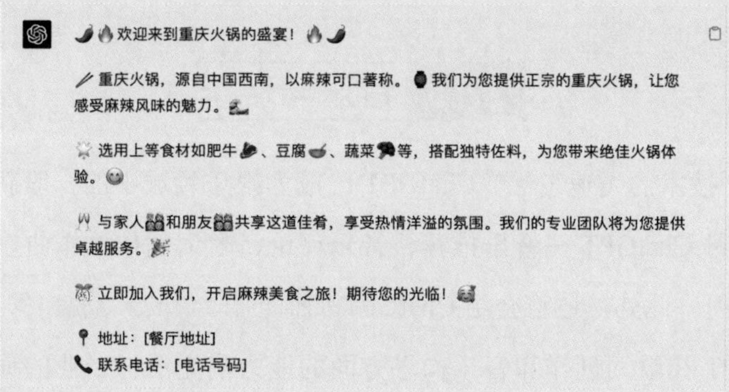

欢迎来到重庆火锅的盛宴！

重庆火锅，源自中国西南，以麻辣可口著称。我们为您提供正宗的重庆火锅，让您感受麻辣风味的魅力。

选用上等食材如肥牛、豆腐、蔬菜等，搭配独特佐料，为您带来绝佳火锅体验。

与家人和朋友共享这道佳肴，享受热情洋溢的氛围。我们的专业团队将为您提供卓越服务。

立即加入我们，开启麻辣美食之旅！期待您的光临！

地址：[餐厅地址]
联系电话：[电话号码]

图 3.57　生成回复

Q 请用 emoji 描述一个人从出生到死亡的全过程。

ChatGPT：生成回复如图 3.58 所示。

图 3.58　生成回复

Q 写一篇完全由 emoji 组成的五言绝句诗，每个字都要有一个 emoji。诗歌表达了作者的相思之情。不许出现汉字或英文。要有 8 句话，emoji 句子必须有逻辑性。

ChatGPT：生成回复如图 3.59 所示。

图 3.59　生成回复

通过上面的示例，观察 ChatGPT 的生成效果，可以看到它确实能够有效、准确地使用 emoji。无论是回答问题、生成文本还是提供建议方面，它都能够合理地使用 emoji，使输出的内容更具有趣味性，也更具视觉吸引力。

3.15 音乐与玩乐

随着 AI 技术的飞速发展，ChatGPT 已成为娱乐领域中的一股新兴力量。本节将深入探讨 ChatGPT 在音乐推荐、音乐评论、歌词创作、作曲以及音乐创作等领域的应用。此外，还将介绍 ChatGPT 如何创作绕口令、脱口秀以及相声等。尽管 ChatGPT 在歌词创作和音乐构思方面的能力尚无法与专业的词曲创作者相媲美，但已超越许多相关专业的大学生水平。

用法 118：推荐与点评音乐

通过分析音乐数据，根据用户的喜好和听歌习惯，ChatGPT 为用户提供个性化的音乐推荐。ChatGPT 还能进行音乐鉴赏，对音乐进行客观、专业的点评。

扫一扫，看视频

Q 今天晚上我心情不好，给我推荐一些古典音乐吧！

ChatGPT：

当然可以！在心情不好的时候，聆听古典音乐有助于放松心情和缓解压力。以下是一些古典音乐作品推荐，希望能够为您带来愉悦和安慰：

1. 贝多芬 - 月光奏鸣曲（Piano Sonata No. 14 in C-sharp minor "Moonlight"）
2. 柴可夫斯基 - 清晨的花园（The Garden in the Morning）
3. 德彪西 - 月光（Clair de Lune）
4. 巴赫 - C 大调前奏曲（Prelude in C Major, BWV 846）
5. 莫扎特 - 小夜曲 K. 525（Eine kleine Nachtmusik, K. 525）
6. 布拉姆斯 - 第三交响曲（Symphony No. 3 in F major, Op. 90）
7. 肖邦 - 夜曲 Op. 9 No. 2（Nocturne Op. 9 No. 2）
8. 瓦格纳 - 四季中的春（The Four Seasons: Spring）
9. 贝多芬 - 第九交响曲（Symphony No. 9 in D minor, Op. 125 "Choral"）
10. 海顿 - 小提琴协奏曲 C 大调（Violin Concerto in C major）

希望这些建议能够帮助您放松心情。请尽情享受这些美妙的古典音乐作品！

Q 请点评一下贝多芬的《献给爱丽丝》这首曲子。

ChatGPT：

贝多芬的《献给爱丽丝》(Für Elise) 是一首非常著名且广受喜爱的钢琴曲。它的旋律优美动听，节奏轻快，吸引了全球无数乐迷。以下是对这首作品的点评：

1. 优美的旋律：《献给爱丽丝》的主题旋律非常简单明快，易于上口。其旋律流畅且富有情感，展现了贝多芬精湛的旋律创作能力。

2. 富有动态变化：这首曲子在动态上有很好的对比，从柔和的主题到富有激情的中段部分，表现了音乐的层次感和戏剧性。

3. 技巧与表现力的结合：《献给爱丽丝》不仅是一首技巧性很强的作品，同时也具有很高的艺术价值。它展示了贝多芬在创作钢琴曲时如何将技巧与情感表现力完美结合。

4. 广泛传播与影响力：作为贝多芬的代表作之一，《献给爱丽丝》在全球范围内广为传播，成为许多人学习钢琴的入门曲目。这首作品的影响力可见一斑。

总之，《献给爱丽丝》是一首极具魅力的钢琴作品，旋律优美动听，结构紧凑，既体现了贝多芬的高超创作技巧，也展示了其深厚的艺术内涵。这首曲子将继续在音乐史上留下浓墨重彩的一笔。

ChatGPT 推荐的作品既包括轻松、舒缓的曲目，也包括动人、激昂的曲目，这些曲目有助于用户放松心情、减轻压力，在音乐中寻找到愉悦与安慰。至于对《献给爱丽丝》的点评，非常专业地分析了这首作品的旋律、动态变化、技巧与表现力等方面。当然，音乐的评价在很大程度上是主观的，不同的人可能会有不同的看法。

用法 119：作词

扫一扫，看视频

歌词创作通常要求作词家具备专业知识和独特技能。特别是在创作现代流行歌曲时，歌词不仅要简单易懂，要避免陈词滥调，还要意境深远，让人有所回味。然而，有了 ChatGPT 的助力，一切变得轻松许多。ChatGPT 具备强大的语言理解能力，能够深入洞察用户的创作需求，并协助他们构思出充满情感和创意的歌词。

更为神奇的是，ChatGPT 能够根据用户的喜好和需求，生成各种风格和主题的歌词，为用户的创作提供无尽的灵感。这种智能创作工具极大地降低了创作的门槛，让更多人可以享受到音乐创作的乐趣。无论是音乐创作的初学者，还是经验丰富的作词家，ChatGPT 都能成为他们值得信赖的创作助手。

利用 ChatGPT 创作歌词需要经过以下步骤：

（1）定义想要在歌词中传达的主题或情感，如爱、悲伤、喜悦等。

（2）对生成的歌词进行修改和调整，使其更符合要表达的主题和情感。

（3）考虑旋律、和弦、节奏等音乐元素进行调整，形成完整的歌词。同样，受到训练数据的限制，ChatGPT 更擅长创作英文歌词。

Q 你知道赵雷的《成都》这首歌曲吗？

ChatGPT：

是的，我知道赵雷的《成都》这首歌曲。《成都》是一首非常受欢迎的现代流行歌曲，由中国内地独立音乐人赵雷创作并演唱。这首歌曲以成都这座城市为背景，讲述了一段关于爱情与离别的故事。歌曲的旋律优美，歌词抒情，演唱的方式极具个性，给人一种温暖、怀旧的感觉。

《成都》自发布以来，受到了广泛关注和好评，很多人因为这首歌曲而喜欢上赵雷这位音乐人。这首歌曲成了赵雷的代表作品之一，也让更多人开始关注中国内地的独立音乐。

Q 请以《成都》这首歌曲的风格，写一首关于重庆的歌曲。

ChatGPT：歌曲名称：《回到重庆》

[第一段]

穿过重庆的小巷和石板路，

这座山城藏着我们的回忆。

河流环绕的温暖怀抱，

你我曾在此相遇相知。

[副歌]

回到重庆，找寻那过往，
在长江和嘉陵江的交汇处。
那座山城，那些日子，
你我的笑声，回荡在岁月里。

[第二段]

辣椒和火锅的味道，
麻辣中透露出那独特的风情。
缆车上看夜景的美好，
忘不了与你并肩漫步的时光。

[副歌]

回到重庆，找寻那过往，
在长江和嘉陵江的交汇处。
那座山城，那些日子，
你我的笑声，回荡在岁月里。

[桥段]

重庆的故事，在心中回响，
那座魔幻之城，留下了痕迹。
风吹过的夜晚，江水轻轻流淌，
你我曾在这里，温暖相依。

[副歌]

回到重庆，找寻那过往，
在长江和嘉陵江的交汇处。
那座山城，那些日子，
你我的笑声，回荡在岁月里。

[尾声]

在重庆的街头，与你重逢，
那些温柔的日子，永不再遥远。
在这山水之间，你我笑着相拥，
回到重庆，找寻那些年的梦。

ChatGPT 创作的这首关于重庆的歌词，运用了《成都》歌词中的抒情、怀旧风格，并试图体现出重庆独特的地理环境和风情。在歌词中，描绘了重庆的山水景色、美食等特色，希望能够让听众产生共鸣，勾起对重庆的美好回忆。

用法 120：作曲

作曲也是一件非常专业的事情，通常需要掌握音乐理论、和声原理和曲式结构等专业知识，具有一定门槛。然而，ChatGPT 的出现让作曲变得简单。ChatGPT 能理解音乐并根据用户需求生成旋律和和弦。这让新手和作曲家都能轻松创作，获得更多灵感。ChatGPT 通过分析用户提供的信息，为用户提供定制化的音乐建议和指导，使每个人都能够在不同风格、主题和情感表达方面尝试音乐创作，拓宽音乐视野。

扫一扫，看视频

使用 ChatGPT 作曲时，需要提供关于曲子的信息，比如具体的流派、风格、乐器、节奏以及歌词、主题和情感等，也可以告诉 ChatGPT 模仿特定艺术家或乐队的音乐进行作曲。也就是说，提供关于曲子的信息越详细具体，ChatGPT 创作的曲子越符合要求。创作后，需要进行修改和调整。同样，ChatGPT 更擅长创作西方曲子。

Q 我想让你充当作曲家，请帮我作曲，风格是中国古风，要使用各种中国乐器配合钢琴和弦乐进行设计，以简单的三个音作为起始动机，带有既复古又有史诗感的旋律，请加入人生思考和感悟，避免和其他人作品雷同。这个音乐想表达的画面是：1．开封市清明上河园，华灯初上，一对恋人在河中船上游览夜景五；2. 河边的她孤独地看着盛世夜景，却无心欣赏；3. 突然漫天的孔明灯缓缓从河边升起，大家感动沉浸，看着漫天烟火；4. 河边的她孤独离去。

ChatGPT：

虽然我作为一个 AI 语言模型无法直接创作音乐，但我可以为您提供一些创作思路和建议。根据您的需求，您可以尝试以下方式来构建这首曲子：

1. 起始动机：从简单的三个音开始，如将“C-E-G”作为基本旋律。这个动机可以在整个作品中不断发展和变化，体现出复古和史诗感。

2. 乐器选择：在保留钢琴和弦乐的基础上，加入中国传统乐器如琵琶、二胡、古筝等，以展现中国古风特色。

3. 情感表达：

a) 第一幕：清明上河园夜晚，可使用柔和的钢琴旋律配合二胡或古筝的轻柔演奏，传达恋人游览夜景的浪漫氛围。

b) 第二幕：她孤独地看着盛世夜景，可以用低沉、忧郁的弦乐和二胡表达她的孤独和无心欣赏的心情。

c) 第三幕：孔明灯升起，可以加入琵琶或笛子等高亢激昂的旋律，表现大家沉浸在烟火盛景中的感动。

d) 第四幕：她孤独离去，用渐弱的钢琴和古筝演奏出离别的哀伤和无奈。

4. 人生思考和感悟：在旋律设计中融入一些音乐对话，例如在不同乐器之间进行对话，体现人生中的喜怒哀乐和生命的无常。

5. 避免雷同：在创作过程中，尽量遵循自己的独特风格，结合个人理解和对古风音乐的认识，创作出既符合主题又具有个性的作品。

希望这些建议对您的音乐创作有所帮助！祝您创作顺利！

ChatGPT 给出的作曲构思融合了中国传统音乐元素，并且在旋律、乐器和情感表达方面做到了丰富多样，符合创作出一首具有深度和情感的古风音乐作品的要求。当然，在实际创作过程中，需要根据自己的音乐理解和技巧来调整和优化作品。

用法 121：创作短视频剧本

在当今短视频蓬勃发展的时代，编写引人入胜的剧本至关重要。但是编写富有创意的短视频剧本既耗时又耗力。在这里，ChatGPT 成为理想助手，协助创作者轻松生成短视频剧本。创作者只需输入“短视频脚本”及其主题关键词，如“旅行”或“美食”，ChatGPT 便能生成一篇所选主题的短视频脚本。更棒的是，ChatGPT 还可以根据创作者需求定制，调整长度、风格和语气，产生符合特定情景的短视频剧本。

扫一扫，看视频

使用 ChatGPT 创作短视频剧本流程如下：

（1）明确主题和情节。在创作短视频剧本前，要确定主题和情节，如“浪漫爱情”或“悬疑惊悚”。简洁地描述主题和情节，以便 ChatGPT 理解创作意图。若主题不明确，提供提示词，让 ChatGPT 给出建议。根据 ChatGPT 的回答，进一步探索主题，以便生成情节。

（2）生成初稿。在创作短视频剧本时，先输入提示词。例如，“山茶树下，一对青年知青相遇”，利用 ChatGPT 生成开头。再根据需求修改或添加提示词，如“爱情”“科幻”“动画”“恐怖”“喜剧”。最后在提示词中加入具体细节，如场景、角色和情节，以便 ChatGPT 准确生成所需内容。细节越具体越有助于 ChatGPT 更好地理解创意意图，生成的短视频剧本越符合要求。

（3）处理细节。ChatGPT 生成的初稿需要处理和修饰细节。ChatGPT 可根据提供的角色、场景和情节等提示词，对剧本进行细节处理。例如，可以加入角色的背景故事、情感经历，场景的氛围、细节和元素，以及情节的背景、触发事件、转折和悬念等提示词，增加剧本的丰满度。在描述细节时多使用形容词和副词，可以增强描述的情感色彩。

（4）添加角色和对话。在短视频剧本中，添加角色和编写对话是使剧本更加生动有趣的关键步骤。添加角色，赋予角色个性、生活经历和情感是至关重要的，这样才能与观众产生共鸣和情感联系。此外，编写对话也是必要的，通过对话，角色能够更具体地表达自己的思想、情感和内心世界，使观众更好地了解他们。通过精心塑造角色和设计角色对话，可以更加生动地展现故事情节。

（5）完善剧本结尾。在总结前面的情节和对话的基础上确定剧情的高潮和结尾。这时可以使用提示词来引导 ChatGPT 生成高潮和结尾的场景，并通过对话、音效、镜头等元素进行调整，使剧本更具吸引力和戏剧性。举个例子，如果剧本的主题是爱情，情节是男主角追求女主角，可以使用提示词生成高潮部分，例如男主角向女主角表白的激动时刻，然后引出结尾，比如他们相拥而泣。最后，完善结尾，例如两人手牵手走向未来的幸福。通过这样的方式，剧本可以更加引人入胜，并给观众留下深刻的印象。

限于篇幅，这里并未提供具体的例子，但读者可以按照前面的步骤进行实验和创作。

用法 122：创作绕口令

扫一扫，看视频

绕口令是一种文字游戏，通常包含一系列发音相似的词汇，要求在快速说出这些词汇时保持口齿清晰。借助 ChatGPT，可以轻松创作出有趣的绕口令，不仅能挑战自己的语言能力，还能与朋友亲人共享欢乐时光。只需向 ChatGPT 提供一些提示词或主题，它便会生成一系列有趣的

绕口令。这些绕口令可以用于家人、朋友的聚会游戏、闲暇娱乐中。

Q 围绕醋、布、鹰和兔创作一首绕口令，每句话 7 个字，每句话最后一个字都要押韵

ChatGPT：

爷爷出门买醋和布，
山中邂逅鹰和兔。
鹰想抓兔，爷爷愁眉苦，
兔奔山涧，鹰高空舞。
鹰飞兔走两相追，
爷爷边跑边摇头。
回家沏醋泡好布，
山中故事让人乐。

这个由 ChatGPT 生成的绕口令内容似乎与《捉兔》有些相似，但从生成内容来看，其质量并不出色，这与 ChatGPT 的训练数据集有关，如果给 ChatGPT 提供大量的绕口令训练数据，它一定能创作出高质量的绕口令来。

用法 123：创作脱口秀内容

扫一扫，看视频

脱口秀是一种表演艺术，演员通过讲故事、模仿或讽刺等手法，将观众带入一个欢乐的世界。ChatGPT 借助其高超智能语言处理能力，能在短时间内创作出各种类型的脱口秀，如讽刺型、自嘲型等。ChatGPT 可以根据新闻热点、社会现象或个人经历创作脱口秀内容。

Q 模仿路易斯·C·K（Louis C.K.）脱口秀风格，以大罗的自身经历（高中辍学、少林寺习武、工地打工、演艺圈跑龙套、主演电影一夜走红）为线索，创作一篇脱口秀内容。

ChatGPT：

当然，我会尝试用路易斯· C · K 的风格给你创作一段脱口秀内容。但请记住，我不是路易斯· C · K，所以这更像是一种模仿或致敬。

——

（走上舞台，看了看观众，轻轻咳嗽一声）

“嗨，大家好，我是大罗。谢谢大家来看我。那么，谁在这里完成了高中？”

（观众欢呼）

“哇，好多人啊，真棒！我辍学了。是的，我辍学了，然后去了少林寺。你们知道少林寺吗？那个所有电影里的武僧都来自的地方？是的，我去那里学习了如何成为一个电影里的配角。”

（观众笑）

“少林寺很酷，但你得早上五点起床，五点！我连电视都还没看完呢。但是你得学，你知道，那种空手道、跆拳道、洗碗道、扫地道……各种道。”

（观众笑）

“然后我觉得，哎呀，我需要工作，需要钱。于是我去了工地。工地！你们有没有试过在 40℃高温下搬砖？你会开始怀疑人生，怀疑一切。你甚至会开始想，‘嗯，也许那个少林寺还不错。至少那里有免费的早餐。’”

（观众笑）

“最后，我决定去演艺圈试试运气。开始的时候，我只是个跑龙套的。你知道是怎么回事吗？跑龙套就像是去参加派对，但没有人知道你是谁，也没有人关心你。你只是那个在背景里走来走去的人，就像现实生活中的路人甲。”

（观众笑）

“但有一天，一切都改变了。我主演了一部电影，然后一夜走红。突然间，所有人都想和我做朋友，所有人都想给我工作。我就像，‘等等，你们是谁？我应该认识你们吗？’”

（观众笑）

“所以，这就是我的生活，一路从辍学到少林寺，再到工地，最后到这个舞台。如果这能教给我们什么，那就是生活就像一场没有剧本的电影，你永远不知道下一幕会是什么。但是，嘿，至少我们有爆米花，对吧？”

（观众鼓掌和笑）

“谢谢大家，我是大罗，祝大家晚上愉快！”

——

希望这符合你的期望！这种风格的模仿是非常有趣的练习。

路易斯·C·K（Louis C.K.）是美国影视演员、编剧、导演、脱口秀演员，他以自嘲、讽刺和对日常生活琐事的深刻观察而著名。这篇脱口秀内容模仿他的

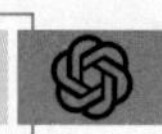

生活经历进行编写，从高中辍学到少林寺习武，再到工地打工，最后到演艺圈走红。这种结构有助于观众跟随主题，同时也为幽默元素提供了多样的素材。ChatGPT 模仿路易斯· C · K 的风格，使用了一些讽刺和夸张的手法，以及对日常生活的观察。例如，“洗碗道、扫地道”这一段是对少林寺多元“道”的夸张和戏谑，大多数人都可以从中找到一些共鸣。最后以一种哲学和乐观的方式结束，给观众留下深刻印象。

用法 124：创作相声内容

相声是一种源自中国的传统表演艺术，拥有深厚的历史底蕴。它以独特的幽默、机智和犀利的语言，以及出色的表演技巧著称，主要通过对话和互动的形式进行表演，表演相声的艺人通常两人一组。

扫一扫，看视频

如果将 ChatGPT 与相声相结合，则会形成一个特殊的相声表演舞台：两位表演者的对话内容由 ChatGPT 实时生成。这将会给相声表演带来一种全新的表现形式，为观众带来一种全新的观赏体验。

Q 请写一段 500 字相声对话，假设逗哏眼睛比较小，捧哏特别胖，相声内容和他们的长相有关，内容要有反转和包袱。

ChatGPT：

捧哏：逗哏，我发现你这眼睛越来越有神了。

逗哏：是吗，大哥？您可真会夸人，您不是说我眼睛小吗？

捧哏：哎，我这可不是夸你，我是说你的眼睛小而聚神。

逗哏：这么一说，确实有点道理。不过大哥，您身材也是越来越有特色了。

捧哏：嘿，这可是福气啊，长得胖乎乎的，一看就是个福相。

逗哏：可不是吗？这要感谢咱们的行当。相声嘛，就得让观众开心，您这胖子形象，跟我这小眼睛，简直是绝配！

捧哏：哈哈，那可不是，您这小眼睛可是咱们相声的招牌，谁还敢说您的眼睛小呢？

逗哏：哼，我小时候这眼睛可让我遭了不少罪。那时候，别的小伙伴都叫我“眯眯眼”。

捧哏：可现在呢？您这眯眯眼可是横扫相声界，走到哪儿都是风头人物！

逗哏：可你可别学我，你这身材，我看着就觉得你得减减肥，别被人家说成是在学我。

捧哏：老弟，您放心，我这身材可是咱们捧哏的标配，可不能让您的眼睛独占鳌头，我也得努力一把！

逗哏：那你说说，你这身材上有什么亮点？

捧哏：我这身材上，最大的亮点就是“诚实”，一看就知道是个老实人。

逗哏：哈哈，诚实？可别让我抓住你的把柄，否则我可不客气！

捧哏：老弟，您放心，我这身材可是从小到大都没让我遭罪过，可是走到哪儿都让人觉得亲切。

逗哏：那你说说你这身材上还有什么亮点？

捧哏：老弟，我这身材上，还有一个亮点就是“勤奋”。我一看就是个吃苦耐劳的人，跟您这么多年，可是一直在您身边学习呢！

逗哏：那可不是！可是你得注意，你这勤奋的身材可不能掩盖了我的特色，要不然咱们俩上台，观众都分不清谁是谁了！

捧哏：老弟，您放心，我这身材再怎么样也比不上您的小眼睛，您那才是相声界的金字招牌！

逗哏：哼，这可不是你夸我的问题，你可得好好想想，怎么能让自己的身材更独特！

捧哏：老弟，那我就努力把自己的身材往“帅气”这个方向发展，让咱们俩身材既有特色又互补！

逗哏：哎，看来我得给你说说，什么叫做真正的帅气。

捧哏：老弟，您这可就得费口舌了，您可得让我好好学学！

逗哏：帅气就是，你得让人一看就觉得你有实力，有魅力，有气场！你看我这小眼睛，这才叫帅气！

捧哏：哎呀，老弟，您说得对，您那小眼睛可是咱们相声界的翡翠，可比我这身材强多了！

逗哏：身材？别说得那么难听，你这身材挺好的。只要我们俩都发挥各自的特点，咱们就能把相声搞得红红火火！

捧哏：老弟说得对，咱们要一起努力，让咱们的相声不仅有特色，还能让观众捧腹大笑！

逗哏：好，那就从今天开始，咱们就把自己的身材和相声发挥到极致，让观众们笑得合不拢嘴！

这段由 ChatGPT 设计的相声内容既有趣又贴切主题，成功捕捉到了逗哏和捧哏的相声表演风格。以他们的外貌为主题，通过巧妙的反转和包袱设计，成功地戳中了观众的笑点。

然而，ChatGPT 并不满足于此。在保证幽默感的同时，它巧妙地融入了两位表演者对人生态度的诠释。例如，通过逗哏和捧哏的对话，揭示了他们对于生活的乐观和坚韧，以及对于相声艺术的执着和热爱。这种深度和广度的融合，使得这段相声不仅仅是笑料的堆砌，更具有教育意义。

用法 125：创作剧本杀

剧本杀是一种角色扮演桌游，玩家根据分配到的角色和背景资料，通过推理、交流和合作来解开谜题。利用 ChatGPT 可以生成各种不同主题的、丰富有趣的剧本杀游戏，包括三国、科幻、犯罪、悬疑等。通过 ChatGPT 自动生成剧本杀的角色、任务、线索、对话和互动等内容，可以大大缩短剧本杀创作时间，便于专注于其中的玩法和细节。

扫一扫，看视频

Q 请写一款三国主题的剧本杀游戏，5 人本。

ChatGPT：《三国密局：诸葛亮之谜》剧本杀简介：

在这个三国主题的剧本杀游戏中，五位玩家将扮演五位历史人物，他们需要通过推理、交流和合作，揭开诸葛亮在世时留下的一个谜团。这个谜团关乎三国时期的统一和繁荣，谁能率先解开谜题，谁就能掌握三国的命运。

角色设定：

1. 刘备（蜀汉国君）：刘备生性仁爱，一心希望恢复汉室，统一天下。他深信诸葛亮遗留的谜团关乎三国的未来，决心寻找答案。

2. 曹操（曹魏国君）：曹操心机深沉，雄才大略。他意识到这个谜团可能是自己一统三国的关键，暗中派人寻找线索。

3. 孙权（东吴国君）：孙权谋略过人，立志巩固江东根基。他认为解开谜团不仅能巩固江东，还能扩展版图，因此决心参与调查。

4. 貂蝉（曹操手下）：貂蝉美貌聪慧，与曹操关系密切。她为了曹操的霸业，选择协助调查，利用自己的智慧和美色收集线索。

5. 诸葛瑾（东吴谋士，诸葛亮之兄）：诸葛瑾对弟弟诸葛亮了如指掌。为了孙权的江东霸业，他选择协助解开谜团，借此巩固东吴地位。

游戏设定：

1. 谜团：诸葛亮生前曾留下一本《密藏策》。这本书中隐藏了一个秘密，关乎三国的统一和繁荣。然而，书中的线索错综复杂，难以解开。

2. 线索：游戏中，玩家将通过推理和交流，发现五个线索。这些线索分别为诸葛亮生前的遗书、《密藏策》中的地图、诸葛亮亲笔画的八卦图、一封密信以及一张诸葛亮的肖像画。

3. 谜题：玩家需要结合线索，推理出《密藏策》中隐藏的秘密。这个秘密实际上是诸葛亮设计的一套完美战略，可以让三国达到和平共处、繁荣昌盛的状态。要解开谜题，玩家们需要彼此合作，分享线索，共同推断出正确答案。

4. 结局设定：游戏中有三种可能的结局。

A. 刘备结局：若刘备成功解开谜团，他将采用诸葛亮的战略，重建汉室，实现三国统一。

B. 曹操结局：若曹操率先破解谜题，他将利用诸葛亮的战略，征服三国，建立大魏帝国。

C. 孙权结局：若孙权找到谜题答案，他将运用诸葛亮的战略，巩固江东，使东吴成为繁荣昌盛的强国。

游戏流程：

1. 游戏开始：玩家们将扮演各自的角色，共同展开调查。主持人会逐一向玩家介绍线索。

2. 信息收集：每个角色都有独特的资源和渠道，可以获取部分线索。玩家需要通过讨论、交换信息，共同分析线索。

3. 推理阶段：玩家们根据收集的线索，展开推理。此过程中可能出现争议和误导，玩家需要保持警惕，正确分辨线索的真伪。

4. 共同解谜：当五个线索全部找齐时，玩家们需要共同分析线索，解开诸葛亮留下的谜题。

5. 揭晓结局：主持人根据玩家们的表现，宣布游戏的最终结局。

这款《三国密局：诸葛亮之谜》剧本杀，能让玩家体验三国时期的历史氛围，共同推理、探讨战略，提高团队合作能力。在游戏过程中，每个角色都有独特的作用和价值，让玩家沉浸于角色，享受游戏的乐趣。

总体来说，ChatGPT 生成的《三国密局：诸葛亮之谜》剧本杀是一款具有较高娱乐性和教育意义的游戏。当然，用户可以考虑加入更多角色，丰富线索设置，增加结局的多样性，使游戏更具挑战性和吸引力。

3.16 游戏

作为一种先进的 AI 语言模型，ChatGPT 能够理解和生成自然语言，使得它在游戏设计和开发中可以充当得力助手。

首先，ChatGPT 可以用于生成游戏剧本和角色对话。ChatGPT 根据游戏的主题和情境生成符合环境的对话，塑造更加生动和富有深度的角色。这不仅使游戏的故事情节更加丰富和引人入胜，还提高玩家的沉浸感和游戏体验。

其次，ChatGPT 可以增强非玩家角色（NPC）的智能性。通过使用 ChatGPT 进行对话生成，NPC 的对话会更加自然和真实，这极大地增强玩家与 NPC 的互动性，提升游戏的真实感。

再次，ChatGPT 可以为游戏设计师提供创意和灵感，协助他们构思新的游戏元素、剧情和角色设定。

此外，ChatGPT 可以用于游戏指南和攻略的生成，这将帮助玩家更好地理解游戏并解决游戏中的难题。此外，ChatGPT 可以参与游戏测试，通过与游戏交互，发现游戏中可能存在的问题和缺陷。由于 ChatGPT 可以生成个性化的内容，因此它也可以用于创建定制的游戏模组和内容，让玩家能够根据自己的喜好和需求体验游戏。

用法 126：生成游戏剧本和对话

ChatGPT 具有较强的游戏剧本和对话生成能力。

扫一扫，看视频

在游戏剧本生成方面，ChatGPT 根据设定的主题、背景和角色特点，自动生成具有连贯性和创意性的游戏剧本。基于 ChatGPT 生成的剧本可以大大减少策划和编剧的工作量，提高游戏开发效率。

在游戏对话生成方面，ChatGPT 根据角色设定和情境需求，生成自然、流畅的对话。这不仅使游戏角色更加生动逼真，还提高了游戏的互动性和沉浸感，提升整体游戏体验。此外，它可以动态生成剧本，使游戏故事能根据玩家的选择和行为发生变化，提高游戏的可玩性和重复耐玩度。

假设开发者要创建一款名为“时空英雄”的角色扮演游戏。在这款游戏中，玩家需要扮演一位拥有时空穿越能力的英雄，与来自不同历史时期的角色互动，完成各种任务，最终拯救世界。在游戏剧本生成方面，开发者利用 ChatGPT 为游戏设定一个吸引人的故事背景。例如，根据设定的关键词“时空穿越”“英雄”“拯救世界”，ChatGPT 可能生成一个关于“神秘的时空裂缝出现在地球上，英雄需要穿越时空寻找失散的神器碎片，修复时空裂缝，阻止邪恶势力破坏世界”的故事情节。

Q 请写一个游戏剧本，这是一款名为“时空英雄”的角色扮演游戏，在这款游戏中，玩家需要扮演一位拥有时空穿越能力的英雄，与来自不同历史时期的角色互动，完成各种任务，最终拯救世界。

ChatGPT：

游戏剧本：时空英雄

游戏背景：

在一个名为“时空纪元”的神秘世界中，各个历史时期的英雄们被时空扭曲的力量聚集在一起。一股邪恶势力企图控制这些英雄，以此改变历史，从而征服整个宇宙。作为一位拥有时空穿越能力的英雄，玩家需要在不同的历史时期展开冒险，与来自不同时代的英雄结成同盟，共同对抗这股邪恶势力，拯救世界。

游戏流程：

1. 开场动画：展示时空扭曲的力量正在影响各个历史时期，各种英雄被召唤到时空纪元。

2. 玩家角色创建：玩家创建自己的角色，选择职业、性别、外貌等特征。

3. 教程任务：玩家进入游戏后，接受一个简单的教程任务，了解游戏的基本操作和玩法。

4. 主线任务：玩家开始跟随主线任务，穿越到不同的历史时期，与各个时代的英雄互动。在这个过程中，玩家需要完成各种支线任务，收集线索，揭示邪恶势力的真实目的。

5. 队伍组建：玩家可以邀请来自不同历史时期的英雄加入队伍，共同完成任务。每个英雄都有自己独特的技能和属性，玩家需要合理搭配队伍，以应对

不同的战斗和挑战。

6. 装备和技能升级：玩家在完成任务的过程中，可以收集装备和技能书，提升角色的属性和技能等级，增强战斗力。

7. 大型副本：游戏中设有多个大型副本，玩家需要与队伍成员一起挑战，击败强大的敌人，获取丰厚的奖励。

8. 世界 Boss 战：邪恶势力的首领将定期出现在游戏世界中，所有玩家需要联手击败它，阻止邪恶势力的入侵。

9. 最终任务：在收集足够的线索和力量后，玩家需要带领队伍穿越到邪恶势力的据点，展开最终决战。在一场激烈的战斗后，玩家成功击败邪恶势力的首领，拯救了时空纪元的世界。然而，这并非故事的终结，因为邪恶势力可能会卷土重来。玩家需要时刻保持警惕，继续提升自己的实力，守护时空纪元的和平。

10. PvP 模式：玩家可以与其他玩家进行竞技战斗，测试自己的实力和战略。排行榜上的高手将获得丰厚的奖励和荣誉。

11. 公会系统：玩家可以加入或创建公会，与其他玩家共同组建更强大的团队，参与公会战、公会副本等活动。

12. 活动和节日庆典：游戏会不定期举办各种活动和节日庆典，让玩家在紧张的冒险中也能享受到轻松愉快的氛围。

13. 支线任务和隐藏剧情：游戏中有许多支线任务和隐藏剧情等待玩家发掘，这些任务和剧情将带来丰富的游戏体验和额外的奖励。

14. 角色成长系统：玩家的角色在游戏中会不断成长，并解锁新的技能和属性，玩家可以根据自己的喜好和战斗风格来定制角色的发展方向。

15. 结局：根据玩家在游戏中的选择和表现，游戏将呈现多种不同的结局。玩家需要不断地探索和尝试，以争取获得最好的结局。

《时空英雄》是一款充满冒险和挑战的角色扮演游戏，通过与来自不同历史时期的英雄互动，玩家将获得一次难忘的时空之旅。在这个过程中，玩家不仅能体验到丰富多彩的游戏内容，还能结交志同道合的朋友，共同守护时空纪元的和平。

ChatGPT 设计的这个游戏剧本具有一定的创意和吸引力，该剧本包括独特的主题、丰富的剧情、完善的游戏系统、强互动性和多结局设计。然而，剧本也存在设定过于复杂和游戏内容需要进一步丰富等不足之处。开发者可以根据玩家的需求和反馈，对剧本进行调整和完善，以提高游戏的可玩性和吸引力。

用法 127：增强 NPC（非玩家角色）的智能性

扫一扫，看视频

ChatGPT 在游戏领域的一个重要应用是增强 NPC 的智能性和互动性。传统的 NPC 往往具有有限的对话选项和预设行为，会让玩家觉得沉浸感不足。借助 ChatGPT，开发者可以实现更加智能和自然的 NPC 对话，从而提高游戏的沉浸感和趣味性。

仍然以《时空英雄》角色扮演游戏为例，玩家遇到了一位名为“智慧导师”的 NPC。这位导师来自古希腊时期，拥有丰富的知识和智慧。借助 ChatGPT，这位 NPC 与玩家能进行更加自然和智能的互动。下面的对话就是 ChatGPT 所生成的。

玩家：您好，智慧导师，我需要找到通往未来的时空之门。

智慧导师：你好，勇敢的旅者。要找到时空之门，你需要完成三个任务。首先，你需要在这座城市的图书馆里找到一本遗失的古籍。

玩家：好的，我找到古籍后该怎么做?

智慧导师：当你找到古籍后，请将其带回来给我。我将教你如何解读它。这本书将揭示通往时空之门的第二个任务。

玩家：谢谢你的帮助！顺便问一下，这座城市的图书馆在哪里?

智慧导师：图书馆位于市中心的东南角，靠近奥林匹克神庙。沿着这条路一直向东走，当你看到一座巨大的石柱时，向南转，你将找到图书馆。

在这个例子中，智慧导师 NPC 能够理解玩家的问题，并提供关于任务和地点的详细信息。通过使用 ChatGPT，游戏开发者为 NPC 创造出更加真实和沉浸式的对话体验。

用法 128：生成游戏指南和攻略

扫一扫，看视频

ChatGPT 可以为游戏玩家提供即时的、针对特定问题的游戏攻略和建议。仍然以《时空英雄》角色扮演游戏为例，玩家可能会在游戏过程中遇到困难。可以通过与 ChatGPT 进行交流，寻求解决方案。

Q 我卡在了第三个任务，请问如何通过这个任务?

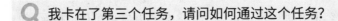

ChatGPT：

在《时空英雄》的第三个任务中，你需要寻找并收集三颗神秘宝石。这些宝石分别位于三个历史时期：古埃及、中世纪和未来。

1. 古埃及：前往金字塔附近的石碑，解开密码，宝石就藏在石碑下方。

2. 中世纪：进入城堡，与国王互动，完成他的挑战，作为奖励，国王会将宝石赠予你。

3. 未来：在未来城市的最高建筑上，解决一个复杂的谜题，宝石就在谜题终点。

收集完所有宝石后，返回时空之门，将宝石放置在对应的凹槽中，门就会打开，任务完成。

通过与 ChatGPT 实时交流，玩家能够获得更加精确和实用的攻略建议，从而提高游戏体验。

用法 129：生成游戏测试和评估提纲

扫一扫，看视频

ChatGPT 可以扮演游戏测试员的角色，帮助游戏开发者检测和解决潜在问题，常通过对话的形式展开，识别游戏中的 Bug，如角色卡顿、无法完成任务、界面错误等。ChatGPT 可以评估游戏中的机制、角色能力和敌人难度，为开发者提供关于游戏平衡的反馈。通过互动，ChatGPT 可以从游戏的可玩性、剧情、角色设计等方面评估游戏。ChatGPT 模拟玩家在游戏中的体验，为开发者提供有关游戏界面、操作便利性和教程质量等方面的反馈。ChatGPT 还根据自身在游戏中的体验，自动生成游戏评论，为开发者提供第三方视角的评价。

尽管 ChatGPT 在游戏测试和评估方面具有潜力，但它仍无法完全取代人类测试员。人类测试员在理解复杂情境、判断美学设计和评估游戏情感层面等方面具有独特的优势。因此，将 ChatGPT 与人类测试员相结合，可以实现更全面、高效的游戏测试和评估。

Q 你知道《地平线：零之曙光》这款游戏吗？

ChatGPT：

是的，我知道《地平线：零之曙光》(*Horizon Zero Dawn*)。这是一款由 Guerrilla Games 开发、索尼互动娱乐发行的动作角色扮演游戏。游戏最初于 2017 年 2 月在 PlayStation 4 平台上发布，后来于 2020 年 8 月在 Microsoft Windows 平台发布。

游戏的主人公是艾洛伊（Aloy），她是一位熟练的猎人和弓箭手。游戏背景设定在一个由机器生物统治的后末日世界，艾洛伊需要在这个世界中展开冒险，揭示她的过去以及这个世界的秘密。在游戏中，玩家将探索一个开放世界环境，与各种各样的机器生物和敌对势力作战，同时解锁艾洛伊的起源和世界的历史。

游戏的续作，《地平线：被禁区》(*Horizon Forbidden West*)，于 2022 年 2 月在 PlayStation 4 和 PlayStation 5 平台上发布，艾洛伊继续她的冒险，进入被称为“被禁区”的神秘新土地，寻求阻止一个新的威胁，同时揭示更多关于这个世界的神秘故事。

Q 请为我列出游戏《地平线：零之曙光》的测评提纲。

ChatGPT：

以下是游戏《地平线：零之曙光》的测评提纲：

1. 游戏概述

游戏类型

游戏开发和发行情况

游戏平台和售价

2. 故事和剧情

游戏背景和设定

剧情主线和分支故事

任务和角色设定

3. 游戏系统

游戏界面和操作方式

角色系统和成长机制

武器和装备系统

探索和交互机制

游戏难度和挑战性

4. 游戏画面和音效

游戏画质和特效

游戏世界的设计和表现

游戏音效和配乐

5. 玩家体验和评价

游戏的优点和亮点

游戏的不足和问题

游戏的可玩性和回放价值

对游戏的评价和建议

以上提纲可作为游戏《地平线：零之曙光》测评的参考，具体内容和重点可以根据需要进行调整和补充。

ChatGPT 生成的这个游戏测评提纲非常详细且具有结构性，为撰写一篇完整的《地平线：零之曙光》游戏测评提供了很好的框架。各个方面都被考虑到，从游戏概述、故事和剧情，到游戏系统、游戏画面和音效，再到玩家体验和评价。这样的提纲能确保测评者全面地测试、评估游戏。当然，具体的内容和重点可以根据评测者的需求进行调整和补充，以便更好地反映游戏的特点和评测者的观点。总体而言，这是一个优秀的游戏测评提纲。

用法 130：生成游戏设计和创意

ChatGPT 可以在游戏设计和创意方面提供帮助。只需输入简单的提示词，ChatGPT 就能提供多种游戏类型、玩法和故事背景的组合。根据给定的主题和设定，生成独特的角色和场景描述；根据输入的关键词或简要概述，生成详细的剧情和任务设计，包括主线任务、支线任务和隐藏任务等。ChatGPT 也可以根据用户的需求生成游戏机制和系统的设计方案，如角色成长系统、战斗系统、交互系统等。ChatGPT 还可以提供游戏设计和创意的灵感，帮助设计师从新的角度思考游戏设计问题，激发创新思维。

扫一扫，看视频

Q 我在设计一款名为《星际探险家》的冒险游戏，请根据以下提示词生成一个独特的星球场景：星球，绿色，浮动岛屿，生态多样性，科技文明。

ChatGPT：

在《星际探险家》游戏中，探险家们将踏上一颗名为绿璞星的神秘星球。这颗星球以其碧绿的大气层和漂浮在天空中的岛屿闻名遐迩。这些岛屿由一种名为“悬浮矿”的稀有矿物支撑，使它们得以在绿璞星的大气层中飘浮。

绿璞星上的生态多样性令人惊叹，从高耸的雨林到广袤的草原，无数奇特的生物在此繁衍生息。在这个星球上，科技文明与自然环境和谐共存。透明的水晶巨塔与参天大树交织在一起，共同形成了一种独一无二的建筑风格。

在绿璞星上，探险家们将面临各种挑战，他们需要揭开隐藏在星球深处的秘密，探寻失落的科技文明，并在悬浮岛屿上寻找珍贵的悬浮矿。探险家们必须与来自不同生态系统的生物互动，学会利用绿璞星上的先进科技，才能揭示这颗星球的真正奥秘。

通过这个场景，你将为《星际探险家》打造一个充满奇幻色彩和挑战性的游戏世界，为玩家带来独特的游戏体验。

ChatGPT 生成的这个星球场景描述包含了所有提示词，创造出一个充满神秘感和探险氛围感的场景。还提出了一些具体的探险元素，如寻找悬浮矿和揭示星球奥秘。然而，这个场景描述还有改进的空间。可以进一步挖掘绿璞星的历史背景、文化特点以及与其他星球的关系，使其更加丰满和立体。此外，还可以考虑增加一些具体的游戏机制，如与生物互动的方式、解锁先进科技的途径等，以增强游戏可玩性。总体而言，这个星球场景描述为游戏生成了一个有趣的设计和创意，但仍有提升的空间。

用法 131：生成模组和自定义内容

扫一扫，看视频

ChatGPT 作为一个强大的语言生成模型，可应用于游戏模组和自定义内容生成方面。开发者通过与 ChatGPT 合作，可以创作独特的游戏内容，如任务、角色、对话、物品等。这不仅能增加游戏的可玩性，还能为玩家提供更多个性化的体验。以下是一些可以使用 ChatGPT 为游戏生成模组和自定义内容的场景。

（1）任务生成：根据游戏的背景、设定和提示词，为游戏生成各种任务，包括主线任务、支线任务和日常任务等。

（2）角色创建：根据设定的种族、职业和特性，为游戏生成独特的角色，包括主要角色、NPC 和敌人等。

（3）对话编写：根据游戏情景和角色分析，为游戏生成自然、有趣且符合角色特点的对话。

（4）物品和装备设计：根据游戏的世界观和设定，为游戏生成各种物品和装备，包括武器、防具、消耗品等。

（5）地图和场景创作：根据提示词和描述，为游戏生成独特的地图和场景，从而提供多样化的探险体验。

（6）游戏故事编排：帮助开发者编写游戏剧情，包括主线故事、支线故事和隐藏任务等，增强游戏的故事性和沉浸感。

用法 132：玩游戏

在 ChatGPT 平台上，用户可以直接参与一些简洁却充满乐趣的游戏，如文本冒险游戏。这种游戏是一个文字描述的虚拟世界，用户在其中进行冒险和探索。此外，ChatGPT 支持一些经典的棋类游戏，如五子棋和国际象棋，用户和 AI 进行对局，体验不一样的挑战。对于喜欢轻松休闲的游戏的用户，他们可以选择玩井字棋或其他桌面文字游戏。总之，ChatGPT 为用户提供了一个多元化的游戏平台，满足了不同类型用户的游戏需求。

扫一扫，看视频

Q 我想让你扮演一个下棋的对手。我们将按照对等的顺序说出我们的动作。一开始我是白棋。请不要向我解释你的棋步，因为我们是对手。在我的第一条信息之后，我将只写我的行动。在我们下棋时，别忘了更新棋盘的状态。我的第一步棋是 e4。

ChatGPT：

好的，我可以扮演一个下棋的对手棋。以下是棋盘的状态，您下的是白棋（W）。

```
r|n|b|q|k|b|n|r
---------------------------
p|p|p|p|.|p|p|p
---------------------------
.|.|.|.|p|.|.|.
---------------------------
.|.|.|.|W|.|.|.
---------------------------
.|.|.|.|.|.|.|.
---------------------------
.|.|.|.|.|.|.|.
---------------------------
P|P|P|P|P|P|P|P
---------------------------
R|N|B|Q|K|B|N|R
```

现在轮到我了。我会以黑棋（B）回应您的 e4，我的第一步棋是 e5。

ChatGPT 给出的第一步棋 e5，这是国际象棋中最常见的开局方式之一，说明 ChatGPT 理解国际象棋方面的规则。这也说明，ChatGPT 不仅理解国际象棋的规则，还能运用其策略和技巧。

3.17 评论与评鉴

在数字时代，各类平台的评论为人们的决策提供了重要依据。然而，海量信息和语言多样性使得分析和理解这些内容变得困难。但 ChatGPT 凭借其强大的自然语言处理能力，能分析、理解这些评论，提取有用信息，从而辅助决策。此外，ChatGPT 能根据用户需求生成个性化评论，如产品优缺点评论，辅助购买决策；如新闻评论、电影评论等，自动识别重要信息，生成评价结果。这对新闻媒体、出版商、电影制片、艺术创作等行业有益，便于优化产品和服务。以下是一些 ChatGPT 生成评论的场景。

（1）新闻评论：ChatGPT 针对时事新闻进行深入的分析和评论。它能够对新闻事件的背景、原因、影响等进行全面阐述，以客观、中立的态度为用户提供有

价值的见解。

（2）电影评论：ChatGPT 从剧情、导演、演员表现、音乐、特效等多方面对电影进行评价，帮助用户了解电影的优缺点，以便在观影前做出明智的选择。

（3）科技评论：ChatGPT 对科技产品进行详细评价。它可以分析产品的性能、特点、适用场景等，为用户提供合适的购买建议。

（4）期刊评审：ChatGPT 在学术期刊评审中发挥着重要作用。它可以帮助专家和学者评估论文的质量、研究方法、创新性等，提高论文评审效率。

（5）美食评论：ChatGPT 为美食爱好者提供评价和建议。它可以分析菜肴的口感、色香味、营养价值等，帮助用户挑选出合适的餐厅和美食。

（6）体育评论：ChatGPT 能够对体育赛事进行评论和分析。从比赛过程、竞技战术、运动员表现等进行多角度评价，帮助用户更好地理解和欣赏体育赛事。

（7）文学评鉴：ChatGPT 具备文学作品的评鉴能力，能从情节、人物塑造、主题、文笔等角度进行全面分析，为用户推荐优秀的作品，激发他们的阅读兴趣。

（8）书法评鉴：ChatGPT 能够针对书法作品进行评鉴，分析书法作品的用笔、结构、布局、意境，帮助用户更好地欣赏和理解书法艺术。

（9）绘画评鉴：ChatGPT 能够对绘画作品进行专业的评鉴，从色彩、线条、构图、风格等方面进行细致分析，帮助用户领略绘画艺术的丰富内涵。

用法 133：撰写新闻评论文章

扫一扫，看视频

在数字时代，新闻评论已经成为人们获取信息和表达观点的重要途径。新闻评论是一种公开表达对新闻事件的看法的方式，可以在社交媒体、新闻网站、论坛等平台上发布。ChatGPT 通过其强大的自然语言处理能力，可以分析和理解这些评论，并从中提取出有用的信息，以帮助用户更好地理解和参与到新闻事件的讨论中。

ChatGPT 也可以根据新闻内容，按照用户的要求，自动生成新闻评论，以便用户更好地了解新闻事件，这不仅可以提高评论的质量，还可以增加用户的参与感。

此外，ChatGPT 可以用于分析新闻评论的情感倾向和观点。它可以识别和提取评论中的情感信息，如愤怒、喜悦、悲伤等，评估用户对新闻事件的态度和看法。这对于新闻媒体来说非常有用，可以帮助他们更好地了解受众的需求和反馈，以便改进新闻报道的质量和内容。

Q 我希望你能充当一个评论员。我将为你提供与新闻有关的故事或话题，你写一篇评论文章，对该话题提供有见地的评论，请详细解释为什么某件事很重要，用事实来支持你的主张，并讨论故事中提出的问题及其潜在解决方案。

ChatGPT：

当然可以。请提供一个新闻故事或话题，我将为您撰写一篇评论文章。

Q 淄博烧烤这些"走心"瞬间：公厕配肠炎宁片和卫生巾

"五一"假期期间，来自全国各地的游客纷纷前往山东淄博，品尝走红的"灵魂烧烤"。

近日，游客"进淄赶烤"打卡淄博烧烤城，因为内急上厕所，发现公共厕所里配有"安心篮"，里面不仅有湿厕巾、酒精棉片，还有卫生巾，更绝的是连肠炎宁都准备了。网友不禁感叹简直太贴心了。

淄博市政府和市民积极采取措施为游客提供便利，如加设临时停车点，新增 21 条烧烤公交定制专线，调整主城区 42 条常规公交线路以覆盖 33 家烧烤店，规范住宿价格，商场和影院提供夜间休息服务等。同时，由居民、机关工作人员等自发组成的数万名志愿者进入车站、社区、烧烤点，为游客提供交通、住宿、旅游引导等方面的服务。一个个"走心"的瞬间，温暖着每一名游客。

信息来源于澎湃新闻。

ChatGPT：

标题：淄博烧烤之旅——一场"走心"的城市服务体验

在五一假期，山东淄博成为全国烧烤爱好者的聚集地，吸引了众多游客。值得关注的是，淄博市政府和市民为游客提供了许多贴心的便利服务，体现出了对游客的关爱，也展现了这个城市在旅游业发展方面的用心。

首先，公共卫生间的"安心篮"让人印象深刻。在如此细节的地方体现出关心，真正让游客体验到了"宾至如归"。湿厕巾、酒精棉片、卫生巾以及肠炎宁等物品的准备，既体现了对游客需求的关注，也为游客提供了实实在在的

便利。

其次，为了解决游客交通问题，淄博市政府加设了临时停车点，并新增了 21 条烧烤公交定制专线，调整了主城区 42 条常规公交线路以覆盖 33 家烧烤店。这些措施不仅提高了游客的出行效率，还减轻了城市交通压力。

此外，为了让游客在淄博的消费更加公平合理，政府规范了住宿价格，商场和影院还提供了夜间休息服务。这样的举措，既保障了游客的权益，又有助于提高当地旅游业的整体水平。

更让人感动的是，成千上万名志愿者，包括居民和机关工作人员，自发组成服务队伍，为游客提供交通、住宿、旅游引导等方面的服务。这种自发的服务精神，让游客倍感温暖，也为淄博赢得了好口碑。

总之，淄博烧烤之旅不仅让人品尝到了美味的烧烤，更让人感受到了这座城市的“走心”服务。这种服务精神和贴心的举措，值得其他城市在发展旅游业时借鉴和学习。如此才能让我们的旅游产业更加繁荣，为游客带来更加美好的旅行体验。

ChatGPT 生成的这篇新闻评论，从多个角度对淄博市在五一假期期间为游客提供的贴心服务进行了分析，结构清晰，文笔流畅，有事实支撑，讨论了问题和解决方案。最后，指出了这些做法对其他城市在发展旅游业时具有借鉴意义。

用法 134：撰写电影评论文章

扫一扫，看视频

在影视行业，ChatGPT 作为一种新型的 AI 写手，正在逐渐颠覆传统的电影评论方式。传统的电影评论方式，评论受到评论员时间和精力的限制，不能及时更新。然而，ChatGPT 能实时更新，为用户提供最新的电影评论和信息，及时公布电影市场动态。由于 ChatGPT 是基于数据和算法的，其评论具有较高的客观性，不受个人喜好和主观意愿的影响。这有助于观众更客观地了解电影的优缺点，做出更理性的选择。ChatGPT 还具有多语言理解和生成能力，从情节、表演、摄影、导演、音乐等方面评论电影，为观众提供的电影评论全面而精彩。这将打破语言和文化的障碍，让世界各地的观众都能分享电影的魅力。

我希望你充当一个电影评论家。请写一篇关于《肖申克的救赎》的电影评论文章。

ChatGPT：

标题:《肖申克的救赎》——一部关于希望与人性的永恒之作

自 1994 年上映以来，《肖申克的救赎》（*The Shawshank Redemption*）凭借其深刻的主题、精湛的表演和优美的叙事，成为一部公认的经典之作。本片改编自著名作家史蒂芬·金（Stephen King）的小说，导演弗兰克·德拉邦特（Frank Darabont）巧妙地将这个关于希望、友谊和人性的故事呈现在银幕上。

故事的主线围绕着银行家安迪·杜夫兰（Andy Dufresne，由蒂姆·罗宾斯饰演）展开。他因被冤枉谋杀妻子及其情人而入狱，被判处终身监禁。在肖申克监狱，他与摇滚男孩艾利斯·波伊德·瑞克福德（Ellis Boyd “Red” Redding，由摩根·弗里曼饰演）结成了深厚的友谊。随着故事的展开，观众见证了安迪与瑞克福德在严苛的监狱环境中坚持信念，抵抗腐化，最终寻求自由的过程。

影片的成功首先源于其引人入胜的剧情。导演以丰富的细节和紧凑的节奏，呈现出一个跌宕起伏的故事。观众在紧张的氛围中感受到了主人公的挣扎与希望，深刻理解了困境中人性的尊严与力量。

此外，电影中的表演堪称一流。蒂姆·罗宾斯成功塑造了一个既温文尔雅又坚定不移的安迪形象，他的内敛表现让观众对角色产生了强烈的共鸣。摩根·弗里曼则通过饰演的瑞克福德，展现出了一位成熟、智慧、慈祥的导师形象。两位演员之间的默契与互动，使他们的友谊感人至深。

影片的视听效果同样出色。托马斯·纽曼（Thomas Newman）的原声音乐为影片增色不少，营造出一种悲壮与希望共存的氛围。电影中的摄影也堪称绝佳，通过对光影的巧妙运用，展示出肖申克监狱的阴暗与压抑，与主人公渴望自由的心灵形成鲜明对比。在这种视听的熏陶下，观众沉浸在故事的情感深处，感受到生命中的美好与希望。

《肖申克的救赎》还具有深刻的主题内涵。影片通过安迪与瑞克福德的故事，传达了一个信息：在困境中，希望是人类最强大的力量。正是这股力量，让他们在严酷的监狱生活中坚持下去，最终实现了心中的梦想。这种信念和勇气，给人们带来了强烈的共鸣与感动。

此外，电影中的人物塑造也具有丰富的象征意义。安迪代表着理性与智慧，

而瑞克福德则象征着情感与信念。他们共同展示了人性的光辉，即使在黑暗的环境中，也能保持自我，追求美好。

总而言之，《肖申克的救赎》是一部扣人心弦、感人至深的作品。它以深刻的主题、精湛的表演和优美的叙事，成功地诠释了希望与人性的力量。这部电影不仅是一部视听盛宴，更是一部可以激励人心、引发深思的经典之作。无论过去多少年，它都将继续在观众心中留下深刻的印记。

这篇电影评论文章整体上对《肖申克的救赎》进行了分析和评价。对电影的剧情、主题和象征意义进行了较为详细的阐述，使读者能够更好地理解影片的内涵；对电影的表演、音乐和摄影等方面进行评价，突出了这些元素对影片整体效果的贡献。文章结构清晰，过渡自然，行文流畅。

用法 135：撰写科技评论文章

科技评论文章的主要组成部分是阐述科技的作用，评价科技成就的意义，讨论科技工作的方针、政策、方法等。在正确的引导下，ChatGPT 能够对科技产品的性能、功能，以及未来趋势等进行评价。

扫一扫，看视频

Q 我希望你充当一个科技评论员。我将给你一个新技术的名字，你将为我提供一篇深入的评论文章——包括优点、缺点、功能，以及与市场上其他技术的比较。

ChatGPT:

当然可以。请提供您想要我评论的新技术的名字，我将为您提供一篇深入的评论文章。

Q ChatGPT。

ChatGPT:

标题：ChatGPT——刷新 AI 交流边界的强大语言模型

在 AI 领域，OpenAI 的 ChatGPT 已经成为一种备受瞩目的技术。作为一种基于 GPT-4 架构的大语言模型，ChatGPT 展现出了在自然语言处理、对话生成和文本分析等方面的强大潜力。在这篇评论中，我们将深入探讨ChatGPT 的优点、缺点、功能，以及与市场上其他技术的比较。

优点：

1. 高度智能化：ChatGPT 在理解复杂问题、生成连贯回复和处理多种语言方面表现出色，可以更好地满足用户在各种场景下的需求。

2. 多领域应用：ChatGPT 可以广泛应用于客户服务、教育辅导、文案生成、内容审核等领域，为企业和个人提供高效便捷的解决方案。

3. 持续优化：借助大量的数据和算法迭代，ChatGPT 在性能和功能方面不断得到优化，使其在应对各种任务时更具竞争力。

缺点：

1. 完全理解语境的挑战：尽管 ChatGPT 在理解语言方面表现出强大的能力，但在处理某些特定领域、极具深意或充满双关的问题时，仍可能出现误解或失真的情况。

2. 隐私保护问题：由于 ChatGPT 的训练和运行过程中涉及大量用户数据，如何确保用户隐私不受侵犯成为了一个亟待解决的问题。

功能：

1. 自然语言生成：ChatGPT 能够生成流畅、自然的文本，为用户提供高质量的回复和建议。

2. 文本分析与摘要：ChatGPT 可以快速理解大量文本内容，为用户生成简洁、准确的摘要和分析报告。

3. 多语言支持：ChatGPT 具备处理多种语言的能力，可以帮助企业和个人跨越语言障碍，实现全球范围内的沟通与合作。

与市场上其他技术的比较：

相较于其他市场上的语言模型，如谷歌的 BERT 或 Facebook 的 RoBERTa，ChatGPT 在生成对话、理解复杂语境和多语言支持等方面展现出了更高的性能。然而，在某些特定任务上，如情感分析或知识图谱构建，其他技术可能具有更明显的优势。总体来说，ChatGPT 在大多数场景下仍具备竞争优势，但技术的选择还需根据实际应用需求来判断。

总结：

作为一款具有创新性和广泛应用前景的 AI 技术，ChatGPT 已经在多个领域证明了自己的价值。尽管在理解语境和隐私保护等方面仍面临一定挑战，但随着技术的不断完善和发展，这些问题有望得到解决。

ChatGPT 的强大功能和优越性能使其在市场上具有较高的竞争力，但在选择使用时，企业和个人仍需根据自身需求进行权衡。在未来，我们期待

ChatGPT 能够持续优化，为人类带来更多智能化的体验和便利。

这篇科技评论文章对 ChatGPT 进行了深入浅出的解析，结构清晰，通俗易懂，全面描绘了 ChatGPT 的优势、不足及功能，让读者对此技术的特性和应用领域有了更深入的了解。存在的问题是，对比其他技术时，未涉及中国的同类产品，如百度的文心一言和阿里巴巴的通义千问等。

用法 136：撰写期刊评审文章

扫一扫，看视频

ChatGPT 亦可在期刊内容评审中发挥作用。它通过深度分析海量文献数据对论文进行全方位的评审分析，包括内容、语言和论据等诸多层面，从而提升论文审查的效率和精准度，降低学术期刊的评审成本。同时，其能有效规避人为因素的干扰，提高评审的公正性和客观性。

Q 我想让你担任一位期刊评审员。你需要审查和评论我提交给你的论文，批判性地评估其研究方法、创新点和结论，并指出其优缺点。

ChatGPT：

当然可以。请提供您想要我审查的论文的摘要或完整内容，我将为您提供批判性的评估和评论。

用户向 ChatGPT 提交了一篇论文摘要（由于篇幅限制，未展示全文）。根据指定要求，ChatGPT 提炼出论文的研究方法、创新之处以及结论，同时评析出论文的优点和不足。

用法 137：撰写美食点评文章

扫一扫，看视频

美食点评不仅是对美味的文字描述，更是对烹饪艺术的赞颂。ChatGPT 可以生成美食点评，帮助人们更好地了解和评价美食。其从输入的美食类型、餐厅名称或特色等信息中提取关键词，并以此生成富有见解的美食评论。

Q 想让你充当一位美食家，请围绕以下关键词写一篇美食评论：山城川菜馆，水煮鱼，毛血旺。

ChatGPT：

在熙熙攘攘的山城，一家名为“山城川菜馆”的餐厅吸引了我的目光。这家餐厅以其正宗的川菜而闻名，尤其是招牌菜水煮鱼和毛血旺。在此，我为大家分享一下在这家餐厅的用餐体验。

首先，让我们谈谈水煮鱼。这道菜的鱼肉鲜嫩、口感滑溜，仿佛在舌尖跳舞。红油与清汤的完美融合，为这道菜带来了层次丰富的口感。鱼肉和豆芽、豆腐皮等蔬菜搭配得恰到好处，既增加了口感的层次感，也使菜品更加健康。而那独特的麻辣口味，更是让人欲罢不能。

接下来，我们来品尝一下毛血旺。这道菜选用了新鲜的毛肚、鸭血、黄豆芽、莴苣等食材，每一种食材都经过精心挑选。毛肚的嚼劲十足，同时不失鲜嫩口感。而黄豆芽和莴苣等蔬菜，为这道菜增添了清爽的口感。麻辣的火候把握得恰到好处，使得整道菜品既不油腻，又具有诱人的辣味。毛血旺的独特风味，让人回味无穷。

综上所述，山城川菜馆的水煮鱼和毛血旺堪称川菜的代表之作。在这里，您可以品尝到正宗的川菜，感受那麻辣中所蕴含的深厚文化。不仅如此，餐厅的环境优雅，服务周到，更让您的用餐体验达到一个新的高度。下次您来山城，不妨试试这家山城川菜馆，品尝正宗的川菜美食。

ChatGPT 所生成的这篇美食点评，结构条理清晰，细节描绘生动，对水煮鱼和毛血旺的评述全面而深入，其质量已超越了大部分的美食评论。

用法 138：撰写体育评论文章

扫一扫，看视频

ChatGPT 通过对大量体育新闻数据的深入学习与训练，能够迅速准确地生成各种类型的体育新闻报道，包括赛事报道、球员动态和技术分析等，从而显著提高体育新闻编辑和报道的效率。还能根据用户的阅读习惯、兴趣爱好等行为数据，为用户推荐相关的体育资讯，提高阅读体验感和满意度。

Q 请列出十大最伟大的足球运动员排名并给出理由。

ChatGPT：

以下是一份关于十大最伟大的足球运动员的排名，当然这个排名是相对主观的，因为每个人对于伟大的评判标准都有所不同。这里的排名主要基于球员的技巧、成就、影响力等因素。

1. 佩莱 (Pelé)：被普遍认为是足球史上最伟大的球员，他在整个职业生涯中打入了超过 1000 个进球，赢得了 3 次世界杯冠军，成为巴西足球的代表性人物。

2. 迪亚戈・马拉多纳 (Diego Maradona)：凭借在 1986 年世界杯上的“上帝之手”和“一个世纪的进球”，马拉多纳被认为是足球史上最具天赋的球员之一，他领导阿根廷赢得了世界杯冠军。

3. 列奥纳尔・梅西 (Lionel Messi)：拥有无数个赛季最佳球员、金球奖和欧洲金靴奖的荣誉，梅西被认为是现代足球的代表人物之一，他在巴塞罗那取得了无数荣誉，包括 10 个西甲冠军和 4 个欧洲冠军联赛冠军。

4. 克里斯蒂亚诺・罗纳尔多 (Cristiano Ronaldo)：与梅西并称为现代足球双巨头，罗纳尔多是葡萄牙足球的代表人物，他在曼联、皇马和尤文图斯取得了巨大成功，包括 5 次获得金球奖和 5 次欧洲冠军联赛冠军。

5. 米歇尔・普拉蒂尼 (Michel Platini)：法国足球传奇，20 世纪 80 年代，他是世界上最优秀的球员之一，曾连续三次获得金球奖。作为一名中场，他为尤文图斯和法国国家队带来了许多荣誉。

6. 荷兰足球传奇约翰・克鲁伊夫 (Johan Cruyff)：他不仅是一位杰出的球员，还是一位杰出的教练。克鲁伊夫是“荷兰风格足球”的代表人物，在球场上的创造力和领导力使他成为一代足球巨星。

7. 弗朗茨・贝肯鲍尔 (Franz Beckenbauer)：德国足球传奇人物，被誉为足球史上最伟大的中后卫之一。贝肯鲍尔两次获得金球奖，带领德国赢得了 1974 年世界杯冠军，并在拜仁慕尼黑取得了许多荣誉。

8. 阿尔弗雷多・迪・斯蒂法诺 (Alfredo Di Stefano)：阿根廷出生的西班牙球员，是皇家马德里的传奇。迪・斯蒂法诺帮助皇马赢得了五届欧洲冠军联赛冠军，并多次获得西班牙和欧洲足球先生的称号。

9. 罗纳尔多・利马・纳萨里奥・德・利马 (Ronaldo Nazario)：被誉为足球史上最出色的前锋之一，巴西的罗纳尔多在 20 世纪 90 年代和 21 世纪 00 年代初期独领风骚。他两次获得世界杯冠军，一度被认为是世界上最好的球员。

10. 扎内迪· 齐达内 (Zinedine Zidane)：法国足球传奇，齐达内在 1998 年世界杯上带领法国获得冠军，被誉为法国足球的黄金一代的核心人物。他曾获得金球奖，并在皇家马德里和尤文图斯取得了多项荣誉。

这是一个关于足球历史上最伟大球员的榜单，但因为足球史上有许多优秀球员，这个排名仍具有一定的争议性。足球迷们对于谁是最伟大球员的看法可能因个人喜好和成长背景而异。但毫无疑问，这些球员都为足球世界留下了深刻的印记，成为了历史上的传奇人物。

根据 ChatGPT 生成的排行榜内容发现佩莱（Pelé）位列榜首，这也是足球界传奇人物贝利的别名。这个排行榜相当准确，并且对每位球员都有精确客观的描述。

用法 139：撰写时尚评论文章

在 ChatGPT 中输入相关提示词便可生成形式多样的时尚评论，如时尚杂志文章、博客评论或社交媒体帖子等。它能深度解析时尚杂志、时装秀及社交媒体等内容，洞察时尚文化的特征和发展趋势，评价其对社会和文化的影响。它也能评判名人的时尚造型，剖析他们的风格。对于不同设计师的设计风格和创新，以及他们的最新时尚设计，ChatGPT 还能进行深入的评论。

扫一扫，看视频

 你认为 2023 年的巴黎时装周有什么看点?

ChatGPT：

虽然我不能预测具体的 2023 年巴黎时装周的看点，但根据历年时装周的趋势和一些时尚界的特点，以下是一些可能的看点：

1. 设计师新作：每年的巴黎时装周都会有世界著名设计师及品牌推出新的时装系列。这些新作通常具有创新性和前瞻性，展示着设计师的独特视角和对未来时尚趋势的预测。因此，观众们都期待着看到新的设计理念和风格。

2. 可持续时尚：随着人们对环境保护和可持续发展的关注，越来越多的设计师和品牌开始关注可持续时尚。2023 年巴黎时装周可能会有更多关于环保、可持续和循环利用的作品亮相，展示时尚界在这方面的探索和努力。

3. 技术融合：现代科技在时尚界的运用已经越来越普及。在 2023 年的巴黎时装周上，我们可能会看到一些运用创新科技的作品，如虚拟现实、增强现实、3D 打印等。这些技术将为时尚创作带来全新的可能性和视觉体验。

4. 多元文化：巴黎时装周作为国际时尚盛事，汇集了来自世界各地的设计师和模特。在 2023 年的时装周上，我们可以期待看到更多多元文化的融合和表现，体现时尚界对不同文化背景的尊重和包容。

5. 新兴品牌和设计师：巴黎时装周不仅是知名品牌和设计师的舞台，也是新兴品牌和设计师展示自己才华的平台。在 2023 年的巴黎时装周上，我们有机会了解到一些有潜力、创新力的新兴品牌和设计师，他们或许将成为未来时尚界的领军人物。

当然，实际的看点可能因各种因素而有所不同，但综上所述，巴黎时装周作为世界顶级时尚盛事，无疑将为时尚爱好者带来视觉盛宴和前瞻性的时尚趋势。

由于 ChatGPT 的训练数据只到 2021 年，因此对于用户提出的超越此时间范围的问题，它并未直接回答，而是依据历史数据做出了预测。尽管如此，这些预测看点仍然是相当合情合理的。

用法 140：撰写文学评鉴文章

ChatGPT 能够生成各种形式的文学评论和评鉴。不论是对古今中外的文学作品，还是对不同作家的创作风格，甚至是对文学流派的特点以及对文学奖项的评估，ChatGPT 都能进行深入的分析和精准的评价。

扫一扫，看视频

例如，对于古代文学，ChatGPT 可以根据其训练数据，对古诗词、戏曲、散文等不同类型的文学形式进行分析和评价，揭示其深层的文化内涵和艺术美感。对于现代文学，ChatGPT 能评价小说、诗歌、剧本等不同的文学类型，挖掘作品的主题、人物塑造、情节设计等元素，提供全面而深入的作品解读。对于不同的作家，ChatGPT 分析其写作风格、创作主题、人物塑造等方面，帮助读者更好地理解作家的创作思想和艺术风格。对于文学流派，ChatGPT 能根据其特点，对其发展历程、主要作家和作品、影响和意义等方面进行深入的分析。此外，对于文学奖项，ChatGPT 评估各种文学奖项的价值和影响力，对得奖作品和作者进行评价，帮助读者理解文学奖项的评选标准和得奖作品的价值。

综上所述，无论是对文学作品的深度解读，还是对文学领域的全面评价，ChatGPT 都能提供高质量的文学评论和评鉴。

Q 请写一篇 800 字的关于《红楼梦》的文学评论。

ChatGPT：

《红楼梦》：封建社会的缩影与生命的悲剧

在中国古典文学的宝库中，《红楼梦》被誉为“批评家的福地，文学家的百科全书”，堪称一部永恒的艺术传世之作。作为清代作家曹雪芹创作的巅峰之作，它用一个庞大的家族传奇，展现了封建社会的世态百相和人性的悲剧。

一、生动的人物描绘与深刻的心理描写

《红楼梦》以贾、史、王、薛四大家族为背景，通过对上百个人物的生动描绘，展示了封建社会中各阶层人物的命运。其中，贾宝玉、林黛玉、薛宝钗的爱情纠葛成为小说的主线，他们的性格特点鲜明，各具个性。贾宝玉的纨绔子弟形象，林黛玉的聪明才智与多愁善感，以及薛宝钗的端庄贤良，都被刻画得栩栩如生。此外，作者还通过对其他人物的描绘，如贾母、王熙凤、史湘云等，展示了封建社会中各种社会角色的面貌。

在心理描写方面，《红楼梦》同样表现出极高的成就。曹雪芹对人物内心的挣扎、矛盾、欲望与理智的斗争都刻画得入木三分。例如，在贾宝玉与林黛玉、薛宝钗之间的感情纠葛中，我们可以看到人物内心深处的挣扎与无奈。贾宝玉既向往自由恋爱，又受到封建礼教的束缚，他的心理矛盾被展现得淋漓尽致。

二、精妙的结构与丰富的艺术手法

《红楼梦》采用了复杂而精妙的结构布局。在一个庞大的家族背景中，作者将各个角色、事件和细节有机地融合在一起，使得故事情节既丰富多样，又自然流畅。此外，曹雪芹在作品中运用了大量的象征、隐喻和寓言等艺术手法，使得小说具有更深刻的思想内涵和哲学意味。

例如，贾宝玉的通灵宝玉象征着他的非凡命运和与众不同的性格，宝玉梦游太虚幻境则隐喻着封建礼教的虚妄与虚无。又如，林黛玉的葬花诗和贾宝玉的折枝诗，都是作品中蕴含哲理的寓言插曲，表现了人生的无常与人性的无奈。这些艺术手法的运用，使得《红楼梦》的艺术价值和思想深度大大提高。

三、封建社会的缩影与生命的悲剧

《红楼梦》通过对荣华富贵的贾家的描绘，展现了封建社会的缩影。我们看到了家族内部的争斗与勾心斗角，贾母、王熙凤等人物在权力斗争中的智慧与手段。这些都反映了封建社会的世态百相。

更为深刻的是,《红楼梦》揭示了封建社会中生命的悲剧。贾宝玉、林黛玉、薛宝钗等人物在爱情、家庭与社会的压力下，命运多舛，最终走向了悲剧。这些悲剧恰恰是封建礼教对人性的束缚所造成的。贾宝玉的堕落、林黛玉的离世、薛宝钗的遗憾，都使我们感受到了生命的无常与无奈。

四、结语

总之,《红楼梦》是一部伟大的文学作品，它通过生动的人物描绘、深刻的心理描写、精妙的结构布局以及丰富的艺术手法，展现了封建社会的缩影和生命的悲剧。作为中国古典文学的巅峰之作,《红楼梦》将永远成为我们心中的经典。

ChatGPT 生成的这篇《红楼梦》评论，精练地挖掘出了作品的核心主题、人物塑造、心理描绘及艺术手法等要素，使读者对《红楼梦》有了更全面的理解。然而，其作为一篇简明的文学评论是无法覆盖《红楼梦》所有的细节和深度的，对作品的写作风格和结构的评析也无法与专业的红学评论家相提并论。

用法 141：撰写书法评鉴文章

ChatGPT 能够生成多种形式的书法评鉴文章，包括书法艺术史、书法名家、书法技法、书法作品分析、书法流派、书法展览等多方面的评价和分析。

扫一扫，看视频

例如，对于书法艺术史，ChatGPT 能够回溯历史，总结并分析书法的起源、发展和变迁过程，展现书法艺术的时代演变和历史轨迹。对于书法名家，ChatGPT 能够对各时代的书法名家的生平、艺术风格、创作思想进行分析，深入解读其艺术价值和历史地位。对于书法技法，ChatGPT 可以根据各种不同的笔画、字型、结构、布局等技法特点进行深入分析，提炼和概括其艺术特色和技法要领。对于书法作品分析，ChatGPT 可以对各类书法作品进行深入的艺术解读和评价，包括其形式美、意境美、技法美等各方面的分析。对于书法流派，ChatGPT 能够对各种书法流派的起源、特点、主要代表人物和作品等进行深入的分析和评价。对于书法展览，ChatGPT 对各类书法展览进行评论和分析，包括展览的主题、展品的艺术价值和社会影响等。

综上所述，ChatGPT 能够根据不同的需求和目标，生成全面且深刻的书法评鉴文章，为读者提供丰富的书法知识和艺术欣赏。

Q 请写一篇关于王羲之《兰亭序》的书法评鉴文章。

ChatGPT：

《兰亭序》：东晋楷书之冠与书法艺术的巅峰

作为中国书法史上的璀璨瑰宝，《兰亭序》以其优美的笔法、流畅的结构和高度的艺术价值，成为东晋书法的代表之作。王羲之，被誉为“书圣”，将书法艺术推向了新的高峰。在本文中，我们将探讨《兰亭序》的书法特点以及其在中国书法史上的地位。

一、《兰亭序》的创作背景

《兰亭序》是王羲之为晋太元九年（公元 384 年）兰亭诗会所作的序文。当时，王羲之与 41 位文人雅士聚集在兰亭，共赴春游，举行诗会。在这次活动中，王羲之受邀撰写序文，为诗会留下了永恒的纪念。《兰亭序》以其优美的文字和卓越的书法，成为中国古代骈文散文的杰作，同时也成为书法史上的传世之宝。

二、书法风格与技巧

1. 笔法：王羲之在《兰亭序》中运用了流畅、自然的笔法，展示了楷书的韵律美。他的笔画轻重有致，用笔丰腴、柔美。通过运笔的抑扬顿挫，王羲之成功地传达了文本的意境和情感。

2. 结构：《兰亭序》的字形结构严谨，字与字之间的距离和布局恰到好处。王羲之巧妙地运用字形、大小和间距的变化，使得整篇作品呈现出和谐统一的视觉效果。此外，通过字与字之间的连接和变化，他还展现了书法的动态美。

3. 行书风格：虽然《兰亭序》属于楷书，但在书写过程中，王羲之也融入了行书的特点。他的字形简练，笔画流畅，既具有楷书的规整之美，又有行书的灵动之韵。这使得《兰亭序》成为了楷行合璧的杰作。

三、《兰亭序》在书法史上的地位

1. 东晋书法的代表：王羲之的《兰亭序》被誉为东晋楷书的最高成就，它开创了书法史上的新篇章。在晋代书法中，王羲之的作品无疑是最具影响力的。

他的书法艺术不仅影响了后来的书法家，而且对整个书法史产生了深远的影响。

2. 书法艺术的典范：《兰亭序》在书法史上具有举足轻重的地位，被誉为“天下第一行书”。其独特的笔法、结构和风格，使得后世书法家纷纷致敬与仿效。许多著名书法家，如颜真卿、柳公权、欧阳询等，都曾将《兰亭序》作为学习和创作的典范。

3. 文化价值：《兰亭序》不仅在书法艺术上具有极高的价值，同时也是一部具有丰富文化内涵的作品。它反映了东晋时期文人雅士的生活风貌和精神追求，展现了一种超脱世俗的理想境界。因此，《兰亭序》在中国文化史上具有重要的地位。

四、结语

总之，王羲之的《兰亭序》是中国书法史上的传世之作，它以卓越的书法技巧、优美的字形结构和丰富的文化内涵，成为书法艺术的典范。在书法史上，《兰亭序》具有无可替代的地位，堪称书法艺术的巅峰之作。作为对王羲之的致敬，后世书法家将其视为学习与创作的楷模，使得《兰亭序》的影响力得以延续。

ChatGPT 生成的这篇评论全面地揭示了《兰亭序》的创作背景、书法风格与技巧，以及其在书法史上的重要地位。然而，受篇幅限制，ChatGPT 对《兰亭序》的细节分析不够深入。

用法 142：撰写绘画评鉴文章

ChatGPT 能够生成各种形式的绘画评鉴文章，包括对绘画艺术史、绘画名家、绘画技法、绘画作品、绘画流派和绘画展览等多方面的深度分析。

扫一扫，看视频

例如，对于绘画艺术史，ChatGPT 可以梳理历史脉络，从早期的洞窟壁画到现代的抽象艺术，揭示绘画艺术在历史中的发展和变迁。对于绘画名家，ChatGPT 能够深度解析各个时代的画家，阐释他们的艺术观，以及其作品在艺术史上的影响和价值。对于绘画技法，ChatGPT 可以从色彩、构图、笔触等方面进行分析，提炼出各种技法的特点和应用，使读者更好地理解画作的艺术表现力。对于绘画作品分析，ChatGPT 能够对不同风格和主题的作品进行深度解读，分析其主题、技巧、色彩和情感表达等要素，提供全面而深入的作品解读。对于绘画流派的评价，ChatGPT 能够针对各种绘画流派进行详细的分析，探讨其起源、特点、代表作家和作品，以及其对后世的影响。对于绘画展览的评述，ChatGPT 对各类画展进行全方位的评论，包括展览的主题设定、展品的艺术价值和社会影响等。

综上所述，ChatGPT 能够生成全方位、深度的绘画评鉴文章，为读者提供丰富的艺术知识和艺术欣赏体验。

Q 写篇关于梵高《向日葵》的绘画评鉴。

ChatGPT：

《向日葵》：梵高的情感世界与绘画的炽热

文森特·梵高，一位 19 世纪后半叶著名的荷兰后印象派画家，他的作品以独特的色彩和激情四溢的画风著称于世。《向日葵》是梵高最具代表性的作品之一，以其浓郁的色彩、独特的构图以及丰富的情感内涵吸引了无数艺术爱好者。在本文中，我们将探讨《向日葵》的绘画特点及其在梵高艺术生涯中的地位。

一、《向日葵》的创作背景

梵高的《向日葵》实际上是一系列作品，共有五幅画作。这些作品分别创作于 1888 年至 1889 年间，当时梵高在法国南部的阿尔勒生活。《向日葵》是梵高为装饰他与画家保罗·高更共同居住的“黄色小屋”而创作的。向日葵在梵高的艺术生涯中具有特殊意义，他曾在信中表示：“向日葵是我的感激之作。”

二、绘画特点

1. 色彩：梵高在《向日葵》中大胆运用了鲜艳、浓郁的色彩。他使用了大量的黄色、橙色和绿色，以表现向日葵的生命力和活力。在画面中，黄色的调子贯穿始终，为作品赋予了明亮、温暖的氛围。

2. 构图：《向日葵》的构图简洁而富有力量。梵高将向日葵置于画面的中心，使观者的目光不离它们。通过对花瓣、花蕾和叶子的描绘，梵高赋予了向日葵以生命的张力。此外，画面背景的浅色与向日葵形成对比，使主题更加突出。

3. 笔触：梵高以其独特的笔触为人所熟知，他运用大量的浓重、粗狂的笔触来表现画面的质感。在《向日葵》中，我们可以看到梵高以粗厚的笔触勾勒出花瓣、花蕾和叶子的轮廓，这种笔触强烈地表达了梵高对向日葵的热情。同时，这种笔触也为画面增加了层次感和立体感，使作品更加富有生命力。

4. 情感表达：《向日葵》作为梵高的感激之作，充满了激情与情感。在画面中，向日葵的生命力象征着梵高对生活的热爱和对艺术的执着。每一朵向日葵都在向阳而生，代表着梵高对光明的追求和对生活的向往。

三、《向日葵》在梵高艺术生涯中的地位

《向日葵》在梵高的艺术生涯中占有举足轻重的地位。这一系列作品反映了梵高艺术成熟期的风格特点，尤其是在色彩和笔触方面。与此同时，《向日葵》也是梵高个人情感世界的写照，作品中充满了他对生活、艺术和友情的感激与期许。

四、结语

总之，《向日葵》是梵高的代表作之一，它以其浓郁的色彩、独特的构图和富有力量的笔触成为绘画史上的经典之作。这一系列作品不仅体现了梵高在艺术上的成就，更展示了他对生活的热爱和对艺术的执着。作为梵高艺术生涯的瑰宝，《向日葵》将永远闪耀在艺术史的长河中。

ChatGPT 生成的这篇评鉴文章，详尽地阐述了《向日葵》的创作背景、绘画特色及其在梵高艺术生涯中的重要地位，为读者提供了一份全方位的《向日葵》解读。该文章通过深入剖析该画作，让读者更深刻地理解并欣赏其艺术内涵。

3.18 趣味用法

除了前文介绍的一些 ChatGPT 用法外，还有许多趣味用法，如起名字、充当魔术师和哲学家等。

无论是为新生儿起名、为新品牌寻找创意名称，还是为新的小说角色找寻一个有特色的名字，ChatGPT 都能提供帮助。

同时，ChatGPT 也能扮演魔术师和哲学家的角色。作为魔术师，它设计出一些神奇无比的魔术表演，给用户带来意想不到的乐趣；作为哲学家，它能深度思考一些关于生命、宇宙和道德的重大问题，引导用户去探索人生的真谛。

用法 143：起名字

扫一扫，看视频

起名字是一门古老的艺术，不仅要考虑个人的喜好和意愿，还要综合考虑周围人的接受程度和文化背景等多种因素。ChatGPT 作为取名工具，只要用户输入自己的喜好和要求，ChatGPT 便能生成多个有创意的名字，用户将结合自己的经验和判断力，综合考虑多方面因素，最终选出最适合的名字。

Q 我家宝宝是 2023 年 5 月 20 日出生，女孩，姓氏为杨，希望宝宝健康平安快乐成长，请给提供几个吉祥如意的名字，读音要朗朗上口，名字最好来自中国传统文化经典著作，并标注名字来源。

ChatGPT：

恭喜您的宝宝出生！根据您的要求，这里给您提供几个取自中国传统文化经典著作的吉祥名字，希望您喜欢：

1. 杨瑞琳（rui4 lin2）

来源：《诗经· 邶风· 绿衣》

寓意：瑞气千里，美好如玉，寓意宝宝健康平安，快乐成长。

2. 杨静璇（jing4 xuan2）

来源：《离骚》

寓意：静如止水，璇玑美丽，寓意宝宝内外兼修，拥有美好品质。

3. 杨婉儿（wan3 er2）

来源：《红楼梦》

寓意：宛如仙子，才貌出众，希望宝宝美丽聪慧，天生丽质。

4. 杨诗涵（shi1 han2）

来源：《诗经· 小雅· 采薇》

寓意：诗意盎然，涵养卓绝，寓意宝宝天资聪颖，品学兼优。

5. 杨婵媛（chan2 yuan2）

来源：《楚辞· 九歌· 湘夫人》

寓意：如仙女般的美貌，温文尔雅，希望宝宝美丽端庄，拥有婀娜多姿的气质。

这些名字朗朗上口，寓意吉祥如意。请您慎重考虑，挑选出最适合宝宝的名字。祝您的女儿健康平安，快乐成长！

ChatGPT 所推荐的这 5 个名字皆源自中国传统文化经典著作，蕴含着深厚的文化内涵。这些名字的发音优美动听，寓意吉祥如意。

用法 144：充当魔术师

尽管 ChatGPT 无法像真实的魔术师一样进行实际的魔术表演，但能够通过文字模拟魔术表演的过程。作为一种魔术师的“智囊团”，ChatGPT 通过生成新颖的魔术表演场景来为魔术师们提供灵感和创意。通过与 ChatGPT 的交互，用户可以身临其境地感受到魔术带来的神奇和魅力。尽管只是在文字上的体验，但 ChatGPT 能够为魔术表演爱好者带来一份令人兴奋和有趣的体验。

扫一扫，看视频

Q 我想让你充当一位魔术师，使用一副扑克牌表演魔术。你的目标是以最有趣的方式表演这些戏法，用你的欺骗和误导技巧让观众感到惊奇和震惊。

ChatGPT：

作为一款 AI 语言模型，ChatGPT 将会以文字描述的方式为您呈现一场充满趣味和神秘的扑克牌魔术表演：

魔术师 ChatGPT 走上了舞台，面带微笑，向观众们挥了挥手。他神秘地拿出一副扑克牌，展示给观众看。魔术师说：“今晚，我将用这副普通的扑克牌为大家带来一场前所未见的表演。”

首先，魔术师让观众清楚地看到牌堆的顶部是一张黑桃 A，然后他迅速地将牌堆翻转，此时顶部的牌已经神奇地变成了红桃 A。观众们惊讶地喘息，试图弄清楚这是怎么发生的。

接下来，魔术师请一位观众上台，让他从牌堆中随机抽取一张牌，然后将牌放回牌堆。魔术师轻轻抚摸着牌堆，然后突然拿出一张牌，宣布这就是观众刚刚选中的牌。观众瞪大了眼睛，发现这张牌果然是他刚刚抽取的那张。台下观众们惊叹不已。

此时，魔术师将牌堆放在桌上，然后神秘地说：“接下来，我将让这副牌居然会‘说话’！”他从牌堆中抽出四张牌，分别为黑桃 3、红桃 5、梅花 7 和方块 9。然后，他将四张牌放回到牌堆的不同位置，并洗牌。

魔术师让观众集中注意力在牌堆上，然后轻轻拍打牌堆三次。随后，他开始抽牌。令人惊讶的是，他依次抽出的牌正是刚刚放回去的黑桃 3、红桃 5、梅花 7 和方块 9！魔术师解释说：“看到了吗？牌是如何按照我的意愿‘说话’的！”

观众们为这场充满欢乐、惊奇与神秘的魔术表演鼓掌欢呼。魔术师 ChatGPT 成功地以其独特的欺骗和误导技巧让观众感到惊讶和震撼。在掌声和欢呼声中，魔术师进行了最后一个戏法。

魔术师将牌堆放在桌上，并请观众们闭上眼睛想象一张牌。在观众们仔细思考的时候，魔术师悄悄从口袋里拿出一张扑克牌，夹在手指间。

随后，魔术师请观众们睁开眼睛，说："我现在手中有一张牌，我将用心灵感应术猜出你们刚刚想象的那张牌。"他一边说，一边将那张扑克牌迅速抛向空中。

当牌在空中旋转时，魔术师突然喊道："变！"观众们惊呆地看着那张牌在空中神奇地变成了一张巨大的扑克牌。更令人惊讶的是，巨大的扑克牌正是观众们刚刚想象的那张！

在雷鸣般的掌声中，魔术师 ChatGPT 向观众们鞠躬致谢。这场扑克牌魔术表演以最有趣和神秘的方式展示了魔术师的欺骗和误导技巧，给观众带来了难以忘怀的体验。

ChatGPT 通过文字精彩地描绘了一场充满趣味和神秘感的扑克牌魔术表演。在这个表演中，ChatGPT 魔术师巧妙地运用欺骗和误导技巧，让观众们感到惊奇和震撼。整个表演充满了惊喜，每一次扑克牌的变幻都让观众们充满期待。这场扑克牌魔术表演展现了神秘感和魔力的力量，给观众带来了难以忘怀的体验。

用法 145：充当哲学家

ChatGPT 充当哲学家的角色，它能够探讨关于生命本质、人生意义、伦理和价值观等深奥的哲学问题。

扫一扫，看视频

Q 我希望你充当一位哲学家。我将提供一些与哲学研究有关的主题或问题，而你的工作就是深入探讨这些概念。这可能涉及对各种哲学理论进行研究，提出新的想法，或为解决复杂问题找到创造性的解决方案。

ChatGPT：

非常好，我很乐意以哲学家的身份为您提供深入探讨各种哲学概念的帮助。请随时提供您感兴趣的哲学主题或问题，我将竭诚为您分析和讨论。

什么是生命的本质？生命的意义是什么？

ChatGPT：

生命的本质和生命的意义是哲学家们长久以来一直在探讨的问题。许多哲学流派和思想家都提出了不同的观点来回答这些问题。以下是一些主要观点：

1. 生命的本质

生命的本质通常涉及生物体所具有的特质和功能。一种观点认为生命的本质在于复制和传递遗传信息；另一种观点则认为生命的本质是对生物体与环境的相互作用和适应。这些观点试图从生物学和自然科学的角度来理解生命，但仍然存在许多争议和不确定性。

2. 生命的意义

关于生命的意义，哲学家们提出了多种解释。以下是其中的一些观点：

◎ 库柏（Albert Camus）等存在主义者认为，生命本身是没有固有意义的，生命的意义是由个人主观地赋予的。他们强调，人们应该在面对荒诞性的世界时，勇敢地创造自己的价值观和目标。

◎ 一些宗教和精神传统认为，生命的意义在于与神性的联系和追求。例如，基督教认为生命的意义在于与上帝建立联系，实现救赎；佛教则认为生命的意义在于觉悟和解脱轮回之苦。

◎ 对于一些庄子（Zhuangzi）等道家哲学家而言，生命的意义在于顺应自然和宇宙的道，通过无为而治的智慧来实现内心的和谐与安宁。

◎ 亚里士多德（Aristotle）等古典哲学家主张，生命的意义在于实现德性和幸福。他们认为，通过追求知识、美德和良好的品质，人们可以实现最高的幸福。

需要注意的是，生命的本质和生命的意义是极具个人化的问题，每个人都可能有自己独特的见解。从历史和文化的角度来看，生命的意义和价值观的多样性是不可避免的。因此，寻找生命意义的过程往往是一个内省和自我发现的旅程。

ChatGPT 汇集了多位哲学家的观点，为探索生命的本质和意义提供了一个有价值的起点。通过结合不同哲学家的思想，ChatGPT 能够引发人们对生命存在的深度思考和讨论。

3.19 看图识图

2023 年 9 月，OpenAI 宣布了 ChatGPT 的新里程碑：ChatGPT 现在具备了“看、听、说”的能力。这意味着，ChatGPT 不仅“长出了眼睛”，能够理解和解读图像，还能“听”和“说”。本节将介绍 ChatGPT 在图像识别方面的新应用。

（1）物体识别：ChatGPT 能够精准地识别出图像中的关键物体或元素。

（2）情境解释：ChatGPT 能够根据图像内容，推断出隐藏在其中的故事或背景情境。

（3）情绪解读：ChatGPT 可以通过分析人物图像内容，理解并描述其中所表达的人类情绪。

（4）图像差异对比：在提供多张图像时，ChatGPT 可以进行深入的比较和对比。

（5）多图排序：理解多张图像之间的关系和时间序列，对图像进行排序。

要想利用 ChatGPT 的图像识别功能，用户需要先上传图像。现在，ChatGPT 已经推出了图像上传功能。只需切换到 GPT-4 模式，选择 Default（默认选项），在输入框左侧会出现用于上传图像的按钮 Attach images（附加图像）。单击该按钮，就可以轻松上传图像，操作界面如图 3.60 所示。

用户可以一次性上传多张图像，并且支持多种图像格式，包括 JPEG（.jpg，.jpeg）、PNG（.png）、GIF（.gif，仅支持静态图像，不支持动画）、BMP（.bmp）以及 TIFF（.tiff，.tif）等。请在上传图像时确保内容遵守相关规定，确保不包含任何敏感或不适当的内容。

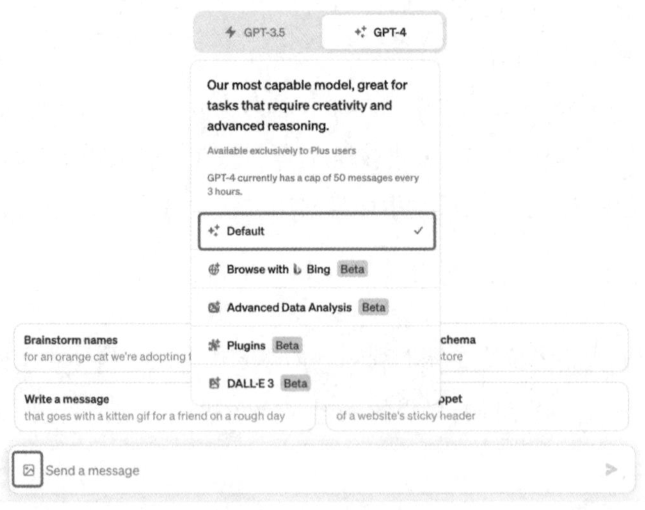

图 3.60　上传图像操作界面

用法 146：物体识别

目前 ChatGPT 可以轻松识别人物、地标、物品、动植物、美食和各种图标，并能够确定图像中指定物体的数量。在识别名人方面，ChatGPT 能详细描述名人的职业、行为、背景、事件等信息；在识别地标方面，ChatGPT 能生动而详细地叙述地标的特性；在识别各种菜肴方面，ChatGPT 能够给出菜肴中的特定成分，装饰物或烹饪技术；在识别徽标方面，ChatGPT 能够提供详细的描述，包括其设计、颜色、形状和符号。

扫一扫，看视频

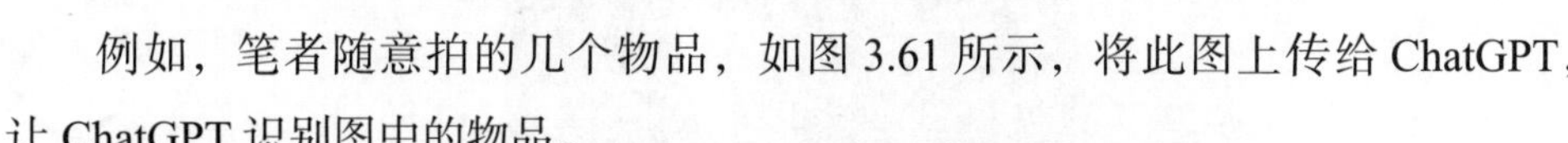

例如，笔者随意拍的几个物品，如图 3.61 所示，将此图上传给 ChatGPT，让 ChatGPT 识别图中的物品。

图 3.61　让 ChatGPT 识别的物品

Q 请识别图中的物品，并指出物品的数量。

ChatGPT：图中的物品有：

1. 书籍：1 本
2. 纸杯：1 个
3. 木梳子：1 把
4. 笔：2 支
5. 购物卡：1 张

总共是 6 个物品。

从上述示例可以看出 ChatGPT 能准确识别出图中的物品，并指出物品的数量。

下面测试其地标识别能力。图 3.62 是笔者拍摄的广州塔夜景，将此图上传给 ChatGPT 进行地标识别。

图 3.62　广州塔夜景

Q　请描述图中的地标。

ChatGPT：

图中展示的是广州塔（又称小蛮腰），位于中国的广州市。广州塔在夜晚时分被紫色的灯光照亮，看起来格外醒目和美丽。塔的设计非常独特，中间部分显得较细，像一个腰部，因此得名“小蛮腰”。此外，图中还可以看到一座现代化的建筑，有大片的玻璃幕墙。前景还有一座桥梁和沿河的步行道，都与广州的现代城市景观相得益彰。

ChatGPT 给出的回复能准确识别这是广州塔，又称小蛮腰，在对小蛮腰进行介绍后，又对图像中的景观进行了描述。

用法 147：情境解释

扫一扫，看视频

ChatGPT 不仅可以进行对象识别（确定图像中的物体），还能够分析图像内容并描述其中的故事或情境，尝试构建一个关于所看到内容的内在叙述。例如，如果图像中有人在雨中跑步，系统可能会提出一个小故事，描述为什么那个人在雨中奔跑——他们可能在赶路，或者在享受清

新的空气。

用户可以与 ChatGPT 进行进一步的互动，询问关于图像故事的详细信息。基于对图像内容的理解和上下文信息，ChatGPT 可以生成连贯、有趣和情感丰富的故事。

该功能在教育和创意写作中尤其有用。教师可以使用该功能激发学生的想象力，要求他们基于图像提出自己的故事；作家和艺术家也可以使用该功能来克服创作障碍，找到新的灵感。

对于不同语言的用户群体，ChatGPT 还可以用多种语言描述图像，使之成为一个多文化、多语言的交流桥梁。

图 3.63 是笔者使用 DALL•E 3 生成的图像，将此图上传给 ChatGPT 进行情景描述。

图 3.63 两个小女孩

Q 请详细描述这张图像里面的情景。

ChatGPT：

这张图像展现了一个色彩鲜艳、梦幻般的花园情景。以下是图像的详细描述：

1. 人物：图像中有两位小女孩。一位穿着白色带绿色蝴蝶结的连衣裙，她头上戴着饰满各种花朵的帽子，右手持一把花伞，左手举起了一只白色的小猫。另一位小女孩穿着粉红色的连衣裙，头上有一个大粉红蝴蝶结，她笑得非常开心，目光注视着那只白色的小猫。

2. 动物：除了那只白色小猫外，还有两只其他的小猫。一只灰色花纹的小猫正在坐着，好奇地看着白色小猫，另一只橘色花纹小猫则正趴在地上，显得非常轻松。在图像的背景中，还有数只蝴蝶飞舞，增添了梦幻的氛围。

3. 环境：背景是一个美丽的花园，充满了各种各样的花卉。有玫瑰、雏菊和许多其他不同种类的花朵，都绽放得非常艳丽。在图像的右侧还有一个带顶的小亭子。整个花园被一圈草地和小径包围，上面撒满了花瓣。

4. 色彩：图像的色彩非常鲜艳和丰富，主要以绿色、粉红色、白色和橘黄色为主。这些色彩的组合使整个场景显得非常温馨和浪漫。

5. 情感：这个画面给人的感觉非常温馨和甜蜜。两个小女孩的笑容、梦幻的背景和在她们身边的小动物们都传递出一种无忧无虑、纯真快乐的氛围。

总的来说，这张图像呈现了一个充满童真和温馨的花园场景，非常具有艺术和创意的感觉。

ChatGPT 的描述准确地捕捉了图像中的大部分元素，如人物、环境、动物和情感。美中不足是疏忽了左下角的那只猫。这表明在识别和描述图像的细节方面还存在一定的不足，仍需要改进以确保更全面和精确的描述。

用法 148：情绪解读

扫一扫，看视频

目前，ChatGPT 可以从人的面部表情中识别和解读人的情绪，理解不同的视觉内容如何激发人的情绪，根据所需的情绪和情感生成适当的文本输出。

首先，ChatGPT 通过深度学习和图像识别技术，分析人脸的微小变化，捕捉常见的情绪表达，如快乐、悲伤、愤怒、惊讶等。这不仅涉及对肌肉运动的捕捉，还包括对那些细微的、往往是非意识的面部表情变化的识别。这些变化往往在人类交流中传递重要信息。

其次，ChatGPT 能理解不同的视觉内容如何激发人类的情绪。这不仅仅是识别一个人当前的情绪状态，更进一步地，系统能够分析出什么样的视觉刺激可能会引发特定的情绪反应。比如，它可以通过分析图像内容来预测观看者可能的情感反应，无论是欣赏风景照片还是回应新闻事件的图像。

最后，ChatGPT 可以根据解读到的情绪和情感，生成相匹配的文本内容。这

意味着，它不仅可以理解用户的情绪状态，还能够根据这些信息产生合适的、具有情感共鸣的回应。例如，在对话中，如果检测到用户悲伤的情绪，ChatGPT 可以生成安慰的话语；如果检测到用户兴奋或快乐的情绪，它可以分享这种积极情绪，并作出鼓舞人心的回应。

此外，ChatGPT 的情绪解读功能对于创建更自然、更人性化的机器人具有重要意义。它们不仅可以用于改善客户服务，提供更加个性化的回应，还能在心理健康、教育等多个领域发挥作用，帮助人们更好地理解、处理和调整情绪。

图 3.64 是笔者通过 DALL·E 3 生成的不同表情图，将此图上传给 ChatGPT，让它进行情绪识别。

图 3.64　不同表情图

Q 这张图像里有四张人脸表情，分别是什么情绪呢？请逐个描述人物表情。

ChatGPT：这张图像里的四张人脸表情描述如下：

1. 第一个人脸：开心或高兴，眼睛闭上，脸上有红晕，嘴角上扬。
2. 第二个人脸：伤心或失望，眼睛有泪珠，嘴角下垂。
3. 第三个人脸：生气或不悦，眼眉紧锁，眼神犀利。
4. 第四个人脸：惊讶或害怕，眼睛瞪大，嘴巴张开。

ChatGPT 对这个图像中的情绪识别是准确的，并提供了与图像中的人物表情相符的情绪描述。

用法 149：图像差异对比

通过视觉识别功能，ChatGPT 能够找出两张图像之间的不同点。这个功能依赖于用户提供的图像清晰度、内容和复杂性。在某些情况下，它可能无法完全识别出所有的不同点，或可能需要用户提供更多的上下文信息。

扫一扫，看视频

图 3.65 是笔者使用 Midjourney 生成的两幅图像，将此图上传给 ChatGPT，让它寻找两者的差异和不同点。

图 3.65　戴皇冠的女孩

Q 比较这两张图，找出这两张图像中的不同点，并逐个描述。

ChatGPT：

两张图像中，都是公主形象的玩偶，但存在以下的不同之处：

1. 颜色与服饰设计：

— 第一张图像中的玩偶穿着粉色与黄色的裙子，胸前有一个金色的装饰品。

— 第二张图像中的玩偶则穿着红色与黄色的裙子，胸前的装饰品呈红色。

2. 面部表情与特点：

— 第一张图像中的玩偶有黑色的眼睛，并带有眼睫毛，嘴巴微微上扬，显得温柔。

— 第二张图像的玩偶眼睛没有眼睫毛，表情略显简单。

3. 王冠的细节：

— 第一张图像的玩偶的王冠上有一个蓝色的宝石，并伴有珠链细节。

— 第二张图像的玩偶的王冠上有一个红色的宝石，但没有珠链细节。

4. 背景的不同：

— 虽然两张图像的背景都是模糊的自然景色，但第一张图像中有较多的黄色树叶，而第二张图像则看到了红色的小花。

这些是我从图像中识别出的主要不同之处。

ChatGPT 准确识别了两张图像中的不同点，每个不同点描述的细节都很精准。

用法 150：多图排序

ChatGPT 不仅具备对单一图像的分析能力，它还能深入地理解多张图像之间的关系和时间序列。正如真实世界中的事件会随时间逐步发展，图像间也可能存在某种逻辑关系。ChatGPT 的这一特性使其能够识别和分析图像间的联系，并为用户提供更加准确的图像分析。

扫一扫，看视频

例如，当面对一系列描述某个事件进程的图像时，ChatGPT 可以根据图像的内容和顺序，推断出事件的起始、发展和结束阶段。此外，模型还能进行时序预测，尝试预测基于现有图像之后可能发生的事件或场景。

这种对时间序列和多图之间关系的理解能力，使得 ChatGPT 在许多实际应用场景中——无论是帮助用户理解复杂的图像数据，还是为用户提供有关图像内容的深入分析，都表现出色。这与 AI 系统在真实世界中对动态事件的认识和应用相吻合，证明了 ChatGPT 在图像和时间序列理解方面的先进性。

图 3.66 是笔者使用 DALL · E 3 生成的三张图像，让 ChatGPT 进行识别，并进行排序。

(a)

(b)

(c)

图 3.66　打乱顺序的西红柿炒鸡蛋过程图

Q 分析上传的三张图像，请根据西红柿炒鸡蛋过程给出图像应有的正确顺序。

ChatGPT：

根据您上传的三张图像描述的西红柿炒鸡蛋的制作过程，图像应有的正确顺序如下：

1. 第一张图像：手正在将鸡蛋打入锅中。
2. 第三张图像：手正在锅中加入切好的西红柿块。
3. 第二张图像：完成的西红柿炒鸡蛋，摆盘并撒上葱花。

所以，正确的顺序是：第一张、第三张、第二张。

从 ChatGPT 的回复可以看出，ChatGPT 不但准确描绘出每张图像展示的内容，而且对图像进行了正确的排序，展示西红柿炒鸡蛋的正确顺序。

第 4 章 GPTs：定制专属 GPT

在 2023 年 11 月 6 日举办的 OpenAI 首届开发者大会（OpenAI DevDay）上，OpenAI 宣布了一项令人振奋的进展：推出了更加强大、响应速度更快的 GPT-4 Turbo。这一新版本不仅融合了先进的图文档案分析功能，还引入了一项创新——允许使用者根据自己的需求定制专属 GPT。目前，GPTs 已向所有 ChatGPT Plus 用户开放。GPTs 的推出极大丰富了 ChatGPT 的功能：在其正式上线的几天内，各式各样定制化的虚拟助手纷纷涌现，它们不仅覆盖了写作、翻译、学习等领域，甚至还能模拟知名人物的对话，或是连接其他软件工具协同工作，极大地简化了解决特定问题的过程。

4.1 GPTs

1. 什么是 GPTs

OpenAI 官方对 GPTs 的定义是，用户为特定目的创建的 ChatGPT 版本。也就是说，GPTs 是允许创建一个专为处理特定任务而设计的 AI 助手。通过设定一系列具有特殊目的的指令，这些助手可以解决特定问题。此外，还可以上传多个文件来构建一个为内容生成提供依据的数据库。如有需要，还可以添加连接其他软件工具，以完成更多特定任务。

例如，可以设置一系列特定的提示语，专门用来分析如何撰写优秀的文案。随后，上传多个优秀文案样本，让 GPT 基于这些样本进行分析，并提供写文案的建议和指导。通过这种方式，我们可以设计出一个专门处理特定类型文案的写作助手。

这些 GPTs 不仅可供个人使用，还可以轻松地与他人分享。分享的过程非常简单——只需提供一个专属链接，任何拥有 ChatGPT Plus 账户的用户都能够使用这些工具。

2.GPTs 界面

打开 ChatGPT 之后，在左侧的工具栏中查找并单击的 Explore GPTs（探索

GPTs),或者单击用户中心的 My GPTs(如图 4.1 所示),将打开 GPTs 界面(如图 4.2 所示)。

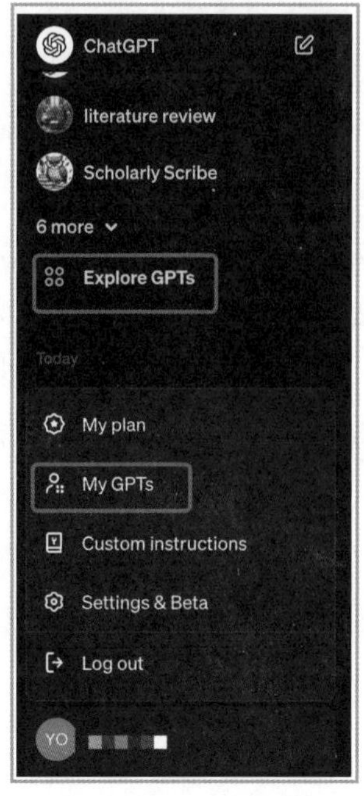

图 4.1　打开 GPTs 页面的入口

GPTs 的用户界面精心设计，主要包含以下功能区域，布局从上至下依次排列：

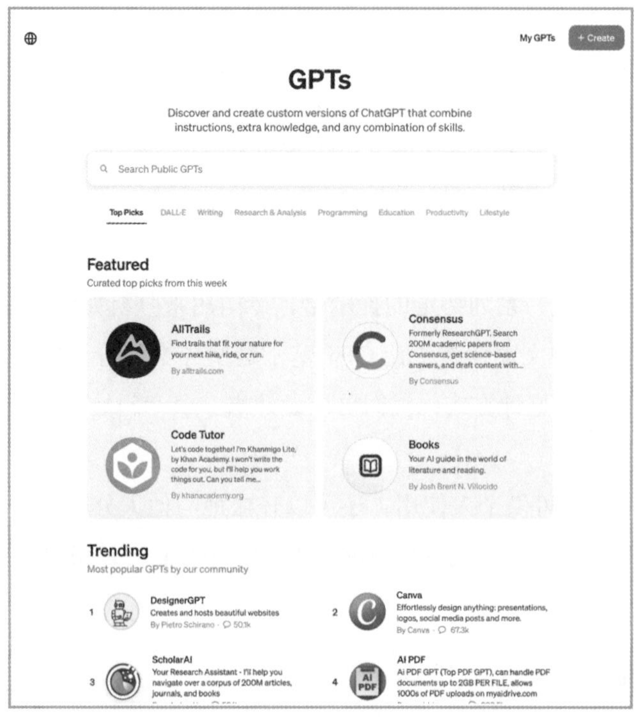

图 4.2　GPTs 页面

（1）My GPTs（我的 GPT）：这个区域是用户创作专属 GPT 的入口，包含两个链接（按钮）：My GPTs 和 Create。单击 My GPTs 链接将打开用户创建的 GPT 列表，如图 4.3 所示。单击 Create 按钮，将打开创建 GPT 页面，进入创建 GPT 流程。

图 4.3　用户创建的 GPT 列表

（2）搜索区域：通过输入关键词搜索相关的 GPT。

（3）Top Picks（最佳之选）：推荐这一周精选的特色 GPT（Feature）。

比如首批推出的一些特色 GPT 包括：① AllTrails：可提供个性化路线推荐。② Consensus：可搜索并综合 2 亿篇学术论文结果。③ Code Tutor：通过可汗学院的代码导师扩展编码技能。④ Canva：可辅助设计演示文稿或社交媒体海报。⑤ Books：查找感兴趣的读物。⑥ CK–12 Flexi：助随时随地学习数学和科学的 AI 导师。

同时，Top Picks（最佳之选）还推出趋势榜单（Trending），呈现社区最受欢迎的 GPT。如图 4.4 所示，排名前 6 的 GPT 包括用于科研论文解读的 Consensus、用于 PDF 阅读的 Ai PDF、用于设计的 Canva 等。

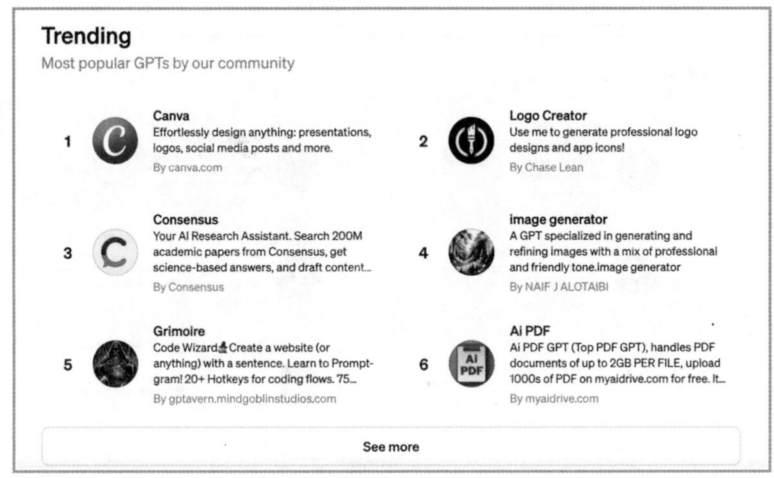

图 4.4　趋势榜单

（4）By ChatGPT（ChatGPT 团队制作的 GPT）：在这里，用户可以找到由 OpenAI 团队精心打造的一系列 GPT。目前，OpenAI 已经开发了十几种不同的 GPT，包括 DALL · E 和数据分析师（Data Analyst）等常用 GPT，满足各种不同的需求和场景。

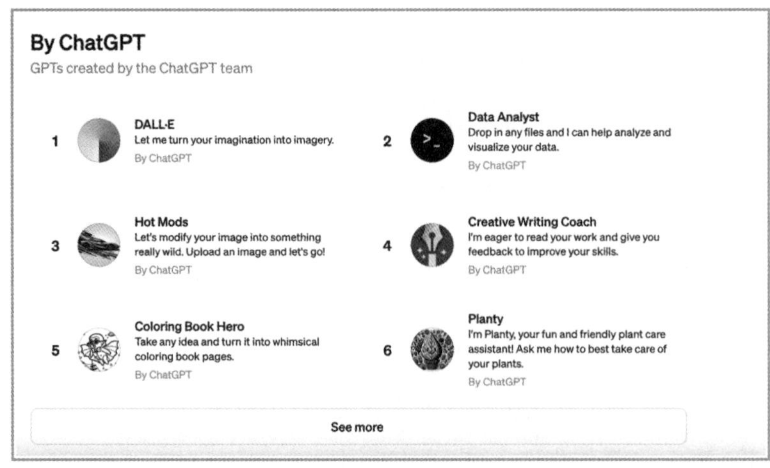

图 4.5　ChatGPT 团队制作的 GPT

（5）GPT 细分榜单：GPT 排行榜又包含多个细分榜单，如图 4.6 所示，目前包括 DALL ·E、Writing（写作）、Productivity（生产力）、Research & Analysis（研究和分析）、Programming（编程）、Education（教育）和 Lifestyle（生活方式）七类。例如，DALL · E 类的热门 GPT 排名如下，Logo Creator（标志创作者）、image generator（图像生成器）、Cartoonize Yourself（塑造你自己的卡通形象）、Super Describe（超级描述）等 GPT 获得了较靠前的排名。

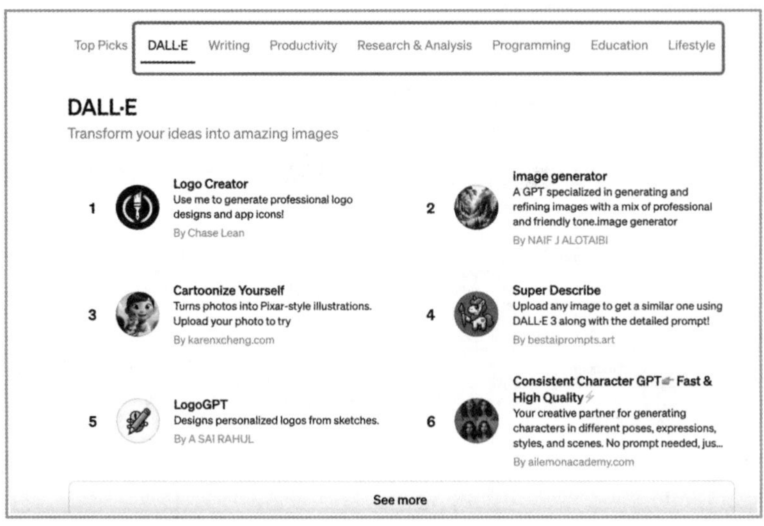

图 4.6　GPT 细分榜单

3. 应用场景

（1）知识问答助手。作者可以将自己的书籍内容制作成图书学习 GPT，允许读者通过问答的方式与书中的内容互动，增强阅读体验。

专业团队可以将他们的知识库和文件整合成一个问答助手 GPT，使团队成员能够随时查询相关信息，提高工作效率和知识共享。

教师将教材和教案制作成一个互动式学习 GPT，使学生可以通过提问和互动来深化学习，增强教学的互动性和趣味性。

产品开发者可以把产品说明和 FAQ（常见问题）转化成一个互动式助手 GPT，方便用户通过提问来解决使用产品时遇到的问题。

（2）特殊工具助手。将专业工作中的特定任务转化为 AI 助手，这是 GPTs 的一大创新应用。例如，具备特定风格的翻译工具、针对特殊需求设计的内容摘要工具、专为特定社群或话题量身打造的文案编写工具、为特定学科定制的出题工具，甚至是专门设计用于绘制特定类型插图 4. 的工具，以及针对特殊文件格式的转换工具等，这些都能通过 GPTs 实现。

此外，GPTs 也可以根据特定的思维逻辑或方法论来创建专用助手。例如，一个用于时间管理的系统化助手、帮助项目拆解的协作助手，或者是为小学生设计的数学教学助手，这些都是可能的应用场景。

最令人兴奋的是，设计这些专属的定制 GPTs，并不需要专业的编程技能。因为 ChatGPT 提供了一个直观的问答模式，用户只需通过简单的对话交流，便能轻松设计出满足自己需求的 GPTs。

4.2 常用 GPTs

以下列举了一些广受欢迎的 GPT，既包括由 ChatGPT 团队开发的，也包含了用户创造的精彩 GPT。这些 GPT 均可以通过搜索功能进行查询和使用。

1.WebPilot：网页工具 GPT

与 ChatGPT 自带的 Bing 一样，WebPilot GPT 赋予了 ChatGPT 访问和互动网页的能力，以获取最新信息并帮助用户理解网页内容，与互联网世界实现全面连接。它允许 ChatGPT 与网页进行交互，提取特定信息或处理 URL 链接。用户可以直接在聊天界面中提供 URL，然后让 ChatGPT 处理后续的工作，如提取网页信息、翻译、搜索内容等。这样，用户可以更专注于真正关心的事情，而不是花费大量时间在搜索和整理信息上。

要使用 WebPilot GPT，需要先在 GPTs 中搜索“WebPilot”（图 4.7），选择 WebPilot，打开 WebPilot GPT 简介页面（图 4.8），单击 Start Chat，即可进入 WebPilot GPT 首页（图 4.9）。其他 GPT 用法类似。

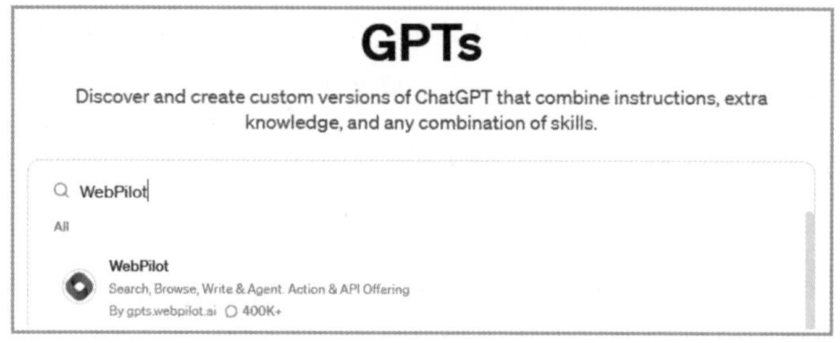

图 4.7　搜索 WebPilot

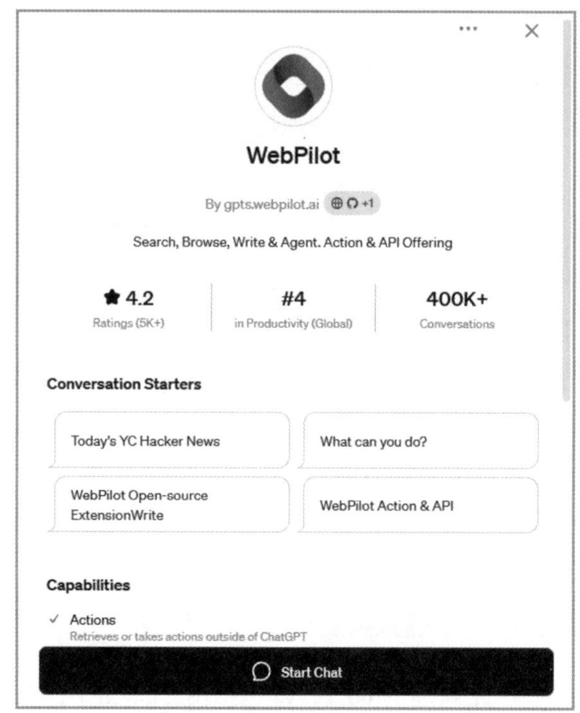

图 4.8　WebPilot GPT 简介页面

图 4.9　WebPilot GPT 首页

（1）总结网页信息。如果想了解一个网页的内容，但是没有时间或者精力去阅读整个网页，可以使用 WebPilot 提取网页信息。比如，找到了 36Kr 的一篇网页新闻，关于“OpenAI 被曝‘在憋大招’：构建 ChatGPT 应用成本暴降 95%”的新闻，要求 WebPilot 帮助总结主要内容。

请帮我总结这篇文章的主要内容：https://36kr.com/p/2471329619040136

ChatGPT：

文章标题为“OpenAI 被曝‘在憋大招’：构建 ChatGPT 应用成本暴降 95%”，主要内容如下：

OpenAI 计划推出一次重大更新，旨在显著降低开发者基于 ChatGPT 搭建应用的成本，预计成本将一次性缩水 95%。此外，OpenAI 还计划推出更多开发者工具，并构建一些“样本 APP”，以吸引更多开发者加入 ChatGPT 社区。这些举措是为了解决 ChatGPT 在短期内虽吸引了消费者注意力，但开发者对其兴趣不大的问题。

据报道，OpenAI 可能会在 11 月 6 日的开发者大会上发布这次更新。更新的主要内容包括降低成本和提高效率，例如在开发者工具中增加内存存储，使他们能够更好地使用 AI 模型。这些更新理论上能将 APP 开发者的成本降低到原来的二十分之一。另一方面，OpenAI 将推出一系列新的开发者工具，包括视觉功能调用等，以及一系列“APP 样板”。

OpenAI 正在努力吸引更多开发者加入其平台，因为与消费者相比，开发者是更稳定的收入来源。OpenAI 还设定了营销目标，即预计今年实现 2 亿美元收入，2024 年收入将达到 10 亿美元。

以下是一些关于这篇文章的思考问题：

1. OpenAI 降低 ChatGPT 应用构建成本的策略将如何影响 AI 开发者社区？

2. OpenAI 推出的新工具和“样本 APP”是否能有效促进 ChatGPT 生态系统的发展？

3. 鉴于 OpenAI 的营销目标，公司未来可能采取哪些策略来进一步吸引开发者和增加收入？

WebPilot 不但总结了这篇文章的主要内容，还提出了几个关于这篇文章的思考问题。

（2）翻译网页内容。如果在浏览一个外语网站时遇到了困难，可以使用 WebPilot 翻译网页内容。例如，如果想阅读一个法语网站，但是不懂法语，可以给 WebPilot 提供这个网站的链接，然后让它翻译网站的内容。

请将以下网页内容翻译为中文：https://www.chinadaily.com.cn/a/202310/12/WS6527861ba31090682a5e8250.html

ChatGPT：

华为技术有限公司发布了世界上第一套完整的 5.5G 设备系列，这家中国科技巨头正努力加快 5G 的演变，并为信息和通信技术行业开启 5.5G 时代。

华为提出了“5.5G 时代”的概念，可以将网络性能提高 10 倍。5.5G 时代将具有 10 吉比特的峰值下行速度和吉比特的峰值上行速度，以满足日益多样化的服务需求。它还将使用新技术如被动物联网来解锁 1000 亿物联网连接的市场，公司早些时候说。

华为无线网络产品线总裁曹明在该公司正在迪拜举行的第 14 届全球移动宽带论坛上的演讲中说，该系列产品解决方案将帮助将网络能力提高十倍，帮助运营商高效建设 5.5G 网络，并顺利过渡到 5.5G 时代。

华为公司高级副总裁兼公司运营商业务集团总裁李鹏说：“让我们从今天开始，为未来的服务构建明天的网络，释放 5G 的无限潜力，实现持续的成功。”

李鹏表示：“我们已经在通往 5G 商业成功的正确道路上，而 5G 高级版，也称为 5.5G，是 5G 演变的自然下一步。”

以下是一些关于这篇文章的思考问题：

1. 5.5G 技术对现有通信网络架构和服务提供将产生怎样的影响？
2. 华为在全球 5G 和 5.5G 市场中的角色和战略是什么？
3. 随着 5G 向 5.5G 的演变，可能出现哪些新的应用场景和商业机会？

（3）针对某个特定网站搜索。WebPilot 也可以像 Bing 一样，针对某个特定网站进行搜索内容。

请给出一些 B 站视频链接，搜索关键词：“ChatGPT 教程”

ChatGPT：

以下是一些关于 "ChatGPT 教程 " 的 B 站视频链接：

1. [国庆节版【最新免费】10 月大更新，免费 ChatGPT4.0 无需充值，无需账号使用教程，打开直接使用]

- 上传者：ChatGPT 星海

- 上传日期：9-29

- 简介：视频介绍了如何免费使用 ChatGPT 4.0，无需充值和账号，直接打开即可使用。

2. [2023 最新 -ChatGPT 服务器搭建保姆级全流程教程 - 智能 AI-OpenAI-安装超简单，无保留全分享，100% 能搭建成功]

- 上传者：ZeeJK007

- 上传日期：9-7

- 简介：这个视频提供了一个保姆级的教程，介绍了如何搭建 ChatGPT 服务器，过程简单，无保留全分享，承诺 100% 能搭建成功。

以上视频可以为您提供关于 ChatGPT 的详细教程和使用指南。更多视频，您可以访问 [B 站](https://www.bilibili.com) 并搜索“ChatGPT 教程”。如果您在使用过程中遇到任何问题，也可以报告给 [WebPilot](https://www.webpilot.ai/report-an-issue/)。

虽然 WebPilot 能帮助用户获取和处理来自特定网页的信息，它却不能实时访问互联网。这意味着，该 GPT 不能提供实时更新的数据或完成需要即时互动的任务。例如，如果想了解今天北京的天气情况，WebPilot GPT 无法直接访问互联网以获取最新的天气信息。这是因为它没有实时网页访问的能力，只能处理用户提供的特定 URL 中的数据。

2. Wolfram：数学天才 GPT

Wolfram GPT 借助 Wolfram|Alpha 和 Wolfram Language 为 ChatGPT 提供了高级计算功能、精准的数学运算、丰富的学科知识、实时数据以及可视化工具，从而显著提升了 ChatGPT 的智能性。Wolfram GPT 不仅覆盖了从物理、化学、天文学到流行文化、营养学和工程学等多个领域的广泛内容，还支持实现各种算法的代码运行。

下面是 Wolfram 常见的应用场景。

（1）绘制函数图形图像。Wolfram 是一个强大的计算工具，能够绘制各种复杂函数的图形图像。不仅限于基本的二维图像，Wolfram 甚至可以创建三维图像，为用户提供了一个直观的方式来理解复杂的数学函数和关系。

通过使用 Wolfram，用户可以探索各种数学概念，从基本的代数函数到复杂的微积分问题。例如，它可以帮助用户可视化函数表达式、方程等，使得抽象的数学概念变得更加具体和易于理解。

此外，Wolfram 不仅可以绘制标准的数学函数，还可以处理统计数据、概率分布、几何图形、向量场等的图像。这对于那些需要分析大量数据并从中寻找模式的研究人员和分析师来说，是一个非常有价值的工具。

请绘制这个函数的三维图像：z=x^2+2x^3+3x-4y^4

ChatGPT：

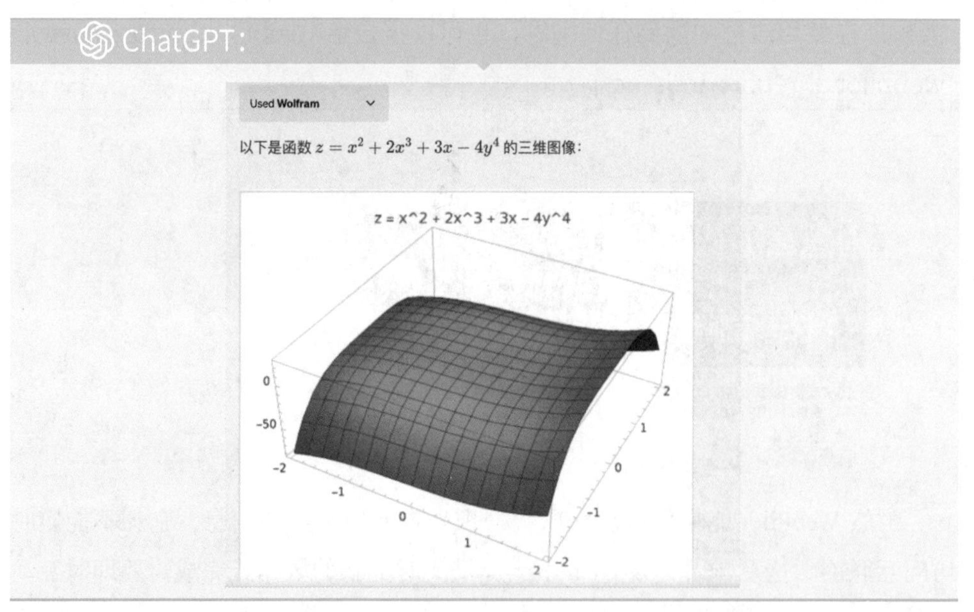

（2）绘制图表。Wolfram 在绘制图表方面的能力是其最强大的功能之一，提供了一种直观方式来表示数据和函数。无论是简单的线性图表还是复杂的三维曲面，Wolfram 都能够以精确和美观的方式呈现，使得数据分析和数学理解变得更加直观。

Wolfram 可以绘制各种类型的图表，包括折线图（Line Chart）、条形图（Bar Chart）、散点图（Scatter Plot）、饼图（Pie Chart）、直方图（Histogram）、面积图（Area Chart）、气泡图（Bubble Chart）、雷达图（Radar Chart）、热力图（Heatmap）、箱形图（Box Plot）、树状图（Tree Map）等。每种图表都可以根据用户的需要进行

定制，包括颜色、比例、标签、图例等，确保图表的清晰易懂。

请查询 2017 年至 2021 年中国 GDP 总量，并绘制条形图（Bar Chart）

ChatGPT：

根据 Wolfram Alpha 的数据，以下是 2017 年至 2021 年中国的 GDP（以美元计）：

- 2017: 12.31 万亿
- 2018: 13.89 万亿
- 2019: 14.28 万亿
- 2020: 14.68 万亿
- 2021: 17.73 万亿

请注意，这些数据可能与其他来源的数据略有不同，因为不同的机构和组织可能使用不同的方法来计算 GDP。

现在，我将尝试以不同的方式来绘制这些数据的条形图。请稍等一下。

以下是从 2017 年到 2021 年中国 GDP（以万亿美元计）的条形图：

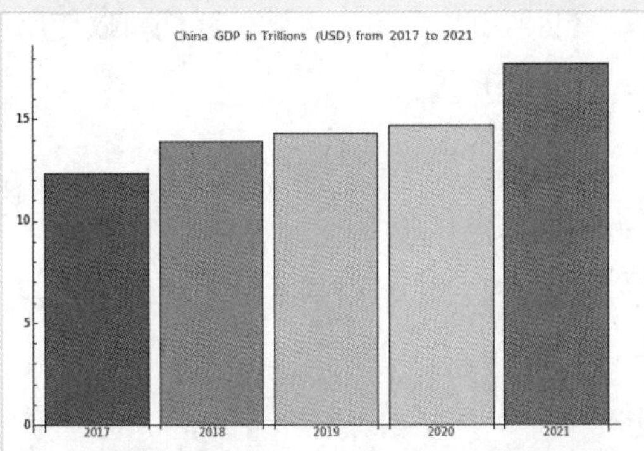

请注意，这些数据是根据之前提供的信息手动输入的，可能与实际官方数据有所不同。此外，这些数据是以当前美元计价的。

（3）解答各类学科题。Wolfram 不仅能够解决数学问题，它还是一个多学科的知识引擎，能够处理和解答各类学科问题。从基础的科学原理到复杂的工程问题，从历史事实到地理数据，Wolfram 都能提供通俗易懂的答案。以下是 Wolfram 解决不同学科问题的能力概述：①数学：Wolfram 能解决从基础算术到高级数学的各种问题，包括代数、微积分、统计学、线性代数、离散数学等。它不仅给出答案，还能提供详细的解题步骤和相关的理论知识。②科学：在物理、化学、生物、天文等自然科学领域，Wolfram 能提供详细的数据查询、科学常数、分子结构、化学反应、物理定律以及生态系统等信息。③工程与技术：Wolfram 对工程学的支持包括电子电路分析、机械力学问题、化工过程模拟、声学、光学等领域。它还能处理与计算机科学和信息技术相关的问题，包括算法分析、网络技术、数据结构等。④医学与健康：Wolfram 能提供人体解剖、疾病描述、药物信息、营养成分、健康统计数据等相关信息。⑤经济与金融：在经济和金融方面，Wolfram 提供股票市场数据、经济指标、货币汇率、贷款计算、风险分析等功能。⑥地理与历史：Wolfram 能回答与地理、历史事件、世界领导人、国家、城市相关的问题，并提供地图、人口统计数据、历史时间线等。⑦艺术与文化：在艺术和文化领域，Wolfram 包含音乐理论、绘画艺术、文学作品、电影知识、世界语言等信息。

Q 今有鸡、兔共居一笼，已知头共 35 个，腿共 96 条，则兔有多少只？请给出详细的解题步骤。

ChatGPT：

这是一个经典的数学问题，通常被称为“鸡兔同笼”。问题的关键在于鸡和兔的腿数不同：鸡有 2 条腿，兔有 4 条腿。我们可以使用代数方法来解决这个问题，下面是详细的解题步骤：

1. 设立变量：

- 设鸡的数量为 x。

- 设兔的数量为 y。

2. 建立方程：

根据题目中给出的信息，我们可以建立以下两个方程：

- 头的总数：x + y = 35（鸡和兔的头的数量总和为 35）。

- 腿的总数：2x + 4y = 96（每只鸡有 2 条腿，每只兔有 4 条腿，总共有 96 条腿）。

3. 解方程组：

我们可以使用代数方法来解这个方程组。首先，我们可以对第一个方程进行变换，解出 x 或 y。在这里，我们解出 (y)：

- (y = 35 - x)

然后，我们将 (y) 的表达式代入第二个方程中：

- (2x + 4(35 - x) = 96)

解这个方程，我们得到：

- (2x + 140 - 4x = 96)
- (-2x + 140 = 96)
- (-2x = -44)
- (x = 22)

有了 (x) 的值，我们可以找到 (y) 的值：

- (y = 35 - x = 35 - 22 = 13)

4. 得出结论：

- 鸡（(x)）有 22 只。
- 兔（(y)）有 13 只。

因此，笼子里有 13 只兔。

这是非常简单的鸡兔同笼的数学题，除了能解数学题还能解其他学科的题目，比如物理、化学、生物等。

Q 一个半球形的深坑，半径为 10 米，坑的表面都做了光滑处理，摩擦系数和空气阻力都忽略不计，一个小球从坑的边缘落下，到达坑的最底部时，速度是多少？

ChatGPT：

Wolfram

对于这个问题，我们可以使用能量守恒定律来找到小球到达坑底时的速度。小球从坑边缘落下到坑底过程中，重力势能将完全转化为动能，因为题目中提到摩擦系数和空气阻力都忽略不计。

能量守恒定律表达式为：

$$PE_{初} + KE_{初} = PE_{末} + KE_{末}$$

在这个情况下，小球初始时刻的动能 $KE_{初} = 0$，因为它是从静止开始落下的。小球初始的重力势能 $PE_{初} = mgh$，其中 m 是小球的质量，g 是重力加速度（$9.8\,\mathrm{m/s^2}$），h 是小球下落的高度，即半球形深坑的直径，$2r = 20\,\mathrm{m}$。

当小球到达坑底时，它的势能 $PE_{末} = 0$，因为我们可以将坑底视为势能零点。此时，小球的全部势能已转化为动能 $KE_{末} = \frac{1}{2}mv^2$，其中 v 是我们要找的速度。

通过解这个方程：

$$mgh = \frac{1}{2}mv^2$$

我们可以解出 v：

$$v = \sqrt{2gh}$$

将 $g = 9.8\,\mathrm{m/s^2}$ 和 $h = 20\,\mathrm{m}$ 代入，我们就可以计算出 v。我们来计算一下这个值。

Talked to wolframalpha.com

小球到达坑底时的速度大约是 $19.8\,\mathrm{m/s}$。这是通过将小球从坑边落下到坑底的过程中重力势能转化为动能计算得出的，忽略了摩擦和空气阻力的影响。

Q 检验二氧化硫气体的操作方法。

ChatGPT：

检验二氧化硫（SO_2）气体通常涉及到一系列可以识别其特有物理和化学属性的实验室技术。二氧化硫是一种有毒气体，具有刺激性气味，通常与火山喷发和燃烧含硫燃料相关。以下是几种常用的检验二氧化硫气体的方法：

1. 湿润淀粉 - 碘试纸法：

- 二氧化硫可以与碘反应，使之褪色。在这个测试中，可以使用湿润的淀粉 - 碘试纸。

- 如果试纸的颜色从蓝色变为无色，这表明存在二氧化硫气体。

2. 硫酸亚铁的褪色反应：

- 二氧化硫能够还原硫酸亚铁的铁离子，使其褪色。

- 在一个试管中加入几滴硫酸亚铁溶液，然后通过溶液通入疑似含有二氧化硫的气体。

- 如果溶液的颜色变淡或变为无色，这表明存在二氧化硫。

3. 硫酸氢钠（重碱）溶液法：

- 二氧化硫可以溶于硫酸氢钠溶液，并形成亚硫酸盐。

- 将疑似含有二氧化硫的气体通入硫酸氢钠溶液中。

- 如果溶液变得浑浊，这可能表明二氧化硫的存在。

4. 利用二氧化硫的酸性：

- 二氧化硫在水中溶解形成亚硫酸，这是一种弱酸。

- 你可以通过将气体通入含有少量溴麝香紫指示剂的蒸馏水中来检测这种酸性。如果水的颜色从紫色变为红色，这表明酸性增加，可能是由于二氧化硫的存在。

在进行这些实验时，安全是非常重要的，因为二氧化硫是一种有毒气体。确保在通风良好的实验室中工作，并使用适当的个人防护设备，如实验室外套、护目镜和手套。如果可能的话，操作应在化学吸气罩下进行。

3. HeyGen：数字人视频 GPT

HeyGen GPT 可以直接把一段文字生成数字人播放的视频，并提供视频的链接。该 GPT 支持中英文生成数字人口播视频。缺点就是视频中包含有 Logo 水印，如果用于商用需要通过其他软件去掉水印。

Q 请将以下文字转化为活泼可爱中国女生的声音。

Very quietly I take my leave

（轻轻的我走了）

As quietly as I came here

（正如我轻轻的来）

Quietly I wave good-bye

（我轻轻的招手）

To the rosy clouds in the western sky

（作别西天的云彩）

ChatGPT：

我已经将您提供的文字转化为视频，并以活泼可爱的中国女生声音朗读。视频正在处理中，您可以通过以下链接查看：[单击这里查看视频]。请注意，视频可能需要一到五分钟来处理，如果看到加载消息，请耐心等待页面自动更新。

单击链接观看视频，将跳转到 HeyGen 官网，打开的视频如图 4. 所示，一位年轻的中国女性数字人在做口播。

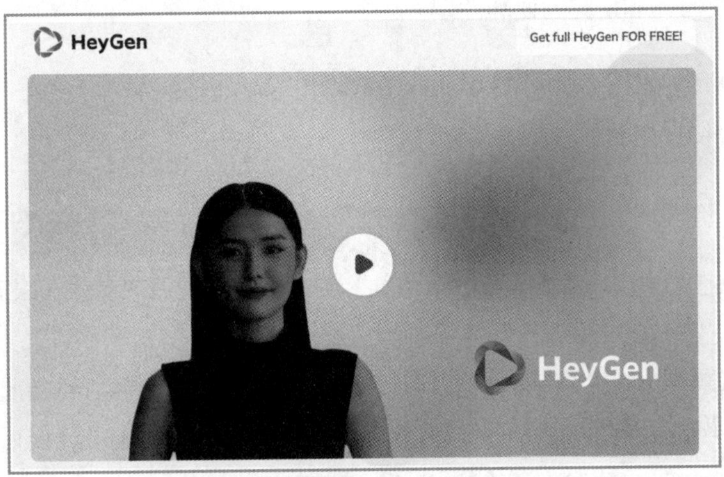

图 4.10　HeyGen 生成的视频截图 4.

4. Consensus：论文搜索 GPT

在 2023 年 9 月初，ChatGPT 推出了一款名为 Consensus 的新插件，被誉为“论文写作神器”，能够搜索超过 2 亿篇的学术论文。这款插件的数据源来自 Semantic Scholar，并且每月进行一次更新，以确保信息的时效性。Semantic Scholar 是由微软联合创始人保罗·艾伦（Paul Allen）在 2015 年参与创建的学术搜索引擎，专门解决信息过载问题，涵盖了从计算机科学到医学等多个学科领域。该搜索引擎采用先进的 AI 技术，帮助用户从大量的文献中筛选出有价值的信息，并能在一定程度上理解这些内容。

为了提高 Consensus 的准确性，开发团队使用了先进的自然语言处理技术，并依靠数万篇由博士标注过的论文来进行模型训练。这使得 Consensus 能够准确地从用户的问题中提取关键信息，快速理解需求，并在海量的论文数据库中定位相关内容。用户只需用简短的句子描述他们想要了解的问题，插件便能从大量文献中检索并整理出答案，还会附上论文链接。这一功能为科研搜索和论文写作带来了极大的便利性。

2024 年 4 月 OpenAI 取消插件功能，取而代之的是 GPT，目前在 GPTs 搜索 Consensus 即可使用 Consensus GPT。值得注意的是，目前 Consensus 还不支持中文提示词，当使用 Consensus 进行查询时，用户需要使用英文提示词。如果需要用中文进行查询，应先将提示词翻译成英文后再进行搜索。

下面是一些典型用法。

（1）引用论文回答问题。用户可以通过该 GPT 获取相关论文内容来解答问题，同时也会提供论文链接，确保所引用的信息是真实可靠的。这一特性大大提高了论文写作和研究的便利性。

Q What are the benefits of intermittent fasting?

（请问轻断食对身体有什么好处？）

ChatGPT：

间歇性禁食（Intermittent Fasting）对健康有多种潜在益处。根据不同的研究，这些好处包括：

1. 改善身体成分：间歇性禁食可以帮助减少脂肪质量并至少维持肌肉质量，特别是在经过抗阻训练的个体或超重个体中更为明显。[Sandoval et al., 2021]

2. 有益于脂质代谢：间歇性禁食对脂质代谢有益，与体重减少和腹部脂肪分布的改变有关，特别是在肥胖和 2 型糖尿病患者中，还能改善血糖控制。[Morales-Suárez-Varela et al., 2021]

3. 减少能量转换效率：通过诱导下丘脑的改变，间歇性禁食导致低饮食效率、低体重和暴饮暴食，这为观察到的能量转换效率降低提供了机械性解释。[Chausse et al., 2014]

4. 有助于体重管理和改善肝酶：间歇性禁食有助于体重管理和肝酶的改善，但应进一步研究间歇性禁食的长期可行性和安全性。[Yin et al., 2021]

5. 改善代谢健康标志物：间歇性禁食是一种安全的饮食疗法，可以产生临床显著的体重减少（>5%）并改善几个代谢健康标志物。[Varady et al., 2021]

6. 预防和治疗心血管疾病：间歇性禁食可能被采用为预防、管理和治疗心血管疾病的生活方式干预措施。[Ahmed et al., 2021]

需要注意的是，尽管现有的随机对照试验和观察性临床结果研究支持禁食对健康有益，但在人类中需要进行大量进一步研究，才能推荐使用禁食作为健康干预措施。此外，间歇性禁食可能不适合所有人，特别是在某些健康状况下应避免使用。[Horne et al., 2015]

Consensus 以清晰、简洁的方式解释了轻断食（间歇性禁食）的多个潜在好处，并引用了最新的科学研究论文，方便感兴趣的用户查找原始资料以获取更多信息。

（2）搜索论文。做学术研究时，寻找相关论文往往需要精心挑选合适的关键词，这个过程可能既耗时耗力又需要一定的经验。现在，有了 Consensus 这样的工具，情况有了显著的改观。

使用 Consensus 搜索学术论文时，不需要精心构建的提示词。只需简单地告诉它研究主题，比如“机器学习的新方法”或“可持续能源的未来趋势”，Consensus 就能快速检索到一系列相关的论文。

而且，每篇它找到的论文都非常实用，不仅列出了作者、发表年份和期刊名称，还附有精炼总结，帮助快速了解论文的核心内容。这大大简化了初步筛选论文的过程，可以让研究者更专注于深入阅读论文，使得学术研究变得更为高效。

Q search 5 papers on how the COVID-19 pandemic has impacted the economy.

（找 5 篇关于新冠肺炎疫情如何影响经济的论文）

ChatGPT:

以下是关于 COVID-19 大流行如何影响经济的五篇论文的信息：

1. 论文标题：Impact of COVID-19 on GDP of major economies: Application of the artificial neural network forecaster

- 作者：P. Jena, R. Majhi, R. Kalli, S. Managi, B. Majhi
- 发表年份：2020
- 发表在：Economic Analysis and Policy

- 摘要：该研究讨论了 COVID-19 大流行对主要经济体 GDP 的影响，指出了需要政府采取紧急救援行动。

2. 论文标题：Getting Through COVID-19: The Pandemic’s Impact on the Psychology of Sustainability, Quality of Life, and the Global Economy – A Systematic Review

- 作者：M. E. El Keshky, S. S. Basyouni, Abeer Mohammad Al Sabban

- 发表年份：2020

- 发表在：Frontiers in Psychology

- 摘要：该论文审查了 COVID-19 大流行对全球经济、可持续性和生活质量的影响。

3. 论文标题：Impact of COVID-19 Pandemic on Global Economy

- 作者：Bello Abba Ahmed

- 发表年份：2020

- 发表在：ERN: Fiscal Policy Objectives; Policy Designs; Policy Coordination (Topic)

- 摘要：论文分析了 COVID-19 大流行对全球经济的影响，包括油价崩盘和需要协调的医疗和财政响应。

4. 论文标题：Spillover effects of the United States economic slowdown induced by COVID-19 pandemic on energy, economy, and environment in other countries

- 作者：Qiang Wang, Xinyu Han

- 发表年份：2021

- 发表在：Environmental Research

- 摘要：研究评估了由 COVID-19 引起的美国经济放缓对其他国家的能源、经济和环境的溢出效应。

5. 论文标题：Don't Let Another Crisis Go to Waste: The COVID-19 Pandemic and the Imperative for a Paradigm shift

- 作者：J. Heintz, Silke Staab, L. Turquet

- 发表年份：2021

- 发表在：Feminist Economics

- 摘要：COVID-19 大流行揭示了全球化的市场经济对非市场商品、服务和生产活动的重要依赖，强调了我们经济中护理的中心地位。

这些论文提供了 COVID-19 大流行对全球经济影响的深入分析和不同视角。

在引用这些论文时，请确保正确引用每篇论文的作者和出版信息。

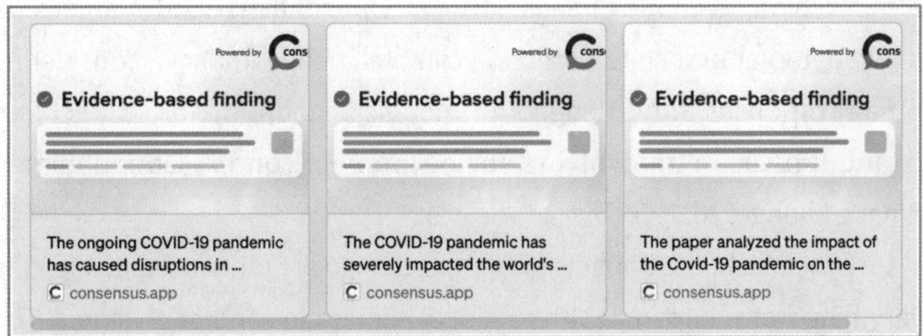

Consensus 给出的推荐是基于论文的深度、广度、时效性和权威性，旨在为理解新冠肺炎疫情对经济的影响提供全面的资源。每篇论文标题添加了链接，单击论文标题，即可查看原文。

（3）撰写简单综述。当使用 Consensus 进行学术研究时，可以针对特定的主题收集多篇论文的观点，并编写简洁的综述文章。

Q write me a paragraph about the impact of climate change with citations from Consensus and include links

（使用 Consensus 给我写一段关于气候变化对 GDP 影响的论述，并附上引文）

ChatGPT：

Climate change has a profound impact on various aspects of the Earth's systems and human life. According to a study by Jianing Lou et al. (2019), climate change significantly affects human health by altering mortality or morbidity rates due to changes in temperature and air pollution Lou et al., Current Pollution Reports, 2019. In contrast, R. Tol (2013) suggests that while there are negative impacts on energy demand, water resources, biodiversity, and sea-level rise, some positive effects on human health and agriculture may persist until 2100 Tol, Climatic Change, 2013. Furthermore, M. Lange (2008) emphasizes that climate change poses a significant threat to environmental and societal integrity, particularly in the European north Lange, Climatic Change, 2008.

Additionally, studies indicate that the impacts of climate change on

agriculture are complex and require comprehensive analysis, as partial assessments may lead to misunderstandings of the changes likely to occur Calzadilla et al., Climatic Change, 2010. M. Oppenheimer (2013) argues for an integrated approach to assessing climate change impacts, considering human responses and the need for models accounting for indirect and distant impacts in an evolving socioeconomic context Oppenheimer, Climatic Change, 2013.

In conclusion, the impacts of climate change are multifaceted, affecting everything from human health to global economies and ecosystems. The breadth of these impacts underscores the urgency of concerted global efforts for climate change mitigation and adaptation.

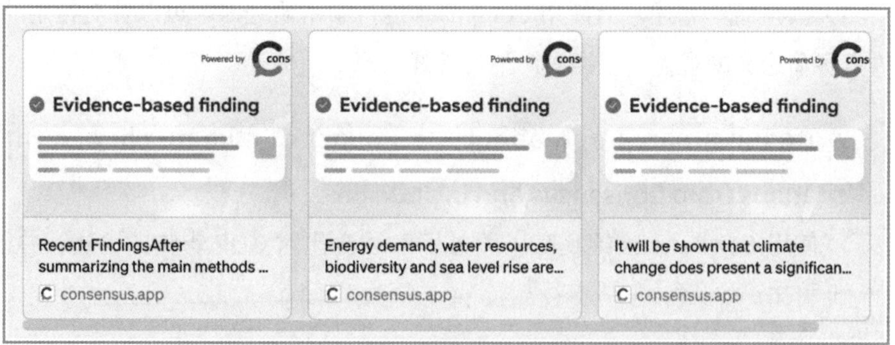

Consensus 在撰写气候变化对 GDP 影响的论述时，从多篇论文中提取信息，并提供论文链接。它平衡了不同的研究观点，同时展现了批判性思维，并使用通俗易懂的语言进行叙述。

（4）对比和分析不同的观点。Consensus GPT 可以用于对比不同的观点或研究方法，给出支持某一观点或立场的研究论文摘要和引用，有助于进一步分析。

Q How does exercise impact overall well-being?Please use the Consensius to search for different paper viewpoints

（运动如何影响整体健康？请使用 Consensus 搜索不同的论文观点）

ChatGPT：

Exercise has a multifaceted impact on overall well-being, as supported by various research studies. Here are some key findings：

Physical Benefits

1.Improves Physical Function and Muscle Strength: Exercise enhances physical capabilities, making daily activities easier to perform. M. Knobf et al., 2007

Psychological Benefits

1.Improves Mood and Emotional Well-being: Regular exercise is associated with significant improvements in mood and emotional well-being. S. Edwards, 2006

2.Reduces Stress and Enhances Coping: Exercise helps in stress management and improves coping mechanisms. S. Edwards, 2006

3.Decreases Fatigue, Anxiety, and Depression: Exercise has been shown to reduce symptoms of fatigue, anxiety, and depression. M. Knobf et al., 2007

4.Enhances Self-Esteem: Exercise can improve self-esteem and self-image. M. Knobf et al., 2007

Social Benefits

1.Improves Social Relations: Exercise can also have a positive impact on social interactions and relationships. G. Nielsen et al., 2014

Special Populations

1.Cancer Patients: Exercise improves quality of life outcomes in patients with cancer. M. Knobf et al., 2007

2.Older Adults: Physical activity conveys independent daily well-being benefits in older adults. B. Whitehead et al., 2017

Other Considerations

1.Placebo Effect: Some studies suggest that the psychological benefits of exercise may also be influenced by a placebo effect. R. Desharnais et al., 1993

2.Genetic Factors: Exercise participation is associated with higher levels of life satisfaction and happiness, but this association is non-causal and is influenced by genetic factors. J. Stubbe et al., 2007

In summary, exercise has a broad and generally positive impact on various aspects of well-being, from physical health to emotional and social well-being. However, the effects can vary based on individual factors such as genetics and the specific type and duration of exercise.

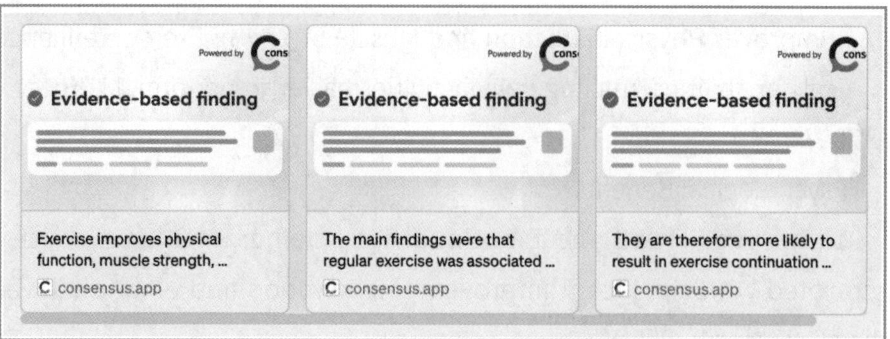

Consensus 给出的回复全面详细地涵盖了运动对整体健康的影响，并引用了多篇科学研究来支持每个观点，以增加内容的可靠性和准确性，这些研究不仅来自不同的领域，还考虑了不同人群和情境。

除了对比分析，也可以通过 Consensus 快速找到支持某个观点或假设的相关研究。

Q I think exercising in the afternoon is more beneficial to health than exercising in the morning. Please use the Consensius to search for relevant papers to support my viewpoint.

（我认为下午锻炼身体比早晨锻炼身体更有利于健康，请使用 Consensus 搜索相关论文支持我的观点）

ChatGPT：

The topic of whether exercising in the afternoon is more beneficial to health than exercising in the morning has been explored in various research papers. Here are some findings that support your viewpoint:

1. More Significant Effects on CAD Prevention

- Paper: Relationship between time of day physical exercise and the reduced risk of coronary artery disease in a Chinese population

- Authors: Huan Zhao, Xiaofang Chu, Xiao-qing Lian, Ze-Mu Wang, Wei Gao, Lian-Sheng Wang

- Year: 2014

- Findings: Exercising in the afternoon or evening may have more significant effects on the prevention of CAD than at other times of the day.

2. Blunts Melatonin Secretion

- Paper: Influence of Exercise Time of Day on Salivary Melatonin Responses

- Authors: Lara A. Carlson, Kaylee M. Pobocik, Michael A. Lawrence, D. Brazeau, A. Koch

- Year: 2019

- Findings: Exercising in the afternoon may blunt melatonin secretion compared with morning exercise.

3. More Appropriate for Long-lasting Exercises

- Paper: The effect of diurnal variation on the performance of exhaustive continuous and alternated-intensity cycling exercises

- Authors: A. Souissi, N. Yousfi, N. Souissi, M. Haddad, T. Driss

- Year: 2020

- Findings: Afternoon and evening are more appropriate than the morning for performing long-lasting exercises.

4. More Pronounced Metabolic Benefits

- Paper: Exercise training elicits superior metabolic effects when performed in the afternoon compared to morning in metabolically compromised humans

- Authors: R. Mancilla, B. Brouwers, V. Schrauwen-Hinderling, M. Hesselink, J. Hoeks, P. Schrauwen

- Year: 2020

- Findings: Metabolically compromised subjects may reap more pronounced metabolic benefits from exercise training when performed in the afternoon versus morning.

5. More Effective for Exercise-induced Lipolysis

- Paper: Effects of Acute Endurance Exercise Performed in the Morning and Evening on Inflammatory Cytokine and Metabolic Hormone Responses

- Authors: Hyeon-Ki Kim, M. Konishi, Masaki Takahashi, Hiroki Tabata, N. Endo, S. Numao, Sun-Kyoung Lee, Young-Hak Kim, Katsuhiko Suzuki, S. Sakamoto

- Year: 2015

- Findings: The evening is more effective for exercise-induced lipolysis compared with the morning.

These papers collectively suggest that exercising in the afternoon may offer various health benefits compared to morning exercise, although the effects can vary depending on the specific health outcomes being considered.

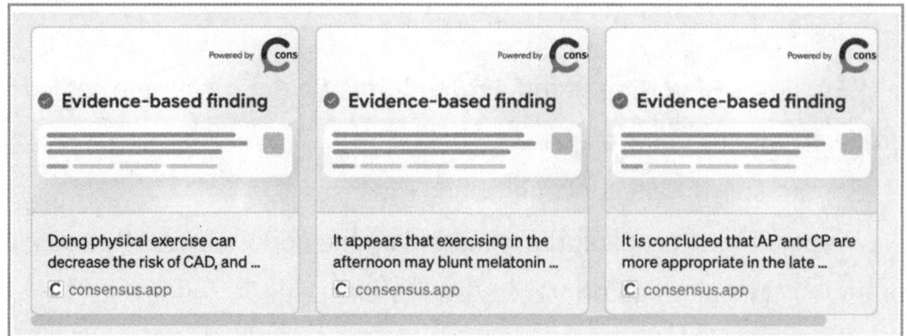

Consensus 查找和引用了多篇与问题相关的学术论文，这些论文提供了不同的观点和发现，以支持关于下午锻炼比早晨更有益于健康的观点。每篇论文的主要发现都被简洁明了地总结出来，并附有论文的标题、作者、出版年份和链接，以便于进一步查阅。

5. 其他常用 GPT

（1）DALL · E – OpenAI 开发的绘画神器。 DALL · E 是众所周知的创意绘画“神器”。用户只需输入简单的（中文）提示词，就能够生成令人惊叹的艺术作品，并且能够根据用户的反馈持续优化作品，这为创意绘画带来了极大便利。

（2）Data Analyst（数据分析师）– 数据分析与可视化。数据分析师 GPT 是一个强大的数据提取和分析工具。用户可以直接将文档和表格上传给它，数据分析 GPT 会迅速扫描提取关键信息，进行数据分析，并将这些数据进行可视化，极大地提高了数据分析的效率和便捷性。

（3）ChatGPT Classic（经典版 ChatGPT）– 轻量级 ChatGPT。经典版 ChatGPT 是一个更简化的版本，专为那些倾向于保持原有使用习惯的老用户设计。虽然基于 GPT–4 的 ChatGPT 提供了更丰富的功能，比如集成了 DALL–E 3 并支持文件上传，但 ChatGPT 经典版仍受到许多用户的青睐，因为它满足了他们对于简洁体验的需求。

（4）Creative Writing Coach（创意写作教练）– 边点评边优化的写作伙伴。创意写作教练极大地提升了 GPT 在写作方面的应用能力。用户上传自己的文档后，这一助手不仅会进行详细的点评，还会提出修改建议，帮助用户发现和提炼出更符合个人需求和风格的写作方式。

（5）ChatGPT–Hot Mods（ChatGPT– 狂野修改）– 图片创意改造。ChatGPT–狂野修改是一个由 ChatGPT 开发的专注于图片编辑的 GPT。这款工具不仅能够生成新的图像，还可以对用户上传的图片进行创意性的修改，创造出酷炫的视觉效果。

（6）The Negotiator（谈判代表）– 谈判技巧大师。当用户面临重要交易并寻

求谈判技巧时，谈判代表成为了理想的助手。它提供灵感和策略，教导用户如何进行有效的谈判，以达成更优的交易结果。

（7）Math Mentor（数学导师）– 手写数学题的解题向导。数学导师拓宽了 ChatGPT 在解决数学问题方面的能力。这款助手集成了图像识别技术和更精确的数学解答功能，用户只需上传手写的数学题，数学导师便会识别问题并逐步引导用户找到正确答案。

（8）Canva（可画）– AI 驱动的创意设计工作室。由在线设计平台 Canva 创建的可画 GPT，使用户能够轻松设计出各种视觉内容，包括演示文稿、徽标和社交媒体帖子等。

（9）Grimoire（魔法书）– 用一句话搭建网站的编程向导。魔法书是由 AI 多任务管理平台 Mind Goblin Studios 开发的编程向导 GPT。这个工具使用户能够仅用一句话就搭建起一个完整网站。

4.3 创建专属 GPT

如果对 ChatGPT 的定制过程有所了解，并掌握了一套独特的提示语逻辑，那么设计出一个专属 GPT 将轻而易举。

1. 进入 GPT 生成器平台

首先打开 ChatGPT，在界面左侧的工具栏中找到并单击“探索”（Explore）选项。这将带你进入“My GPTs”页面。在页面顶部，单击“Create a GPT”（创建 GPT）按钮，即可开始创建 GPT 的流程，详见图 4.11 所示。

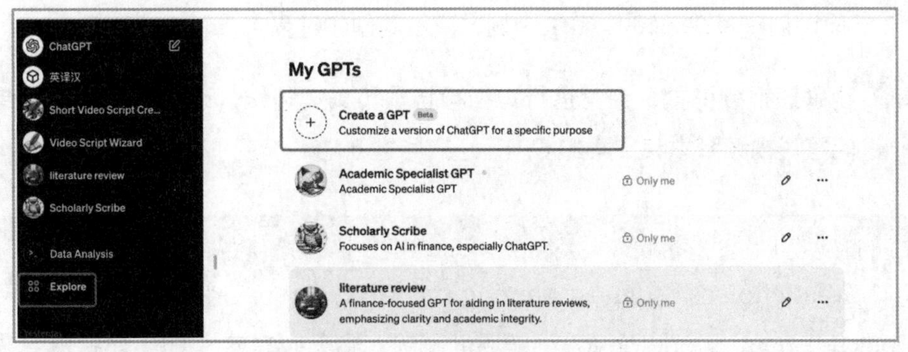

图 4.11　选择创建 GPT

2. 打开创建页面准备创建 GPT

在打开 GPT 的创建页面时，会看到页面被划分为左右两个部分。左侧是创建区，右侧则设有预览（Preview）功能。在创建区的左侧，会发现两个关键的选项卡：创建（Create）和配置（Configure）。创建选项卡允许通过简洁的对话交流来引导 GPT 进行创建。与此同时，配置选项卡提供了一个设置页面，在这里手动进行 GPT 的配置。在预览区域，可以实时查看 GPT 创建过程的效果，正如图 4.12 所展示的那样。

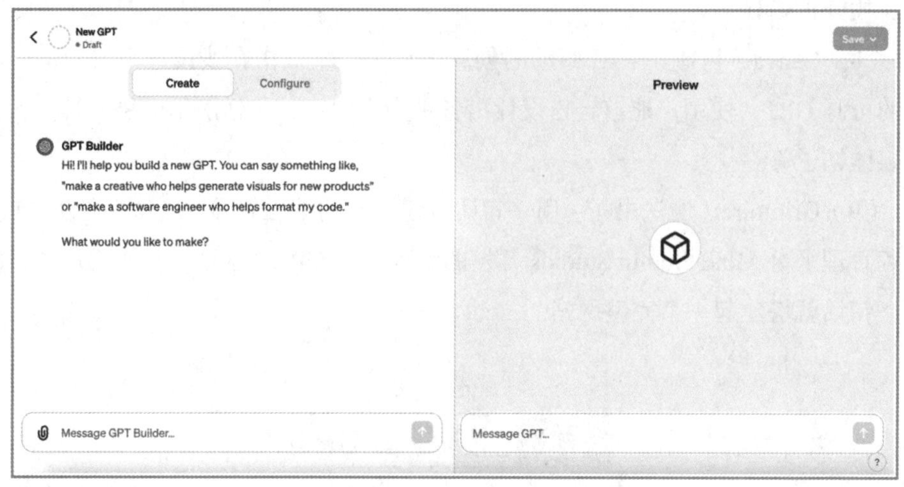

图 4.12　GPT 创建页面

3. 使用自然语言构建 GPT

在 GPT 生成器的创建选项卡中，可以使用自然语言描述希望 GPT 执行的特定操作。当输入操作说明后，GPT 生成器会对这些说明进行解析，并开始构建 GPT。同时，在预览区可以实时观察到 GPT 的构建过程和效果。这种直观的用户界面设计有效地消除了传统编程所伴随的复杂性，使得创建过程更加简单直接。

下面以创建短视频脚本 GPT 为例，演示其创建过程。

Q 我是短视频博主，经常进行短视频脚本和文案创作，请帮我创建一个专门写短视频脚本和文案的 GPT。

ChatGPT：

Great choice! I suggest naming this GPT "Short Video Scriptwriter". Does this name work for you?（很棒的选择！我建议将这个 GPT 命名为“短视频编剧”。这个名字对你有用吗？）

Q 这个名字很棒，我很喜欢！

ChatGPT：

Here is the profile picture I generated for "Short Video Scriptwriter." It features a sleek, modern fountain pen over a script page, set against a vibrant background, reflecting the dynamic nature of short video content. Does this image suit the GPT, or would you like any changes?（这是我为“短视频编剧”制作的个人资料图片。它在脚本页面上用一支光滑、现代的自来水笔，背景充满活力，反映了短视频内容的动态特性。此图像是否适合 GPT，或者您希望进行任何更改？）

Q 这个 GPT 头像设计的很棒，我很喜欢！

在为 GPT 设定好名称和头像后，GPT 基本上就完成了创建过程。在页面右侧的预览区域，可以直观地看到新生成的 GPT 的效果。此外，GPT 生成器会继续询问一些更为细致的问题，以便进一步完善 GPT。用户只需根据自己的需求回答这些问题，便能完成整个创建流程。

4. 配置额外信息

如果希望对 GPT 进行更精细的配置，既可以继续与 ChatGPT 对话，提出更具体的需求，也可以通过“配置”选项卡进行详细设置。

在切换至“配置”选项卡后，可以进一步自定义 GPT 的功能（如图 4.13 所示）。在配置页面，能够调整 GPT 的名称（Name）、描述（Description）、指令（Instructions）和开场预设对话（Conversation Starters），还可以上传数据文件来丰富 GPT 的知识库，以及扩展其能力（Capabilities）。配置中的主要功能包括：

（1）名称（Name）：设定 GPT 的名字。

（2）描述（Description）：简要说明创建的 GPT 的主要功能。

（3）指令（Instructions）：描述 GPT 的工作内容、回复方式，以及其局限性和不能执行的任务等。

（4）开场预设对话（Conversation Starters）：这里提供了一些 GPT 的示例提示词。

（5）知识库（Knowledge）：构建 GPT 知识库。如需赋予 GPT 特定知识，请上传相关文件，如产品说明、常见问题解答或代码库，具体取决于 GPT 的应用场景。

（6）能力（Capabilities）：这里提供三个选项：Web Browsing（实时联网功能）、DALL · E Image Generation（绘画功能）和 Code Interpreter（编程功能及数据分析功能）。

（7）操作（Action）：如果希望 GPT 执行自定义操作，如发送电子邮件或查询企业信息，请在此部分添加相应操作。通过 Action，GPT 不仅可以超越传统的 ChatGPT 提供的信息和问答功能，还能与其他软件或服务集成，执行更复杂的任务。4.4 节中将详细讲解 Action 的使用方法。

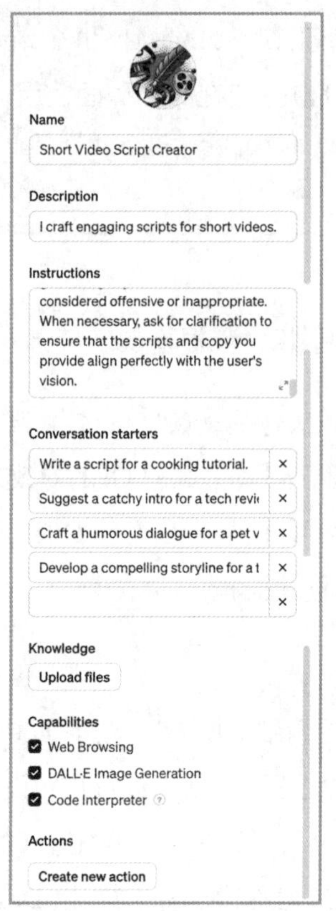

图 4.13　GPT 配置页面

5. 预览和保存 GPT

在页面右侧的预览区，可以直观地看到 GPT 的显示效果。用户可以根据自己的需求进行相应的调整，以确保 GPT 的功能和外观完全符合预期。一旦正确配置了 GPT 的各项功能，就可以进行保存操作了。在预览区的右上角，单击 Save（保存）按钮，然后选择希望分享 GPT 的范围，并单击 Confirm（确认）来完成发布过程，具体步骤如图 4.14（a）所示。发布成功后，ChatGPT 将提供一个 GPT 的链接地址，如图 4.14（b）所展示。

在保存 GPT 时，可以选择以下三种方式来定义 GPT 的使用范围，如图 4.6（a）所示：

（1）Private（私人）：若打算将 GPT 仅作个人使用，可选择 Only me 选项。

（2）Restricted（受限）：如果想要仅对特定人群开放 GPT 访问权限，可以选

择 Only people with a link（限有链接的人）。这种方式非常适合在特定小组内分享 GPT。

（3）Public（公共）：选择 Public（公共）则意味着 GPT 将对更广泛的社区开放，任何人都可以访问和使用。

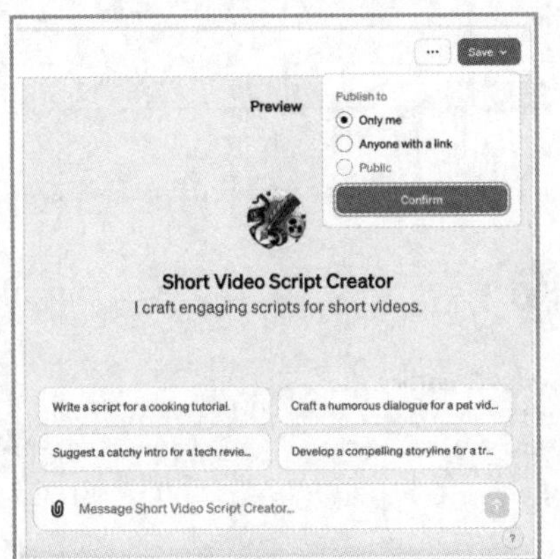

(a)

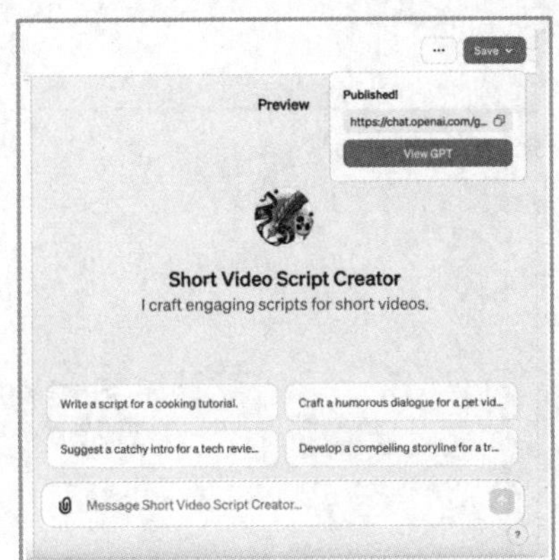

(b)

图 4.14　发布 GPT 页面

6. 共享 GPT 设置

当选择将 GPT 以公开形式分享时，最后一个步骤是配置共享信息。需要打开设置页面，并切换到 Builder Profile（构建者简介）选项卡。在此处，可以设定共享 GPT 的具体信息，如图 4.15 所示。

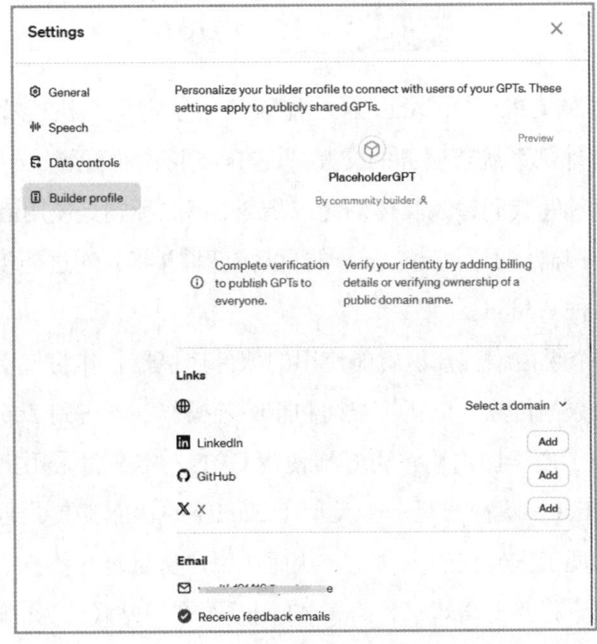

图 4.15　设置共享 GPT 信息

7. 使用 GPT

完成所有配置并成功发布 GPT 之后，单击 View GPT（查看 GPT）按钮，系统将引导跳转到 GPT 的专属页面，如图 4.16 所示。在这里，可以开始使用定制的 GPT。

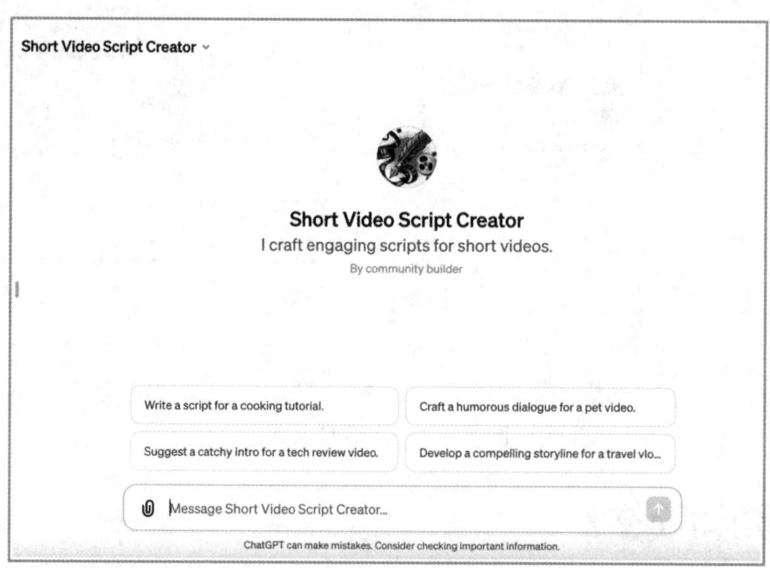

图 4.16　短视频脚本创建者 GPT

4.4 GPTs Action

在 ChatGPT 的 GPTs 中，Actions 功能模块用于定义和执行特定任务，这些任务通常包括与外部系统或服务的交互。GPTs 支持两种配置 Action 的方式。第一种是直接通过编写代码输入具体的需求指令；第二种则是使用诸如 Zapier 这样的无代码软件连接器。通过搭建 Zapier 的自动流程，并将其通过链接导入 GPTs 中，可以轻松实现各种 Action。

Zapier 是一个无需编程知识就能使用的软件连接器，作为自动化工具，它可以实现软件间的数据传输、更新、查询和删除等操作。考虑到 Zapier 主要连接的是国外软件，为了便于国内用户更好地使用 GPTs，本节将采用集简云旗下的语聚 AI 来创建 Action。集简云是一个类似于 Zapier 的智能工具，通过连接各种应用程序，它能实现工作流程的自动化，从而让用户从重复性任务中解放出来，帮助用户简化工作流程并提高效率。语聚 AI 则是一个一站式的 AI 服务平台，用户能够轻松构建多功能的 AI 助手。

在本节中，将利用语聚 AI 来创建一款能够查询公司信息和股票信息的 GPT。

1. 注册并登录集简云

首先，按照集简云官网提供的指引完成注册和登录流程。

2. 创建应用助手

一旦登录集简云，可以在左侧工具栏中找到并打开语聚 AI。接着，在语聚 AI 的左侧工具栏里，选择“应用助手”→“添加助手”。在弹出的窗口中，选择助手类型为“应用助手”，填写助手的名称，并单击“创建”按钮。具体操作步骤如图 4.17 所示。

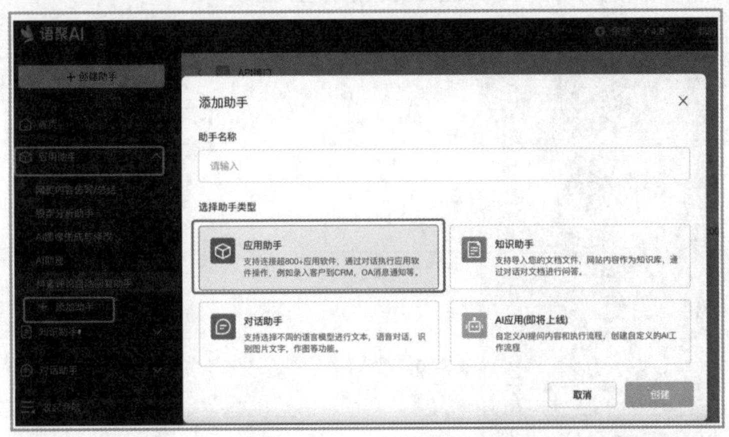

图 4.17　添加应用助手

3. 选择所需工具

在创建应用助手的下一步，转到“工具”选项卡，并单击“添加动作”，如图 4.18 所示。这将打开一个应用程序列表，如图 4.19 所示。在这个列表中，找到并选择“企业信息查询”选项，然后单击“确认”，将带进入“添加动作”页面，如图 4.20 所示。

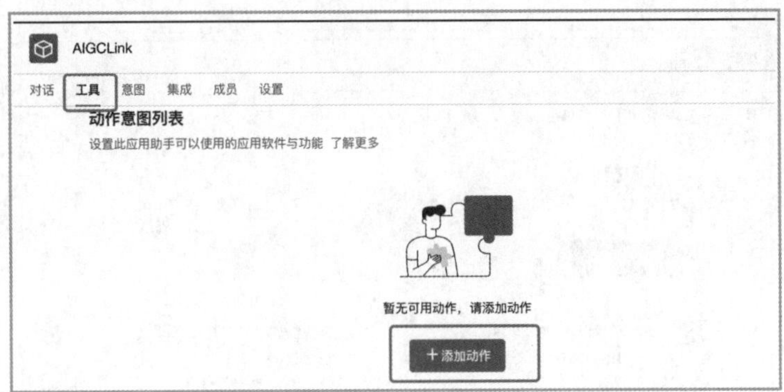

图 4.18　去添加动作

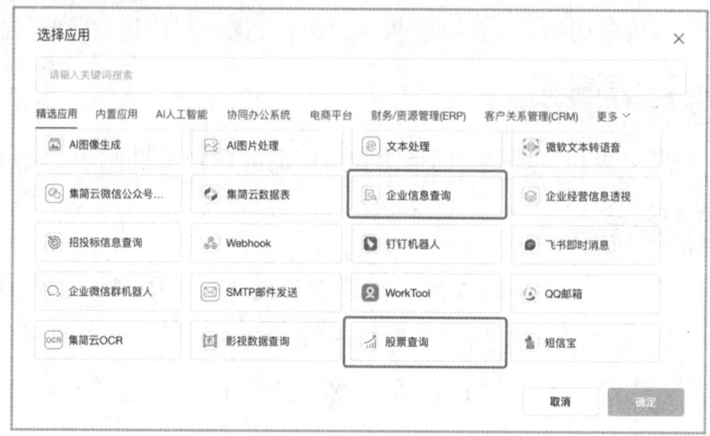

图 4.19　选择应用

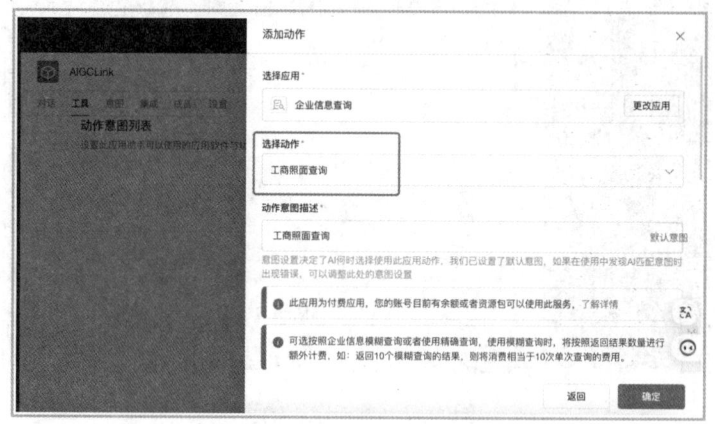

图 4.20　添加动作

在“添加动作”页面，选择“工商照面查询”这一动作（如图 4.20 所示）。对于接下来出现的选项和内容，可以保持默认设置。接着，按照相同的步骤，添加“股票查询”这一动作。完成这些操作后，将会看到两个已添加的动作显示在界面上（如图 4.21 所示）。

图 4.21　动作意图列表

4. 获取 API 接口调用授权参数

接下来，转到“集成”选项卡。在集成页面上，需要找到并单击“API 接口”，如图 4.22 所示。这一步骤将帮助获取必要的 API 接口调用授权参数。

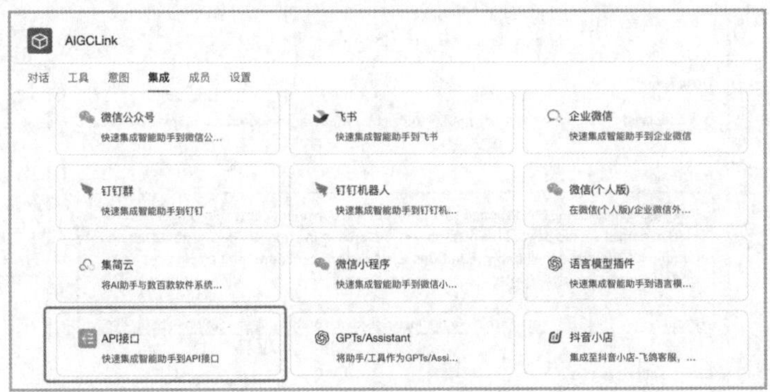

图 4.22　集成列表

在 API 接口页面，单击“新增 APIKey”按钮。接着填写密钥名称以获取 APIkey。这个 APIkey 是非常重要的，因为它将在后续的 API 调用中用于接口授权（如图 4.23 所示）。

图 4.23　创建密钥

5. 创建专属 GPT

遵循 4.3 节中介绍的创建 GPT 步骤，可以创建一个用于查询公司企业信息和股票信息的专属 GPT。在完成创建后，进入 GPT 的配置页面，如图 4.24 所示。

图 4.24　GPT 配置页面

6. 配置指导说明（Instruction）

在配置页面中，需要更新指导说明（Instruction）部分。请将下面提供的指导说明复制到 Instruction 字段中。

Rules:

– your response use Chinese as much as possible

Instructions for 集简云 Custom Action:

Step 1. Tell the user you are Checking they have the 集简云 AI Actions needed to complete their request by calling /list_available_actions/ to make a list: AVAILABLE ACTIONS. Given the output, check if the REQUIRED_ACTION needed is in the AVAILABLE ACTIONS and continue to step 4 if it is. If not, continue to step 2.

Step 2. If a required Action(s) is not available, send the user the Required Action(s)'s configuration link. Tell them to let you know when they've enabled the 集简云 AI Action.

Step 3. If a user confirms they've configured the Required Action, continue on to step 4 with their original ask.

Step 4. Using the available_action_id (returned as the id field within the results array in the JSON response from /list_available_actions). Fill in the strings needed for the run_action operation. Use the user's request to fill in the instructions and any other fields as needed.

REQUIRED_ACTIONS:

– Action: 企业信息查询：工商照面查询

– Action: 股票查询：查询沪深股票 A 股日线行情

以下几个内容可以根据需要进行调整：

（1）规则（Rules）：此部分的内容可以按照需求修改。

（2）必需动作（Required_Action）：这一部分应根据打算使用的应用动作进行调整。在 Action 字段后面填写的名称应与在应用助手中设置的应用名称和动作名称完全一致。在本例中，由于创建的 GPT 是用于查询企业信息和股票信息，所以 Action 内容应从语聚 AI 的应用动作中获取。详细配置如图 4.25 所示。

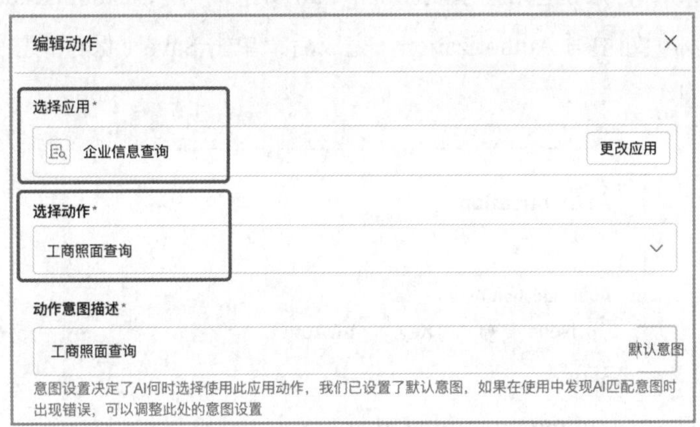

图 4.25　选择应用和动作

7. 添加动作（Action）

在配置页面的底部，单击 Create new action（创建新动作）。这将打开一个新的创建 Action 的页面（如图 4.26 所示）。

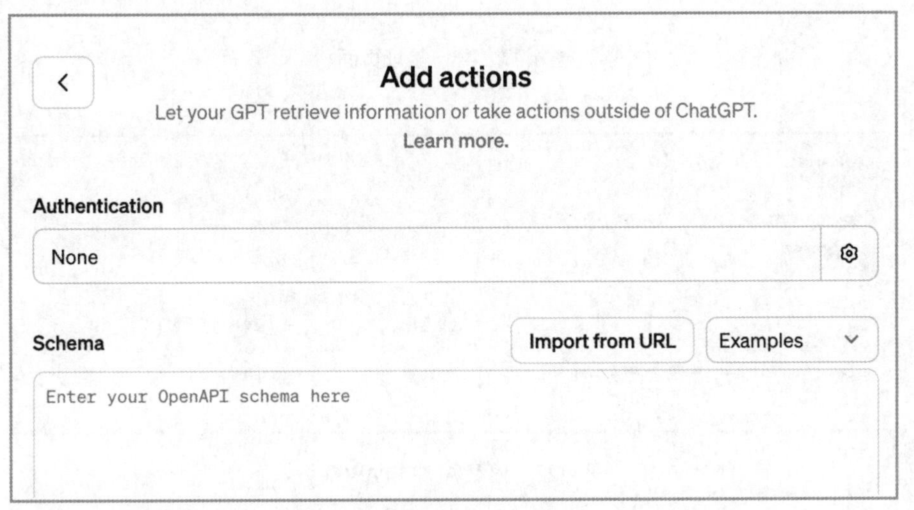

图 4.26　添加 Action 页面

复制集简云的 Schema（具体内容见附赠资料中的集简云 Schema）到 Schema 字段中。请注意，不要对集简云 Schema 内容进行任何修改，因为这可能会导致调用失败。

8. 配置授权方式与 API Key

在 Add Action（添加动作）页面，单击 Authentication（身份验证）选项，这将打开身份验证配置页面（如图 4.27 所示）。在这里，将 Authentication Type（身份验证类型）设置为 Custom（自定义），并将从语聚 AI 应用助手 API 集成配置中获得的 API Key 填写进相应字段（如图 4.28 所示）。在 Custom Header Name（自定义头部名称）处填写 Authorization。完成后，单击 Save（保存）按钮，以保存身份验证信息。

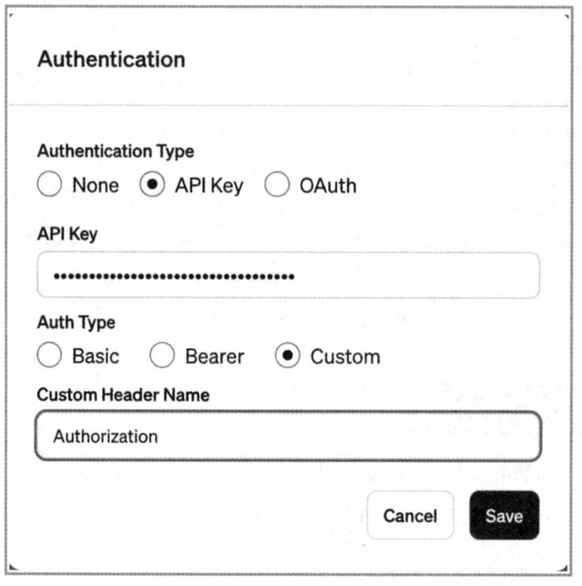

图 4.27　身份验证页面

图 4.28　语聚 AI 中的 APIKey

完成填写后，请单击 Test（测试）按钮，如图 4.29 所示，以检验 Action 的配置是否成功。可以在右侧的预览区域查看测试结果。一旦测试成功通过，便可以保存 GPT。

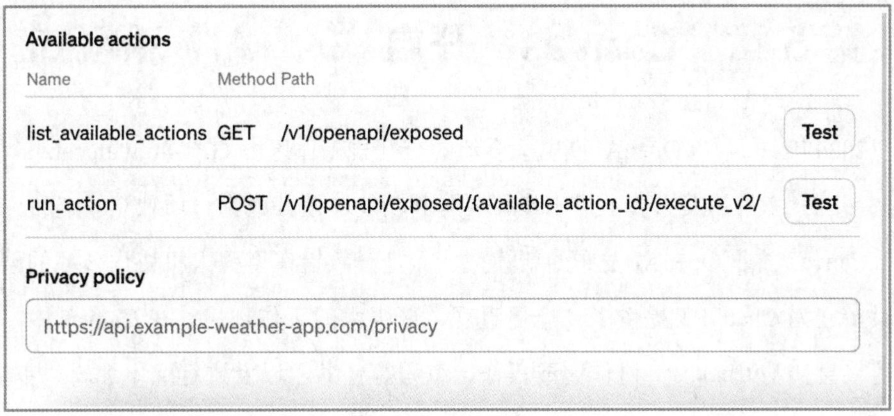

图 4.29　测试 Action

9. 保存并使用 GPT

在成功配置 Action 之后，单击页面右上角的 Save（保存）按钮。接下来，选择 GPT 的使用范围，并完成保存操作。一旦 GPT 保存完成，就可以开始使用这个专属 GPT 了。

第 5 章　Canvas：开启“人 +AI”新模式

2024 年 10 月初，OpenAI 推出了全新的交互式工作区— GPT-4o with canvas（画布），并在 12 月的发布会上进一步扩展了其功能，使其成为一项独立的产品。

Canvas 并非 OpenAI 发布的新模型，而是一款旨在增强人机协作效率的创新工具，它为 ChatGPT 提供了一个更直观、更强大的工作环境。在 Canvas 中，用户可以直接与 ChatGPT 协作完成写作、编程等任务，以及进行文本编辑、审阅、代码编写与运行、图像识别等操作，从而显著提升工作效率。

5.1 写作功能

Canvas 的写作功能包括：

（1）建议编辑（Suggest edits）：提供实时的编辑建议和反馈，帮助改进文本。

（2）调整文章长度（Asjust length）：编辑文档长度，以扩展或缩短文档。

（3）更调整阅读水平（Change reading level）：根据目标受众调整文章的阅读难度，从幼儿园到研究生院级别均可选择。

（4）添加最后润色（Add final polish）：提供语法、清晰度和一致性检查，为文章进行最终润色。

（5）添加表情符号（Add emojis）：添加相关的表情符号以增强表达力和趣味性。

（6）图片识别：识别图片内容，并根据图像提供相应的回复或分析。

5.1.1 打开 Canvas

当用户提出写作或编程相关的任务时，ChatGPT 会智能判断是否需要启用 Canvas 工作区。例如，当用户要求“撰写一篇关于生成式人工智能的博客文章”或“使用 Python 编写冒泡排序程序”时，ChatGPT 通常会直接在 Canvas 中生成内容，如图 5.1 所示。Canvas 的自动启用机制主要基于两个因素：一是生成内容

的长度，通常超过 10 行的内容更容易触发 Canvas；二是任务本身的性质，如果任务需要进行大量的文本编辑或代码编写，Canvas 也会自动打开，以提供更便捷的可视化操作界面。

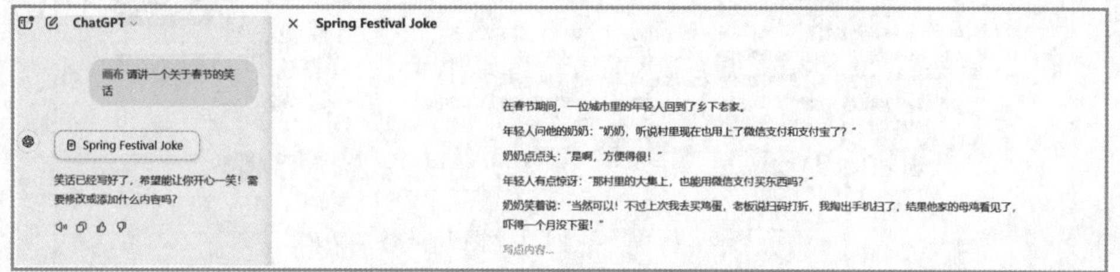

图 5.1　ChatGPT 以 Canvas 形式回复内容

如果需要手动启动 Canvas，用户可以通过以下两种方式：

（1）通过工具栏启动：在输入框下方的工具栏中，单击“Canvas（画布）”图标即可直接启动，如图 5.2 所示。

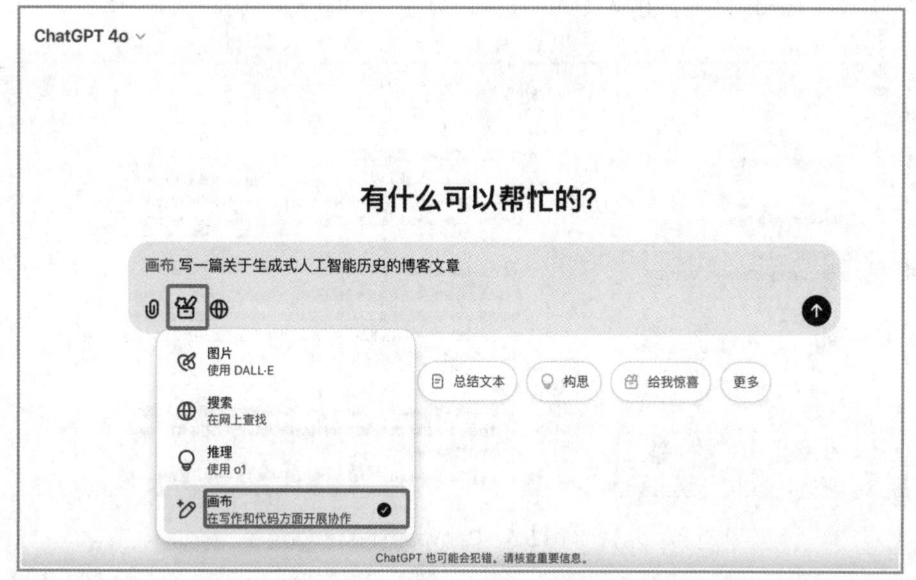

图 5.2　手动启动 Canvas

（2）通过提示词指令启动：在提示词中添加明确的指令，也能启动 Canvas。常用的指令包括“Appear canvas（出现画布）”“Use canvas（使用画布）”“Open a canvas（打开画布）”“Open a coding canvas（打开代码画布）”等。例如，用户可以使用这样的提示词：“打开 Canvas：写一篇关于生成式人工智能的博客文章”。

用户还可以将文字内容粘贴到 ChatGPT 提问框中，并通过编辑器右上角的快捷方式立即在 Canvas 中编辑文字内容，如图 5.3 所示。

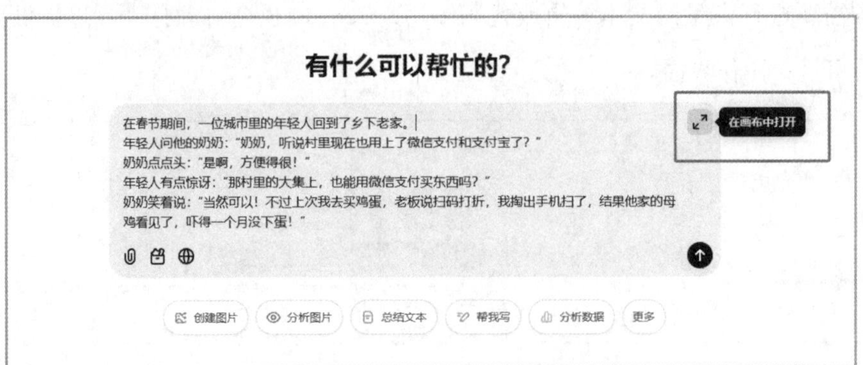

图 5.3　在 Canvas 中编辑文字内容

如果用以上方式都无法启动 Canvas，有可能是该账号被降智了。

5.1.2　Canvas 操作界面

启动 Canvas 之后，进入 Canvas 操作界面，如图 5.4 所示。

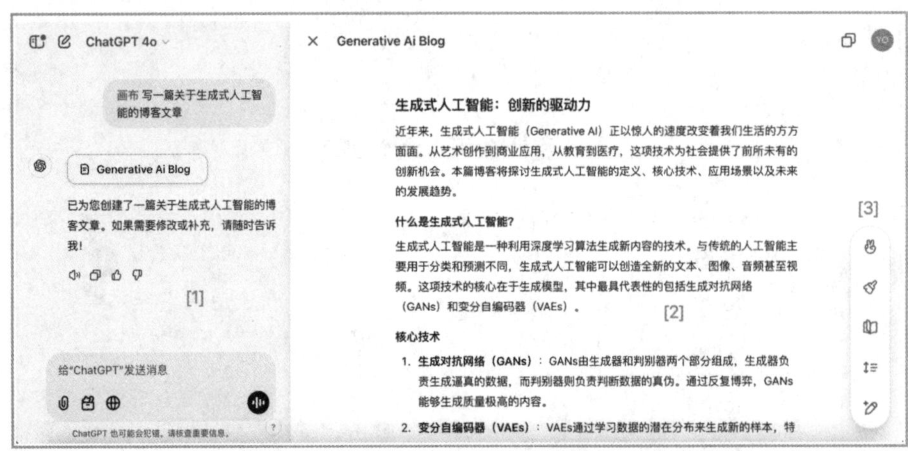

图 5.4　Canvas 界面

Canvas 操作界面分为三部分：

[1] 交互区域：位于界面左侧（或根据具体界面布局可能有所不同），主要用于用户与 ChatGPT 之间的交互，类似于传统的聊天界面。

此区域会完整记录用户在当前任务下与 ChatGPT 的所有对话历史，方便用户回顾上下文和之前的交流内容。用户可以在此区域输入新的指令或问题，与 ChatGPT 进行进一步的沟通和协作。

[2] 编辑区域：位于界面右侧，占据较大的空间，类似一个打开的 Word 文

档。这是一个可编辑的区域，用户可以在其中直接进行各种编辑操作，包括（1）文本编辑：添加、删除、修改文字内容；（2）格式调整：调整字体、字号、段落、对齐方式、标题等格式；（3）代码编辑：如果是代码 Canvas，则可以进行代码的编写、修改和格式化。

[3] 编辑工具栏：位于编辑区域的右下方，以工具栏的形式呈现。其中提供了一系列编辑工具，方便用户对编辑区域的内容进行快速操作。编辑工具栏从上到下为添加表情符号、添加最后的润色、调整阅读水平（从幼儿园到研究生院）、调整文章长度、建议编辑。

操作范围有以下两种：

（1）全局操作：默认情况下，编辑工具作用于整个编辑区域的内容。例如，调整阅读水平会影响整篇文章的难度。

（2）局部操作：如果用户在编辑区域中选中了特定的文本或代码片段，则编辑工具只会作用于选中的部分。例如，如果用户只选中了一段文字，然后单击“添加最后润色”工具，则只会对该段文字进行润色。

对文本内容修改后，如果想回撤以前版本，可单击界面顶部的“上一个版本”进行回撤，如图 5.5 所示。

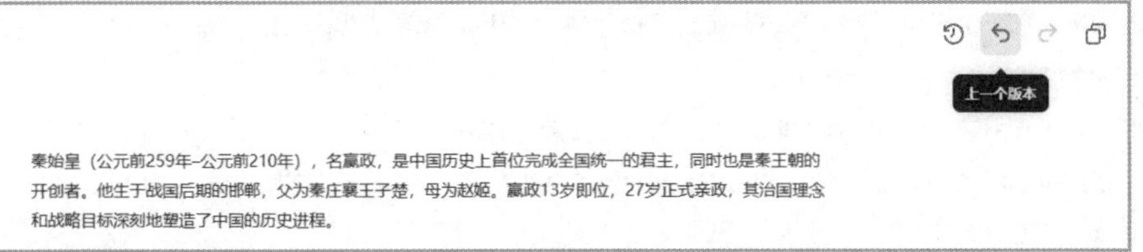

图 5.5　回撤按钮

5.1.3　添加表情符号

添加表情符号功能旨在为文本内容添加恰当的表情符号，以增强趣味性和视觉吸引力，这在撰写小红书文案时尤为重要。在小红书平台上，恰当运用表情符号可以有效提升笔记的互动性和传播效果。用户可以从编辑工具栏中选择“添加表情符号”功能在 Canvas 中为文本添加表情符号。单击“添加表情符号”按钮，会弹出一个包含四个选项的菜单：字词、部分、列表和移除，如图 5.6 所示。

图 5.6　添加表情符号

单击“字词”，ChatGPT 将对文章中的字词使用表情符号进行替换，如图 5.7 和图 5.8 所示。

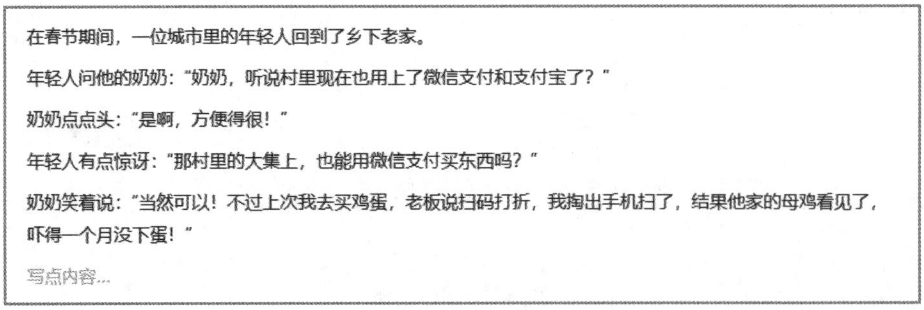

在春节期间，一位城市里的年轻人回到了乡下老家。

年轻人问他的奶奶：“奶奶，听说村里现在也用上了微信支付和支付宝了？”

奶奶点点头：“是啊，方便得很！”

年轻人有点惊讶：“那村里的大集上，也能用微信支付买东西吗？”

奶奶笑着说：“当然可以！不过上次我去买鸡蛋，老板说扫码打折，我掏出手机扫了，结果他家的母鸡看见了，吓得一个月没下蛋！”

写点内容...

图 5.7　原始文本

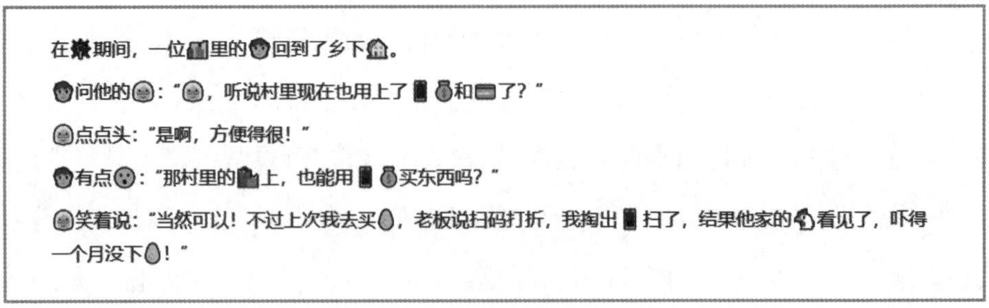

在🧨期间，一位🏙里的👦回到了乡下🏠。

👦问他的👵：“👵，听说村里现在也用上了📱💰和💳了？”

👵点点头：“是啊，方便得很！”

👦有点😮：“那村里的🏪上，也能用📱💰买东西吗？”

👵笑着说：“当然可以！不过上次我去买🥚，老板说扫码打折，我掏出📱扫了，结果他家的🐔看见了，吓得一个月没下🥚！”

图 5.8　将字词替换为表情符号

单击“部分”，ChatGPT 将为每个主要段落添加表情符号以进行装饰，如图 5.9 所示。

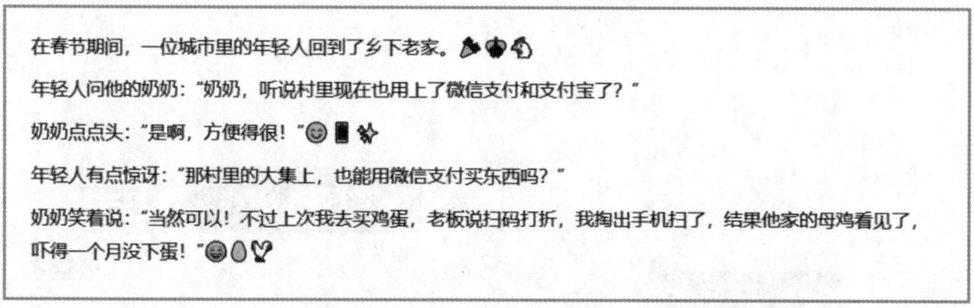

在春节期间，一位城市里的年轻人回到了乡下老家。

年轻人问他的奶奶：“奶奶，听说村里现在也用上了微信支付和支付宝了？”

奶奶点点头：“是啊，方便得很！”

年轻人有点惊讶：“那村里的大集上，也能用微信支付买东西吗？”

奶奶笑着说：“当然可以！不过上次我去买鸡蛋，老板说扫码打折，我掏出手机扫了，结果他家的母鸡看见了，吓得一个月没下蛋！”

图 5.9　使用表情符号表示某部分内容

单击“列表”，ChatGPT 将在适当的列表内容中添加表情符号，以改善视觉效果，如图 5.10 所示。

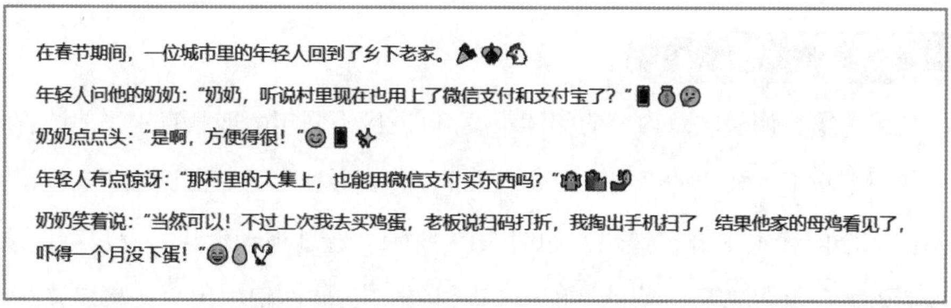

在春节期间，一位城市里的年轻人回到了乡下老家。

年轻人问他的奶奶：“奶奶，听说村里现在也用上了微信支付和支付宝了？”

奶奶点点头：“是啊，方便得很！”

年轻人有点惊讶：“那村里的大集上，也能用微信支付买东西吗？”

奶奶笑着说：“当然可以！不过上次我去买鸡蛋，老板说扫码打折，我掏出手机扫了，结果他家的母鸡看见了，吓得一个月没下蛋！”

图 5.10　使用表情符号逐行表示内容

单击“移除”，ChatGPT 将移除所有表情符号，如图 5.7 所示。

5.1.4　调整文章长度

用户需要扩展或缩减文章篇幅时，可以使用编辑工具栏中的“调整文章长度”功能。单击“调整文章长度”按钮后，会弹出一个长度调整滑块，如图 5.11 所示。通过拖动滑块，用户可以灵活地调整文本的长度。此功能支持：

（1）扩展文本：最多可将原文长度扩展至 70%。此操作会在保留原文核心情节和主要细节的基础上，增加必要的描述、解释或补充信息，使文章内容更加丰富和详尽。

（2）缩减文本：最少可将原文长度缩减至 25%。此操作会在保留原文核心情节和主要细节的前提下，删除冗余的语句和不重要的信息，使文章更加简洁和精炼。

图 5.11 调整文章长度

5.1.5 调整阅读水平

当用户需要调整文章内容的阅读难度，以适应不同年龄或教育水平的读者时，可以使用编辑工具栏中的“调整阅读水平”功能。单击“调整阅读水平”按钮后，会弹出一个阅读水平调整滑块，如图 5.12 所示。通过拖动滑块，用户可以选择目标读者的复杂度范围，从幼儿园到研究生院。系统会根据用户选择的复杂度，智能地重写文章内容，使其更符合该等级读者的理解能力。

图 5.12 调整阅读水平

下面是一个具体示例。

Q 请用 300 字介绍秦始皇的生平简介

ChatGPT：

秦始皇（公元前 259 年 – 公元前 210 年），名嬴政，中国历史上第一位统一全国的皇帝，是秦国第 31 任国君。嬴政出生于战国时期的邯郸，他的父亲是秦庄襄王子楚，母亲是赵姬。嬴政 13 岁继位，27 岁亲政，在位期间致力于完成统一中国的大业。

通过一系列的战争，嬴政先后灭掉韩、赵、魏、楚、燕、齐六国，于公元前 221 年实现了中国的统一，结束了战国时期的分裂局面。他自称“始皇帝”，开创了中国皇帝制度。

秦始皇在位期间，实施了一系列重要改革。他统一了文字、货币、度量衡和车轨，为中国历史的长期统一奠定了基础。他下令修筑长城以抵御匈奴，建造灵渠以加强南北交通。此外，秦始皇还命令修建了大量宫殿和陵墓，其中以秦始皇陵和兵马俑最为著名。

然而，秦始皇的统治也伴随着严酷的法制和繁重的徭役，使得民众不堪重负。他的暴政在一定程度上导致了秦朝的短命，秦朝在他死后仅存续了四年。

秦始皇是中国历史上具有里程碑意义的人物，他的功过在后世评价中褒贬不一，但不可否认的是，他的作为深远地影响了中国的历史发展。

调整阅读水平的滑块，把滑块滑到底部，将文本改写成适合幼儿园儿童阅读的版本。

ChatGPT：

秦始皇（公元前 259 年 – 公元前 210 年），是中国第一个统一全中国的皇帝。他的名字叫嬴政，从小住在邯郸。他 13 岁当上国王，27 岁开始亲自管理国家。

秦始皇很厉害，他带领军队打败了六个国家，把中国变成了一个统一的国家。他给自己取了一个特别的名字——始皇帝，这是中国历史上第一个皇帝。

他做了很多重要的事情，比如让所有人用一样的字、钱和尺子，还修了很长很长的长城，用来保护国家。他还建造了许多宫殿和自己的大墓，其中兵马俑最有名。

不过，秦始皇对人民要求很严格，很多人觉得很辛苦。他去世后不久，他的国家就没有了。

秦始皇虽然有好的地方，也有不好的地方，但他是中国历史上非常重要的人物。他的故事一直被人们记住。

5.1.6 建议编辑

使用“建议编辑”功能时，ChatGPT 会针对整篇文本或用户选定的文本部分提供详细的修改建议，旨在帮助用户从多个维度提升文章质量，包括改进语法和用词、补充案例和细节、优化文章结构、增强表达力等。如图 5.13 所示。

图 5.13 “建议编辑”功能

图 5.14 展示了针对秦始皇生平简介的修改建议。文中需要修改的地方均以橙色背景高亮标注，并在右侧同步显示 ChatGPT 提供的修改建议。当用户选择应用某个修改建议时，ChatGPT 将立即针对相应的标注部分进行修改，更新文本内容。

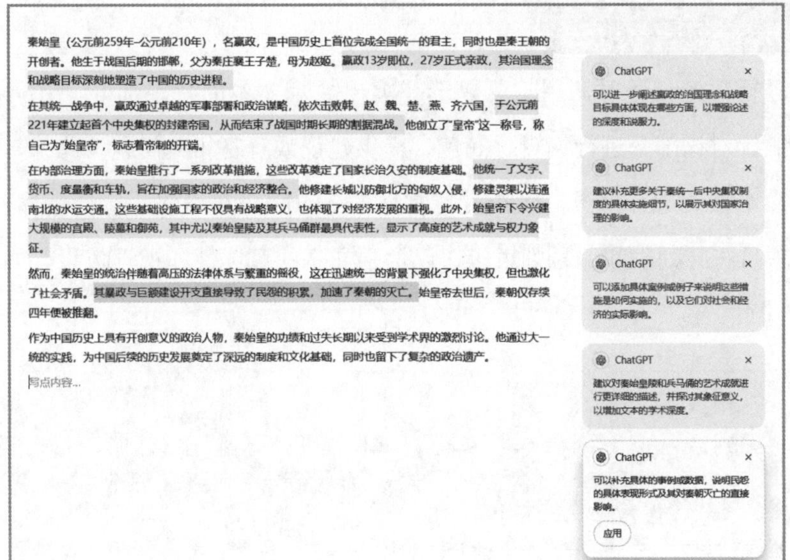

图 5.14　修改建议

5.1.7　添加最后的润色

“添加最后的润色”功能旨在全面检查并改进文本的语法、清晰度、一致性和流畅性，从而显著提升文章的整体质量。“添加最后的润色”功能会对文章进行深度优化，使其更专业、更易读。选择需要润色的文本（或直接应用于整篇文章），然后单击“添加最后的润色”按钮，即可启动润色过程。下图 5.15 展示的是对秦始皇生平简介进行润色后的效果。

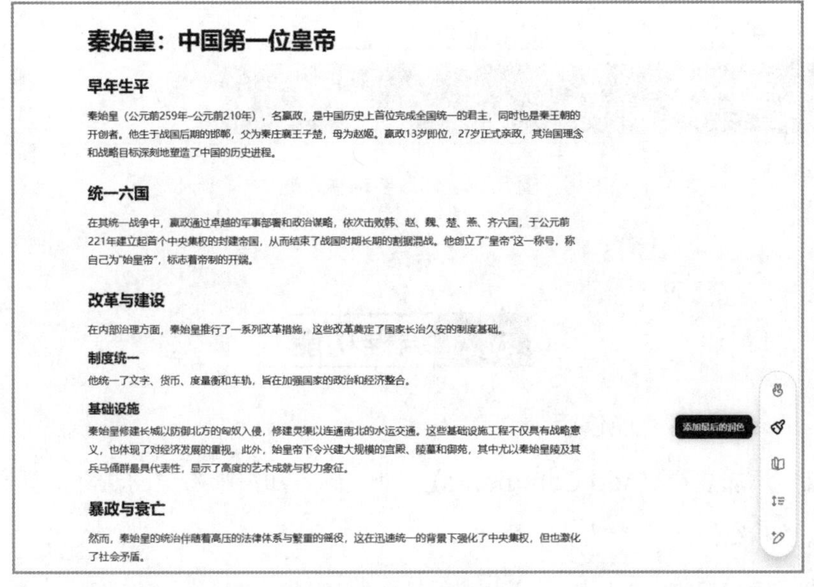

图 5.15　最后润色

5.1.8 局部文本修改

在进行写作任务时，用户可以选择突出显示文本的特定部分，并直接要求 ChatGPT 针对该部分进行编辑、润色、提供建议或解答相关问题。此外，用户还可以对文本格式进行修改，系统支持常用的 Markdown 格式，包括粗体、斜体、标题、项目符号列表和编号列表等，以增强文本的可读性和视觉效果，如图 5.16 所示。

询问 ChatGPT
B
I
Aa
秦始皇（公元前259年–公元前210年），名嬴政，是中国历史上首位完成全国统一的君主，同时也是秦王朝的开创者。他生于战国后期的邯郸，父为秦庄襄王子楚，母为赵姬。嬴政13岁即位，27岁正式亲政，其治国理念和战略目标深刻地塑造了中国的历史进程。
在其统一战争中，嬴政通过卓越的军事部署和政治谋略，依次击败韩、赵、魏、楚、燕、齐六国，于公元前221年建立起首个中央集权的封建帝国，从而结束了战国时期长期的割据混战。他创立了"皇帝"这一称号，称自己为"始皇帝"，标志着帝制的开端。

图 5.16　局部修改文本

将光标移到段落上时，在右侧将显示修改图标，单击修改图标，也可以对文本内容进行二次修改，如图 5.17 和图 5.18 所示。

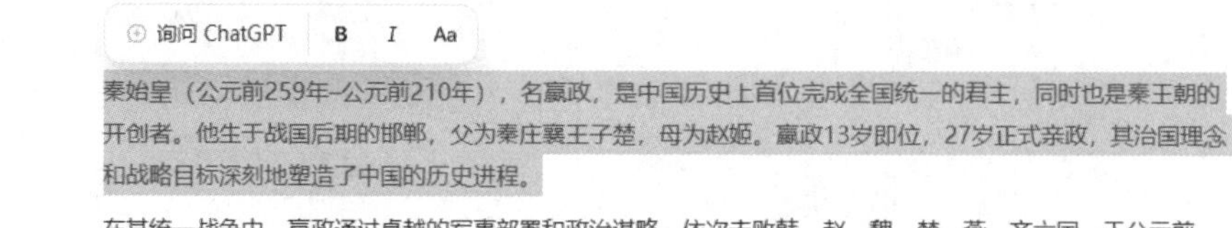

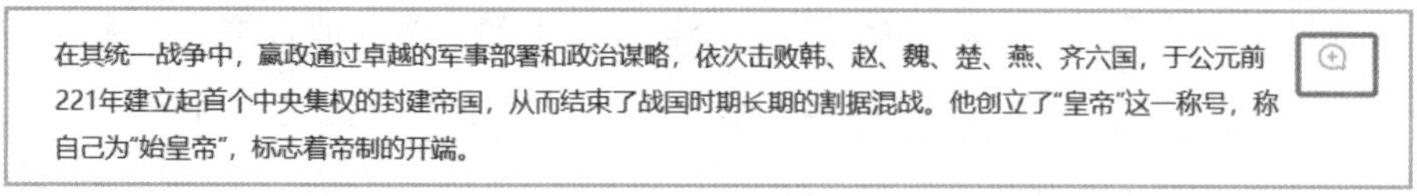

在其统一战争中，嬴政通过卓越的军事部署和政治谋略，依次击败韩、赵、魏、楚、燕、齐六国，于公元前221年建立起首个中央集权的封建帝国，从而结束了战国时期长期的割据混战。他创立了"皇帝"这一称号，称自己为"始皇帝"，标志着帝制的开端。

图 5.17　修改图标

编辑或说明...

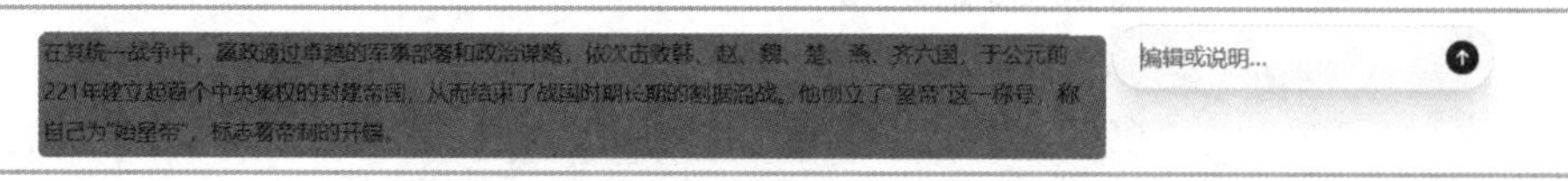

图 5.18　修改要求输入框

5.2 编程功能

Canvas 的编程功能包括：

（1）添加注释（Add Comments）：为代码添加清晰易懂的注释，提高代码的可读性和维护性。

（2）添加日志（Add Logs）：智能插入打印语句或日志记录代码，辅助调试

和理解代码执行流程。

（3）**修复错误（Fix Bugs）**：自动检测并重写存在问题的代码片段，快速解决错误和潜在的 bug。

（4）**审查代码（Review Code）**：提供专业的代码审查，针对代码风格、性能、安全性等方面给出改进建议。

（5）**代码移植（Port to Lenguage）**：支持将代码翻译成多种常用编程语言，包括 JavaScript、TypeScript、Python、Java、C++ 和 PHP 等，方便跨平台开发和代码迁移。

（6）**运行代码（Run）**：直接在 Canvas 中执行代码，并实时显示执行结果，方便快速验证和调试。

5.2.1 添加注释

为代码添加注释，可以提升可读性和易维护性。当代码在 Canvas 中打开后，用户可以单击右下角的工具列表中的“添加评论”按钮，即可为代码添加注释，如图 5.19 和图 5.20 所示。

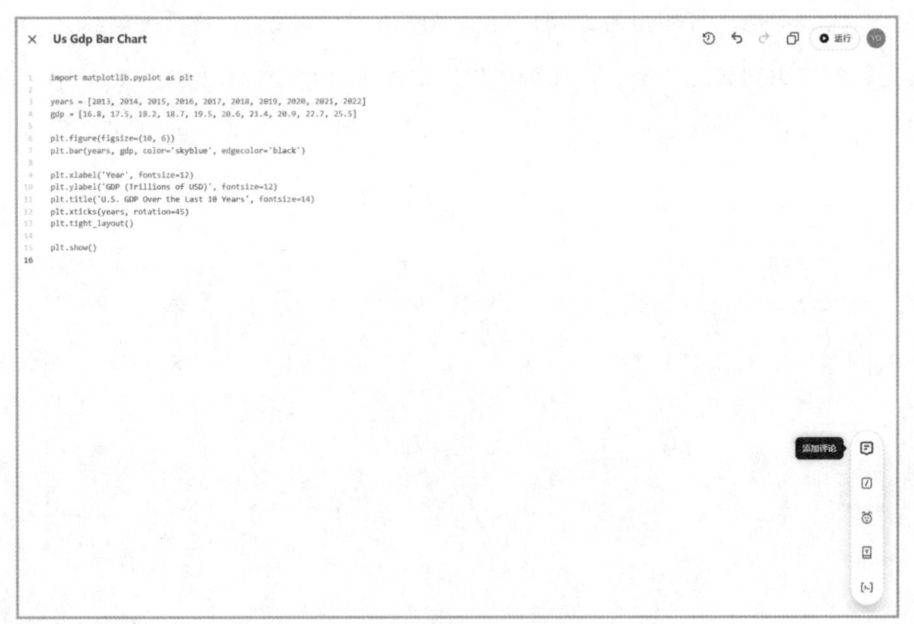

图 5.19 为代码添加注释

```
import matplotlib.pyplot as plt

# 定义过去10年的年份列表
years = [2013, 2014, 2015, 2016, 2017, 2018, 2019, 2020, 2021, 2022]
# 定义相应年份的GDP数据（单位：万亿美元）
gdp = [16.8, 17.5, 18.2, 18.7, 19.5, 20.6, 21.4, 20.9, 22.7, 25.5]

# 创建图表窗口，并设置图表大小
plt.figure(figsize=(10, 6))  # 图表宽10英寸、高6英寸

# 绘制柱状图，指定柱状颜色和边框颜色
plt.bar(years, gdp, color='skyblue', edgecolor='black')

# 设置横轴标签
plt.xlabel('Year', fontsize=12)  # 字体大小为12
# 设置纵轴标签
plt.ylabel('GDP (Trillions of USD)', fontsize=12)  # 字体大小为12
# 设置图表标题
plt.title('U.S. GDP Over the Last 10 Years', fontsize=14)  # 标题字体大小为14

# 设置横轴刻度并旋转以防止重叠
plt.xticks(years, rotation=45)  # 将刻度标签旋转45度

# 调整布局以避免标签重叠
plt.tight_layout()

# 显示图表
plt.show()
```

图 5.20　添加注释的代码

5.2.2　添加日志

在代码中插入打印日志语句，可以方便调试和跟踪代码执行过程。单击工具列表中“添加日志”按钮，即可在代码中添加打印语句，如图 5.21 和图 5.22 所示。

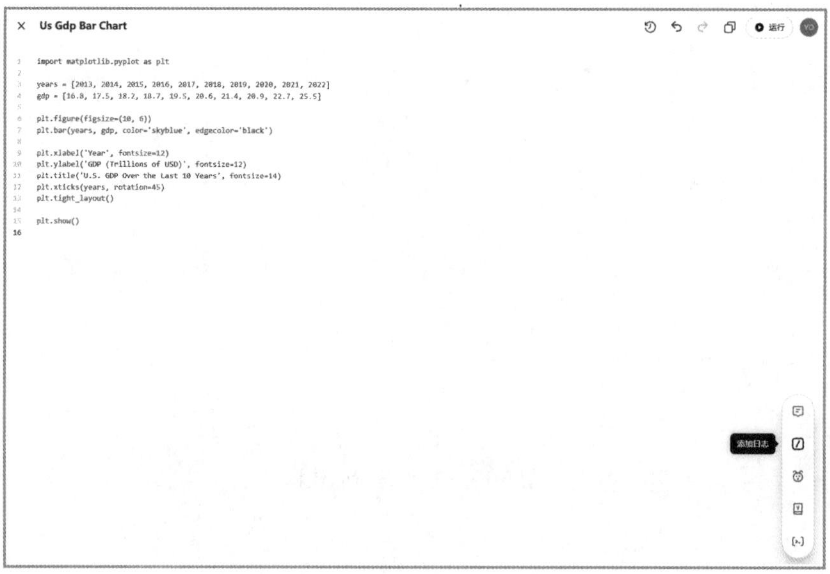

Us Gdp Bar Chart　　运行

```
import matplotlib.pyplot as plt

years = [2013, 2014, 2015, 2016, 2017, 2018, 2019, 2020, 2021, 2022]
gdp = [16.8, 17.5, 18.2, 18.7, 19.5, 20.6, 21.4, 20.9, 22.7, 25.5]

plt.figure(figsize=(10, 6))
plt.bar(years, gdp, color='skyblue', edgecolor='black')

plt.xlabel('Year', fontsize=12)
plt.ylabel('GDP (Trillions of USD)', fontsize=12)
plt.title('U.S. GDP Over the Last 10 Years', fontsize=14)
plt.xticks(years, rotation=45)
plt.tight_layout()

plt.show()
```

添加日志

图 5.21　为代码添加打印日志

```
import matplotlib.pyplot as plt

# 添加日志以帮助调试
print("Initializing data...")
years = [2013, 2014, 2015, 2016, 2017, 2018, 2019, 2020, 2021, 2022]
gdp = [16.8, 17.5, 18.2, 18.7, 19.5, 20.6, 21.4, 20.9, 22.7, 25.5]
print(f"Years: {years}")
print(f"GDP data: {gdp}")

# 调试图表创建过程
print("Creating figure...")
plt.figure(figsize=(10, 6))

print("Plotting bar chart...")
plt.bar(years, gdp, color='skyblue', edgecolor='black')

print("Adding labels and title...")
plt.xlabel('Year', fontsize=12)
plt.ylabel('GDP (Trillions of USD)', fontsize=12)
plt.title('U.S. GDP Over the Last 10 Years', fontsize=14)
plt.xticks(years, rotation=45)

print("Adjusting layout...")
plt.tight_layout()

print("Displaying the plot...")
plt.show()

print("Plot displayed successfully.")

```

图 5.22　添加打印日志语句的代码

5.2.3 修复错误

“修复错误”功能旨在自动检测并修复代码中存在的各种问题，包括语法错误、逻辑错误、潜在的 bug 等，从而提高代码的质量和可靠性。单击工具列表中的“修复错误”按钮，ChatGPT 即可进行代码错误修复，如图 5.23 所示，第 6 行和第 7 行划线部分出现错误：函数名写错，函数调用多写一个逗号。通过修复后，函数名修改正确，并去掉多余的逗号，如图 5.24 所示。

× Us Gdp Bar Chart

```
1   import matplotlib.pyplot as plt
2
3   years = [2013, 2014, 2015, 2016, 2017, 2018, 2019, 2020, 2021, 2022]
4   gdp = [16.8, 17.5, 18.2, 18.7, 19.5, 20.6, 21.4, 20.9, 22.7, 25.5]
5
6   plt.figuree(figsize=(10, 6))
7   plt.bar(years, gdp, color='skyblue', ,edgecolor='black')
8
9   plt.xlabel('Year', fontsize=12)
10  plt.ylabel('GDP (Trillions of USD)', fontsize=12)
11  plt.title('U.S. GDP Over the Last 10 Years', fontsize=14)
12  plt.xticks(years, rotation=45)
13  plt.tight_layout()
14
15  plt.show()
16
```

图 5.23　有 bug 的代码

× Us Gdp Bar Chart

```
import matplotlib.pyplot as plt

years = [2013, 2014, 2015, 2016, 2017, 2018, 2019, 2020, 2021, 2022]
gdp = [16.8, 17.5, 18.2, 18.7, 19.5, 20.6, 21.4, 20.9, 22.7, 25.5]

plt.figure(figsize=(10, 6))  # Fixed typo in function name
plt.bar(years, gdp, color='skyblue', edgecolor='black')  # Removed extra comma

plt.xlabel('Year', fontsize=12)
plt.ylabel('GDP (Trillions of USD)', fontsize=12)
plt.title('U.S. GDP Over the Last 10 Years', fontsize=14)
plt.xticks(years, rotation=45)
plt.tight_layout()

plt.show()
```

图 5.24　修复后的代码

5.2.4　审查代码

“审查代码”此功能旨在通过 ChatGPT 对代码进行深入分析，提供专业的修改建议，帮助用户优化代码结构、提升代码性能、增强代码可读性，并遵循最佳实践。单击工具列表中的“代码审查”按钮，ChatGPT 即可进行代码审查，如图 5.25 所示。用户可以根据需要选择应用或忽略这些建议，如图 5.26 所示。

图 5.25　审查代码

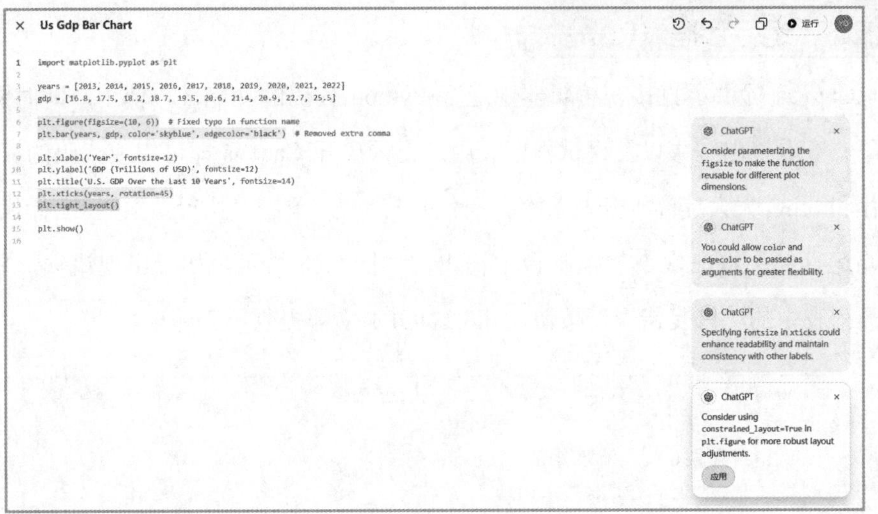

图 5.26　审查代码后给出的修改意见

5.2.5　代码移植

“代码移植”功能可以将代码从一种编程语言自动转换为另一种编程语言，如 JavaScript、Python、Java、TypeScript、C++ 或 PHP 等，从而方便用户在不同语言之间迁移代码、学习新的编程语言或进行跨平台开发。选择需要转换的代码部分（或直接应用于整个代码文件），然后单击工具列表中的“转移到一种语言”按钮，并在弹出的对话框中选择目标语言，即可启动代码移植过程（如图 5.27 所示）。

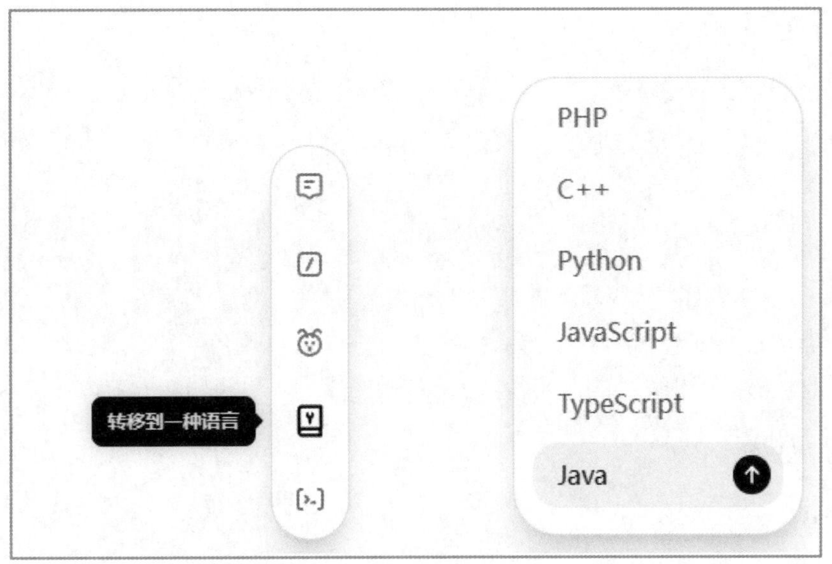

图 5.27　代码移植

5.2.6 运行代码（Run）

Canvas 提供了直接在编辑器中运行 Python 代码的功能，方便用户即时测试代码、查看输出结果以及调试程序。用户无须离开 Canvas 即可完成代码的编写、运行和调试，大大提高了开发效率。在代码右上方，单击“执行”按钮，运行代码。代码运行结果将在底部的控制台中输出，如图 5.28 所示。如果出现错误，单击工具列表中的“修复错误”按钮，让 ChatGPT 立即提供更正建议。

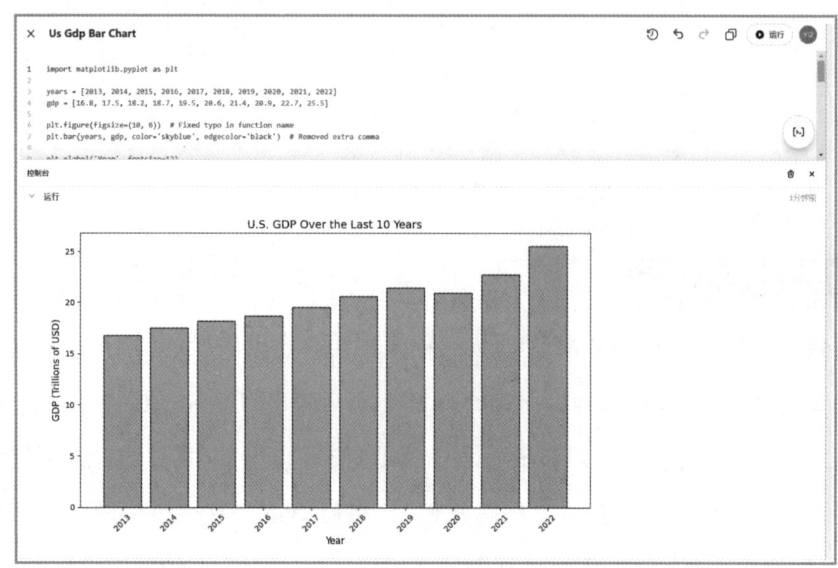

图 5.28　运行代码

第 6 章　Sora：开启视频创作新纪元

2024 年 2 月 16 日，OpenAI 携文生视频大模型 Sora 震撼亮相。一系列令人叹为观止的演示视频，让世界为之惊艳，瞬间引爆全球。在发布技术博客揭示部分技术细节和潜在应用后，Sora 蛰伏数月。经历十个月的沉寂后，终于在圣诞季“十二连发”的第三日，OpenAI 隆重推出万众期待的 Sora 正式版！Sora 的问世，不仅代表 OpenAI 在视频生成技术上取得巨大飞跃，更是视频内容创作领域划时代的里程碑，开启视频创作新纪元。

相较于市场上其他文生视频 AI 工具，Sora 拥有显著优势。其生成速度和视频质量均处于行业领先地位，能够快速输出高分辨率视频内容，分辨率最高可达 1080p。同时，Sora 在文本理解和视频细节呈现方面表现出色，能够更精准地把握用户需求，并以高度逼真的方式呈现结果。此外，得益于 OpenAI 在大模型研发上的深厚积累，Sora 能够持续迭代升级，为用户提供更丰富的功能和更广泛的应用场景。

6.1　Sora 注册登录

如果您已经订阅了 ChatGPT Plus 或 ChatGPT Pro 会员，可以直接访问 Sora 官网，并通过您的 OpenAI 账户登录，进入 Sora 的功能界面。如果您还没有 ChatGPT 账户，请参考第 1 章第 1 节进行注册。成功登录 ChatGPT 账户后，您可以在页面左侧找到 Sora 入口，点击即可打开 Sora 官网，如图 6.1 所示。

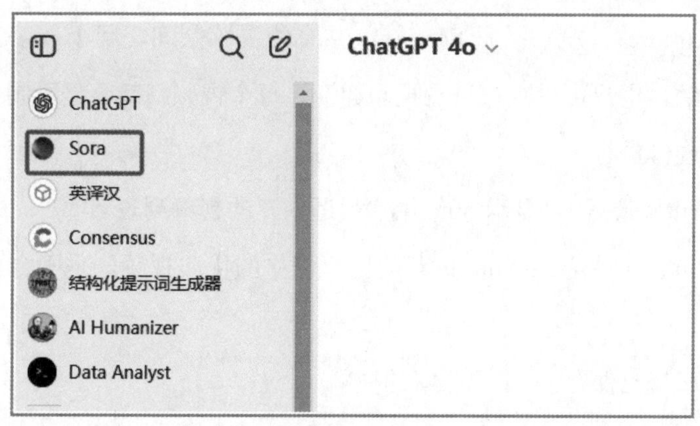

图 6.1　Sora 入口

ChatGPT Plus 会员的订阅费用为 20 美元 / 月，允许每月生成最多 50 个 720p 分辨率、时长 5 秒的视频。而 ChatGPT Pro 会员的订阅费用为 200 美元 / 月，提供更高的配额和更优质的功能支持，每月最多可生成 500 个 1080p 分辨率、时长 20 秒的视频，并支持下载无水印版本。

6.2 Sora 界面介绍

登录 Sora 后，将进入 Sora 首页，如图 6.2 所示。

图 6.2　Sora 首页

Sora 界面比较简洁，包含 3 部分：

[1] 左侧导航栏

左侧导航栏是用户在 Sora 平台上组织和浏览视频资源的主要路径，包含以下模块：

（1）[Explore（浏览）] 是 Sora 社区共享的灵感空间，用于展示其他用户生成的精彩视频。用户可以点击查看视频详情，每个视频底部会显示制作方法，支持基于他人创作进行再创作，学习分享技巧。

◎ Recent（最近）：显示 Sora 用户最近创建的视频列表。

◎ Featured（精选）：Sora 推荐的用户创作的优质视频，是平台精选或热度较高的视频。

◎ Saved（已保存）：用户收藏的视频。

（2）[Library（资料库）] 则相当于个人主页，可查看所有生成的视频作品。页面提供多种视图模式，支持创建文件夹、收藏自己的视频，并且可从动态页面标记书签，方便管理视频。

◎ All Videos（所有视频）：用户创建的视频列表。

◎ Favorites（收藏）：收藏夹功能，收藏用户自己创建的视频。

◎ Uploads（上传）：用户上传的视频文件列表。

◎ New Folder（新建文件夹）：支持文件夹管理功能，用于整理视频资源，适合大型项目或分类存储。

[2] 底部视频生成区

界面底部设有编辑器，用户可以在此输入文字描述或上传图片素材来创建视频。输入框下方的工具栏提供了与视频生成、编辑和输出相关的选项，具体如下：

（1）上传按钮：从本地电脑或 Library（资料库）上传视频或图片。

（2）Presets（预设风格）：Sora 提供了多种预设风格，包括“Balloon World（气球世界）”“Stop Motion（定格动画）”“Archival（档案材料）”“Film Noir（黑白电影）”和“Cardboard&Papercraft（纸工艺品）”。这些预设风格为用户提供了丰富的创作选择，可以在创作过程中快速应用不同的视觉效果。

（3）Aspect Ratio（视频比例）：提供三种宽高比，横屏 16:9（适合宽屏设备），方形 1:1（适合社交媒体），竖屏 9:16（适合竖屏短视频）。

（4）Resolution（分辨率）：Sora 支持生成 480p 至 1080p 分辨率的视频。

（5）Duration（时长）：生成的视频时长范围为 5 至 20 秒。

（6）Variations（数量）：同时生成视频数量为 1-4 个。

（7）Storyboard（故事板）：用于打开视频的故事板编辑模式，支持逐帧编辑或添加更多细节。

[3] 中间视频展示区

这部分用于预览和管理视频内容。按照网格布局显示用户的视频缩略图，每个缩略图代表一段视频。

单击任一视频，进入视频详情页，可以查看视频具体内容，包括生成视频的提示词、创作者，也可以对视频进行二次编辑。在视频播放进度条下方有一排视频二次编辑功能菜单，如图 6.3 所示。

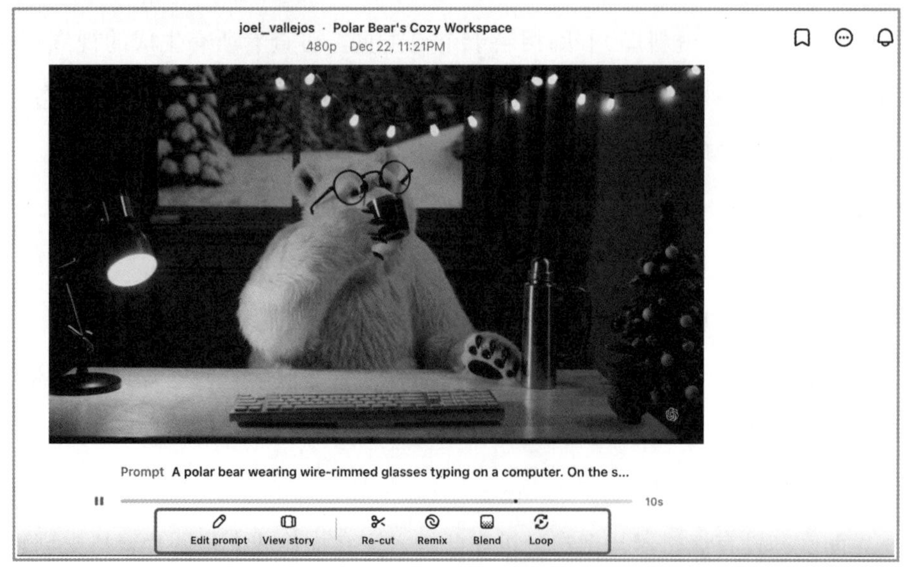

图 6.3　视频详情页

（1）Edit prompt(编辑提示词)：重新编辑提示词创作新视频。

（2）View story(查看故事板)：查看和编辑此视频的故事板。

（3）Re-cut(重新剪辑)：对视频片段进行精准裁剪和扩展。

（4）Remix(重混)：对视频元素进行替换、移除或重构。

（5）Blend(混合)：将两个视频无缝结合为一个短片。

（6）Loop(循环)：在时间轴上截取镜头，制作 2 秒到 6 秒的无缝循环视频片段。

以上功能将在本章下文详细介绍。

6.3 文生视频提示词技巧

编写文生视频的提示词时，应注重细节丰富、结构清晰、风格明确。详细描述场景、主体、视觉元素及技术参数，结合特定的艺术风格和情感氛围，可以有效指导 Sora 实现预期的视觉效果和情感传达。同时，加入创意和独特的元素，如独特的组合、叙事情节和文化主题，能够使生成的视频更加生动、引人入胜且富有深度。

提示词构成：场景 + 主体与动作 + 风格与氛围 + 视觉细节 + 技术与摄影参数 + 故事情节与叙事 + 独特元素 + 文化与主题

1. 详细的场景描述

地点与环境：明确描述视频发生的具体地点和环境，如“东京街道”“大苏尔海岸的岩石海角”“巴利多河的婆罗洲野生动物”等，辅以环境细节，如“温暖发光的霓虹灯”“雪地草甸”“茂密集的丛林”等。

时间与光线：指定时间段和光线效果，如“下午时光”“魔法时刻”“日落时的金色光芒”“魔法时刻的日光”等，增强画面的氛围感。

2. 明确的主体与动作

主要对象：清晰定义场景中的主体，如“时尚女性”“巨大的长毛猛犸象”“年轻的宇航员”“猫和主人”等，描述其外观特征和服饰细节。

动作与姿态：描绘主体的动作和姿态，如“自信而悠闲地行走”“两艘海盗船在咖啡杯中战斗”“猫唤醒主人要早餐”“纸飞机在密林中飞舞”等，增加动态感和故事性。

3. 丰富的视觉细节

颜色与质感：运用丰富的颜色和质感细节描述，如“黑色皮夹克”“鲜艳的色彩”“温暖的光芒”“纸飞机的轻盈”等，使画面更加生动。

光影效果：强调光影的运用，如“反光的湿润街道”“戏剧性的雪山光影”“夕阳照耀下的温暖光芒”“魔法时刻的柔和光线”等，增强视觉层次感。

4. 风格与氛围

艺术风格：指出特定的艺术风格，如“3D 真实感”“电影预告片风格”“纸艺世界”“历史影像风格”等，指导生成视频的整体视觉风格。

情感氛围：通过描述情感和氛围，如“奇迹与好奇心”“浪漫的感觉”“紧张刺激的战斗”“温馨幽默的互动”等，传达特定的情感基调。

5. 技术与摄影参数

摄影技术：包含具体的摄影术语和参数，如“无人机视角”“70mm 电影镜头”“景深效果”“极限特写”等，确保生成视频在技术层面符合预期。

摄像机运动：描述摄像机的运动方式，如“跟随车后方拍摄”“环绕摄像机移动”“极近距离特写镜头”“鸟瞰视角”等，增强画面的动态表现。

6. 创意与独特元素

创意组合：将不同元素进行独特组合，如“咖啡杯中的海盗船战斗”“云上阅读的年轻人”“纸飞机在密林中飞舞”“猫与主人之间的互动故事”等，增加画面的创意性和吸引力。

细节丰富：通过细致入微的描绘，如“反射在火车窗上的景象”“突出海面的教堂”“猫使用新战术唤醒主人”“庆祝春节的舞龙”等，提升画面的细腻度和真实感。

7. 故事情节与叙事

叙事元素：有些提示词包含简短的故事情节，如“猫唤醒主人要早餐并使用各种战术”“年轻人坐在云上阅读书籍”等，这些元素为视频添加了故事性，使内容更具吸引力和连贯性。

8. 文化与主题

文化元素：融入特定的文化或主题，如“春节庆祝活动中的舞龙”“金矿时代的加利福尼亚”等，赋予视频独特的文化背景和主题深度。

下面是官方提供的部分优秀提示词示例。

（1）Prompt: A stylish woman walks down a Tokyo street filled with warm glowing neon and animated city signage. She wears a black leather jacket, a long red dress, and black boots, and carries a black purse. She wears sunglasses and red lipstick. She walks confidently and casually. The street is damp and reflective, creating a mirror effect of the colorful lights. Many pedestrians walk about.

提示词：一个时尚的女人走在东京街头，周围充满了温暖闪烁的霓虹灯和城市动画广告。她穿着一件黑色皮夹克，一条长红裙和黑色靴子，手拿一个黑色钱包。她戴着太阳镜，涂着红色口红，走路自信而从容。街道潮湿且反射光线，形成了五光十色的镜面效果。许多行人来往穿行。

（2）Prompt: Several giant wooly mammoths approach treading through a snowy meadow, their long wooly fur lightly blows in the wind as they walk, snow covered trees and dramatic snow capped mountains in the distance, mid afternoon light with wispy clouds and a sun high in the distance creates a warm glow, the low camera view is stunning capturing

the large furry mammal with beautiful photography, depth of field.

提示词：几只巨大的长毛猛犸象走过一片雪白的草地，随着它们的步伐，长长的毛发在风中轻轻飘动。远处是被雪覆盖的树木和雄伟的雪山，午后的阳光透过缥缈的云层洒下，给大地带来温暖的光辉。低角度的镜头捕捉到这只庞大的毛茸茸的猛犸象，画面美丽，摄影效果出色，景深效果令人惊叹。

（3）Prompt: Drone view of waves crashing against the rugged cliffs along Big Sur's garay point beach. The crashing blue waters create white-tipped waves, while the golden light of the setting sun illuminates the rocky shore. A small island with a lighthouse sits in the distance, and green shrubbery covers the cliff's edge. The steep drop from the road down to the beach is a dramatic feat, with the cliff's edges jutting out over the sea. This is a view that captures the raw beauty of the coast and the rugged landscape of the Pacific Coast Highway.

提示词：无人机视角下，波浪猛烈地拍打着大苏尔格雷角海滩的崎岖悬崖。湛蓝的海水撞击岩石，形成白色浪花，而落日的金色光辉照亮了岩石海岸。远处，一座小岛上矗立着一座灯塔，绿色灌木覆盖悬崖边缘。陡峭的公路下坡直达沙滩，形成了一道戏剧性的自然景观，悬崖的边缘突兀地伸向大海。这一景象展现了海岸的原始美丽以及太平洋海岸公路崎岖的地貌。

（4）Prompt: Animated scene features a close-up of a short fluffy monster kneeling beside a melting red candle. The art style is 3D and realistic, with a focus on lighting and texture. The mood of the painting is one of wonder and curiosity, as the monster gazes at the flame with wide eyes and open mouth. Its pose and expression convey a sense of innocence and playfulness, as if it is exploring the world around it for the first time. The use of warm colors and dramatic lighting further enhances the cozy atmosphere of the image.

提示词：动画场景特写展示了一只短小蓬松的怪物，跪在一支正在融化的红色蜡烛旁。画风为 3D 逼真风格，重点突出光线和纹理效果。画面的氛围充满了惊奇与好奇，怪物用大大的眼睛凝视着火焰，嘴巴张开。它的姿势和表情传达出一种天真与顽皮的感觉，仿佛是在第一次探索周围的世界。温暖的色调和戏剧性的光影效果进一步增强了画面的温馨氛围。

（5）Prompt：Photorealistic closeup video of two pirate ships battling each other as they sail inside a cup of coffee.

提示词：一段逼真的特写视频，展示了两艘海盗船在一杯咖啡中激烈战斗。

（6）Prompt: The camera follows behind a white vintage SUV with a black roof rack as it speeds up a steep dirt road surrounded by pine trees on a steep mountain slope, dust kicks up from it’ s tires, the sunlight shines on the SUV as it speeds along the dirt road, casting a warm glow over the scene. The dirt road curves gently into the distance, with no other cars or vehicles in sight. The trees on either side of the road are redwoods, with patches of greenery scattered throughout. The car is seen from the rear following the curve with ease, making it seem as if it is on a rugged drive through the rugged terrain. The dirt road itself is surrounded by steep hills and mountains, with a clear blue sky above with wispy clouds.

提示词：镜头跟随一辆白色复古 SUV，车顶配有黑色行李架，快速驶上被松树环绕的陡峭泥土路，车轮扬起一阵尘土。阳光洒在 SUV 上，投下温暖的光辉，照亮了整个场景。泥土路向远处蜿蜒，视野中没有其他车辆。道路两旁是红杉树，零星的绿地点缀其间。镜头从车后拍摄，车子轻松地沿着弯道行驶，似乎正在穿越崎岖的地形。泥土路四周是陡峭的山丘和山脉，头顶是湛蓝的天空，飘着几朵薄云。

6.4 文 / 图生视频

6.4.1 文生视频的基本步骤

步骤 1 输入生成的视频提示词

在底部文本框输入一段简洁、具体的视频内容提示词，如图 6.4 所示。例如：“夕阳下的小船漂浮在平静的湖面上，周围是茂密的树林。”

“未来城市中飞行汽车穿梭在高楼之间，天空充满霓虹灯光。”

图 6.4 输入生成视频的提示词

步骤 2 选择视频参数

根据需求，设置视频的宽高比、分辨率、时长、视频风格等。

步骤 3 生成视频

单击发送按钮，平台会根据文本描述和参数生成一个高质量的视频。等待十几秒钟后，视频会生成并出现在视频展示区 All videos。

6.4.2　提示词编辑

打开任一视频，在其视频下方有 Edit prompt(编辑提示词) 功能按钮，可对提示词进行修改，重新生成新视频，如图 6.5 所示。

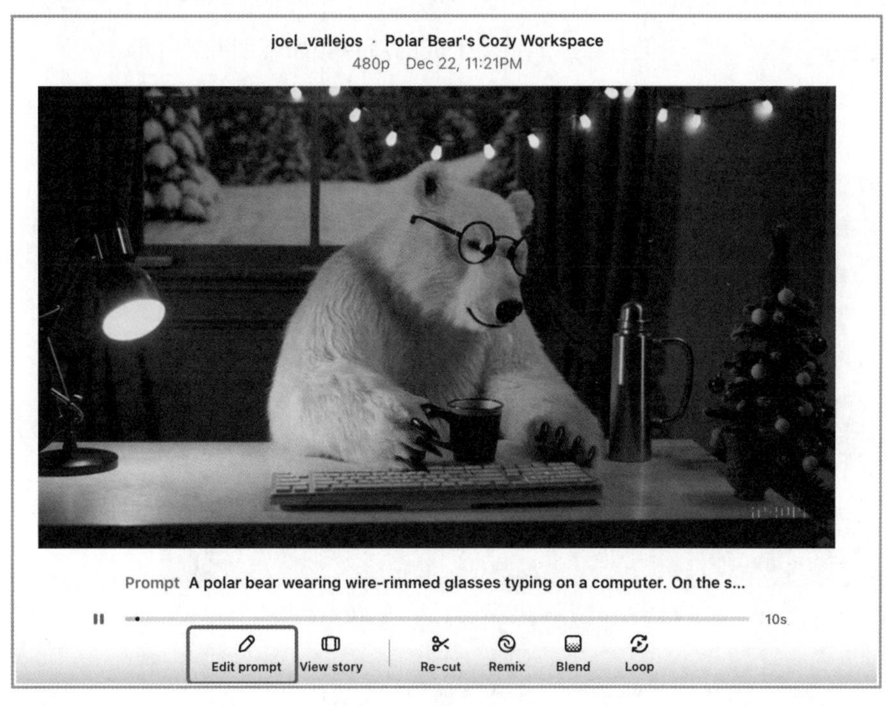

图 6.5　编辑提示词按钮

单击“Edit Prompt”按钮，弹出提示词编辑框，如图 6.6 所示。在此框中，您不仅可以修改提示词内容，还可以调整视频的风格、宽高比、分辨率、时长等参数。

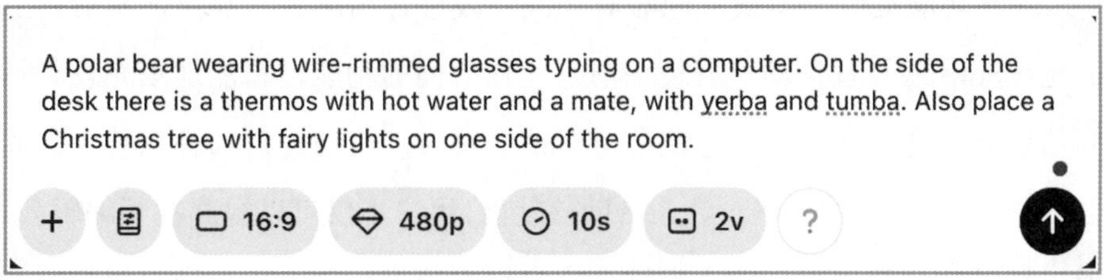

A polar bear wearing wire-rimmed glasses typing on a computer. On the side of the desk there is a thermos with hot water and a mate, with yerba and tumba. Also place a Christmas tree with fairy lights on one side of the room.

16:9　480p　10s　2v　?

图 6.6　提示词编辑框

图 6.5　的提示词内容如下：

Prompt：A polar bear wearing wire-rimmed glasses typing on a computer. On the side of the desk there is a thermos with hot water and a mate, with yerba and tumba. Also place a Christmas tree with fairy lights on one side of the room.

提示词：一只戴着金属边框眼镜的北极熊正在电脑上打字。桌子旁边有一个保温瓶，里面装着热水和马黛茶，里面有马黛草和草药。房间的一侧还放着一棵圣诞树，上面挂着闪烁的彩灯。

笔者将提示词内容由“一只戴着金属边框眼镜的北极熊”修改为：“一只戴着红色小兜帽的熊猫在电脑上打字”。生成的新视频如下图 6.7 所示。

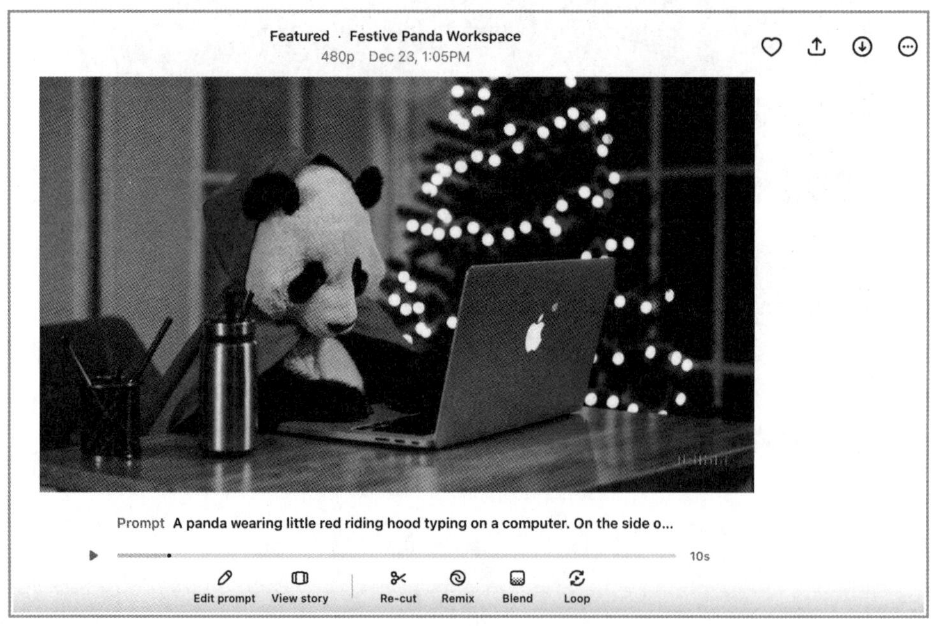

图 6.7　熊猫在电脑前打字

6.4.3　Re-cut（重新剪辑）

Re-cut 功能类似于剪映，能够对视频片段进行精准裁剪和灵活扩展。更重要的是，Sora 还具备自动延展镜头前后空白时间的功能，智能地填充视频场景之间的过渡。这意味着，当您裁剪出一个镜头时，系统会自动补充镜头之间的空白部分，确保视频的流畅过渡。借助该功能，用户不仅可以提高视频编辑效率，还能更精确地调整内容，打造出符合特定需求的视频片段，提升剪辑细节和视

觉效果的质量。

单击视频下方的“Re-cut”按钮，弹出视频剪辑界面（如图 6.8 和图 6.9 所示）。在该界面中，您可以进行以下操作：切割视频（使用“Split”或快捷键 S）、删除片段（点击“Delete”）、滑动伸缩（“Slip”）、延长时长（选择下方的时长）、以及在中间插入新片段（如图 6.10 所示）。

图 6.8　Re-cut 按钮

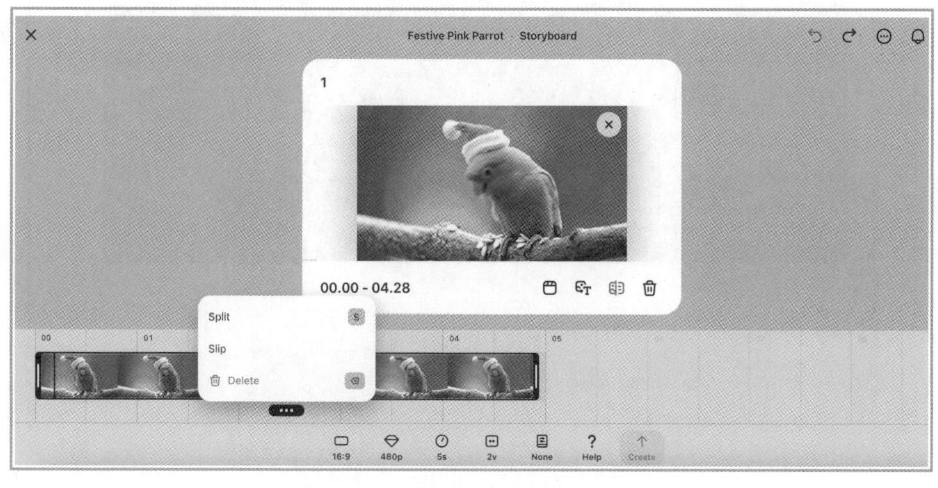

图 6.9　视频剪辑界面

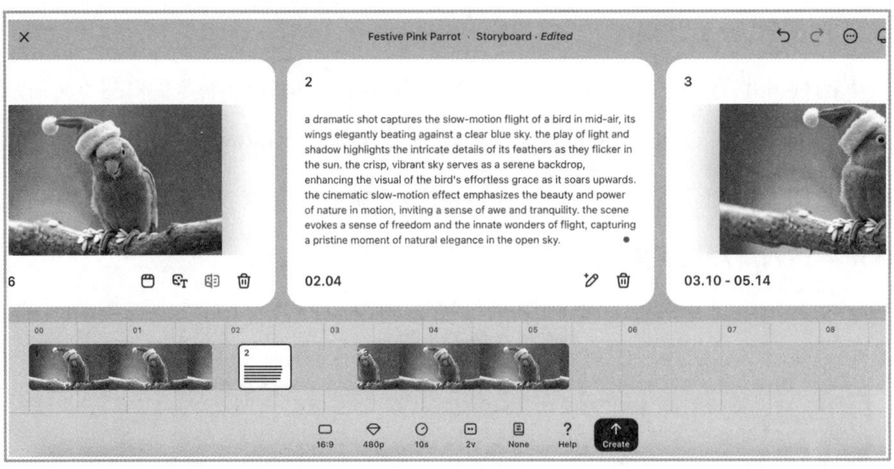

图 6.10 视频编辑（插入新片段）

6.4.4 Remix（重混）

Remix 功能允许对视频元素进行替换、移除或重构。当您需要更换视频的主体、环境或添加新元素时，可以使用此功能。点击“Remix”按钮，进入 Remix 界面（如图 6.11 所示），然后在输入框中输入要修改的内容。

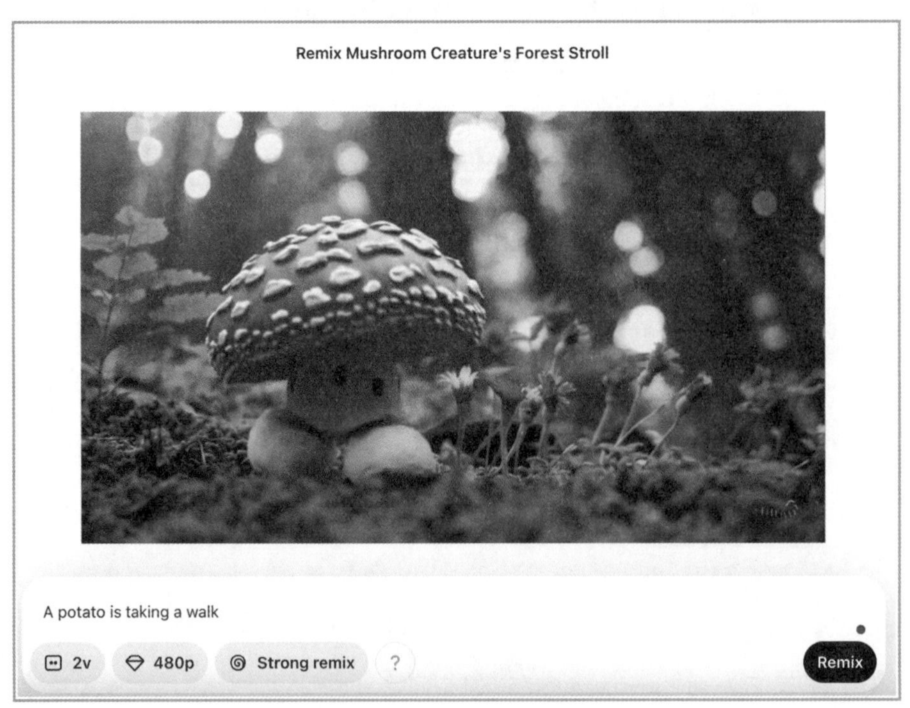

图 6.11 Remix 界面

Remix 分为四种类型，如图 6.12 所示。

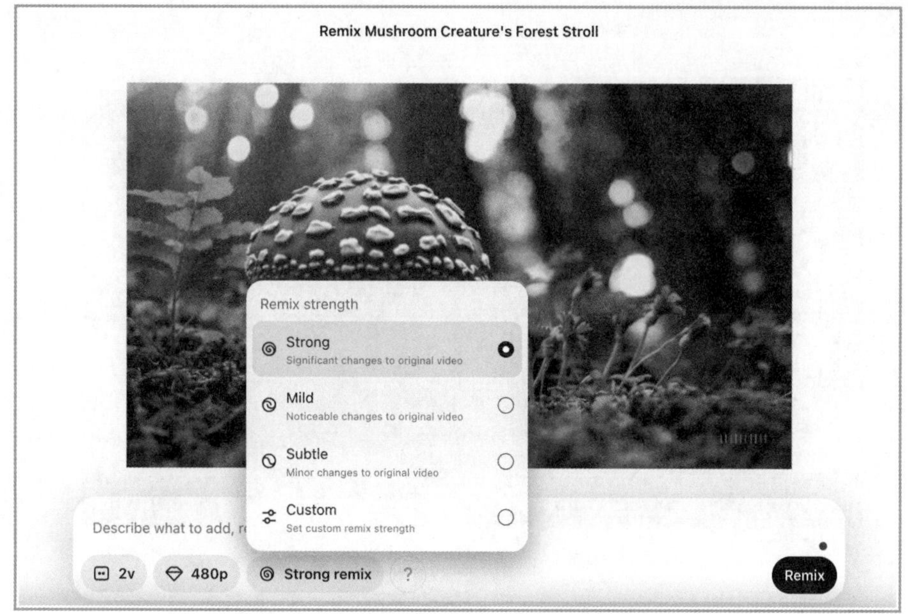

图 6.12 Remix 类型

1. Strong（强）：对原始视频进行大幅度的改动。选择此模式时，系统会对原始视频进行大幅度的混剪和重新编辑，包括内容结构、画面效果以及节奏的明显调整。这种模式适合需要完全重新定义视频风格的情况，例如创意型视频制作或需要彻底重构视频内容的场景。

2. Mild（适中）：对原始视频进行可察觉的改动。在此模式下，原始视频的改动会更加克制，但仍然可以清晰感受到内容、节奏或效果上的变化。适合需要保持视频大体原貌，同时又希望加入一定创新元素的场景。

3. Subtle（微妙）：对原始视频进行轻微改动。该模式仅对视频内容做小幅调整，改动非常细微，几乎不影响原始视频的整体风格和叙事结构。适用于希望尽可能保持原始视频完整性的场景，例如对视频进行小幅度优化或轻微调整。

4. Custom（自定义）：设置自定义的混剪强度。此选项允许用户根据需求手动调整混剪的强度，灵活控制视频的改动范围。适合高级用户，他们可以通过更精细的参数调整来实现个性化的混剪效果。

6.4.5 Blend（混合）

Blend 功能可以将两个视频无缝融合为一个短片，并在不同的视频之间创建丝滑的转场过渡。您可以从本地电脑或资料库中选择视频片段（如图 6.13 所示）。选择视频后，将进入 Blend 界面（如图 6.14 所示）。

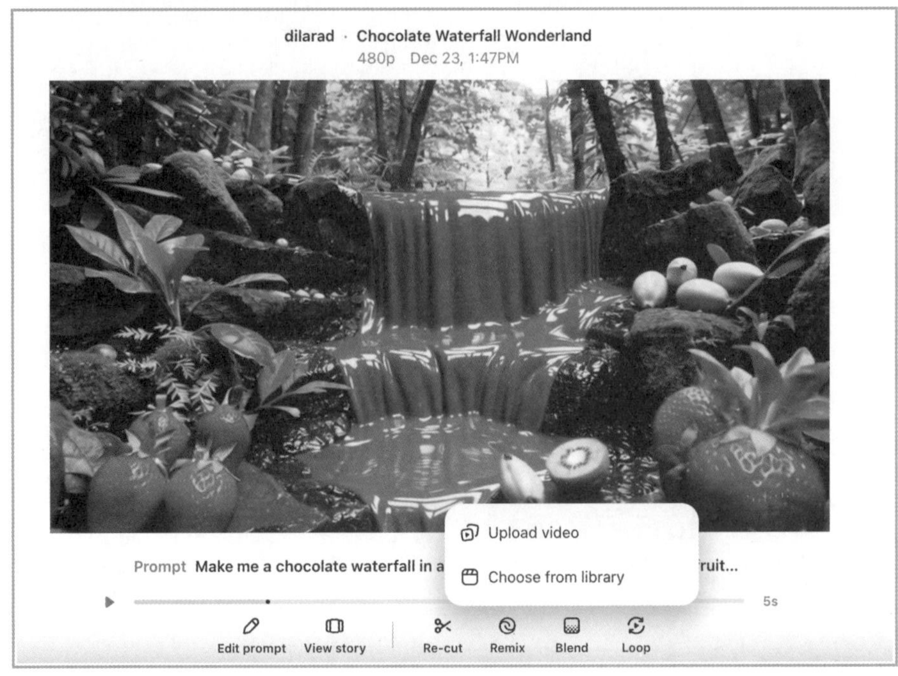

图 6.13 Blend 按钮

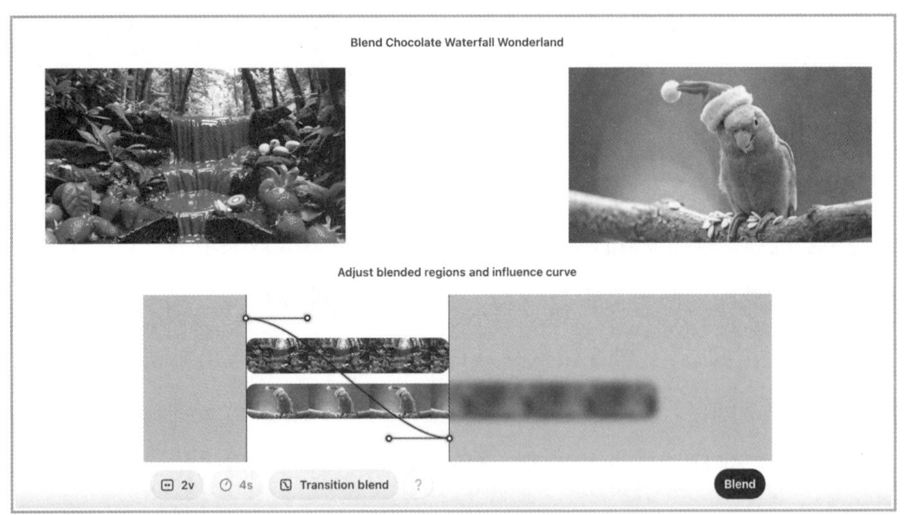

图 6.14 Blend 界面

在两段视频之间，您会看到一条曲线，用于表示每段视频在不同时间点的影响强度。曲线越高，表示上方视频的影响越大；曲线越低，则下方视频的影响更强。通过调整左右滑块，您可以裁剪或扩大每段视频在最终混合中的占比。

Sora 提供了四种混合方式：Transition（过渡）、Sample（采样）、Mix（融合）和 Custom（自定义），如图 6.15 所示。

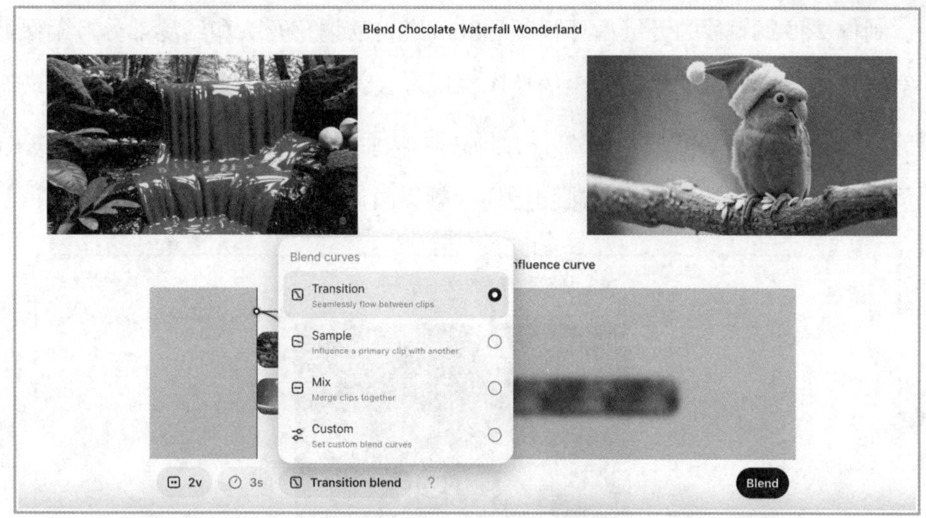

图 6.15　Blend 类型

这是一张关于 Blend curves（曲线混合）功能设置的界面截图，展示了四种不同的混合模式选项。以下是每个选项的详细解释：

1. Transition（过渡）：实现剪辑之间的无缝过渡。当你希望两个视频片段自然连接、不出现生硬的剪切效果时，可以选择 Transition。它能够平滑地在两个视频片段之间生成动态的过渡效果，提升整体视频的流畅感。

2. Sample（采样）：用另一个剪辑对主剪辑进行影响。在这个模式下，你可以利用一个辅助视频片段对主视频片段的效果、样式或内容进行一定程度的融合。这种模式适用于需要在主剪辑中引入其他素材风格或内容的场景。

3. Mix（混合）：将剪辑合并在一起。通过选择 Mix，可以将两个视频片段合并成一个整体效果。此模式适用于想要同时展示多个片段内容或在视觉上叠加效果的情况，比如实现多层叠加、叠影等创意视觉效果。

4. Custom（自定义）：设置自定义的混合曲线。如果需要更高的自由度，可以选择 Custom 模式，手动调整混合曲线的参数，以实现符合个人创意的特殊效果。这种模式特别适合高级用户，他们可以根据具体需求微调剪辑过渡或融合的细节。

这四种选项的设计旨在满足不同用户在视频编辑中的需求，从简单的过渡效果到复杂的混合处理，提供灵活的工具支持。

6.4.6　Loop（循环）

Loop 功能用于创建循环播放的视频片段。用户可以在时间轴上选择特定镜头，制作 2 秒到 6 秒的无缝循环视频。Sora 会自动调整开头和结尾部分，确保循环衔接自然、流畅。如果视频中的动作幅度较大，您还可以通过拖动裁剪区域两端的边缘来进一步优化，精确控制裁剪范围，从而制作出更完美的无缝循环效果。

单击“Loop”按钮，进入制作循环视频界面，如图 6.16 所示。

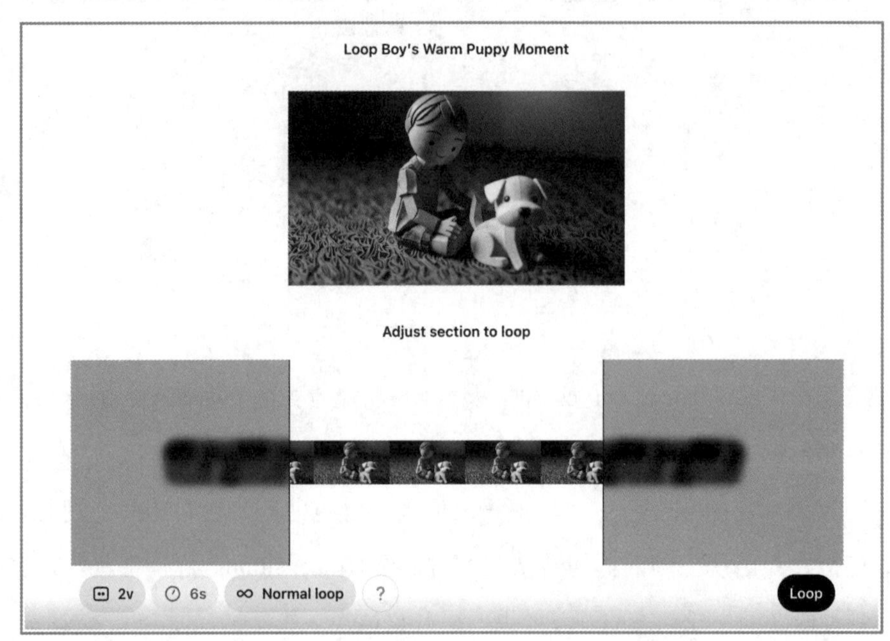

图 6.16　Loop 界面

三种不同的循环模式选项，如图 6.17 所示：

1. Short（短循环）：为完成循环添加 2 秒时长。选择此选项时，系统会在视频或动画的末尾添加 2 秒的额外内容，以形成一个快速的短循环。这种模式适合用来创建节奏紧凑的循环效果，通常适用于短视频或动态片段的高频重复场景。

2. Normal（普通循环）：为完成循环添加 4 秒时长。该选项为视频循环提供了适中的时长，在短循环与长循环之间取得平衡。通过额外增加 4 秒的内容，可以形成更加自然且不显突兀的循环效果，适合常规场景使用，比如宣传片、广告或动态展示。

3. Long（长循环）：为完成循环添加 6 秒时长。此选项会在视频末尾添加较长的 6 秒时间，用于创建延展性更强的循环效果。适用于需要更加缓慢、平稳的循环场景，比如背景视频或强调沉浸感的动画效果。

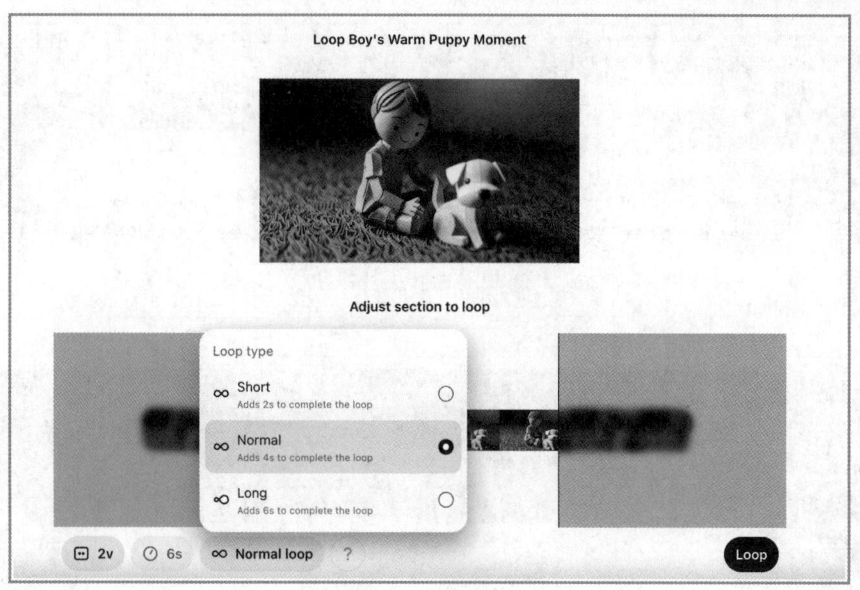

图 6.17　Loop 类型

6.4.7　图生视频

除了文字生成视频，Sora 还支持根据图片或视频生成新的视频。用户只需添加少量提示词，就可以让图片中原本静态的区域动起来，一键转换为视频。需要注意的是，目前 Sora 不支持上传包含人物的图片。

下图 6.18 展示了使用 Midjourney 生成的图片。用户可以点击输入框下方的"+"图标（如图 6.19 所示），将该图上传至 Sora，然后在输入框中输入提示词（如图 6.20 所示）。接着点击发送按钮，稍等十几秒，即可生成短视频（如图 6.21 所示）。

图 6.18　教堂里的海浪

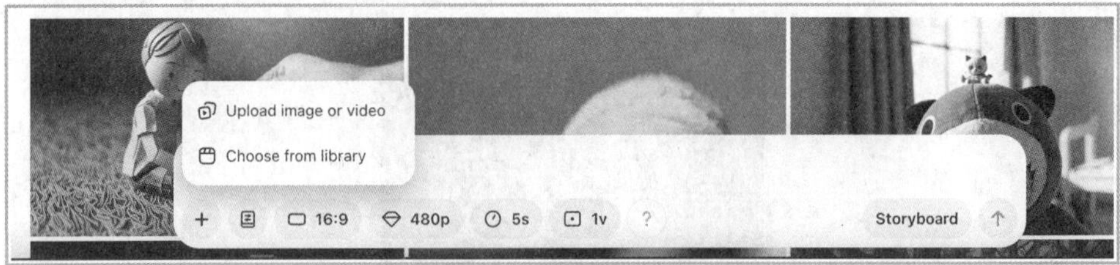

图 6.19　上传图片按钮

图 6.20　上传图片并输入提示词

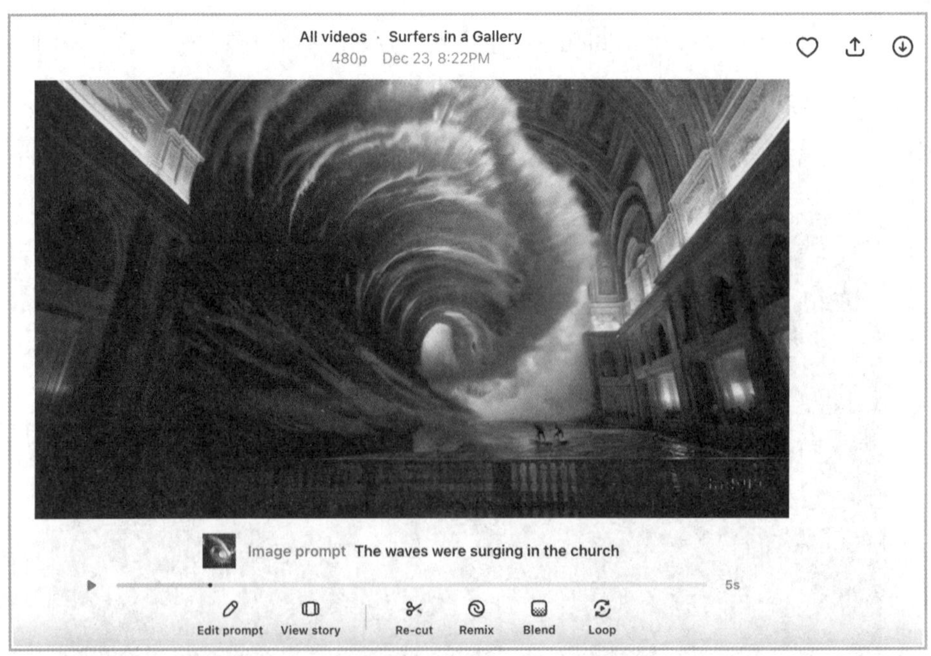

图 6.21　根据图片生成的视频

6.5 故事板（Storyboard）

故事板（Storyboard），又称分镜头画面设计，是影像媒体拍摄或创作前的一种图表工具，旨在展示影像的构成，包括运镜方式、时间长度、对白、特效等内容。故事板作为 Sora 的一项全新创意工具，允许创作者在个性化时间轴上组织并编辑独特的动作序列。通过在故事板卡片中设置场景、角色和具体动作，Sora 将自动补充细节并生成流畅的过渡画面，从而更精确地控制每一个画面的内容和时间。

通俗来说，故事板就像是将一段故事（或视频）切割成多个不同的故事卡（视频帧），用户只需要设计和调整每张故事卡（视频帧），Sora 会自动将它们拼接成一段流畅的故事（或视频）。这就类似于电影中的分镜或动画手稿，导演完成分镜后，电影就可以拍摄；漫画师完成手稿后，动画就能设计出来。

单击输入框下方的“Storyboard”按钮，即可进入故事板编辑页面，如图 6.22 所示。故事板上方的输入框用于输入分镜描述，或添加图片和视频，下面是一个时间轴。单击时间轴上的空白处，即可继续添加新的分镜。各个分镜可以在时间轴上自由拖动。不同分镜的提示词仅会影响当前分镜到下一个分镜之间的视频内容生成。设计好每个分镜头后，点击“Create”按钮即可生成完整的视频。

对于分镜描述提示词，有一个非常实用的小帮手——提示词润色功能。在输入提示词后，您可以在右下方看到一个图标，单击该图标即可对提示词进行润色。

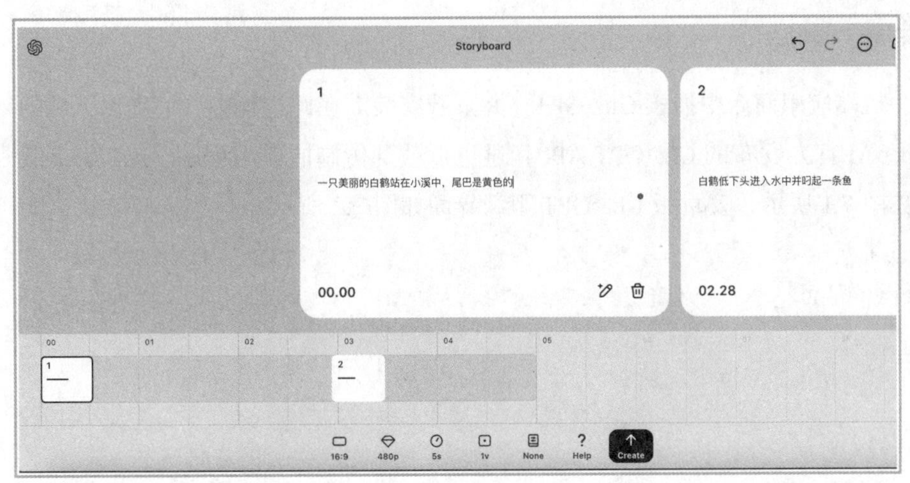

图 6.22　故事板编辑页

第 7 章　ChatGPT APP

2023 年 5 月 18 日，OpenAI 迎来了一项重大里程碑，首次发布了 ChatGPT 的移动应用版本，即 iOS 版的 ChatGPT APP，并成功上架于苹果应用商店。2023 年 7 月 25 日，安卓版 ChatGPT APP 也正式面世。这标志着 ChatGPT 应用程序的完善。现在，用户可以使用同一账户无缝切换网页端和移动端，从而享受跨平台同步的聊天记录功能。对于网页版的 Plus 用户而言，他们还能使用更先进的 GPT–4 语言模型，而非 Plus 用户继续体验 GPT–3.5 的功能。

移动端的 ChatGPT 的基础功能与网页版大体相同，但最显著的区别在于移动端集成了开源语音识别系统 Whisper，其支持汉语、英语、日语等多种语言的语音输入功能，从而使得语音对话成为可能。此外，移动 App 的界面和交互设计针对手机屏幕进行了优化，提升了用户体验。根据 Data.ai 的一份报告，截至 2023 年 11 月 30 日，ChatGPT 的 iOS 和安卓版应用累计下载量已突破 1.1 亿次，位居全球下载榜首，这充分证明了其广泛的受欢迎程度。

7.1　ChatGPT APP 下载、安装与登录

1. 下载与安装

手机端应用商店中搜索 ChatGPT，并下载安装。在此过程中，请确保下载的是 OpenAI 官方发布的 ChatGPT APP，避免下载到仿制的应用程序。iOS 版下载界面如图 7.1 所示，安卓版 ChatGPT 下载界面如图 7.2 所示。

图 7.1 ChatGPT 下载界面

图 7.2 安卓版 ChatGPT APP 下载界面

2. 登录 APP

下载并安装完毕后，打开 ChatGPT APP。在应用首页，单击 Log in（登录）按钮，如图 7.3 所示，使用 ChatGPT 账号进行登录，如图 7.4 所示。登录成功后，用户可以选择偏好的声音选项，如图 7.5 所示，目前 ChatGPT 提供了五种不同的声音供选择。一旦登录成功，用户将看到一个欢迎页面。在此页面上单击 Continue（继续）按钮，即可进入 ChatGPT APP 的主界面，如图 7.6 所示。在这里，只需单击输入框旁边的麦克风图标，便可以开始与 ChatGPT 进行语音聊天。

图 5.3　ChatGPT APP 登录选择界面

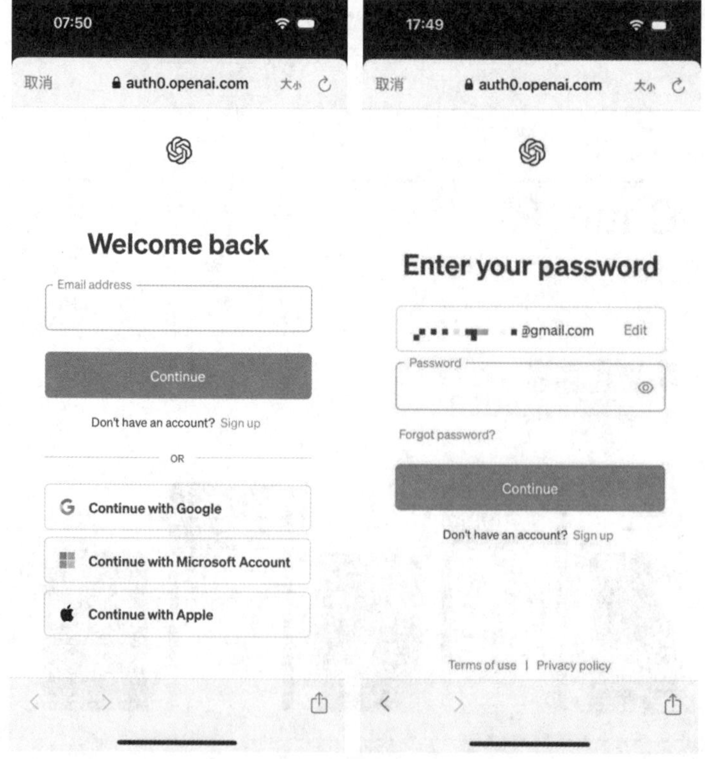

图 7.4　登录界面

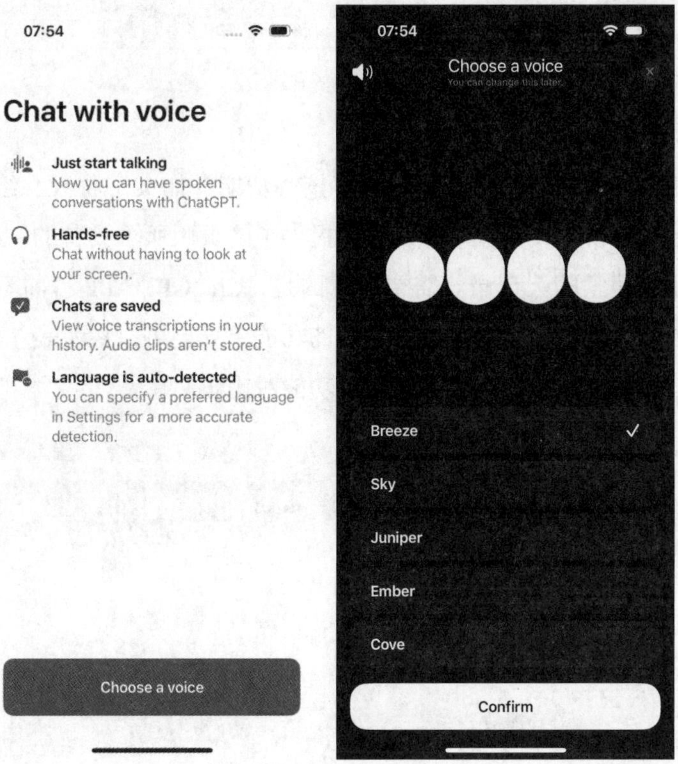

07:54

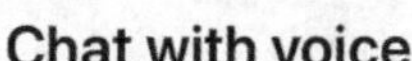

Just start talking
Now you can have spoken conversations with ChatGPT.

Hands-free
Chat without having to look at your screen.

Chats are saved
View voice transcriptions in your history. Audio clips aren't stored.

Language is auto-detected
You can specify a preferred language in Settings for a more accurate detection.

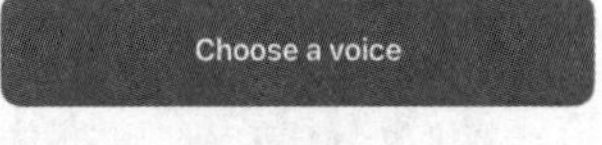

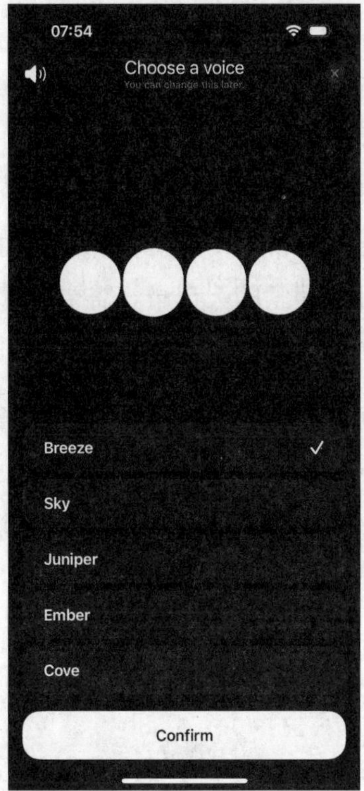

图 7.5　选择声音

22:48

Welcome to ChatGPT

This official app is free, syncs your history across devices, and brings you the latest model improvements from OpenAI.

ChatGPT can be inaccurate
ChatGPT may provide inaccurate information about people, places, or facts.

Don't share sensitive info
Chats may be reviewed by our AI trainers to improve our systems.

Control your chat history
Decide whether new chats on this device will appear in your history and be used to improve our systems.

Continue

22:49

ChatGPT 4 >

ChatGPT 4 can now browse the web, analyze data, and generate images without needing to switch modes.

Explain why popcorn pops
to a kid who loves watching it in the microwa...

Message

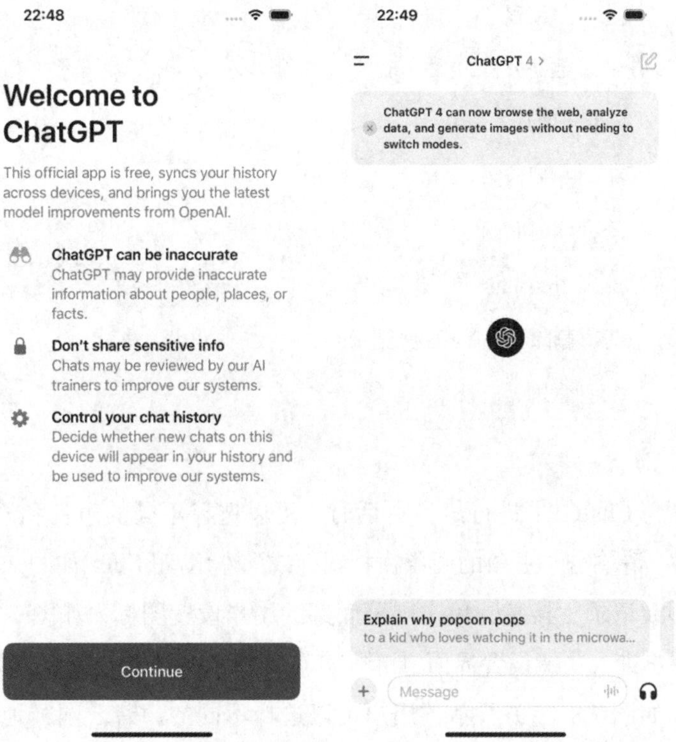

图 7.6　登录成功界面

7.2 ChatGPT APP 基本用法

1. 基本功能与设置

ChatGPT APP 继承了网页版的许多核心功能，如文字聊天、绘图、数据分析以及上传文件和图片等。此外，它还提供了网页版所不具备的一些特色功能，如语音对话和搜索聊天记录。需要注意的是，ChatGPT APP 目前不支持插件功能。为了更直观地理解这两个版本之间的功能差异，可以参考表 7.1，其列出了 ChatGPT APP 与网页版 ChatGPT 的主要功能对比。

表 7.1　ChatGPT APP 与网页版 ChatGPT 主要功能对比

序号	主要功能	ChatGPT APP	网页版 ChatGPT
1	文本聊天	√	√
2	语音聊天	√	×
3	语音输入	√	×
4	语音播放	√	√
5	GPTs	不能创建，只能使用	可创建，可使用
6	绘画	√	√
7	编程	√	√
8	数据分析	√	√
9	上传图片 / 文件	√	√
10	拍照传图	√	×
11	实时联网	√	√
12	升级 Plus	√	√
13	浏览 / 分享 / 删除 / 重命名聊天记录	√	√
14	搜索聊天记录	√	×
15	个人设置	√	√

用户在与 ChatGPT 进行语音对话时，可以选择不同的声音和语言。切换声音和语言时，请单击左上角的两条横杠图标或向左滑动屏幕，如图 7.7（a）所示，打开历史聊天记录。接着，单击屏幕底部的用户设置图标，如图 7.7（b）所示，这将引导用户进入功能设置界面，如图 7.7（c）所示。在此界面中，单击 Voice（声音）选项，如图 7.8（a）所示，用户可以选择不同的声音。同样地，单击 Main Language（主要语言）按钮，如图 7.8（b）所示，可以选择用户偏好的语言。

在功能设置界面，除了可以设置声音和语言外，还可以进行升级 Plus 充值、设置 Custom instructions 等操作。

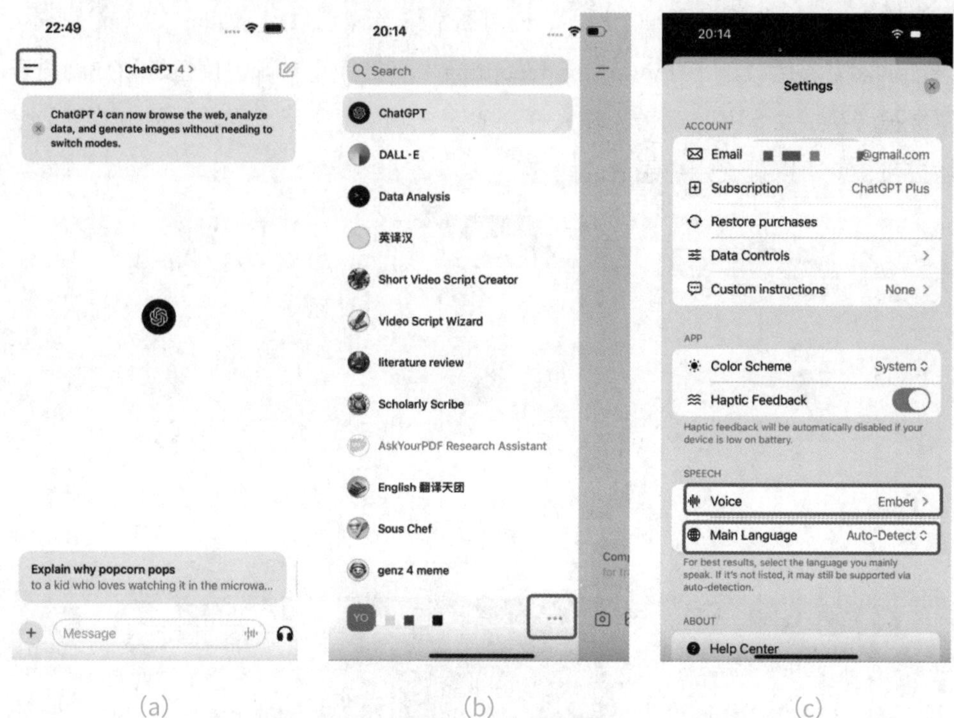

(a)　(b)　(c)

图 7.7　ChatGPT APP 语音设置

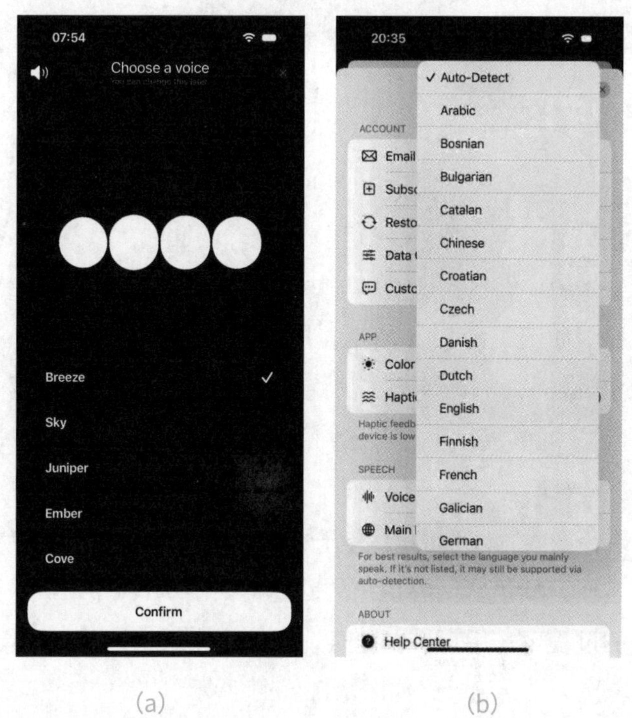

(a)　(b)

图 7.8　ChatGPT APP 语音选择和文字选择

2. 语音输入

在 ChatGPT APP 中，使用语音输入功能非常便捷。只需单击输入框右侧的语音输入图标，如图 7.9（a）所示，即可激活语音识别系统，如图 7.9（b）所示。语音录入完成后，单击 Tap to stop recording（点击停止录音）按钮，用户的语音便会被转换成文本并自动填入输入框，如图 7.9（c）所示。之后，单击右侧的发送按钮，就可以提交用户录入的内容。

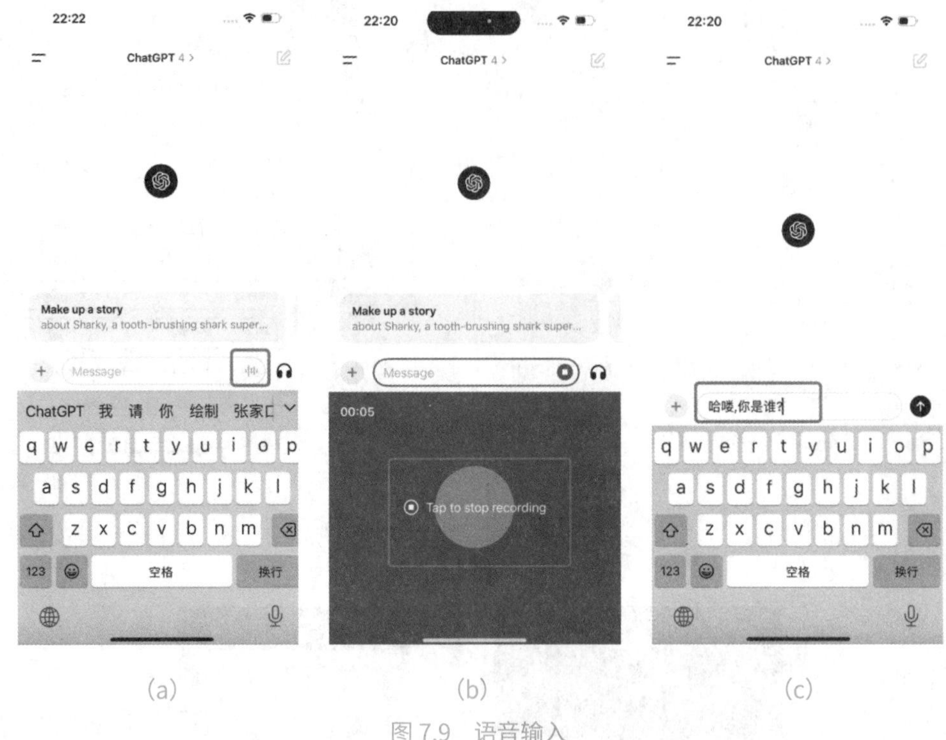

图 7.9　语音输入

3. 语音对话

ChatGPT APP 的一大亮点是用户与其能够进行语音对话。通过单击输入框右侧的麦克风图标，如图 7.10（a）所示，用户便可以轻松启动语音对话模式。屏幕上出现 Start speaking（开始说话）的提示后，用户就可以开始语音交流了，如图 7.10（b）所示。APP 提供了五种不同的聊天机器人声调供用户选择，并且还支持使用中文进行对话。

用户完成语音输入后，ChatGPT 将开始处理并准备回复，如图 7.11（a）所示。一旦准备好，它便开始语音回答用户的问题，如图 7.11（b）所示。在 ChatGPT 进行语音回复的过程中，用户可以随时选择暂停或结束回复。语音回复完成后，交流内容会被转换为文字记录，如图 7.11（c）所示。

用户首次使用 ChatGPT 语音模式时，系统会引导用户选择一个偏好的语音

模型。虽然最开始 ChatGPT 可能会用英文进行回应，但只需指示一句“请使用中文与我对话”，ChatGPT 便能切换中文模式，与用户进行流畅的中文对话。

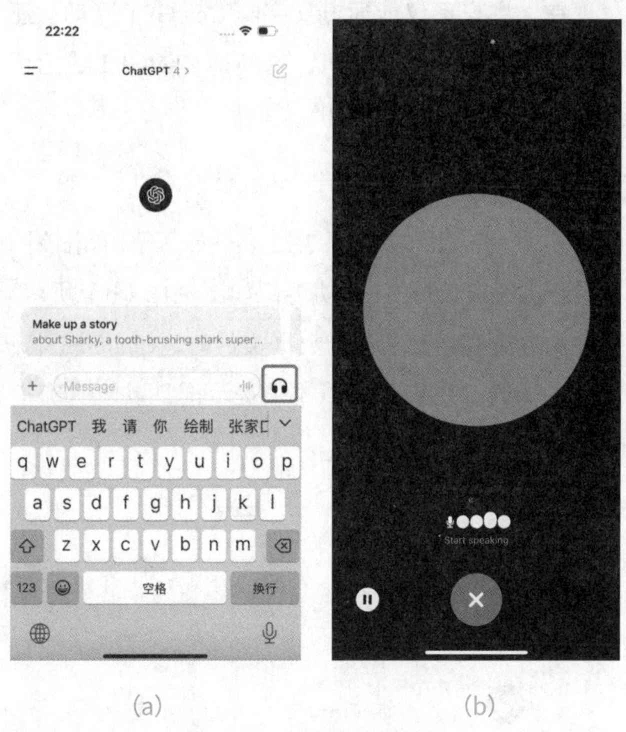

(a) (b)

图 7.10 启动语音对话

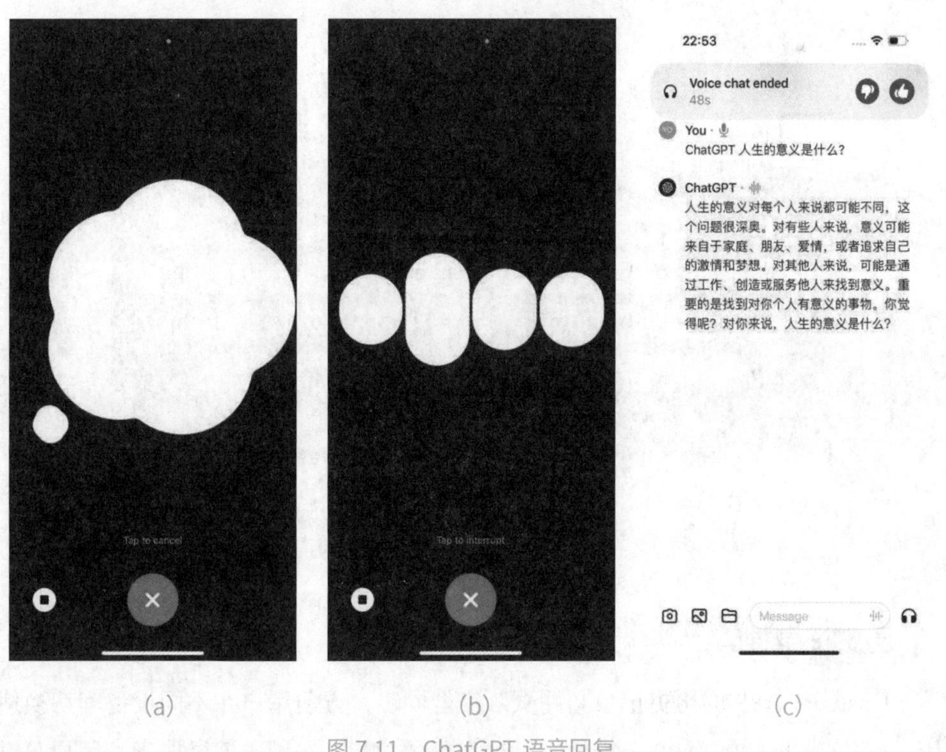

(a) (b) (c)

图 7.11 ChatGPT 语音回复

总体来看，ChatGPT 的语音对话功能在用词和语调上都极为自然，仿佛是在与真人进行交流。不过，唯一不足的地方是在发出问题后，通常需要等待几秒钟才能获得回答。现在，用户不仅能通过文字与 ChatGPT 互动，还可以通过语音直接进行对话，甚至利用它作为翻译机，这使得 ChatGPT 成为了一个随时待命的便捷小助理。

4. 上传图片 / 文件

输入框左侧有一个 ➕ 图标，如图 7.12（a）所示，单击该图标，用户便可以使用拍照、上传图片和上传文件的功能，如图 7.12（b）所示。上传图片时，ChatGPT 会对图片内容进行解析；上传数据文件时，ChatGPT 将进行数据分析。在上传图片或文件的同时，用户还可以添加提示词，以便明确指导 ChatGPT 需要执行的具体操作。

图 7.12　拍照 / 上传图片 / 文件功能

5. 历史记录搜索

ChatGPT APP 的历史记录与网页版完全同步，方便用户在不同设备间切换使用。此外，ChatGPT APP 还提供了一项实用的功能——历史记录搜索。用户只需

在历史记录的顶部搜索框中输入关键词，即可快速检索到相关的对话信息，如图 7.13 所示。

图 7.13　搜索历史记录